仪器分析教程

主　编　刘坤平　刘　蒐
副主编　谭　欢　何　钢
参　编　孙晓华　谢贞建　杨　晨　任凤英
　　　　李　婧　李惠茗　李小红　颜　军
　　　　梁　立

华中科技大学出版社
中国·武汉

内 容 提 要

　　全书共分六篇 26 章,内容包括:光谱分析篇(光谱分析导论、原子发射光谱法、原子吸收光谱法、紫外-可见吸收光谱法、红外吸收光谱法、核磁共振波谱法、激光拉曼光谱法、分子发光分析法、X 射线光谱法);色谱分析篇(色谱分析导论、气相色谱法、高效液相色谱法、高效毛细管电泳和毛细管电动色谱分析法);电化学分析篇(电化学分析导论、电位分析法、伏安法、电解分析法和库仑法);质谱分析篇(质谱分析法、质谱联用分析技术);表面分析篇(扫描电子显微镜、透射电子显微镜、扫描隧道显微镜和原子力显微镜、激光扫描共聚焦显微镜);热分析篇(热分析导论、热重法、差热分析和差示扫描量热法)。

　　本书可以作为高等学校仪器分析基础课程的教材,也可供相关专业的教师、学生及分析工作者参考。

图书在版编目(CIP)数据

仪器分析教程/刘坤平,刘嵬主编.—武汉:华中科技大学出版社,2019.3
ISBN 978-7-5680-4628-2

Ⅰ.①仪…　Ⅱ.①刘…　②刘…　Ⅲ.①仪器分析-教材　Ⅳ.①O657

中国版本图书馆 CIP 数据核字(2018)第 221417 号

仪器分析教程
Yiqi Fenxi Jiaocheng

刘坤平　刘　嵬　主编

策划编辑:王新华
责任编辑:王新华　李　佩
封面设计:刘　卉
责任校对:刘　竣
责任监印:周治超
出版发行:华中科技大学出版社(中国·武汉)　　电话:(027)81321913
　　　　　武汉市东湖新技术开发区华工科技园　　邮编:430223
录　　排:武汉正风天下文化发展有限公司
印　　刷:武汉华工鑫宏印务有限公司
开　　本:787mm×1092mm　1/16
印　　张:20.5
字　　数:517 千字
版　　次:2019 年 3 月第 1 版第 1 次印刷
定　　价:48.00 元

前　言

随着科学技术的不断进步,特别是微电子技术和计算机技术的迅猛发展,新的分析方法和仪器不断涌现,仪器分析方法也得以广泛地应用于工业、农业、医药卫生和科学技术等领域。社会的需求使仪器分析课程的教学更加受到重视,所以掌握和应用仪器分析方法是化学及相关专业大学生必须具备的能力。本书在总结长期教学实践的基础上,充分考虑了化学、药学、食品、材料及相关专业和不同性质院校本科生的教育、教学特点,从加强基础理论出发,重点阐述常用仪器分析诸方法的基本原理、仪器结构、方法特点、应用范围和实验技术。

全书共分六篇 26 章,结合仪器分析的发展趋势和新时期人才培养的需要进行编写。其内容包括:光谱分析篇(光谱分析导论、原子发射光谱法、原子吸收光谱法、紫外-可见吸收光谱法、红外吸收光谱法、核磁共振波谱法、激光拉曼光谱法、分子发光分析法、X 射线光谱法);色谱分析篇(色谱分析导论、气相色谱法、高效液相色谱法、高效毛细管电泳和毛细管电动色谱分析法);电化学分析篇(电化学分析导论、电位分析法、伏安法、电解分析法和库仑法);质谱分析篇(质谱分析法、质谱联用分析技术);表面分析篇(扫描电子显微镜、透射电子显微镜、扫描隧道显微镜和原子力显微镜、激光扫描共聚焦显微镜);热分析篇(热分析导论、热重法、差热分析和差示扫描量热法)。

本书内容比较新颖,除了一般的定性、定量分析外,更突出物质组成、状态的分析方法,物质结构的分析测试和表征方法。本书可以作为高等学校仪器分析基础课程的教材,也可供相关专业的教师、学生及分析工作者参考。

本书的顺利出版得益于成都大学专项资金的支持及校内多位老师和研究生的帮助,在此一并表示感谢。

编　者

目　　录

色谱分析篇

绪　　论

　　仪器分析是利用物质的物理和物理化学性质,采用电学、光学、计算机等先进技术探知物质化学特性的分析方法。因此仪器分析是体现学科交叉、科学与技术高度结合的综合性极强的化学学科的一个分支。这类方法通常是通过测量光、电、磁、声、热等物理量而得到分析结果,而测量这些物理量,一般要使用比较复杂或特殊的仪器设备,故称为"仪器分析"。仪器分析不仅能进行物质的定性和定量分析,而且可以进行物质的结构、价态、状态的分析,微区和薄层分析,微量及超痕量分析等,是分析化学发展的方向。

　　仪器分析在高等院校化学及其他相关专业的基础课教学中有着重要地位。仪器分析课程信息量大、内容多且较抽象,涉及光学、电学、数学、计算机科学等多个学科的相关知识,教学内容伴随着大量物理原理和物质微观作用,尤其是仪器分析原理部分,往往内容抽象且难于理解。而传统的教学方式手段单一,缺少变化,对学生感官刺激较弱,难以激发学生的兴趣。因此,如何培养和激发学生的学习兴趣,是仪器分析课程教学中应重点关注的问题。

　　在仪器分析课程教学中,应充分采用多媒体教学手段,可以变抽象为具体,变枯燥为生动,变静态为动态,并可对操作过程进行模拟,使复杂抽象的内容变得形象生动,从而帮助学生充分利用直观感觉和思维去分析比较,加深理解,用较少的时间达到较好的效果。提高仪器分析课程的教学质量,才能取得较好效果。

一、仪器分析和化学分析

　　1. 分析化学

　　分析化学是化学学科的一个重要分支,是研究物质的组成、结构、形态等信息及相关理论的一门学科。分析化学的任务是化学测量和表征。

　　化学测量:获得指定体系中有关物质的组成、含量和结构等各种信息。

　　表征:精确地描述其成分、含量、价态、状态、结构和分布等特征。

　　2. 分析化学的分类

　　(1) 根据分析的任务,分析化学可分为:定性分析、定量分析和结构分析。

　　(2) 根据分析的对象,分析化学可分为:无机分析和有机分析。

　　(3) 根据分析所需试样的用量,分析化学可分为:常量分析、半微量分析、微量分析和超微量分析。

　　(4) 根据分析方法所用手段分类,分析化学可分为:化学分析和仪器分析。

　　3. 化学分析和仪器分析的本质关系

　　(1) 化学分析是以物质的化学反应为基础的分析方法。

　　(2) 仪器分析是以物质的物理性质和物理化学性质(光、电、磁等)为基础的分析方法。

　　化学分析中,如物质的颜色、状态,及质量、体积等都是物质的物理性质;而仪器分析中也需要借助于许多化学反应,如光度分析中的显色反应,极谱分析中的电化学反应及大多数仪器分析中试样的处理、分离过程中的各种化学反应等。因此,二者间并无严格界线,但是也具有一些明显的差异。

4. 仪器分析和化学分析的不同点

（1）仪器分析一般都有较强的检测能力。绝对检出限可达到飞克数量级（10^{-15} g），相对检出限可达皮克每毫升（pg·mL^{-1}），可用于痕量组分的测定（<0.01%）。化学分析检测能力较差，只能用于常量组分（>1%）及微量组分（0.01%～0.1%）的分析。

（2）仪器分析的取样量一般较少，可用于微量分析（0.1～10 mg 或 0.01～1 mL）和超微量分析（<0.1 mg 或<0.01 mL）。化学分析取样量较大，只能用于常量分析（>0.1 g 或>10 mL）和半微量分析（0.01～0.1 g 或 1～10 mL）。

（3）仪器分析具有很高的分析效率。例如，流动注射-火焰原子吸收法 1 h 可以测定 120 个试样；光电直读光谱法 2 min 内可测定 20～30 种元素。化学分析法的分析效率较低。例如，滴定分析法完成一次测定需要数分钟，重量分析法则需要数小时。

（4）仪器分析具有更广泛的使用范围，可用于成分分析，价态、状态及结构分析，无损分析，表面、微区分析，在线分析和活体分析。化学分析只能用于离线的成分分析。

（5）仪器分析的准确度一般不如化学分析。仪器分析的相对误差通常为 1%～5%。化学分析的相对误差小于 0.2%。

（6）仪器分析的设备一般比较复杂，价格比较昂贵。化学分析使用的仪器一般都比较简单。

二、仪器分析方法

仪器分析方法根据测量原理和信号特点，大致分为光学分析法、电化学分析法、色谱法和其他仪器分析法四大类。

1. 光学分析法

根据物质与光波作用产生的辐射信号的变化而建立起来的分析方法，包括光谱法和非光谱法。光谱法是依据物质对电磁辐射的吸收、发射或拉曼散射等作用建立的分析方法。非光谱法是依据电磁波作用于物质之后所引起的反射、折射、衍射、干涉或偏振等基本性质的变化建立的光学分析法。具体的分类如图 0-1 所示。

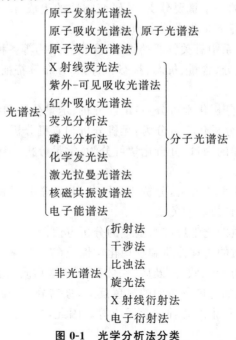

图 0-1 光学分析法分类

2．电化学分析法

依据物质在溶液中的电化学性质及其变化而建立的分析方法,如图 0-2 所示。

3．色谱法

根据物质在两相间(流动相和固定相)分配比的差异而进行分离的分析方法,如图 0-3 所示。

$$
电化学分析法
\begin{cases}
电导分析法 \\
电位分析法 \\
电解分析法 \\
库仑法 \\
伏安法 \\
极谱法
\end{cases}
\qquad
色谱法
\begin{cases}
气相色谱法 \\
液相色谱法
\end{cases}
$$

图 0-2　电化学分析法分类　　　　　图 0-3　色谱法分类

4．其他仪器分析方法

包括质谱法、热分析法、表面分析法等。质谱法是根据物质带电粒子的质荷比(质量与电荷的比值)进行定性、定量和结构分析的方法。热分析法是依据物质的质量、体积、热导、反应热等性质与温度之间的动态关系来进行分析的方法,主要包括热重法、差热分析法以及示差扫描量热法等。表面分析法是指对固体表面或界面上只有几个原子层厚的薄层进行分析、测量的方法和技术,包括物质表面组成、结构、形貌和电子能态等,主要手段包括扫描电子显微镜、透射电子显微镜、扫描隧道显微镜和原子力显微镜、激光共聚焦扫描显微镜等。

三、仪器分析的发展概况

1．分析化学和仪器分析的发展史

分析化学的发展分为三个阶段:

阶段一:16 世纪,天平的出现。分析化学具有了科学的内涵;20 世纪初,依据溶液中四大反应平衡理论,形成了分析化学的理论基础。分析化学由一门操作技术变成一门科学,此为分析化学的第一次变革。

此后至 20 世纪 40 年代,化学分析占主导地位,分析化学＝化学分析,仪器分析种类少且精度低。然而越来越多的问题化学分析不能解决,人们急需建立快速、实时检测、痕量分析及物质结构确定等分析方法。

阶段二:20 世纪 40 年代后,分析化学从以化学分析为主的经典分析化学,发展到以仪器分析为主的现代分析化学。仪器分析使分析速度加快,促进了化学工业的发展。这一时期出现了如下一系列重大科学发现,为仪器分析的建立和发展奠定基础。

(1) F. Bloch 和 E. M. Purcell 建立了核磁共振测量法,1952 年获诺贝尔化学奖。

(2) A. J. P. Martin 和 R. L. M. Synge 建立了气相色谱分析法,1952 年获诺贝尔化学奖。

(3) J. Heyrovsky 建立极谱分析法,1959 年获诺贝尔化学奖。

仪器分析的发展引发了分析化学的第二次变革,使化学分析与仪器分析并重,但仪器分析自动化程度较低。

阶段三:20 世纪 80 年代初,计算机的应用成为分析化学第三次变革的标志,主要包括以下三个方面:

　　(1) 计算机控制的分析数据采集与处理:实现分析过程的连续、快速、实时、智能;促进化学计量学的建立。

　　(2) 化学计量学(化学信息学):利用数学、统计学的方法选择最佳分析条件,获得最大程度的化学信息。

　　(3) 以计算机为基础的新仪器的出现:傅里叶变换红外光谱仪、色谱-质谱联用仪等。

　　2. 仪器分析的应用领域

　　仪器分析的应用领域可分为以下几个方面。

　　(1) 社会:体育(兴奋剂)、生活产品质量(食品添加剂、农药残留量)、环境质量(污染实时检测)、法庭化学(DNA 技术,物证);

　　(2) 化学:新化合物的结构表征;分子层次上的分析方法;

　　(3) 生命科学:DNA 测序;活体检测;

　　(4) 环境科学:环境监测;污染物分析;

　　(5) 材料科学:新材料,结构与性能;

　　(6) 药物:天然药物的有效成分与结构,构效关系的研究;

　　(7) 外层空间探索:微型、高效、自动、智能化仪器研制。

　　3. 仪器分析未来的发展趋势

　　在仪器分析的发展史上,与其有关的技术开创者曾多次获得诺贝尔奖,这些技术的发展极大地促进了仪器分析的发展。随着科学技术的不断进步,不断有新的仪器出现,而且分析的精度不断提高。因此仪器分析的发展前景非常广阔。

　　计算机技术在仪器分析中的广泛应用,实现了仪器操作和数据处理的自动化;不同分析方法的联用提高了仪器分析的功能;学科的互相渗透、交叉也需要新的测试手段。总的来说,仪器分析主要是向微型化、自动化、智能化方向发展。

四、如何学习仪器分析

　　1. 分析仪器和仪器分析

　　要学好仪器分析这门课程,应该区分两个概念:一是分析仪器,二是仪器分析。两者之间的关系可通过图 0-4 进行对比。

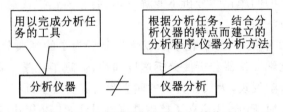

图 0-4　分析仪器与仪器分析的关系

　　熟悉分析仪器是理解和掌握仪器分析方法的基础。也就是说分析仪器是我们进行仪器分析的工具,要进行仪器分析工作,首先必须掌握所用仪器的结构、使用方法,这样才能为完成分析任务打好基础。

　　2. 知识结构

　　如图 0-5 所示,要学好仪器分析,首先应该具备扎实的化学知识,包括无机、有机、分析等化学知识,并能熟练运用这些化学基础知识分析问题;其次,就是要具备一定的物理学、光电、计算机方面的知识。因为现代的仪器大部分都是电子器件制造出来的,比如光电倍增管、激光光源等,还有就是分析仪器一般都有专门的软件控制(工作站),这就需要有较扎实的计算机基础知识。再次,还要学习好分析仪器的基本工作原理、组成、工作流程及特点等基础知识,这样才能为最终使用分析仪器建立相应的仪器分析方法奠定基础。

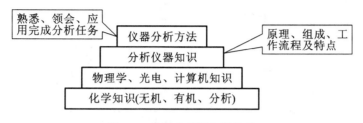

图 0-5　仪器分析的知识结构

3. 学习方法

(1) 抓住主线:特点—原理—用途;重点在原理。

(2) 归纳共性与个性:比如色谱法,共性是复杂混合物的分离分析;个性是要注意不同色谱方法在流动相、分离原理、分析对象上的差异。

(3) 处理好整体与局部:分析仪器—结构流程—关键部件。

(4) 积极查找、利用资料。

只有这样才能在学习仪器分析时,掌握所用分析仪器的组成、工作原理、工作流程及特点。在此基础上,进一步理解和掌握各种仪器分析的方法、原理,并熟练运用。最后,根据要进行的分析任务及其要求,选择适当的分析仪器,运用恰当的分析方法完成分析任务。

下面,用一个例子来分析如何将仪器分析应用到天然药物的研发中,如图 0-6 所示。

对于一个天然产物,我们首先要确定它含有哪些组分。进行成分分析,可以使用色谱、紫外光谱、质谱等进行定性;然后对天然产物中的组分进行提取分离,可以使用萃取等方法;得到的提取物往往是不纯的,包含多种组分,也需要进行成分分析,以确定其中有哪些组分,在提取过程中哪些组分损失了。这些组分中不是每个组分都有效,只有那些具有生物活性的组分对我们来说才是有效的。因此,可以使用制备色谱对提取物进行分离,将得到的各个组分进行生物活性实验并测试其生物活性,确定活性组分,然后对其进行纯化得到活性组分的纯物质。

接下来对活性组分的纯物质进行结构分析以确定其结构,可以采用的方法有质谱、核磁共振谱、红外光谱、紫外光谱等。然后通过构效分析进行活性组分的合成研究。合成出活性组分后,就要进行药物代谢分析、药物动力学分析、三致实验、慢毒实验等,对药理进行研究,可能用到的仪器分析方法有色谱、紫外光谱、质谱、核磁共振谱、红外光谱等。

最后要把所合成的活性组分制成药物就需要进行工艺、制剂以及分析方法的研究,以便确定原料、中间产物和成品的质量标准,可能用到的方法有色谱、紫外光谱等。另外在上市之前还要进行新药申报,并进行临床试验,也就是将药物应用于患者或志愿者进行药物的系统性研究,如不良反应等等,可能会用到紫外光谱、色谱等仪器分析方法。

由这个例子,我们可以看出仪器分析在实际应用中的重要作用,学好这门课程对工作学习有很大的帮助。

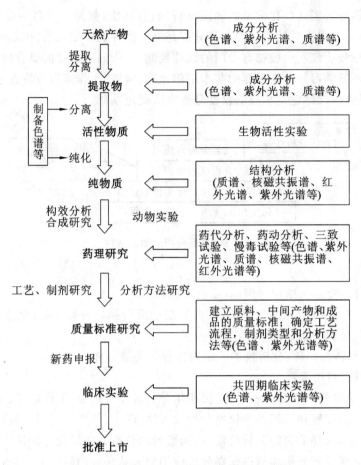

图 0-6　仪器分析在天然药物研发中的应用

光 谱 分 析 篇

GUANGPU FENXI PIAN

　　根据物质与光波作用产生的辐射信号的变化而建立起来的分析方法,称为光学分析法(optical analysis)。光学分析法的理论基础包括两个方面:其一,能量作用于待测物质后产生光辐射;其二,光辐射作用于待测物质后发生某种变化,这种变化是待测物质物理化学特性或者光学特性的改变。基于此建立起来的一系列分析方法,均称为光学分析法。任何光学分析法都包含有三个主要过程:能源提供能量;能量与被测物质相互作用;产生信号。

　　光学分析法分为光谱法(spectrum method)和非光谱法(non-spectrum method)两类。光谱法是物质与光相互作用时,物质内部发生了量子化的能级跃迁,根据产生的光谱的波长特征和强度特征而进行分析的方法。光谱分析根据不同的分类方式可分为以下几类:

　　(1) 按光与物质相互作用方式不同,可分为发射光谱法、吸收光谱法、散射光谱法、干涉分析法、衍射分析法、偏振分析法等。

　　(2) 按受到光作用的微观粒子不同,可分为分子光谱分析法和原子光谱分析法。

　　(3) 按光谱区不同,可分为紫外光谱、可见光谱、近红外光谱、中红外光谱等光谱分析法。

　　(4) 按受到光作用的微观粒子的运动层次不同,可分为电子光谱、振动光谱、转动光谱等光谱分析法。非光谱法不涉及物质内部能级跃迁,是通过测量光与物质相互作用时其折射、散射、衍射、干涉和偏振等性质的变化,从而建立起来的一类光学测定法,如旋光法、折光法等。

　　光谱分析在组分的定性与定量分析中,已成为常规的分析方法。在物质结构分析的四大波谱(紫外光谱、红外光谱、核磁共振谱及质谱)中,光谱分析占了其中三个,是结构分析中不可缺少的分析工具。光谱分析不仅可以提供物质的量的信息,还可以提供物质的结构信息。如今光谱分析广泛应用于食品、生物、医药、环境、化学等领域,已成为现代仪器分析方法的重要组成部分。

第1章　光谱分析导论

1.1　电磁辐射的性质

1.1.1　电磁辐射的波粒二象性

电磁辐射是一种不需要以任何物质作为传播媒介就可以接近光速通过空间的光子流(量子流)。按照经典物理学观点,电磁辐射是在空间传播着的交变电磁场,又称电磁波。电磁波包括无线电波、微波、红外光、可见光、紫外光、X射线、γ射线等。电磁波具有波粒二象性。

1.波动性

光具有波动性。光的干涉、衍射、色散都是光的波动性的证明。由于光波是频率很高的电磁波,其传播过程如图1-1所示。在图1-1中,电场在纸面上做正弦振动,而磁场垂直于纸面做正弦振动,则光的传播如图中箭头所指示的方向。

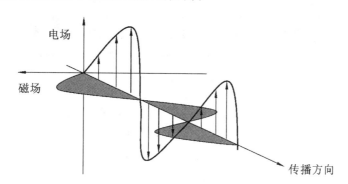

图1-1　光的波动性示意图

用频率 ν、波长 λ、波速 c 描述波动性。

$$\lambda = \frac{c}{\nu} = \frac{1}{\sigma} \tag{1-1}$$

式中:λ 为电磁波相邻两个同位相点之间的距离,单位为 m、cm、μm、nm、Å;ν 为电磁波在 1 s 内振荡的次数,单位为 Hz 或 s^{-1};c 为电磁辐射传播的速度。电磁辐射在不同的介质中传播的速度是不同的,但在真空中所有的电磁辐射的传播速度都等于光速($2.997\,925 \times 10^{10}$ cm $\cdot$ s^{-1});σ 为波数(波长的倒数),单位为 cm^{-1}。

2.粒子性

光是由"光微粒子"(光量子或光子)所组成的。当物质吸收或发射电磁辐射时,就会发生能量跃迁,此时电磁辐射表现出明显的粒子性。光电效应证明光的粒子性。

光量子能量与波长的关系表示为

$$E = h\nu = hc/\lambda \tag{1-2}$$

式中:E 为光子的能量,单位是 J;N 为光子的频率,单位是 Hz;h 为普朗克常数,6.626×10^{-34} J $\cdot$ s;c 为光速,其取值为 $2.997\,9 \times 10^{10}$ cm $\cdot$ s^{-1};λ 为光子的波长,单位是 cm。

由式(1-2)可知,不同频率或波长的光能量不同,长波能量小,短波能量大。

光具有波粒二象性,有以下特点:①既有波动性,又有粒子性;②个别光子产生的效果往往显示粒子性,大量光子产生的效果往往显示波动性;③频率越高的光,粒子性越明显;频率越低的光,波动性越明显;④光在与物质作用时显示粒子性,在传播过程中显示波动性。

1.1.2　电磁波谱

电磁波以波长(或频率或能量)大小的次序排列而成的谱线即为电磁波谱,如图 1-2 所示。

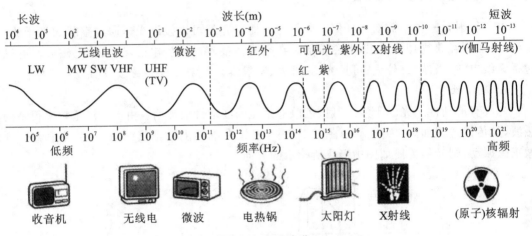

图 1-2　电磁波谱

波长最长的是无线电波,无线电波一般是借助电磁振荡电路的交变电流而产生的,可以通过天线发射和吸收。按照波长不同,分为长波、中波、短波和微波等,长波波长在 3 km 以上,中波波长大约为 200 m,短波波长为几十米,微波波长小到 1 mm。

其次为红外光、可见光和紫外光。它们统称为热辐射,是由炽热的物体或气体放电,以及其他光源的分子和原子的外层电子运动所发射的电磁波。红外光的波长范围为 $0.75 \sim 1\ 000\ \mu m$,可见光的波长范围为 $400 \sim 760\ nm$,紫外光的波长范围为 $10 \sim 400\ nm$。紫外光的化学效应最强,而红外光的热效应很显著。

紫外光以外是 X 射线,它是运动电荷突然被阻挡时所产生的电磁波,其能量大,穿透物质的本领很强。目前知道的最短波长的 γ 射线,是原子核内部状态变化时所产生的电磁波,波长在 0.01 nm 以下,其能量更大,穿透本领更强。X 射线与 γ 射线的波动性随波长的减小,越来越不显著,其粒子性越来越显著。

不同波长的电磁波的区分,在无线电波段常用频率来区分,而在紫外光波段,则常用波长来区分。

1.2　光学分析法的分类

光学分析法通常分为光谱法和非光谱法。光谱法是基于物质与电磁辐射相互作用时,检测因物质内部发生的量子化能级跃迁而产生的发射、吸收及散射的波长和强度而进行分析的方法。根据检测的目标不同,分为发射光谱法、吸收光谱法和散射光谱法;根据作用物质的不同,分为原子光谱法和分子光谱法。非光谱法是基于物质与电磁辐射相互作用时,测量不涉及物质内部能级跃迁,仅改变辐射传播方向的物理性质,如折射、干涉、衍射、散射及偏振等辐射变化的分析方法。非光谱法主要有折射法、干涉法、衍射法、偏振法、旋光法等。各种光学分析法见表 1-1。

表 1-1　光学分析法

光谱分析法			非光谱分析法
发射光谱法	吸收光谱法	散射光谱法	
原子发射光谱法	原子吸收光谱法	激光拉曼光谱法	折射法
火焰光度法	紫外-可见吸收光谱法		干涉法
分子荧光光度法	红外吸收光谱法		比浊法
原子荧光光谱法	X 射线吸收光谱法		偏振法
分子磷光光谱法	核磁共振波谱法		旋光法
X 射线荧光光谱法	电子顺磁共振波谱法		圆二色性法
化学发光分析法	电子自旋共振波谱法		X 射线衍射法
γ 射线光谱法	激光光谱分析法		光电子能谱法
	光声光谱法		
	激光热透镜光谱法		

本教材重点介绍光谱分析法。

1.2.1　发射光谱法

处于高能级的物质粒子向低能级跃迁时,能量以光的形式释放出来,便形成发射光谱。通过测量物质发射光谱的波长和强度变化进行定性和定量分析的方法称为发射光谱法。

物质粒子可通过热致激发、电致激发或光致激发等过程获得跃迁能量,变为激发态原子或分子,再从激发态跃迁至低能态或基态时,产生原子或分子发射光谱。

$$M + h\nu_1 \rightarrow M^*$$
$$M^* \rightarrow M + h\nu_2$$

在一定条件下,发射强度与物质浓度的关系符合罗马金-赛伯公式,即

$$I = ac^b \tag{1-3}$$

式中:I 为谱线强度;a 为比例系数;b 为自吸系数;c 为物质浓度。

1.2.2　吸收光谱法

由于物质结构的不同,对电磁波的吸收也不同,每种物质都有其特征性的吸收光谱,据此可进行定性分析和定量分析的方法,称为吸收光谱法。一束平行单色光垂直通过某均匀非散射吸光物质时,当电磁辐射能与该物质中的分子、离子或原子的两个能级间跃迁所需的能量满足关系式 $\Delta E = h\nu$ 时,物质会选择性地吸收这些波长的辐射,使透过光的强度减弱,从而产生吸收光谱。

物质对光的吸收符合朗伯-比尔定律,即

$$A=\lg\left(\frac{1}{T}\right)=kLc \tag{1-4}$$

式中:A 为吸光度;T 为透光度;c 为物质的浓度;L 为吸收层厚度。

1.2.3 激光拉曼光谱法

当频率为 ν_0 的单色光照射到透明物质上时,物质分子会发生散射。如果这种散射是光子与物质分子发生能量交换所产生的,则不仅光子的运动方向发生变化,它的能量也会发生变化,称为拉曼散射。其散射光的频率与入射光的频率不同,会产生拉曼位移。位移的大小与分子的振动和转动能级有关,利用拉曼位移研究物质结构的方法称为激光拉曼光谱法。激光拉曼光谱法常用于分子结构的研究和分子的定性与定量分析。

1.3 光学分析仪器

用于分析研究发射光谱、吸收光谱或荧光光谱的电磁辐射强度与波长关系的仪器称为光谱分析仪或分光光度计。光学分析仪器通常包括五个基本结构单元,即辐射源、分光系统、试样引入系统(原子化器或样品池)、检测器及信号处理与读出系统。根据研究的光谱性质的不同,五个基本单元按照仪器结构需要,以不同组合方式构成不同的光谱分析仪。常见的三类光谱分析仪结构如图 1-3 所示。

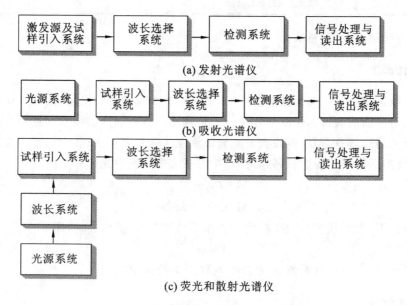

(a) 发射光谱仪

(b) 吸收光谱仪

(c) 荧光和散射光谱仪

图 1-3 常见的三类光谱分析仪的结构

发射光谱仪包括原子发射光谱仪和化学发光光谱仪,仪器结构如图 1-3(a)所示。由于检测信号是试样直接发光的强度,因此没有传统意义上的光源,其仪器结构特点是检测系统与试样发出的光在同一条光轴上。

原子发射光谱仪的试样引入系统同时具有使试样原子化并激发到高能态的功能,因此通常又称为激发源,常见的有电弧、火花放电、等离子体焰炬等。化学发光光谱仪的试样引入系统同时兼具反应器的功能,并通过化学反应提供能量将待测物激发到高能态并发光,通常为透光容器。

吸收光谱仪包括原子吸收光谱仪、紫外-可见吸收光谱仪和红外吸收光谱仪,仪器结构如图 1-3(b)所示。由于检测的是光的吸收,即入射光被试样吸收前后的光强。因此,其仪器结构特点是检测系统与光源发出的光即入射光在同一条光轴上。

吸收光谱仪分析理论上都满足 Lambert - Beer 定律,不同的是,原子吸收采用的光源为锐线光源,试样引入系统同时具备使试样原子化产生基态原子的功能;而分子吸收光谱所采用的光源为连续光源,试样为常态下的液体试样或透明固体试样,通常采用透光玻璃液池或透光 KBr 压片引入试样。

吸收/发射光谱仪,包括原子荧光光谱仪、分子荧光光谱仪和分子磷光光谱仪;光散射光谱仪为 Raman 光谱仪。仪器结构如图 1-3(c)所示。检测信号是吸光后的发光强度或 Raman 散射光强度,由于入射光的存在,检测系统与入射光不能在同一光轴上,因此,其仪器结构特点是检测系统通常与光源入射光成 90°。

原子荧光光谱仪通常采用线光源或激光为光源,其试样引入系统兼具试样原子化、产生基态原子的功能,通常采用带有进样功能的火焰原子化器。分子荧光光谱仪和分子磷光光谱仪采用连续光源,Raman 光谱仪采用激光光源,它们均具有液体和固体试样引入系统,液体试样引入系统为透光玻璃池及池架。分子荧光光谱仪和分子磷光光谱仪由于需要检测激光光谱和发射光谱,因此需要两个波长选择系统,分别位于激发光路和发射光路;而原子荧光光谱仪和 Raman 光谱仪只需分别检测发射光谱和散射光谱,因而只需要一个位于发射或散射光路的波长选择系统,特殊情况下,原子荧光光谱仪甚至不需要波长选择系统。

1.3.1 辐射源

辐射源是整个光谱分析仪的关键构成部件,必须具有足够的输出功率和稳定性,才能保证分析过程中分析灵敏度高、重现性好,从而保证分析结果的准确和稳定。

根据光源性质,常见的辐射光源分为连续光源和线光源两种,图 1-4 为常用的连续光源和

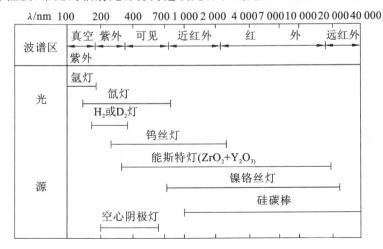

图 1-4 光谱分析仪中常用连续光源和线光源

线光源。一般来说,连续光源主要用于分子吸收光谱法,线光源主要用于原子吸收光谱法、荧光光谱法和拉曼光谱法。

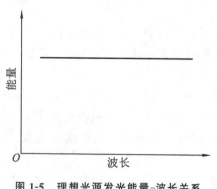

图 1-5　理想光源发光能量-波长关系示意图

1. 连续光源

连续光源可在较大的波长范围内发射强度平稳的具有连续波长的连续光谱。理想的连续光谱应具备以下条件:①在所属波长区域内发射连续光谱;②具有足够的光强度;③其发射强度与波长无关,即光源发射的光在所属波长区域强度恒定不变。理想光源的发光能量-波长示意图如图 1-5 所示,但符合上述条件的理想光源实际并不存在。常用的连续光源有氘灯、氢灯、氙灯、钨丝灯等。

1) 紫外光源

紫外连续光源常用氘灯和氢灯,可在低压($\approx 1.3 \times 10^3$ Pa)下以电激发的形式发射波长在 $160 \sim 375$ nm 的连续光谱。低压氢灯在有氧化物涂层的灯丝和金属电极之间形成电弧,高压氢灯以 $2\,000 \sim 6\,000$ V 的高压使两个铝电极之间放电并发光。氘灯的工作方式与氢灯类似,其光谱强度是氢灯的 $3 \sim 5$ 倍,寿命比氢灯更长。

2) 可见光源

可见光源最常用的是钨丝灯。大多数仪器中,钨丝的工作温度为 $2\,870$ K,光谱波长范围为 $320 \sim 2\,500$ nm。氙灯也可用作紫外-可见光源,可发射 $250 \sim 700$ nm 的连续光谱。但氙灯能量随波长变化起伏较大,一般不用于紫外-可见吸收光谱,而主要用于荧光和磷光发射光谱。

3) 红外光源

常用的红外光源是一种用电加热到 $1\,500 \sim 2\,000$ K 之间的惰性固体,如能斯特灯和硅碳棒。其发射最强波数范围为 $6\,000 \sim 5\,000$ cm^{-1}。

2. 线光源

线光源能够提供若干条强度不同的特定波长的谱线和暗区相间而成的线状光谱。常用的线光源有金属蒸气灯、空心阴极灯、无极放电灯和激光等。其中空心阴极灯和无极放电灯是重要的线光源,它们是原子吸收和原子荧光光谱中最重要的光源。

1) 金属蒸气灯

常见的金属蒸气灯主要有钠蒸气灯(简称钠灯)和汞蒸气灯(简称汞灯)。其结构是在透明封套内注入低压金属蒸气,通过对固定在封套中的一对电极施加电压,激发出蒸气元素的特征谱线。钠灯主要是 589.0 nm 和 589.6 nm 处的一对谱线,汞灯产生的线光谱的波长范围为 $254 \sim 734$ nm。

2) 空心阴极灯

空心阴极灯又称元素灯,因其通常是单一元素灯,发射锐线光源,满足原子吸收光谱和原子荧光光谱的条件。空心阴极灯的阴极由高纯的待测元素金属或合金制成,在一定电压下,阴极灯便产生辉光放电,电子从空心阴极射向阳极,并与周围惰性气体碰撞使之电离。带正电荷的惰性气体离子在电场作用下连续轰击阴极表面,阴极表面的金属原子发生溅射,溅射出来的金属原子在阴极区受到高速电子及离子流的撞击而激发,从而辐射出具有特征谱线的锐线光谱。

3）无极放电灯

无极放电灯由一个密封的石英管组成，内含待测元素或其盐，以氩气作填充气，当受到放电线圈产生的射频场作用时，产生的能量使元素蒸发和激发而产生该元素的特征谱线。

4）激光

激光的强度非常大，方向性和单色性好，它作为一种新型光源在发射光谱、荧光光谱、拉曼光谱、傅里叶变换红外光谱等领域极受重视。常用的激光器有主要波长为 632.8 nm 的 He-Ne 激光器、主要波长为 514.5 nm、488.0 nm 的氩离子器、主要波长为 693.4 nm 的红宝石激光器。

1.3.2　分光系统

分光系统也称为单色器，其作用是将复杂的复合光分解成单色光或有一定宽度的谱带。其主要由入射狭缝、出射狭缝、准直镜（如透镜或反射镜）及色散原件（如棱镜或光栅）组成。

1. 狭缝

狭缝是由两片加工精密、具有锋利边锋且相互平行的金属片组成的，其结构示意图如图 1-6 所示，有固定狭缝、单边可调的非对称式狭缝和双边可调的对称狭缝。狭缝是保证光谱纯度并控制光线辐射能量大小的缝状装置，是光谱仪的主要部件之一。

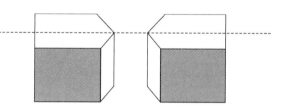

图 1-6　狭缝的结构示意图

狭缝宽度是光谱分析仪的重要参数之一。在实际分析中，出射狭缝宽度增加，出射光带宽增大，进入检测器的光通量增加，有可能增加信噪比。但是，当分析线存在强的背景或邻近非吸收线干扰时，增大出射狭缝宽度，反而会降低信噪比。因此，人们常常通过改变带宽，来调整仪器的信噪比，以选择最佳的工作条件。

在原子吸收光谱中，因吸收线的数目较少，谱线重叠的概率较小，常采用较宽的狭缝宽度以获得较大的谱线强度。但如果背景发射较强，狭缝宽度会带来较大的背景吸收，从而干扰分析测定。

在原子发射光谱中，定性分析常用较窄的狭缝宽度，以提高分辨率，消除邻近谱线的干扰；而定量分析则常采用较宽的狭缝宽度，得到较大的谱线强度，以提高灵敏度。

2. 棱镜

棱镜基于光的折射原理将复合光分解为单色光。棱镜光路示意图如图 1-7 所示。

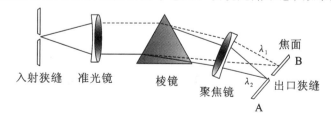

入射狭缝　　准光镜　　　棱镜　　聚焦镜　　出口狭缝

图 1-7　棱镜光路示意图

棱镜对不同波长的光具有不同的折射率，波长长的光，折射率小（色散小）；波长短的光，折射率大(色散大)。因此,平行光经过棱镜色散后,按波长顺序分解为不同波长的单色光,经聚焦后在焦面的不同位置成像,从而得到按波长顺序展开的光谱。

棱镜的分辨能力取决于棱镜的几何尺寸和材料,棱镜的顶角越大或折射率越大,分开两条相邻谱线的能力越强。但顶角越大,反射损失也越大,一般采用的顶角角度为60°。要增加棱镜对谱线的色散率,除了增大棱镜的顶角,还可以通过增加棱镜的数目,改变棱镜的材质来实现。对400～800 nm波长范围内的谱线,玻璃棱镜比石英玻璃棱镜的色散率大,但在200～400 nm波长范围内,玻璃材料对紫外线有强烈的吸收作用,必须采用石英玻璃材质的棱镜。

常用的棱镜有Cornu(考纽)棱镜和Littrow(立特鲁),如图1-8所示。前者是一个顶角为60°的棱镜,为了防止生成双像,该60°棱镜由两个30°棱镜组成,一边是左旋石英,另一边是右旋石英。后者由左旋或右旋石英做成30°的直角棱镜,并在其纵轴面上镀上铝或银膜来反光。

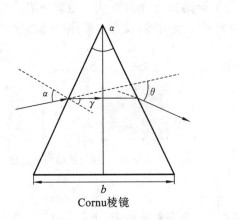

Cornu棱镜 Littrow棱镜

图1-8 棱镜的光色散作用示意图

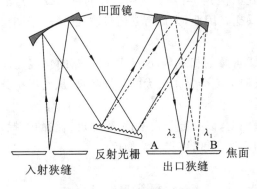

图1-9 光栅光路示意图

3. 光栅

光栅是由精确刻有大量等宽度、等距离平行线条刻痕的玻璃片或金属片制成的,可近似地将其视为一系列等距离、等宽度的透光狭缝。光栅产生色散是多狭缝干涉和单狭缝衍射联合作用的结果。光栅分为投射光栅和反射光栅。近代光谱仪主要采用反射光栅作为色散原件,典型的反射光栅是平面反射光栅和凹面反射光栅。光栅产生色散光路示意图如图1-9所示。

1.3.3 试样引入系统

试样引入系统是电磁辐射与试样进行相互作用的场所,是光谱仪非常重要的组件之一。不同的光谱分析方法,其试样引入系统不同。高压火花原子发射光谱直接将金属试样制成电极;电弧原子发射光谱一般将固体试样放置在放电体系下的电极凹槽内;等离子体原子发射光谱通常是将溶液试样直接喷雾进样;火焰原子吸收光谱与等离子体原子发射光谱相似,也是将试样直接喷雾进样;石墨炉原子吸收光谱通常是采用微量注射器将溶液试样直接加到石墨炉中;原子荧光光谱则通常采用原子吸收的喷雾进样系统进行溶液试样进样。

　　分子光谱的试样是常温常压下的固体、液体或气体,只需要一个透光容器和相应的试样架即可,或者制成透光的固态或液态试样形式直接引入光路。对于紫外-可见分光光度法,紫外区采用石英材料制成单向透明石英比色皿,可见区采用硅酸盐玻璃制成单向透明玻璃比色皿。红外光谱由于难以找到合适材质的容器,常采用固体压片或液膜的试样形式。

1.3.4　检测器

　　检测器是检测物质各组分特性及其量的变化的器件,根据样品各组分的物理化学性质将各待测组分相应特性转化为电信号,通过接收、放大、整理后进行分析测定。检测器是光谱分析仪的关键部件之一。

　　理想的检测器应该在整个研究波长范围内对光辐射有恒定的响应,同时具有高的灵敏度、信噪比以及响应时间快等特点。在没有光辐射时,检测器输出信号应该为零。从分析测定量的角度要求,理想检测器响应光辐射所产生的信号应该正比于光辐射的强度,即

$$S = kI \tag{1-5}$$

式中:S 为检测器响应的输出信号;k 为检测器的灵敏度;I 为作用于检测器的光辐射强度。

　　实际上,理想检测器是不存在的。实际的检测器不可能在整个研究波长范围内对光辐射具有恒定的响应。要得到物质实际的光谱,必须分别对检测器的灵敏度(k)和光源发出的光强度(I)在研究的波长范围内进行归一化处理。如果仅仅是定量测定,则只要固定波长即可,这时的信号值直接与分析物质的量有关。

　　常用的检测器有热检测器和光电检测器两类。

　　1. 热检测器

　　热检测器是基于黑体吸收辐射,并根据吸收引起的热效应测定辐射强度的一类检测器。

　　红外光的能量不足以产生光电子发射,因此光电检测器不能用于红外光区的光谱检测。热检测器被广泛应用于红外辐射的检测,其响应值与入射辐射的平均功率相关联。

　　根据温度检测方法的不同,热检测器分为辐射热测量计、真空热电偶和热释电检测器三类。

　　2. 光电检测器

　　光电检测器是将光信号转换为可量化输出的电信号的检测器。

　　光电检测器有两种类型:一类检测器的信号转换功能主要通过半导体材料来实现。当光作用于半导体材料时,半导体材料的导电特性发生改变,从而实现光电转换;另一类检测器的信号转换功能主要通过光敏材料来实现。当光作用于光敏材料时,光敏材料释放出电子,从而实现光电转换。

　　半导体材料和光敏材料只对紫外线、可见光和近红外光敏感,相应的光电检测器也只适用于紫外到近红外光区的光谱检测。所对应的光谱法包括原子发射光谱、原子吸收光谱、原子荧光光谱、紫外-可见吸收光谱、分子磷光光谱、分子荧光光谱、化学发光及近红外光谱。

　　常见的光电检测器包括光导检测器、硒光电池、硅二极管、真空光电管、光电倍增管及硅二极管阵列和电荷转移器件等。典型的光电检测器是电荷转移器件和光电倍增管。

1.3.5　信号处理与读出系统

　　由检测器将各种接收信号转变成电信号后,用微安计、检流计、光子计数器、数字显示器等

设备显示和记录检测结果,应用计算机接口将接收到的检测信号与计算机专用软件及相应终端设备连接,将记录的检测结果进行处理后,显示和记录到显示器和储存器中,以进行分析和计算,最终输出完整的检测结果。

1.4　光谱分析的发展趋势

随着科学技术的不断发展,光谱分析的发展非常迅速。对于光谱分析,不仅要求痕量、超痕量分析,而且要求形态分析、微观结构分析、无损分析及在线分析等。随着计算机技术的不断发展和普及,多学科的交互融合,光谱分析也处于重大变革时期。

1.4.1　光谱技术和光谱仪器持续向高科技知识密集化方向发展

20世纪末已经发展和成熟的数字化、智能化、网络化光谱分析检测技术和光谱仪器,目前已成为光谱技术和光谱仪器持续发展的主要方向。

以光学原理为基础、以精密器械为构架、以电子信号处理为显示的传统光-机-电一体化光谱仪器已经退出现代光谱仪器中核心地位,而数字化、智能化、网络化等部分已成为仪器的核心组成。例如,在数字化高科技基础上将光谱分析技术与光学成像技术巧妙结合发展出光谱成像技术,将光谱技术进化到既能完成定性、定量分析,又可进行定位分析的新科技,满足新世纪提出的看到人脑组织中化学、生化成分分布图之类的新要求。

现代科技在高集成器件技术、传感器、微型器件、硅工艺方面的成果日新月异,其功能、性能常有惊人的进展,而现代信息理论、数学处理方法、计算机软件系统也在不断更新,这些成果都会很快被吸收进新颖光谱仪器事业的持续发展进程中。例如,传统的一维信息获取、处理思维正在被多维信息获取和处理思维所取代,这必然将目前一台仪器只能针对一个检测目标获取单一分析检测信息的光谱仪器进化到借助复合多维、多功能传感器和多维信息实时处理、运算手段,从而同时给出实时多维信息的全新面貌;也就是说,一台光谱仪器不单可以给出检测试样的光谱曲线,从而获得试样成分信息,还可同时给出试样成分及其变化,以及诸如化学结构、物理形态、活性状态等相关信息及其变化等。

1.4.2　光谱技术和光谱仪器向极端条件分析方向发展

光谱技术和光谱仪器在现代科技、现代大产业的持续发展要求下,不但会继续发展高精度、多功能大型光谱分析检测仪器或相应的系统,以满足诸如现代航空航天、环境生态保护、自然灾害预测预报、全球性传染病控制、大规模战争和恐怖活动控制等领域的分析检测要求,会发展大量新的高灵敏、高分辨、高可靠、多维信息的科学型光谱仪器或系统,并得到快速推广应用;而且会出现更多新颖的可在现场、生产线、战场实地工作、无人监守、联网工作的实用型光谱仪器或系统,成为大批量生产在线测控、野外环境监测等领域必不可少的分析检测手段。这种光谱仪器必须跳出实验室设备、大型精密贵重仪器的框子,能忍受现场、野外(包括太空)的严酷工作环境及强、乱、变化多端的干扰,能无人值守、脱离电网长期工作、自动监测、自动调整最佳工作状态、自动联网交换信息。因此,大型精密研究级光谱仪器与现场、在线测控实用级光谱仪器或系统,今后很长一段时间内都会受到重视并得到显著发展。

1.4.3　光谱仪器小型化成为目前和今后的发展潮流

　　传统光谱仪器不仅是大型精密、贵重仪器,而且对工作环境要求苛刻,必须要由专业分析人员操作。为适应全球发展形势,对于光谱仪器小型化、便携式、现场化的需求已表现得较为强烈,并已出现光谱仪器小型化的潮流,研发小型化光谱仪器成为各国科技、产业部门的关注重点。至于现代军事科技发展迫切需求的战场、现场快速放射、生物、化学武器侦查的便携式光谱仪,今后若干年会成为全球各国的研发重点。

　　总之,随着分析科学的不断发展,光谱分析技术正朝着快速、准确、自动、灵敏及适应特殊分析的方向迅速发展。同时将不断吸取相关学科的新思想、新理念、新方法、新技术,互相补充,不断改进和完善。

思　考　题

1-1　简述光谱分析法的分类。

1-2　光谱仪一般由哪几个部件组成? 其作用分别是什么?

1-3　为什么原子光谱是线状光谱,而分子光谱是带状光谱?

1-4　光谱分析中如何获得单色光?

1-5　计算下列辐射的频率(Hz)和波数(cm^{-1})

　　　1) 0.25 cm 的微束波;

　　　2) 324.7 nm 铜的发射线。

1-6　计算下列辐射的波长(以 cm 和 Å 为单位)

　　　1) 频率为 4.47 10^{14} Hz 的可见光波;

　　　2) 频率为 1.21 10^{8} Hz 的无线电波。

1-7　解释下列术语:

　　　(1) 电磁波谱　(2) 发射光谱　(3) 吸收光谱

1-8　光子的能量正比于辐射的(　　　)

　　　(1) 频率　(2) 波长　(3) 波长　(4) 传播速度

1-9　下列四个电磁波谱谱区:a.X 射线;b.红外光区;c.无线电波;d.紫外和可见光区。请指出符合条件者。

　　　(1) 能量最小者　(2) 频率最小者　(3) 波数最大者　(4) 波长最短者

参 考 文 献

[1]　武汉大学.分析化学[M].5 版.北京:高等教育出版社,2006.

[2]　李磊,高希宝.仪器分析[M].北京:人民卫生出版社,2015.

[3]　王世平.现代仪器分析原理与技术[M].北京:科学出版社,2015.

[4]　钱沙华,韦进宝.环境仪器分析[M].北京:中国环境科学出版社,2004.

第2章 原子发射光谱法

2.1 概 述

原子发射光谱法(atomic emission spectrometry,AES)是根据待测元素的激发态原子或离子向较低能级跃迁时所辐射特征谱线的波长或强度,对元素进行定性或定量分析的方法,也称原子发射分析法。

2.1.1 原子发射光谱法的发展概况

原子发射光谱法是光谱分析法中发展较早的方法。随着激发光源等硬件技术的不断改进,以及分析理论体系的建立和完善,AES 在化学分析中的应用也随之不断扩大。一般来讲,AES 的发展可大致分为以下三个阶段:

1. 定性分析阶段

19 世纪 50 年代,德国学者 Kirchhoff 和 Bunsen 制造了第一台用于光谱分析的分光镜,并将其用于化学分析,获得了某些元素的特征光谱,为原子发射光谱定性分析的发展奠定了基础。

2. 定量分析阶段

随着光谱仪器和光谱理论的不断发展和完善,使 AES 在定量分析上成为可能。到了 20世纪 30 年代,Lomakin 和 Scheibe 分别提出定量分析的经验公式,确定了谱线强度(I)与待测元素浓度(c)之间的关系,并确立了光谱定量分析在现代分析化学中的重要地位。

3. 等离子体光谱阶段

20 世纪 60 年代中期,Fassel 和 Greenfield 创立了电感耦合等离子体(inductively coupled plasma,ICP)原子发射光谱新技术,这是 AES 在光谱化学分析上的又一次重大突破。时至今日,ICP 已成为原子发射光谱分析中应用较广泛的光源之一。与此同时,其他等离子体光谱分析技术(如直流等离子体、微波等离子体等)的快速进步,也推动了原子发射光谱分析的发展。

2.1.2 原子发射光谱分析的过程

原子发射光谱分析主要包括了以下几个过程。

1. 试样蒸发、激发产生辐射

产生特征辐射蒸发和激发过程是在激发光源中完成的,所需的能量由光源发生器供给,具体过程如下:

(1) 试样被引入激发光源后,其待测成分获得能量并解离成气态原子或电离成电子;

(2) 原子或离子获得能量后激发至高能级,即向高能级跃迁;

(3) 其经过约 10^{-8} s 后又回到低能级或基态,此过程释放出多余的能量而产生辐射。

2. 色散分光形成光谱

产生的辐射为包含各种波长的复合光,需分光后才能获得便于观察和测量的光谱,此过程是通过分光系统完成的。分光系统的主要部件是光栅或棱镜,其作用是将复合光转变为单色光。

3. 检测记录光谱

传统的检测光谱的方法有照相法、目视法和光电法等。其中,照相法是通过摄谱仪拍摄光谱并记录在感光板上,经过显影定影后得到光谱谱片。现代 AES 检测系统多为将辐射转换为电信号的元件,如光电倍增管、电荷转移器件等。

4. 根据光谱进行定性或定量分析

在 AES 中,不同元素所发射谱线的波长不同,这是原子发射光谱分析法定性的依据。定性分析的方法包括标准样品光谱比较法和铁谱比较法等。AES 中定量分析的基础则是待测元素所发射谱线的强度大小,谱线强度越强表示元素的浓度越大,分析时常采用内标法。

2.1.3　原子发射光谱分析的分类

根据所使用仪器及检测方法的不同,原子发射光谱法可分为以下几种。

1. 摄谱分析法

该法利用感光板进行照相记录,将所拍摄的谱片在光谱投影仪和测微光度计上进行定性、定量分析,可同时测定多种元素,且灵敏度、准确度较高,测定光谱范围广泛。但该法需要进行摄谱、洗相、定影、晾干、调平译谱等操作后才能正确分析,过程烦琐、分析效率较低。

2. 光电直读法

将元素的特征谱线强度通过光电转换元件转换为电信号,直接测量待测元素的含量。与摄谱法比较,该法以单色器代替了相板采集信息,减少了分析环节,大大提升了分析速度;降低了操作人员个人操作误差;摒弃了显影液和定影液的使用,减少了人工成本和材料成本,避免了相板洗相过程中分析样品银沾污的困扰。

3. 火焰光度法

火焰光度法的激发光源为火焰,只能激发碱金属、碱土金属等激发能较低、谱线简单的元素,常用于钾、钠、钙等元素的测定。其分析的具体过程如下:用喷雾装置将待测溶液以气溶胶的形式引入火焰光源中,火焰的热量能将待测元素原子化并激发出特征光谱,通过单色器分光后进入检测系统以测量元素特征光谱的强度。火焰光度法具有分析速度快、准确度高、灵敏度高等特点,但要求待测溶液的浓度要低。

4. 原子荧光光谱法

原子荧光光谱法(atomic fluorescence spectrometry,AFS)激发光源为光能,是介于原子吸收光谱和原子发射光谱之间的光化学分析技术,具有谱线简单、灵敏度高、检出限低、可同时测定多种元素等特点。该法大多用于测定易挥发的元素,且要求形成一定的元素氢化物后才能进行测定,主要测定的元素包括 As、Sb、Bi、Ge、Te、Sn、Hg、Cd、Zn 等。

2.1.4　原子发射光谱法的特点

1. 可同时测定几十种元素

待测样品一经激发,每种元素都有其特征谱线,可同时测定几十种元素。

2. 分析速度快

多数试样不需经过化学处理便可分析,且固体、液体试样均可直接分析。若用光电直读光谱仪,则可在几分钟内同时做几十种元素的定量测定。

3．选择性好

由于光谱的特征性强，故对一些化学性质极其相似的元素的分析具有特别重要的意义。如铌和钽、锆和铪、十几种稀土元素用其他方法分析比较困难，而对 AES 来说则比较容易做到。

4．灵敏度高

采用一般激发光源灵敏度可达 $10 \sim 0.1\ \mu g \cdot g^{-1}$（或 $g \cdot mL^{-1}$）；若采用 ICP 光源，检出限可低至 $ng \cdot mL^{-1}$ 数量级。

5．准确度高

采用一般激发光源，相对误差为 $5\% \sim 10\%$；采用 ICP 光源时相对误差可在 1% 以下。

6．样品消耗少，测定范围广

一般只需 10 mg 以下的样品即可做全分析，目前可测定元素有 70 余种，特别是在定性分析方面具有独特的优势；ICP 光源校正曲线线性范围可达 $4 \sim 6$ 个数量级，可测定不同含量的各种元素。

2.1.5　原子发射光谱法存在的问题

原子发射光谱反映的是原子或离子的性质，与其来源的分子状态无关，故只能用于元素分析，不能进行结构、形态的测定。在经典分析中，影响谱线强度的因素较多，尤其是试样组分的影响较为显著，所以对标准参比的组分要求较高，受自吸等现象的影响，含量（浓度）较大时，准确度较差。此外，AES 对大多数非金属元素难以得到灵敏的特征谱线，只能用于金属元素和部分非金属元素的定性或定量分析。

2.2　原子发射光谱的基本原理

2.2.1　原子发射光谱的产生

1．原子处于气态

常温常压下，大部分物质处于分子状态，多呈固态或液态，有的即使处于气态，也因温度不高或运动速度不大而未被激发。要产生原子发射光谱最关键的是要使构成物质的分子解离为气态原子。因为只有在气态时，原子之间的相互作用才可忽略，受激原子才可能发射出特征的原子线状光谱。

2．必须使原子被激发

原子由原子核和核外电子组成，每个核外电子都按能量高低分布在电子轨道上，即分布在具有一定能量的电子能级上。在一般情况下，原子处于稳定状态，电子在能量最低的轨道能级上运动，这种状态称为基态。当原子受到外界能量（如光能、热能、电能等）作用时，其最外层电子获得能量，由基态跃迁到能量较高的能级状态（即激发态），这一过程称为激发。将原子中的一个外层电子从基态激发至激发态所需要的能量称为激发电位，通常以电子伏特（eV）为单位。

处于激发态的原子很不稳定，经 $10^{-10} \sim 10^{-8}$ s 后便跃迁回基态或其他能量较低的激发态，该过程中电子会释放出多余的能量，并以一定波长的电磁辐射形式辐射出来，产生光谱。当电子由激发态直接返回到基态时所辐射的谱线叫共振线。从第一激发态（能量最低的激发

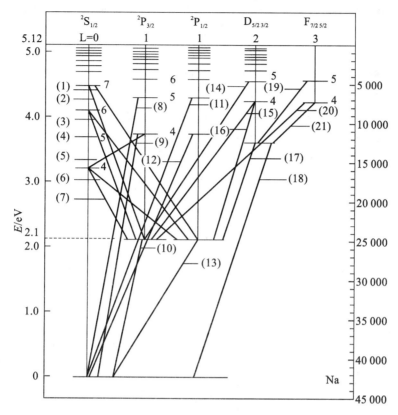

图 2-1　钠原子的能级图

(1)514.91 (2)515.36 (3)615.42 (4)616.07 (5)220.57 (6)1138.24 (7)1140.42 (8)285.28
(9)330.23 (10)$D_2$558.99 (11)258.30 (12)330.29 (13)$D_1$589.59 (14)498.29 (15)568.82
(16)568.27 (17)818.33 (18)342.11 (19)1267.76 (20)819.48 (21)1845.95

态)返回到基态时所产生的谱线称为主共振线,也称第一共振线。

每条谱线的波长(或频率)与跃迁前后两个能级的能量差满足普朗克定律,即

$$\Delta E = E_2 - E_1 = h\nu = hc/\lambda \tag{2-1}$$

式中:E_1、E_2 分别为低能级及高能级的能量;h 为普朗克常数,值约为 6.63×10^{-34} J·s;c 为光在真空中的传播速度;ν 为所发射电磁波的频率;λ 为所发射电磁波的波长。

从式(2-1)可以看出,每条谱线都是原子在不同能级间跃迁的结果。需要指出的是:

(1)原子中外层电子的能量分布是量子化的,所以 ΔE 的取值不是连续的,则波长(或频率)也是不连续的,因此原子光谱是线状光谱;

(2)同一原子中,存在着各种不同的能级跃迁,但不是任何能级之间都能发生跃迁,跃迁要遵循"光谱选律"。

各种元素的原子都有其特定的能级结构,不同元素原子的谱线波长(或频率)不同,故可将谱线波长(或频率)作为原子发射光谱定性分析的依据。此外,待测原子浓度越高,原子数越多,则相应的特征谱线的强度越大,将其与已知含量标样的谱线强度相比较,便可测得试样中该元素的含量,故谱线强度可作为原子发射光谱定量分析的依据。

在通常情况下,由于主共振线所需的激发能较低而易于被激发,因此主共振线常是该元

素光谱中最强的线,也是波长最长的线。在进行光谱定性分析时,共振线为最灵敏线;当元素含量较低时,共振线将作为定量分析的分析线;当元素的含量趋近于零时,所能观察到的最持久的线(即最后线)常是主共振线。

当激发光源的能量足够大时,原子中的外层电子可被激发至无穷远处而脱离原子核的束缚逸出,使原子成为带正电荷的离子,此过程称为电离。当失去一个外层电子时,称为一次电离;再失去一个外层电子时,称为二次电离,依次类推。一般光谱分析激发光源所提供的能量,只能产生一次或二次电离。离子被激发后,其外层电子也可以发生跃迁而产生发射光谱,称为离子线。由此可见,离子线的产生过程包括中性原子先电离而后被激发。在原子谱线表中,用罗马数字 I 表示原子线,II 表示一次电离的离子线,III 表示二次电离的离子线。有时元素的灵敏线为离子线。

2.2.2 谱线强度

谱线强度是原子发射光谱分析进行定量测定的依据。若原子的外层电子在高能级 j 和低能级 i 间跃迁,其发射谱线强度 I_{ji} 为单位时间、单位体积内发射的光子数乘以辐射光子的能量,即

$$I_{ji} = A_{ji} N_j h\nu_{ji} \tag{2-2}$$

式中:N_j 为处于单位体积内处于 j 能级的原子数;A_{ji} 为两个能级间的跃迁概率,即单位时间内一个激发态原子产生的跃迁次数;$h\nu_{ji}$ 为一个激发态原子跃迁一次所发射出的能量。

通常情况下,原子被激发的方式主要为热激发。根据热力学观点,体系在一定温度下达到平衡,原子在不同状态的分布也达到平衡,各能级的原子数服从玻尔兹曼(Boltzmann)分布,即

$$\frac{N_j}{N_i} = \frac{g_j}{g_i} \cdot e^{-\frac{E_j - E_i}{kT}} \tag{2-3}$$

式中:N_j 和 N_i 分别为在能级 j 和 i 上的原子数;k 为 Boltzmann 常数($k = 1.381 \times 1\,023\ \text{J} \cdot \text{K}^{-1}$);$g_j$ 和 g_i 为能级 j 和 i 的统计权重(即粒子在某一级下可能具有的几种不同的状态数);T 为激发温度(K)。

当低能级为基态时,$E_i = 0$,则有

$$\frac{N_j}{N_0} = \frac{g_j}{g_0} \cdot e^{-\frac{E_j}{kT}} \tag{2-4}$$

或

$$N_j = N_0 \cdot \frac{g_j}{g_0} \cdot e^{-\frac{E_j}{kT}} \tag{2-5}$$

式中:N_0 为基态原子数;g_0 为基态原子的统计权重。

可以看出,各能级处于平衡时的粒子数目与该能级的能量、基态的原子数目有关,且能量越高粒子数越少。将式(2-5)带入式(2-2),可得谱线强度公式:

$$I_{ji} = A_{ji} h\nu_{ji} N_0 \cdot \frac{g_j}{g_0} \cdot e^{-\frac{E_j}{kT}} \tag{2-6}$$

上式对原子线或离子线都适用。由此可见,谱线强度由谱线的激发能 E_j、平衡体系的温度 T、基态的粒子数 N_0 以及跃迁的概率 A_{ji} 决定。

1. 谱线强度与激发能量的关系

谱线强度与激发能量成负指数关系,激发电位越低,谱线强度越大。各元素的主共振线的激发能量最小,是原子中最易受激发的谱线,因此主共振线通常是最强的谱线。

2. 谱线强度与激发温度的关系

谱线强度与激发温度的关系较为复杂。从式(2-6)可见,光源的激发温度越高,谱线强度越大。但实际上,温度升高一方面使原子易于激发,另一方面温度升高增强了原子的电离,致使元素的离子数不断增多而使原子数不断减少,导致原子线强度减弱。图 2-2 为一些元素的谱线强度与温度的关系曲线。故实验中应选择适当的激发温度,不能仅靠提高激发温度来实现谱线强度的提高。

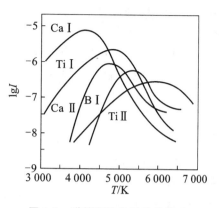

图 2-2　谱线强度和温度的关系

3. 谱线强度与跃迁概率的关系

所谓跃迁概率,是指电子在某两个能级之间的跃迁占所有可能发生的跃迁中的概率。自发发射跃迁概率与激发态原子的平均寿命成反比,即原子处于激发态的时间越长,跃迁概率越小,产生的谱线强度越弱。

4. 谱线强度与统计权重的关系

统计权重亦称简并度。从式(2-6)可知,谱线强度与统计权重成正比,当电子从两个不同高能级向同一低能级跃迁时,产生的谱线强度也是不同的。

5. 谱线强度与试样中元素含量的关系

由式(2-6)可知,谱线强度与产生发射谱线的原子(或离子)的数目 N_0 成正比,而且实验证明,在一定条件下 N_0 与试样的元素含量(浓度 c)成正比,在激发能量和激发温度一定时,式中的其他各项均为常数项,可将谱线强度 I 与试样中元素浓度 c 的关系合并及简化为

$$I = ac \qquad (2-7)$$

式中:a 为与谱线性质、试验条件有关的常数。

上式表明,在一定的分析条件下,谱线强度与该元素在试样中的浓度成正比。当浓度较大时,将发生自吸现象,上式应修正为

$$I = ac^b \qquad (2-8)$$

或

$$\lg I = b\lg c + \lg a \qquad (2-9)$$

式中:b 为由自吸现象决定的常数,当浓度较低时,自吸现象可忽略,b 值接近 1。

该公式称为赛伯(Scheibe)-罗马金(Lomakin)公式,是原子发射光谱法定量分析的依据。

2.2.3　谱线的自吸和自蚀

在发射光谱中,可以将谱线的辐射想象成谱线是从弧焰中心轴辐射出来的,然后穿过整个弧层向周围空间发射。弧焰具有一定的厚度,其中心部位的温度高,而边缘部位温度较低(图 2-3)。边缘部分的蒸气原子一般比中心原子处于较低的能级,因而当辐射通过这段路程时,将会被其自身的原子所吸收,从而使谱线强度减弱。被分析元素的原子或离子,从激发光源中心发出的谱线被处于激发光源中心外较低温度的同类原子所吸收,发生谱线强度减弱的现象称为谱线的自吸。

自吸现象可用朗伯-比耳定律表示,即

$$I = I_0 e^{-ad} \qquad (2-10)$$

式中:I 为射出弧层后的谱线强度;I_0 为光源中心发射的谱线强度;a 为吸收系数,其值随元素种

类不同而变化,即使同一元素的不同谱线也有所不同,a 值同谱线的固有强度成正比;d 为弧层厚度。

从式(2-10)可见,谱线的固有强度越大,吸收系数越大,自吸现象越严重。由此可见:共振线是原子由激发态跃迁至基态产生的,强度较大,最易被吸收;弧层越厚,弧层中被测元素浓度越大,自吸也越严重。

自吸现象对谱线形状的影响较大(图 2-4)。当原子处于低浓度时,谱线不呈现自吸现象;当原子浓度增大时,谱线产生自吸现象,使谱线强度减弱;严重的自吸会使谱线从中央一分为二,称为谱线的自蚀。产生自蚀的原因是发射谱线的宽度比吸收线的宽度大,谱线中心的吸收程度比边缘部分大。在谱线表上,一般用 r 表示自吸谱线,用 R 表示自蚀谱线。由于自吸现象严重地影响谱线强度,所以在光谱分析中,都应尽量避免产生自吸和自蚀。

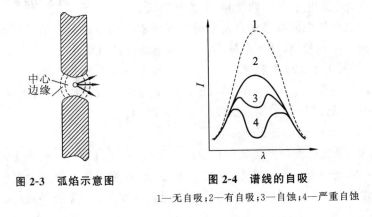

图 2-3　弧焰示意图　　　　　图 2-4　谱线的自吸

1—无自吸;2—有自吸;3—自蚀;4—严重自蚀

2.3　原子发射光谱仪

原子发射光谱仪主要由激发光源、分光系统、检测系统等组成。图 2-5 为典型的原子发射光谱仪的基本结构组成示意图。

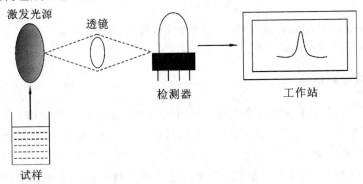

图 2-5　原子发射光谱仪的基本结构组成

2.3.1　激发光源

在原子发射光谱仪中,激发光源的作用是提供足够的能量,使试样蒸发、解离并激发,产生光谱。光源的特性在很大程度上影响分析方法的灵敏度、准确度及精密度。理想的光源应满足灵敏度高、稳定性好、背景小、线性范围宽、结构简单、操作方便、使用安全等要求。

经典光源如火焰、直流电弧、交流电弧、高压火花和低压火花等,在光谱分析的发展史上发挥了重要的作用。近代光源包括空心阴极灯、激光及 ICP 等,其中 ICP 是当今原子发射光谱分析中应用较为广泛的光源之一,表 2-1 列举了常用光源的性能。

表 2-1　常用光源性能的比较

光源	电极温度/K	弧焰温度/K	稳定性	灵敏度	主 要 用 途
火焰	—	1 000～5 000	很好	低	碱金属、碱土金属的分析
直流电弧	3 000～4 000	4 000～7 000	较差	优(绝对)	定性分析;矿石、矿物等难熔中痕量组分的定量分析
交流电弧	1 000～2 000	4 000～7 000	较好	好	金属合金中低含量元素的定量分析
高压火花	<1 000	瞬间可达 10 000	好	中	难激发、低熔点金属合金的分析
ICP		6 000～8 000	很好	高	高含量溶液;高、低微含量金属;难激发元素的分析

本节将重点介绍 ICP 光源(图 2-6),其组成部分包括高频发生器、进样系统(包括供气系统)和等离子炬管等。所谓等离子体,是指电离度大于 0.1% 的气体,是由离子、电子及中性粒子组成的呈电中性的集合体。以电感耦合等离子体作为原子化装置和激发光源的 ICP - AES,是进行多元素同时分析最为有效的方法。近年来由计算机控制的 ICP 直读光谱仪的应用,使得 ICP - AES 多功能测试更加简便。

ICP 激发光源具有其显著的特点:对大多数元素的分析具有灵敏度高、稳定性好、试样消耗少、工作线性范围宽(可达 4～6 个数量级)等特点,特别适合分析液态样品;由于 ICP 通过感应线圈以耦合的方式从高频发生器获得能量,不存在电极污染;氩气背景干扰少、性质稳定、信噪比高、应用范围广;ICP - AES 可以对固、液、气样品直接进行分析,但对液体样品分析更适用。

1. ICP 等离子炬的形成

ICP 是一个具有良好的蒸发-原子化、电离-激发性能的发射光谱光源。形成稳定的 ICP 焰炬应具备三个条件:高频电磁场、工作气体和能维持气体稳定放电的石英炬管。

射频发生器与感应线圈接通后,在石英管内产生一个轴向高频磁场。如果利用电火花引燃管内的载气,气体就会发生电离,当电离产生的电子和离子足够多时,会产生一股垂直于管轴方向的环形涡电流,

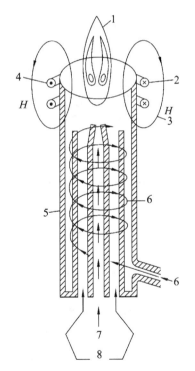

图 2-6　ICP 光源的结构示意图

1—炬焰;2—电流;3—磁场;4—感应线圈;
5—石英炬管;6—冷却气;
7—载气及试样气溶胶;8—辅助气

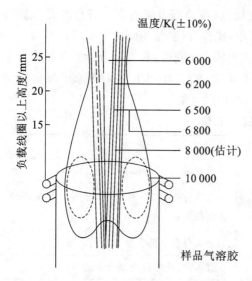

图 2-7 电感耦合高频等离子体光源的温度

在管口形成火炬状的等离子焰炬。样品经等离子体的高温(10 000 K)去溶剂化、蒸发和激发后,发射出待测元素的特征谱线。

2. 等离子体炬管

ICP 炬管多为三管同轴的石英管。外管通入冷却气,作用是将等离子体焰炬和石英管隔开,以免烧坏石英炬管。中层石英管通入辅助气以维持等离子体高度,作用是保护中心管口,形成等离子焰炬后可以关闭。内管的内径为 1~2 mm,由载气将试样气溶胶从内管引入等离子体。为使喷雾效果好,内管常采用锥形结构。

ICP 焰矩有三个明显的区域(图 2-7):焰心区、内焰区和尾焰区。各区域的温度、性状不同,辐射也不同(表 2-2)。

表 2-2 ICP 焰矩的结构及性质

区域	位 置	颜 色	温 度	辐 射
焰心区	位于火焰的底部	白色,不透明	10 000 K	发射很强的连续光谱,背景很深,不能作为分析区,试样气溶胶通过该区域时被预热,又称预热区
内焰区	位于焰心区上方	略带淡蓝色,呈半透明	6 000~8 000 K	为待测物质原子化、激发、电离与辐射的主要区域,试样在该区域发射很强的原子线和离子线,即分析测定区
尾焰区	位于内焰区上方	透明	低于 6 000 K	发射激发能较低的元素谱线

3. 供气系统

供气系统气流共分三路:冷却气、辅助气和载气。冷却气也称为等离子气,其主要作用是冷却焰炬管壁(炬管内最大涡流处的温度可达 10 000 K),是三路气流中的主要气流。辅助气的作用是把点燃的等离子焰稍向上托起。载气又称为喷雾气,其作用有以下两个方面。

(1)使溶液提升,并通过雾化产生颗粒较细的气溶胶;

(2)使形成的气溶胶进入 ICP 而经历蒸发—原子化—激发或电离的过程。

一般使用氩气,其主要原因是单原子惰性气体氩气的性质稳定、不与试样形成难解离的化合物,而且它本身的光谱较简单。

2.3.2 进样系统

按照样品状态来分,ICP 光谱仪的进样装置可分为气体进样、液体进样和固体进样三大类。其中,气体进样装置多为氢化物发生器,即利用待测样品生成挥发性氢化物进行检测的装置;固体进样装置包括直接粉尘进样、气化样和悬浮物进样等,应用较少。应用最广泛的是气溶胶进样系统,即将液体转换为气溶胶后进入 ICP 中。

气溶胶进样系统的关键装置是雾化器,一般分为气动雾化器和超声波雾化器两类。

1. 气动雾化器

气动雾化器主要包括同心雾化器、交叉雾化器和高盐量雾化器等。其中同心雾化器 (图 2-8)应用最为广泛,其将待测样品雾化成气溶胶,通过雾化室导入到炬管和等离子体。影响同心雾化器雾化效率的因素有以下两个方面。

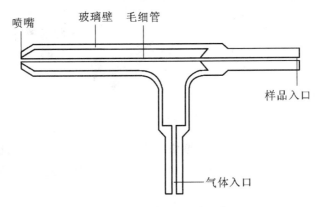

图 2-8　同心雾化器结构示意图

(1) 雾化压力。随着雾化压力的增加,气溶胶中大颗粒雾滴所占的比重增加,废液量增多,进而使进样效率逐渐减小。因此,增加雾化压力并不能增加谱线的强度。

(2) 试样的含盐量。同心雾化器对试液的含盐量很敏感。随着含盐量增加,雾化时盐类将沉积在喷口处,阻塞载气通路,降低载气流量,最终导致光谱背景的增加。

交叉雾化器的雾化机理、检出限和精密度与同心雾化器相似,但对高盐试液的稳定性要优于同心雾化器;高盐雾化器由于其特殊的结构使得喷口处不会产生盐的沉积,所以可雾化高盐的溶液。

2. 超声波雾化器

超声波雾化器是利用超声波振动的空化作用把溶液雾化成气溶胶。这种方式产生的雾滴比气动雾化器要细很多,弥补了气动雾化器的灵敏度低等不足,一般可提高 1~2 个数量级,但此仪器价格较贵。

2.3.3　分光系统

分光系统的作用是将光源产生的复合光转变为单色光。

常用的分光元件有棱镜和光栅。ICP 是一种很强的激发光源,所发射的谱线既有原子线,也有离子线,所以要求仪器有更高的分辨率。在 ICP 光谱仪的色散元件一般以光栅为主,主要有机械刻划光栅、全息光栅、全息离子束刻蚀衍射光栅及中阶梯光栅等。其中以中阶梯光栅为分光系统(图 2-9)的全谱型光谱仪日益占据市场的主要地位。其原理是由 ICP 发出的光经反射镜进入狭缝后,经准直镜成平行光后射在中阶梯光栅上,分光后再经棱镜分级和聚焦射到出射狭缝和检测器上。该光谱仪的分光系统小,结构紧凑,有较好的光学稳定性。

由于 ICP 光源有很高的温度和电子密度,对各种元素的激发能力很强,产生的光谱复杂,且 ICP 可以同时激发几十种元素,所以要求分光系统具有宽工作波长范围(165~852 nm)、高色散能力和分辨能力。对于痕量元素的测定,还要求分光系统具有低杂散光和高信噪比,以保

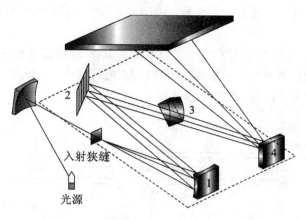

入射狭缝

光源

图 2-9　中阶梯光栅分光系统光路图

证其检测的可靠性和检出能力。此外,还要求分光系统具有良好热稳定性和机械稳定性以提高其对环境的适应能力,且定位精度应在±5 pm 之内以保证获得的谱线强度数值准确。

2.3.4　检测系统

检测系统是将辐射转换为电信号的元件。

ICP - AES 测量元件有光电倍增管和电荷转移器件(charge transfer device,CTD)两种。光电倍增管在现代光谱仪中已有广泛的应用,但其作为 ICP 检测器时每次只能测定一条谱线强度。而 CTD 则克服了光电倍增管的缺点,可同时检测多条谱线且能够快速处理光谱信息,极大地提高了发射光谱分析的速度并减小了误差。

2.4　原子发射光谱分析方法

2.4.1　光谱定性分析

由于不同元素原子的结构、能级不同,据公式(2-1)可知,不同元素发射谱线的波长也不同。通过元素原子发出特征谱线的波长来确认是否存在某一元素,即为原子发射光谱的定性分析。

一般元素都有许多条特征谱线,分析时只需要检出该元素的两条以上的灵敏线或最后线,就可以确定该元素的存在。通常情况下,共振线的激发电位低、发射强度大,即为元素的灵敏线。最后线是指随样品中元素的含量逐渐减少,谱线强度逐渐降低,到元素含量很少时,最后消失的谱线,最后线通常是元素的最灵敏线。因此,光谱定性分析选择元素的灵敏线或最后线作为分析谱线进而判断元素的存在与否。

定性分析方法有标准样品光谱比较法、铁谱比较法等,其中最常用的是铁谱比较法。

1. 铁谱比较法

铁元素在 210~660 nm 的波长范围内有 4 600 多条谱线,且每一条谱线波长均经过精确的测量,因此将铁元素光谱图作为基准波长表,将各元素的灵敏线标于此图中,便构建出一个标准图谱(图 2-10)。将试样与纯铁并列提取图谱,并将所得铁谱与标准铁谱对准,若试样中有与标准铁谱中所标记元素相吻合的灵敏线,则表明试样含有该元素。

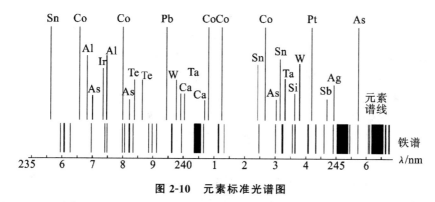

图 2-10　元素标准光谱图

2. 标准样品光谱比较法

矿石样品的定性分析多采用此法。该法是将待测元素的纯物质或化合物与试样并列摄于同一块感光板上,通过映谱仪将谱线放大 20 倍后进行对比,如果试样的谱线与标准样品的谱线出现在同一波长位置,说明试样中含有该元素。

2.4.2　光谱定量分析

谱线强度是待测元素定量分析的基础。根据式(2-8),待测元素含量越高,谱线强度越大。原子发射光谱法常采用内标法来进行定量分析,因为当样品中待测元素含量较高时,自吸系数 b 不会是常数($b<1$),且发射系数 a 通常也受试样组成、形态、激发条件等的影响而难以保持为常数。

1. 内标法

内标法是指利用待测元素分析线强度与内标元素分析线强度的比值进行的定量分析,这样谱线强度因实验条件的波动而引起的变化就可以得到补偿,该法可在很大程度上消除光源放电不稳定等因素带来的影响。

设待测元素的含量为 c,对应分析线强度为 I_1,根据罗马金-赛伯公式,则有

$$I_1 = a_1 c^b \tag{2-11}$$

对内标元素有

$$I_0 = a_0 c_0^{b_0} \tag{2-12}$$

将上述两式相除,得

$$R = \frac{I_1}{I_0} = \frac{a_1}{a_0} \cdot \frac{c^b}{c_0^{b_0}} \tag{2-13}$$

式中:R 称为相对强度;c_0 为常数;令 $A = \dfrac{a_1}{a_0} \cdot \dfrac{1}{c_0^{b_0}}$,在实验条件一定时 A 为常数,即该式可变为

$$R = \frac{I_1}{I_0} = A c^b \tag{2-14}$$

两边取对数,即为

$$\lg R = \lg \frac{I_1}{I_0} = \lg A + b \lg c \tag{2-15}$$

式(2-15)为内标法光谱定量的基本关系式,根据此公式可绘制标准曲线。

选择合适的内标元素与内标线是保证测定结果准确性的关键因素,否则会对测定结果造成很大误差。内标元素与内标线的选择应符合以下几条原则。

(1)内标元素与被测元素的蒸发性质应相近,以保证蒸发速度的比值恒定。

(2)内标元素与分析元素的电离电位应尽可能相近,这样可不受温度的影响,否则当等离子区温度很高时则会造成较大误差。

(3)内标元素要求纯度较高,且不能含有待测元素。

(4)内标线与分析线应是匀称线对,它们的激发能和波长线应尽可能接近。

(5)内标线和分析线无光谱干扰,一般无自吸或自吸很弱。

2. 标准曲线法和标准加入法

定量分析的方法通常包括标准曲线法和标准加入法。标准曲线法是在确定的分析条件下,配制一系列被测元素的标准溶液,在与试样相同的条件下进行试验,以分析线强度 I 或相对强度 R(或 $\lg R$)对浓度 c(或 $\lg c$)作标准曲线,然后通过标准曲线来计算待测元素的含量。

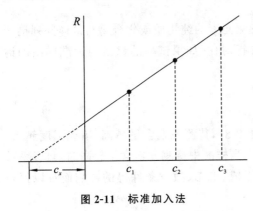

图 2-11　标准加入法

当待测元素含量很低,找不到合适的基体来配制标准试样时,一般采用标准加入法(图 2-11)。设试样中被测元素含量为 c,在几份试样中分别加入不同浓度 c_1,c_2,$c_3\cdots c_i$ 的被测元素;在同一实验条件下测量试样与不同加入量试样分析线对应的相对强度 R。当被测元素浓度较低时,自吸系数 $b=1$,分析线相对强度 $R-c$ 图为一直线,将直线外推,与横坐标相交截距的绝对值即为试样中待测元素含量 c_x。

2.5　干扰及消除方法

原子发射光谱中的干扰类型可分为光谱干扰和非光谱干扰两大类。

2.5.1　光谱干扰

1. 干扰种类

在光谱仪工作的波长范围内有几十万条谱线,这些谱线有的完全重叠,有的部分重叠。光谱干扰是 ICP - AES 中最重要的干扰,可大致分为谱线重叠干扰和背景干扰。试样中的基体存在较大量的过渡元素(如铁)时,很容易造成谱线重叠干扰。背景干扰则是由来自光源的连续光谱、水分子引起的 OH 带状光谱以及由 NO、NH、CN、C、CO 带状光谱所造成的干扰。

2. 消除方法

1)背景干扰的消除　常用的背景干扰消除的方法有空白背景校正法和动态背景校正法。

空白背景校正是指把干扰作为"空白值"予以扣除。理论上,如果背景的形状、大小保持不变,则可作为"空白"而加以扣除,但实际上只有极稀溶液或组成恒定的高纯溶液才是如此。

动态背景校正法不需要知道样品的组成,只需根据分析附近的背景分布来推算背景值。若背景分布平坦或变化规律,则结果是准确的。但当光谱背景复杂时,应用此方法计算的背景强度误差较大。

对于背景干扰的消除可在许多商业仪器上直接进行。例如,在光电直读光谱仪上进行背景扣除十分方便。对于单道扫描式仪器来说,利用扫描方式在分析线峰值波长一侧的恰当位置进行背景扣除,也可在两侧以平均值扣除。对于全谱接收的 ICP - AES 来说,背景的扣除方式更为灵活,一旦背景扣除方式和波长位置确定,计算机将自动扣除背景。

2) 谱线重叠干扰的消除　谱线重叠干扰的消除通过选择合适的分析线,采用高分辨率的光学系统来实现。现在在商业仪器都有谱线干扰校正功能,如内标校正法、元素间干扰系数校正法等,这些都是 ICP 谱线干扰校正的手段。例如,多道光谱仪采用多谱图校正技术,可自动校正光谱干扰。全谱分析仪多采用多组分谱图拟合技术、实时谱线干扰校正技术等。

2.5.2　非光谱干扰

非光谱干扰主要来源于试样组成对谱线强度的影响,这种影响与试样在光源中的蒸发和激发过程有关,又称为基体效应。ICP 的非光谱干扰主要包括化学干扰、电离干扰及物理干扰等几个方面。

1. 化学干扰

化学干扰又称为"溶剂蒸发效应"。在 ICP 光源中,化学干扰只存在于某些特殊体系和特定的分析条件中,例如,PO_4^{3-} 和铝盐对 Ca^{2+} 的干扰。因此,在通常情况下化学干扰可不予考虑,对测定结果的准确度影响不明显。

2. 电离干扰

由于 ICP 放电时电子密度很高,形成了极好的抑制电离干扰的环境,因此 ICP 光源的电离干扰较小。但易电离元素 Na 对 Ca 等其他金属元素的谱线强度仍存在影响。另外,随着观测高度的增加,ICP 火焰温度逐渐降低,电离干扰也会显著增强。除选择合适的分析谱线外,选择适当的观测高度、较高的功率和较低的载气流速也可抑制电离干扰。

3. 物理干扰

物理干扰是指由试液的不同物理特性所导致的干扰效应,它是非光谱干扰中的主要干扰。试液的物理特性包括溶液黏度、表面张力、密度及挥发性等。物理干扰主要表现为雾化、去溶干扰和溶质挥发、原子化干扰。

1) 雾化、去溶干扰

对于无机酸来说,随着浓度的增加,溶液的黏度也随之增大,导致喷雾速率降低,因此谱线强度逐渐减弱。而对于有机酸来说,有机酸的加入使得溶液的表面张力变小,雾滴更细,谱线强度会随之增强。另外,基体溶液浓度对谱线强度也有影响,当基体溶液浓度增大时,会引起待测元素进入 ICP 的效率增大,从而导致谱线增强。

2) 溶质挥发、原子化干扰

由于 ICP 温度很高,气溶胶微粒停留时间比较长,溶质挥发和原子化较彻底,因此一般情况下,溶质挥发的干扰很小或可忽略。但要注意待测元素形成稳定化合物对谱线强度的影响。

综上所述,对于 ICP 非光谱干扰来说,化学干扰和电离干扰较小,主要是由于溶液物理性质不同而导致的物理干扰,可通过选择正确的操作参数(功率、载气、流速、观测高度)分析溶液的基体匹配来加以消除。

思 考 题

2-1 简述原子发射光谱的分析过程。

2-2 影响原子发射光谱中谱线强度的主要因素是什么?

2-3 简述原子发射光谱定性分析的依据及方法。

2-4 简述下列常用的光学仪器分析方法的含义。

(1) 标准曲线;(2) 内标法;(3) 标准加入法

2-5 原子发射光谱内标法定量的原理是什么? 如何选择内标元素和内标线?

2-6 若钠原子共振线的激发能量是 2.10 eV,计算钠原子共振线的波长。

2-7 在两条铁谱线 $\lambda_1 = 304.278$ nm 和 $\lambda_2 = 304.58$ nm 之间有一条未知谱线,测得未知谱线与 λ_1 的距离为 1.5 mm,λ_1 和 λ_2 两谱线间距为 2.3 mm。计算未知谱线的波长。

2-8 测定 CaO 试样中痕量的钠元素时,使用含 CaO 的标准钠溶液制备分析用的标准曲线,测得的数据如下:

$c_{Na}(\mu g \cdot mL^{-1})$	74.3	55.7	37.0	18.5	7.4	0
$I_{589.3\ nm}$	100	87	69	46	22	3

1.00 g CaO 试样溶解在 100 mL 水中,测得发射强度为 28。计算试样中钠的含量。

2-9 用发射光谱测定锡合金中的铅。用 $\lambda_{Sn} = 276.1$ nm 的谱线做内标线,$\lambda_{Pb} = 283.3$ nm 的谱线做分析线,铅含量不同时,两谱线的黑度值如下:

$W_{Pb}(\%)$	0.126	0.316	0.708	1.334	2.512
S_{Sn}	1.567	1.571	1.443	0.825	0.447
S_{Pb}	0.259	1.013	1.546	1.427	1.580

用和标准试样同样的方法处理一个未知锡合金试样时,$S_{Sn} = 0.920$,$S_{Pb} = 0.669$。计算该合金中铅的含量。

参 考 文 献

[1] 董慧茹.仪器分析[M].3 版.北京:化学工业出版社,2016.

[2] 刘约权.现代仪器分析[M].3 版.北京:高等教育出版社,2015.

[3] 武汉大学.分析化学[M].5 版.北京:高等教育出版社,2006.

第3章 原子吸收光谱法

3.1 概　　述

原子吸收光谱法(atomic absorption spectrometry，AAS)，又称原子吸收分光光度法，是一种基于待测元素的基态原子蒸气对特征光谱的吸收建立起来的元素分析方法。

1802年，英国化学家伍朗斯顿(W. H. Wollaston)研究太阳连续光谱时，发现了太阳连续光谱中出现的暗线。1859年，克希荷夫(G. Kirchhoff)与本生(R. Bunsen)研究碱金属和碱土金属的火焰光谱时，发现钠蒸气发出的光通过温度较低的钠蒸气时，会引起钠光的吸收，并且根据钠发射线与暗线在光谱中位置相同这一事实，断定太阳连续光谱中的暗线，正是太阳外围大气圈中的钠原子对太阳光谱中的钠辐射吸收的结果。原子吸收光谱作为一种实用的分析方法是从1955年开始的，澳大利亚物理学家瓦尔什(A. Walsh)发表了一篇著名论文《原子吸收光谱在化学分析中的应用》奠定了原子吸收光谱法的基础。在我国，1963年黄本立院士和张展霞教授首先著文向国内同行介绍了原子吸收光谱这一新的分析技术。1964年，黄本立等将蔡司Ⅲ型滤光片式火焰光度计改装为一台简易原子吸收光谱装置，测定了溶液中的钠，这是我国学者最早发表的有关原子吸收光谱分析的研究论文。1965年吴廷照等成功组装了第一台原子吸收光谱仪科研样机。随着原子吸收光谱技术的不断发展，原子吸收光谱法至今已发展成为金属元素测定的重要方法。

原子吸收光谱法与分子吸收光谱法都属于吸收光谱法，有许多类似之处，但两者在吸收机理上有着本质的区别。原子吸收光谱只有原子最外层电子能级的跃迁，是一种窄带吸收，又称线状光谱，吸收宽度仅 10^{-3} nm，要求使用锐线光源。分子吸收光谱属于分子能级跃迁，包括电子能级、振动能级和转动能级三种跃迁，是带状光谱，吸收带较宽。

原子吸收光谱法具有如下特点。

(1) 选择性强。这是因为原子吸收带宽很窄的缘故。谱线仅发生在主线系，而且谱线很窄，线重叠概率较发射光谱要小得多，所以光谱干扰较小。即便是和邻近线分离得不完全，由于空心阴极灯不发射那种波长的辐射线，所以辐射线干扰少，容易克服。在大多数情况下，共存元素不对原子吸收光谱分析产生干扰。

(2) 灵敏度高，检出限低。原子吸收光谱分析法是目前较灵敏的方法之一。火焰原子吸收光谱法(flame atomic absorption spectrometry，FAAS)的检出限可达到 10^{-9} g·mL^{-1}，石墨炉原子吸收光谱法(graphite furnace atomic absorption spectrometry，GFAAS)的检出限可达到 $10^{-14} \sim 10^{-10}$ g·mL^{-1}。

(3) 精密度高。火焰原子吸收光谱法测定较高含量的元素时，相对标准偏差小于1%，接近经典化学方法。石墨炉原子吸收光谱法的测量精度一般在3%~5%。

(4) 分析速度快。如火焰原子吸收光谱法测定一个液体试样一般只需要10 s左右。

(5) 试样用量少。石墨炉原子吸收光谱法对试样进行分析时，仅需5~100 μL或0.05~30 mg试样即可。

（6）应用范围广。可以测定 70 余种金属元素，还可以间接测定非金属元素和有机化合物。

与某些元素分析方法比较，原子吸收光谱法具有一定的局限性。例如，等离子发射光谱（ICP - AES）可以进行多元素同时测定，而锐线光源原子吸收光谱仪一般一次只能分析一种元素。目前连续光源原子吸收光谱商品化仪器生产技术仅为耶拿公司一家掌握，仪器价格较高。电感耦合等离子体质谱（inductively coupled plasma mass spectrometry，ICP - MS）具有比 GFAAS 更高的灵敏度。尽管如此，原子吸收光谱法因具有上述优点，且操作简单，价格相对便宜，目前仍是主要的元素测定方法，在很多领域被广泛使用。

3.2　原子吸收光谱法的基本原理

3.2.1　原子吸收光谱的共振吸收原理

近代原子结构理论认为，原子是由原子核和绕核运动的电子组成的，一个原子可有多种能级状态（图 3-1）。通常情况下，原子处于基态能级，其能量最低，是最稳定的状态，在基态的原子称为基态原子。当基态原子受到光照、加热、电场等外界能量激发吸收能量时，最外层的电子可跃迁到较高能级，此时原子处于激发态，称为激发态原子。激发态原子很不稳定，在 $10^{-8} \sim 10^{-7}$ s 后跃迁返回至基态，并放出能量。原子能级间的跃迁伴随着能量的吸收和发射，可产生相应的原子吸收光谱和原子发射光谱。

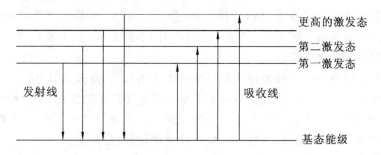

图 3-1　原子光谱的吸收和发射示意图

原子由基态跃迁至能量最低的激发态（第一激发态）时，所吸收的一定波长的辐射线称为共振吸收线。再跃迁返回基态时，则发射相同波长的辐射线，称为共振发射线。共振吸收线和共振发射线统称为共振线（resonance line）。

各元素的原子结构和外层电子排布不同，原子从基态跃迁至第一激发态时所吸收的能量不同，不同元素的共振线具有不同的波长，是元素的特征谱线。对于大多数元素来说，共振线是测量该元素的灵敏线。

3.2.2　原子吸收谱线轮廓与谱线宽度

原子吸收具有良好的选择性，不同波长的光通过原子蒸气时，如果某一波长 λ 相应的能量与原子由基态跃迁至激发态所需的能量 ΔE 一致，就会引起原子对该波长辐射的吸收。因此，吸收线的波长 λ 由产生该原子吸收谱线的能级之间的能量差 ΔE 决定，即

$$\Delta E = \frac{hc}{\lambda} \tag{3-1}$$

式中：h 为普朗克常数；c 为光在真空中的传播速度。

从理论上来讲，原子吸收时只发生电子能级跃迁，基态原子蒸气仅对某单一波长的辐射吸收，所以在原子吸收光谱中应该是一条光谱线，称为线状光谱。但受多种因素的影响，实验测定的原子吸收光谱线并不是一条严格的几何线，而是具有一定频率范围（即指一定宽度）或波长范围的峰形图，称为原子吸收谱线的轮廓，如图 3-2 所示。

通常用谱线峰值一半处的宽度，即半宽度 $\Delta\nu$ 来表征吸收线的宽度，宽度一般为 $0.01\sim 0.001$ nm。吸收曲线轮廓的特征由吸收线的频率、形状和强度来表征。吸收线的频率取决于原子跃迁的能级差，吸收线的形状由其半宽度表征，吸收线的强度由能级间跃迁概率决定。

原子吸收谱线的轮廓变宽说明原子吸收变得分散，这将影响原子吸收光谱法测定的灵敏度。在通常条件下，引起谱线变宽的原因主要有两类：一类是由外界条件影响引起的，如热变宽和压力变宽等；另一类是由原子本身性质决定的，例如谱线的自然宽度，主要有与原子无规则运动有关的多普勒变宽，温度越高则多普勒变宽越大；与电场效应有关的斯塔克变宽和与磁场效应有关的塞曼变宽；与原子碰撞效应有关的霍尔兹马克变宽及洛伦兹变宽，其中同种元素原子碰撞导致的变宽称为霍尔兹马克变宽，不同元素原子碰撞导致的变宽称为洛伦兹变宽，体系中气体压力增大将使得原子之间碰撞加剧并导致谱线的变宽；基态原子对同种元素原子发出的辐射产生吸收，导致自吸变宽。

3.2.3 原子吸收锐线光源发射谱线与峰值吸收

当辐射光通过基态原子时，大部分吸收了中心频率 ν_0 的光，其余部分分别吸收了 ν_0 邻近的光。原子蒸气所吸收的全部能量在原子吸收分析中称为积分吸收。但是，要准确测量半宽度只有约 10^{-3} nm 吸收线轮廓的吸收值，就必须准确地对吸收线轮廓进行精密扫描，这要求单色器的分辨率高达 50 万以上，这是一般光谱不能达到的。

1955 年，A. Walsh 提出了采用峰值吸收系数 K_0 代替积分吸收，而 K_0 的测定仅需用锐线光源，不需要高分辨率的单色器，成功地解决了原子吸收测量上的这一难题。

所谓锐线光源是指发射线的半宽度比吸收线半宽度窄得多，且发射线中心频率与吸收线中心频率相一致的光源。空心阴极灯是常用的锐线光源，它发射的谱线与原子吸收谱线的中心频率一致，都在 ν_0 处，如图 3-3 所示。

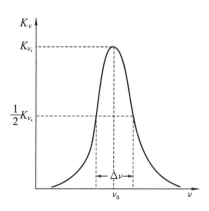

图 3-2 吸收线轮廓及半宽度

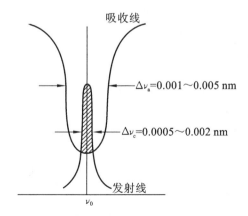

图 3-3 峰值吸收测量示意图

锐线光源发射线的半宽度 $\Delta\nu_e$ 要比吸收线的半宽度 $\Delta\nu_a$ 小得多。这种单色性更好的锐线光源可以充分被原子蒸气中的基态原子所吸收,此时入射光强度及透射光强度相差较大,检测它们的差别就比较容易。这就是原子吸收光谱法一般需要用到锐线光源的道理。

3.2.4　原子吸收与原子浓度的关系

处于基态待测原子蒸气对光辐射的共振吸收程度取决于吸收光程内基态原子的浓度 N_0。

$$A=\frac{\lg I_0}{I}=K_\nu N_0 L \tag{3-2}$$

式中:A 为吸光度;I_0 为入射光强度;I 为透射光强度;L 为光程长度;K_ν 为处于基态的原子蒸气对频率为 ν 的光的吸收系数。

在通常的火焰和石墨炉原子化温度下,处于激发态的原子浓度与处于基态的原子浓度相比,可以忽略不计,实际上可将基态原子的浓度看作总原子浓度,因原子蒸气中总原子浓度 N 与被测元素的含量 c 成正比,即

$$N=kc \tag{3-3}$$

式中:k 为与实验条件和被测元素化合物性质有关的系数。

由式(3-2)和式(3-3)得

$$A=KcL \tag{3-4}$$

式中:$K=K_\nu k$,在固定测试条件下为常数,光程长度 L 在测试时也为一固定值,所以吸光度与被测元素浓度成正比。式(3-4)是原子吸收光谱法定量分析的基本关系式。

3.3　原子吸收分光光度计

原子吸收分光光度计的结构框图见图 3-4,主要由光源、原子化器、单色器、检测器和信号处理及输出系统五个部分组成。光源一般采用锐线光源,采用脉冲供电或用机械切光器将光源发射光调制成交流信号,这样可以在检测系统中采用交流放大器将经过原子吸收后减弱的光源辐射和火焰发射的背景辐射区分开来;原子化器主要有火焰原子化器、石墨炉原子化器和氢化物原子化器;分光系统在原子化器和检测器之间,这样的布局一方面是为了将邻近的谱线分开,另一方面是为了避免火焰产生的辐射光直接到达检测系统,从而影响检测器的正常工作或减少检测器的使用寿命;检测器将特征谱线强度信号转换成电信号,通过模数转换器转换成数字信号;计算机光谱工作站对数字信号进行采集、处理与显示,并对分光光度计各系统进行自动控制。

原子吸收分光光度计分为单光束型和双光束型两种,其结构框图如图 3-5 所示。在单光束原子吸收分光光度计中,光源发出的特征辐射通过原子蒸气时,部分辐射被基态原子所吸收,透过原子蒸气的辐射光经过分光系统,进入检测器,检测器将接收的光信号转换成电信号,经过处理后将其显示并记录下来。目前,由于光源不稳定而引起基线漂移这一问题已得到有效改进,仪器各器件及整体工艺技术已非常成熟,是当今市场上商品化仪器的主流产品。

在双光束原子吸收分光光度计中,光源发出的特征辐射光经旋转反射镜分为两束:一束为样品光束,通过原子化器,经基态原子吸收使光的强度减弱;另一束光为参比光束,不通过原子化器,强度不减弱。然后通过半反射镜将两束光汇合为一束光,通过单色器分光后进入检测

器,经过计算机工作站处理两束光强度之比来分析结果。双光束原子吸收分光光度计可以避免光源波动所带来的影响,稳定性好,其缺点是仪器结构复杂,设备成本高、光能量损失较大。

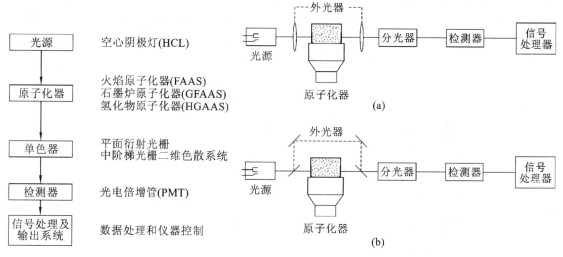

图 3-4　原子吸收分光光度计结构框图

图 3-5　原子吸收分光光度计单光束型和双光束型结构示意图

3.3.1　光源

　　光源的作用是发射待测元素的特征辐射。对光源的基本要求:①应发射待测元素的共振线,具有足够大的辐射强度,以保证较高的信噪比。背景信号应低于共振辐射的 1%,且不受充入的惰性气体或其他杂质元素线的干扰;②辐射强度稳定,灯的使用寿命长;③发射的共振辐射的半宽度要明显小于吸收线的半宽度。原子吸收最常见的锐线光源是空心阴极灯和无极放电灯,另外还有用于连续光源的高聚焦短弧氙灯等。

　　1. 空心阴极灯(hollow cathode lamp,HCL)

　　目前应用最广泛的是空心阴极灯,其结构如图 3-6 所示。空心阴极灯是由玻璃管制成的封闭着低压气体的放电管,主要由一个阳极和一个空心阴极组成。阳极为钨棒,上面装有钛丝或钽片作为吸气剂。阴极为空心圆柱形,由待测元素的高纯金属或合金直接制成,贵重金属以其箔衬在阴极内壁。灯的光窗材料根据所发射的共振线波长而定,在可见波段用硬质玻璃,在紫外波段用石英玻璃。制作时先将管内抽成真空,然后再充入压强为 267~1 333 Pa 的少量氖气或氩气等惰性气体,其作用是载带电流、使阴极产生溅射及激发原子发射特征的锐线光谱。

　　空心阴极灯工作原理如图 3-7 所示。由于受宇宙射线等外界电离源的作用,空心阴极灯中总是存在极少量的带电粒子。当极间加上 300~500 V 电压后,管内气体中存在着的极少量阳离子向阴极运动,并轰击阴极表面,使阴极

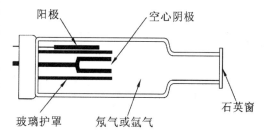

图 3-6　空心阴极灯结构构造图

表面的电子获得外加能量而逸出。逸出的电子在电场作用下,向阳极做加速运动,在运动过程中与充气原子发生非弹性碰撞,产生能量交换,使惰性气体原子电离产生二次电子和正离子。在电场作用下,这些质量较重、速度较快的正离子向阴极运动并轰击阴极表面,不但使阴极表面的电子被击出,而且使阴极表面的原子获得能量从晶格能的束缚中逸出而进入空间,这种现象称为阴极的"溅射"。"溅射"出来的阴极元素的原子,在阴极区再次与电子、惰性气体原子、离子等相互碰撞,以此获得能量被激发发射阴极物质原子的线状光谱。

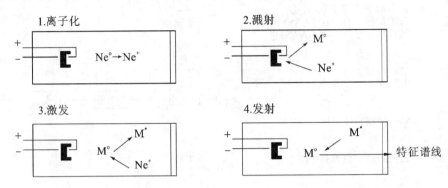

图 3-7 空心阴极灯工作原理图

空心阴极灯的发光强度与工作电流有关。灯电流过小,放电不稳定;灯电流过大,溅射作用增强,原子蒸气密度增大,谱线变宽,甚至引起自吸,导致测定灵敏度降低,灯寿命缩短。因此,在实际工作中应选择合适的工作电流。

空心阴极灯是性能优良的锐线光源。第一,由于原子可以在空心阴极中多次溅射和被激发,气态原子平均停留时间较长,激发效率较高,因而发射的谱线强度较大;第二,采用的工作电流一般只有几毫安或几十毫安,灯内温度较低,因此热变宽很小;第三,灯内充气压力很低,激发原子与不同气体原子碰撞而引起的压力变宽可忽略不计;第四,阴极附近的蒸气相金属原子密度较小,同种原子碰撞而引起的共振变宽也很小;第五,由于蒸气相原子密度低、温度低、自吸变宽几乎不存在。因此,使用空心阴极灯可以得到强度大、谱线很窄的待测元素的特征共振线,是一种理想的锐线光源。

目前已经研制出几种多元素空心阴极灯(表 3-1)。多元素阴极灯是指灯管内阴极表面含有两种或多种元素,通电时,能同时辐射两种或多种元素的共振线。选择并更换相应元素的波长,即能在一个灯上同时进行几种元素的测定。多元素空心阴极灯的缺点是辐射强度、灵敏度和使用寿命都不如单元素阴极灯。组合的元素越多,光谱特征性越差,谱线干扰越大。

表 3-1 几种多元素空心阴极灯

种类	二元素灯	三元素灯	四元素灯	五元素灯	六元素灯	七元素灯
元素	钙镁	钙镁锌	铁铜锰锌	银铬铜铁镍	钴铬铜铁锰镍	铝钙铜铁镁硅锌
	钾钠	铜铁镍	/	钴铬铜锰镍	/	/

2. 无极放电灯(electrodeless discharge lamp,EDL)

无极放电灯是在一个密封的椭圆形或圆形真空石英管内,充入低压惰性气体并填充少量待测元素的卤化物,将石英管置于高频线圈中心,固定,再安装于绝缘套内,结构如图 3-8 所示。

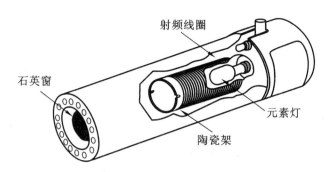

图 3-8　无极放电灯结构构造示意图

在高频电场中,借助于高频火花放电,激发管内惰性气体原子。随着放电的进行,石英管的温度升高,金属卤化物蒸发并解离。待测元素原子与被激发的惰性气体原子发生碰撞而被激发,继而发射特征谱线。

目前生产的无极放电灯要求元素本身或其化合物具有较高的蒸气压,如 K、Cd、As、Bi、Hg、Se、Te、Cs、Sn、Pb 等。无极放电灯与同位素的空心阴极灯相比,具有以下优点:稳定性好、辐射强度高、寿命长、没有自吸收、谱线更纯。但它要求管内温度为 200～400 ℃时,待测元素至少具有 133 Pa 的蒸气压,只有几种易挥发的元素才能制成无极放电灯。

3. 高聚焦弧氙灯

近年来出现的连续光源原子吸收光谱仪是使用特制的高聚焦短弧氙灯作为光源。它属于气体放电光源,灯内充有高压氙气,在高频高压激发下形成高聚焦弧光放电,发射波长范围为 190～900 nm 的强连续光谱。这种光源具有如下特点:发射的是高强度复合光,可保证经色散后仍具有足够的光强度;由高分辨率双单色器色散后,能符合发射线宽度大大窄于吸收线宽度的要求;采用氖灯同时进行波长定位和动态校正,可确保中心频率与元素共振线相同。

3.3.2　原子化器

原子化器(atomizer)的作用是将试样中的待测元素转化为基态原子蒸气,并使其进入光源的辐射光程。试样中待测元素转变为基态原子的过程称为原子化,其过程示意图如图 3-9 所示。

$$MX(试液) \underset{蒸发}{\rightleftharpoons} MX(气态) \underset{热解}{\rightleftharpoons} \begin{array}{c} M_1(激发态原子) \\ \Updownarrow 激发 \\ M_0(基态原子) + X(气态) \\ \Updownarrow 激发 \\ M^{n+}(离子) + ne^-(电子) \end{array}$$

图 3-9　原子化过程示意图

原子化器的使用要求:原子化效率高、稳定性好、重现性好、干扰少。目前常用的原子化器有火焰原子化器和石墨炉原子化器,有时候还会用到氢化物发生原子化器和冷原子发生原子化器。

1. 火焰原子化器

火焰原子化器中应用最广泛的是预混合型火焰原子化器,主要由雾化器、雾化室和燃烧器三部分构成。预混合型火焰原子化器的结构如图 3-10 所示。

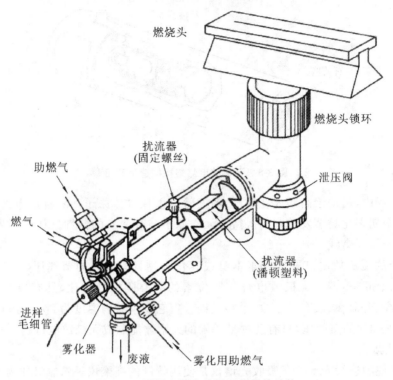

燃烧头

燃烧头锁环

扰流器
(固定螺丝)

助燃气

泄压阀

燃气

扰流器
(潘顿塑料)

进样
毛细管

雾化器

废液

雾化用助燃气

图 3-10　预混合型火焰原子化器的结构

（1）**雾化器**（nebulizer）　雾化器的作用是将试液雾化，形成直径为微米级的气溶胶。雾化器是预混合型火焰原子吸收分光光度计的关键部件，要求喷雾稳定，雾化效率高，形成的气溶胶颗粒细小，粒径分布范围窄。

目前普遍采用的是同心双管型气体雾化器，外管接高压助燃气，内管由毛细管连接并吸入试液。利用气体动力学原理，当高压助燃气从气体导管中高速通过时，在中心毛细管出口处形成负压，使试液经毛细管入口吸入，并在出口处被高速气流分散成雾滴。喷出的雾滴再经撞击球碰撞后被进一步分散成细雾，进入雾化室。雾化器通常由聚四氟乙烯、不锈钢或玻璃材料制成。中心毛细管多由铂-铱（或铑）合金制成，以增强抗腐蚀能力。

（2）**雾化室**（atomizing chamber）　雾化室又称预混合室，其作用是使已雾化的试液细雾滴与燃气、助燃气混合均匀，形成气溶胶后进入燃烧器，以减少火焰的扰动。雾化室中设置的扰流器，可以截留较大的雾滴，并沿雾化室内壁由废液口排出。废液排出管需要进行水封，否则会引起火焰不稳定，甚至回火。通常在雾化室内壁喷涂氯化聚醚之类的塑料，使其具有较好的浸水性，防止挂水珠，以减少记忆效应。

（3）**燃烧器**（burner）　燃烧器的作用是形成火焰，使进入火焰的试样气溶胶迅速蒸发、解离和原子化，产生待测元素的基态原子。对燃烧器的要求：火焰平稳，不易回火，喷口不易因试样沉积而被堵塞，噪声低，调节方便。

燃烧器由不锈钢或金属钛等耐高温、耐腐蚀材料制成。燃烧器喷口一般都做成长狭缝式。这样既可获得原子蒸气的较长吸收光程，提高方法的灵敏度，又可防止回火，保证操作安全。燃烧器有单缝和三缝两种，最常用的是单缝燃烧器，其灵敏度高、噪声小、稳定性好。三缝燃烧器可以减少周围火焰扰动的影响,降低火焰噪声,主要用于高含盐量的样品液分析,可以避免燃烧缝被溃盐堵塞。其缺点是燃气消耗大。预混合型火焰原子化器只适用于低燃烧速度的火焰,不能用于纯氧作助燃气的高燃烧速度的火焰。

采用火焰原子化时,火焰温度对原子化过程有非常大的影响。一般来讲,较高的火焰温度有利于原子化,但是火焰温度升高会使碱金属和碱土金属等元素的电离度增大;多普勒效应增强,吸收线变宽;火焰发射增强,背景增大;因气体膨胀而使基态原子浓度减小,这些效应都会导致测定灵敏度降低。常用的气体火焰温度和燃烧速度见表 3-2。

表 3-2　常见火焰的温度及燃烧速度

燃气	助燃气	燃烧速度/(cm·s⁻¹)	温度/℃	特　　点
C_2H_2	空气	158~266	2 100~2 500	温度较高,最常用(稳定、噪声小、重现性好,可测定30多种元素)
C_2H_2	O_2	1 100~2 480	3 050~3 160	高温火焰,可作为上述火焰的补充,用于其他更难原子化的元素
C_2H_2	N_2O	160~285	2 600~2 990	高温火焰,具有强还原性(可使难分解的氧化物原子化),可用于多达70多种元素的测定
H_2	空气	300~440	2 000~2 318	较低温氧化性火焰,适用于共振线位于短波区的元素(As、Se、Sn、Zn)
H_2	O_2	900~1 400	2 550~2 933	高燃烧速度,高温,但不易控制
H_2	N_2O	约 390	约 2 880	高温,适用于难分解氧化物的原子化
丙烷	空气	约 82	约 2 198	低温,适用于易解离的元素,如碱金属和碱土金属

产生火焰的混合气体中,一般将还原性气体称为燃气,而将氧化性气体称为助燃气。同一种类的火焰,因其燃气和助燃气的比例(燃助比)不同可分为不同的火焰类型。

① 化学计量火焰,又称中性焰。火焰的燃助比基本是按照它们之间的化学反应计量比提供的。例如,乙炔-空气焰燃助比为 1∶4。这种火焰是蓝色透明的,具有层次分明、温度高、背景干扰少的特点,是目前普遍使用的一类火焰。

② 富燃火焰。燃助比大于化学计量火焰,因含有未完全燃烧的燃气,具有较强的还原气氛。例如,乙炔-空气焰燃助比为 1.2~1.5∶4,此焰呈黄色光亮。温度略低于化学计量火焰,适宜于氧化物熔点较高的元素,如铝、钛、钼等,背景较强,干扰较多。

③ 贫燃火焰。燃助比小于化学计量火焰,例如,乙炔-空气焰燃助比为 1∶6。这类火焰清晰,呈淡蓝色。由于燃烧充分,火焰温度较高,但火焰燃烧不稳定,测量重复性差,仅适用于不易氧化的元素,如铜、银、钴等。

2. 石墨炉原子化器

石墨炉原子化器又称电热原子化器,由石墨炉电源、石墨炉体和石墨管组成。石墨炉体包括石墨电极、内外保护气、冷却系统和石英窗等。其结构如图 3-11 所示。

样品置于石墨管中,用可调节功率的石墨炉电源控制通过石墨管的电流大小,使样品经过

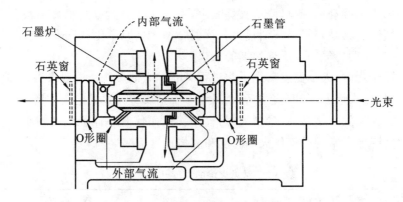

图 3-11　石墨炉原子化器截面图

干燥、灰化、原子化等步骤形成原子蒸气。石墨管通常用氩气作保护气,氩气沿石墨管内、外气路流过,外气路的氩气沿管外壁流过保护石墨管在加热过程中不被烧蚀,内气路的氩气在石墨管内由管两端流向管中央,并由管中心的小孔流出,可有效除去在试样干燥和灰化过程中产生的基体蒸气,同时保护已原子化的原子不重新被氧化。石墨管支撑在石墨锥上,石墨锥安装在有流动水冷却的金属外套中,可以保护炉体实现快速冷却,以保证分析的连续进行。

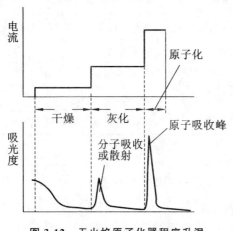

图 3-12　无火焰原子化器程序升温过程示意图

石墨炉原子化法的通电升温过程一般需经过干燥、灰化、原子化、净化 4 个步骤,见图 3-12。

(1) 干燥。在溶剂沸点温度下蒸发掉样品中所含溶剂,并由惰性气体带走。

(2) 灰化。在较高温度(350～1 200 ℃)下使样品中低沸点的无机物及有机物发生分解和汽化而被除去,以减少基体干扰。

(3) 原子化。待测元素在较高温度(1 000～3 000 ℃)下进行原子化。需要注意的是,原子化阶段要停止通入保护气,以延长原子蒸气在石墨管中的停留时间。

(4) 净化。温度高于原子化温度 100～200 ℃以除去残留物,消除记忆效应。

石墨炉原子化法主要有以下优点:原子化效率高。基态原子在测定区有效停留时间长,样品全部蒸发并参与光吸收,原子化效率接近 100%,其灵敏度比火焰法增加 10～200 倍;取样量少,固体样品为 0.1～10 mg,液体样品为 1～100 μL;原子化在充有惰性保护气体的强还原性石墨介质中进行,有利于难熔氧化物的分解和原子化;消除了化学火焰中常产生的待测组分与火焰组分间的相互作用,减少了化学干扰;可直接测定。

其不足方面主要表现在如下方面:因取样量少,样品组成的不均匀性影响较大,使测定的重现性较差;有较强的背景吸收和基体效应;分析成本高;设备较复杂,操作不够简便。

火焰原子化法与石墨炉原子化法的比较见表 3-3。

表 3-3　火焰原子化法与石墨炉原子化法的比较

原子化方法	火焰原子化法	石墨炉原子化法
原子化原理	燃烧热	电热
最高温度	2 955 ℃（乙炔-氧化亚氮火焰）	约 3 000 ℃
原子化效率	约 10%	90% 以上
试样体积	＞1 mL	5～100 μL
讯号形状	平顶形	峰形
灵敏度	低	高
检出限	对 Cd，0.5 ng·g^{-1} 对 Al，20 ng·g^{-1}	对 Cd，0.002 ng·g^{-1} 对 Al，0.1 ng·g^{-1}
最佳条件下的重现性	RSD 0.5%～1.0%	RSD 1.5%～5.0%
基体效应	小	大

3. 氢化物发生原子化器

氢化物发生原子化器主要用来测定铅、砷、锗、锡、锑、铋、硒、碲、镉、铟及铊 11 种元素。这些元素在酸性介质中，能与强还原剂硼氢化钠（钾）反应，生成气态氢化物，再在较低的温度下分解为气态原子。其装置主要分为氢化物发生器和原子化系统两个部分，如图 3-13 所示。

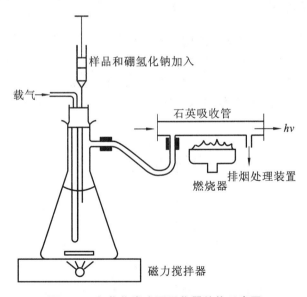

图 3-13　氢化物发生原子化器结构示意图

石英管是实现氢化物原子化最常用的原子化器，待测元素的氢化物可在较低温度（700～900 ℃）实现原子化。当待测元素的特征谱线通过石英管产生的原子蒸气时，发生原子吸收现象。氢化物产生的过程本身即一个分离过程，可克服样品中其他成分的干扰，具有较高的灵敏度。基于待分析元素不同价态和形态的氢化物发生行为的差异，氢化物发生原子化法还可用于部分被还原气态氢化物元素的不同价态和形态的分析。

4. 冷原子发生原子化器

冷原子发生原子化器只用于汞的测定。其工作原理是将试样中汞离子(Hg^{2+}或 Hg_2^{2+})还原为金属汞。在还原器中加入样品和氯化亚锡还原剂,发生氧化还原反应:$Hg^{2+} + Sn^{2+} = Hg + Sn^{4+}$。反应产生的单质汞具有极强的挥发性,通入氮气将汞蒸气带出,经干燥管干燥后进入石英吸收池,在室温下测定吸光度。该方法适用于痕量汞的测定,可检出 0.01 g 汞,灵敏度和准确度都很高。

3.3.3 单色器

单色器的作用是将待测元素的共振吸收线与邻近的谱线分开。常规原子吸收光谱仪使用锐线光源,入射光的单色性好,无须再单色化。所以,单色器设置在原子化器后,同时避免火焰的发光干扰。其构造包括狭缝、准直镜和色散原件等,其中色散元件多采用光栅,刻痕数在每毫米 600~2 800 条之间。

3.3.4 检测器

检测器的作用是将透过单色器的光信号转变成电信号。光电倍增管(PMT)是原子吸收分光光度计的主要检测器,要求在 200~900 nm 波长范围内具有较高灵敏度和较小暗电流。PMT 响应信号经电学放大器放大后,由模数转换器转换成数字信号被计算机光谱工作站采集。

3.3.5 信号处理及输出系统

现代仪器一般采用计算机对所采集的信号进行处理,其中工作软件是必不可少的组成部分。通过计算机操作系统,设置仪器测量条件、样品参数等,储存并打印分析条件、标准曲线、原始数据、测量结果和分析报告等。大多数软件还具有自动诊断功能,依据不同的元素设置相应的最佳缺省参数,同时兼具检测仪器稳定性、检出限、精密度和工作曲线的线性范围等仪器性能的功能。

3.4 原子吸收光谱分析方法

3.4.1 仪器操作条件的选择

1. 空心阴极灯工作电流的选择

空心阴极灯的工作电流会影响辐射强度和灯的使用寿命。采用较大的灯电流,谱线强度增强,发射谱线半宽度变宽,此时检测器的负高压降低,吸光度读数稳定。若灯电流过大,灯使用寿命将会缩短。采用较小的工作电流,空心阴极灯所发射谱线半宽度较窄,自吸效应小,分析灵敏度增加;但若电流太小,辐射强度低,放电不稳定,影响分析灵敏度和精密度。

一般商品空心阴极灯均标有最大工作电流和使用电流范围,通常以空心阴极灯上标明的最大工作电流的 1/2~2/3 作为工作电流。一般情况下,在保证有足够强度且稳定的光输出前提下,尽量选用较低的工作电流,以延长灯的使用寿命。在使用之前空心阴极灯需经过 5~20 min 的预热,以使输出光强度稳定。

2. 分析线的选择

通常情况下,选择灵敏度最高的共振线作为分析线。在分析多谱线元素时,为了避免谱线之间的干扰,多选用次灵敏线作为分析线。比如 Ni 最强共振线是 232.00 nm,但附近有 231.98 nm 和 232.12 nm 谱线产生非吸收干扰,因此常选取 341.48 nm 作为分析线。又如 As、Se、Hg 等元素,其共振线位于远紫外区,空气-乙炔焰在此区域对这些元素的共振线有较强的吸收,不宜选共振线作为分析线。

3. 狭缝宽度的选择

对于大多数元素而言,谱线重叠的概率较小,采用较大的狭缝宽度,可增加到达检测器的共振线能量,提高信噪比。针对背景较强、谱线复杂的情况,可使用较小的狭缝宽度排除干扰谱线,提高灵敏度。常规元素分析时,光谱通带宽度为 0.4～4.0 nm,分析谱线复杂的元素时,需要减小狭缝宽度,仪器的最小值一般为 0.1 nm。

4. 火焰原子化条件的选择

使用火焰原子化器时,需要考虑火焰的种类、燃助比、燃烧器高度等。不同的火焰类型具有不同的特性,如温度、氧化还原性、燃烧速度和对辐射的透射性等。在选择火焰类型时,应考虑所测定元素的电离电位高低、原子化难易和氧化还原性等。元素原子化适合中低温火焰的,选择乙炔-空气火焰;难解离的化合物,选用氧化亚氮-乙炔火焰;分析线低于 220 nm 的元素,选择氢气-空气火焰以减少火焰对共振线的吸收。燃气和助燃气流量一般在 L·min^{-1} 数量级,注意调节合适的燃助比。对易于生成难解离氧化物的元素宜用富燃火焰,提供还原性环境;对于碱金属元素宜用贫燃火焰。

5. 石墨炉原子化条件的选择

使用石墨炉原子化器时,测量过程需要经过干燥、灰化、原子化和净化 4 个步骤,合理选择温度及持续时间非常重要。干燥阶段,温度应比溶剂的沸点稍低,以防止在溶剂挥发过程中样品飞溅;灰化阶段,其目的是为了破坏和蒸发除去试样基体,在保证待测元素没有明显损失的前提下,应将试样加热到尽可能高的温度;原子化阶段,应选择达到最大吸收信号的最低温度作为原子化温度,此阶段应停止载体流动,以降低基态原子逸出的速度,提高基态原子在石墨炉中的停留时间和密度,有利于提高分析方法的灵敏度和改善检出限;净化温度应高于原子化温度 100～200 ℃,以有效除去残渣。各阶段加热时间依试样的不同而不同,需通过实验来确定,但前两个过程需平稳进行,所以升温和持续时间应稍长一些。

3.4.2　原子吸收光谱法样品处理

对大多数样品而言,其主要成分为有机化合物,在测试前需破坏有机化合物并将样品转化为无机盐溶液。在样品处理过程中不能造成待测成分的损失,同时不能引入新的污染物,所用试剂及反应产物对后续的测定应无干扰。样品消解的常用方法主要有干法灰化、湿法消解和微波消解。

样品消解过程中应注意以下几个方面。

(1) 在样品处理中所用试剂如硝酸、高氯酸、硫酸等应为优级纯。

(2) 样品制备过程中应注意防止各种污染,所用设备如粉碎机等必须是不锈钢制品,所用容器必须使用玻璃或聚乙烯制品。

(3) 水为去离子水。

(4) 玻璃仪器使用前须用 20% 的硝酸浸泡 24 h 以上,用去离子水冲洗干净后晾干。

(5) 标准储备液和使用液配制后应储存于聚乙烯瓶内,4 ℃ 保存。

1. 干法灰化

干法灰化是利用高温除去样品中的有机质,剩余的灰分用酸溶解制成待测样品。将试样置于坩埚内,先在电热板上低温炭化至无烟,再在一定温度范围(500~550 ℃)内加热分解、灰化,所得残渣用适当溶剂溶解后进行测定。该法适用于大多数金属元素含量的测定,对于有机物含量多的样品同样适用,但在高温条件下,铅、镉、汞、砷、锡、硒等易挥发损失,此法不适用。

该法的主要优点:基本不加或加很少的试剂,空白值低;取样量较大,以减小误差;设备简单,可批量操作。缺点:加热时间长,耗电量大。对于易挥发元素,高温灰化法易造成损失,影响测定结果的准确度。

高温状态极易产生元素损失,且会形成酸不溶性混合物,产生滞留损失。如何减少损失,提高方法的准确度是干法灰化所要解决的重要问题,主要从以下几个方面考虑:①样品必须进行预灰化,即先在电热板上低温炭化至无烟,然后移入冷的高温电阻炉中,缓缓升温至预定温度,否则样品因燃烧而过热导致金属元素挥发。②变换坩埚在高温电阻炉中的位置,使样品均匀受热,防止样品局部过热。③保证瓷坩埚的釉层完好。使用有蚀痕或部分脱釉的瓷坩埚灰化试样时,器壁更易吸附金属元素,形成难溶的硅酸盐而导致损失。④灰化前,可加入灰化助剂,常用的有 HNO_3、H_2SO_4、$(NH_4)_2SO_4$、$(NH_4)_2HPO_4$ 等。HNO_3 可促进有机物氧化分解,降低灰化温度,后几种则使易挥发元素转变为挥发性较小的硫酸盐和磷酸盐,从而减少挥发损失。如有个别试样灰化不彻底,有炭粒,取出后冷却,再加硝酸,小火蒸干,然后移入高温电炉中继续完成灰化。

2. 湿法消解

湿法消解是在适量的样品中,加入氧化性强酸,加热破坏有机化合物,使待测组分转化成无机可溶性盐存在于消化液中。

硝酸是广泛使用的预氧化剂,它可破坏样品中的有机质。含大量有机化合物的样品通常采用混酸进行湿法消解,用于湿法消解的混酸包括 HNO_3-HClO_4、$HNO_3-HClO_3-HClO_4$、$HNO_3-HClO_4-H_2SO_4$、$HNO_3-H_2SO_4$、$H_2SO_4-H_2O_2$、$HNO_3-H_2O_2$ 和 HNO_3-HCl。

硫酸具有强氧化性和脱水性,可使有机化合物炭化,使难溶物质部分降解并提高混合酸的沸点;$HNO_3-H_2SO_4$ 混合酸体系利于分解成分复杂、难以消化的样品。

热的高氯酸是最强的氧化剂和脱水剂,其沸点较高,可在除去硝酸以后继续氧化样品。$HNO_3-HClO_4-H_2SO_4$ 混合酸体系氧化性强,能快速氧化样品中的有机化合物。需要注意的是在操作中要防止样品分解后硫酸对样品强烈脱水,使得局部失水温度过高导致高氯酸与消解物反应发生爆炸。

在含有硫酸的混合酸中过氧化氢的氧化作用是基于过氧硫酸的形成,由于硫酸的脱水作用,该混合溶液可迅速分解有机物。

当样品基体含有较多的无机物时,多采用含盐酸的混合酸进行消解。

氢氟酸与其他酸一起,主要用于分解含硅及硅酸盐的样品。

选择合适的酸体系对加快有机化合物的消解非常重要,同时要进行准确的温度控制,以达到更理想的消解效果。盐酸适合在 80 ℃ 以下的消解体系,硝酸适合在 80~120 ℃ 的消解体系,HNO_3-HCl 混酸适合在 95~110 ℃ 的消解体系,$HNO_3-H_2O_2$ 适合在 95~130 ℃ 的消解体系,HNO₃ - HClO₄混酸适合在 140～200 ℃的消解体系,HNO₃ - H₂SO₄混酸适合在 120～200 ℃的消解体系,硫酸适合在 340 ℃左右的消解体系。

湿法消解所用的都是高纯度的试剂,基体成分比较简单,控制好消化温度,大部分元素几乎没有损失。但湿法消解试剂用量大,且常用的试剂都具有腐蚀性,产生氮氧化物污染空气。同时,样品取样量小,空白易被污染。一些特定样品,湿法无法消解。

3. 微波消解

微波消解是建立在湿法消解的基础上的一种消解方法,将样品与酸置于特制的消解罐中,在微波电磁场作用下,样品与酸的混合物通过吸收微波能量,使介质中的分子间相互摩擦,产生高热。同时,交变的磁场使介质分子产生极化,由极化分子的快速排列引起张力。样品的表面层不断搅动破裂,不断产生新的表面与酸反应。将微波消化法和密闭增压酸溶法相结合,使两者的优点得到了充分发挥。

微波消解法的优点主要有以下几个方面。

(1) 微波加热是"内加热",具有加热速度快、加热均匀、无温度梯度、无滞后效应等特点;

(2) 消解样品的能力强;

(3) 溶剂用量少,试剂空白低。用密闭容器微波溶样,溶剂无蒸发损失,一般只需 5～10 mL 溶剂;

(4) 工作效率高;

(5) 避免了有害气体排放对环境造成的污染;

(6) 采用密闭消解,有效减少易挥发元素损失。

3.4.3　原子吸收光谱法定量分析方法

原子吸收光谱法是一种相对分析方法,需用校正曲线进行定量。常用的定量方法有标准曲线法和标准加入法。某些情况下,还可以用内标法定量。

1. 标准曲线法

标准曲线法是最基本的定量方法,也是原子吸收光谱法最常用的定量分析方法。在分析元素的线性范围内,配置系列浓度(c)的标准溶液,在最佳的分析条件下测量系列浓度标准溶液的吸光度(A),绘制 $A - c$ 标准曲线图。在相同分析条件下测量试样溶液的吸光度(A_x),求出试样溶液的浓度(c_x),如图 3-14 所示。

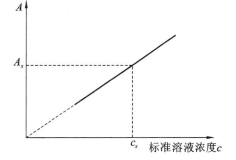

图 3-14　标准曲线法校正曲线

利用标准曲线法进行测定时需要注意以下问题。

(1) 所配制溶液的浓度应在线性范围内,以保证吸光度与浓度呈线性关系。标准溶液浓度过高,可导致标准曲线不呈线性关系;

(2) 整个分析过程中操作条件应保持一致;

(3) 待测样品应与标样具有相似的化学组成和物理性质,以消除基体效应;

(4) 应考虑仪器波动影响,最好每次测定样品之前都做一次标准曲线,以保证结果的准确性;

(5) 应用空白溶液对吸光度的零点进行校正;

（6）标准溶液应每次用储备液现配现用，因为低浓度标准溶液中的元素容易被容器吸附。

2. 标准加入法

当试样基体组成复杂，或含量较低时，可采用标准加入法。分别吸取等量的待测试液 5

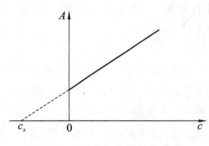

图 3-15　标准加入法校正曲线

份，一份不加校准溶液，其余 4 份分别按比例加入不同浓度的校准溶液，即试液浓度分别为 c_x、c_x+c_0、c_x+2c_0、c_x+3c_0、c_x+4c_0。在相同条件下，用溶剂调零，试剂空白溶液作空白校正，依次测定吸光度。用加入标准溶液浓度为横坐标，吸光度为纵坐标绘制吸光度与浓度校正曲线，曲线反向延伸与浓度轴的交点 c_x，即为试样溶液中待测元素浓度，如图 3-15 所示。

使用标准加入法要注意以下几点。

（1）该法只适用于浓度与吸光度成线性区域；

（2）至少应采用 4 点（包括试样溶液浓度本身）来绘制外推关系曲线。首次加入校正溶液浓度和试样溶液浓度应大致相同，即 $c_x \approx c_0$。一般采用预测试样溶液和校准溶液吸光度进行判断；

（3）如有背景吸收，由仪器扣除背景，如没有背景校正系统装置的仪器，可利用非吸收线，单独测出背景吸收，作图时将浓度轴向上移一段距离，其大小为背景的吸光度。

3. 内标法

使用双波道或多波道原子吸收分光光度计时，可采用内标法进行定量分析。具体操作：在系列标准溶液和试样溶液中分别加入一定量的试样中不存在的第二元素作为内标元素，同时测定这两种元素的吸光度。然后以 $A_S/A_{内}$ 为纵坐标，以标准溶液中待测元素的浓度 c 为横坐标，绘制 $A_S/A_{内}-c$ 标准曲线，再根据试样溶液 $A_x/A_{内}$，从标准曲线中即可求出试样中待测元素的含量。

3.5　干扰及消除方法

原子吸收光谱法具有选择性好、干扰少的特点，但仍会出现一些不容忽视的干扰问题。原子吸收过程中的干扰主要有物理干扰、化学干扰、电离干扰、光谱干扰及背景吸收等。

3.5.1　物理干扰及消除方法

物理干扰是指试样在转移、蒸发和原子化过程中，由于试样物理特性（如黏度、表面张力等）的变化而引起的原子吸收强度下降的效应，主要表现为影响雾化效率。物理干扰是非选择性干扰，对试样各元素的影响基本是相似的。

火焰原子吸收光谱中，样液的黏度与密度、毛细管的直径和长度、浸入试样的深度均对样液的提升速率有影响。样液表面张力的变化，对雾珠和气溶胶粒子大小与分布，以及雾化效率有影响。大量基体物质在火焰中蒸发和解离时，消耗大量的热能，在蒸发过程中有可能包裹待测元素，影响原子化效率。另外，高盐含量可能造成燃烧缝隙堵塞，改变其工作特性。

石墨炉原子吸收光谱中进样量的大小和进样位置对原子化有重要的影响。进样量过大，使待测原子蒸气逸出；样液在石墨炉中的位置不重现；程序升温中的干燥、灰化以及原子化的温度与时间设置等,这些因素都将影响原子化效率。

消除物理干扰的方法有以下几种:尽量使样品溶液与参比溶液保持一致;采取标准加入法;对较浓的样品采用稀释溶液的方法;在非火焰原子吸收光谱中使用基体改良剂。

3.5.2　化学干扰及消除方法

待测元素与共存元素发生化学反应,生成了难挥发或难解离的化合物,引起原子化效率的改变所造成的影响统称为化学干扰。化学干扰可以增强原子吸收信号,也可以降低原子吸收信号。化学干扰是原子吸收光谱的主要干扰,是一种选择性干扰,不仅取决于待测元素与共存元素的性质,还涉及不同原子化方法与条件等。

消除或抑制化学干扰的方法需视情况而定。常用方法如下:

1. 加入释放剂

待测元素和干扰元素在火焰原子化器中形成稳定化合物所产生的干扰,通过加入一种释放剂使之与干扰元素反应生成更容易挥发的化合物,从而使待测元素释放出来。例如,磷酸盐干扰钙的测定[生成稳定的 $Ca_3(PO_4)_2$],当加入镧盐或锶盐之后,镧或锶与磷酸根结合[生成更稳定的 $LaPO_4$ 或 $Sr_3(PO_4)_2$],而将钙释放出来。

2. 加入保护剂

加入一种物质使待测元素不与干扰元素生成难挥发的化合物,可以保护待测元素不受干扰,所加入的物质称为保护剂。例如,EDTA 保护剂可抑制磷酸根对钙的干扰,8-羟基喹啉保护剂可抑制铝对镁的干扰。

3. 改变火焰类型,改变火焰特性

化学干扰是火焰原子化器的主要干扰之一,可以利用高温 $N_2O-C_2H_2$ 火焰加以抑制许多在空气-C_2H_2 火焰中出现的干扰,在 $N_2O-C_2H_2$ 火焰中可以减少或完全消除。对于难熔、难挥发氧化物的元素,如硅、钛、铝、铍等,使用强还原性火焰更有利于这些元素的原子化。

4. 加入缓冲剂

在试样溶液和标准溶液中都加入一种过量的物质,使该物质产生的干扰恒定,进而抑制或消除对分析结果的影响,这种物质成为缓冲剂。例如,使用 $N_2O-C_2H_2$ 火焰原子化器分析钛时,铝抑制钛的原子化,但是当铝的浓度大于 $200\ \mu g/mL$ 时,干扰趋于稳定。

5. 标准加入法

见本章 3.4.3 原子吸收光谱定量分析。

3.5.3　电离干扰及消除方法

某些易电离元素在火焰中产生电离,使基态原子数减少,造成吸收信号减弱,灵敏度降低,这种干扰称为电离干扰。

与电离干扰相关的因素有:原子化温度、待测元素的电离电位及浓度。

原子化温度越高,电离干扰越严重。所以,对易电离元素的测定应避免温度过高。电离干扰是一种选择性干扰,与待测元素的电离电位大小有关,碱金属和碱土金属的电离电位低,电离干扰效应最为明显。

抑制或消除电离干扰更有效的方法是加入过量的消电离剂(如钾、钠、铯等元素)。例如,测定钾元素时常加入高浓度($10\ g \cdot L^{-1}$)的钠盐或铯盐做消电离剂。由于高浓度的消电离剂在高温原子化过程中电离作用很强,产生大量的自由电子,使待测元素的电离受到抑制,从而降低或消除电离干扰。常用的消电离剂有氯化钾、氯化钠、氯化铯等。

3.5.4　光谱干扰及消除方法

光谱干扰是指在单色器的光谱通带内,除了有待测元素的分析线之外,还引入了发射线的邻近线或其他吸收线所引起的干扰。常见的有多重谱线干扰、非吸收线干扰和谱线重叠干扰。光谱干扰是金属原子吸收光谱分析中的最主要的干扰。

1. 多重谱线干扰

光谱通带内如果有几条发射线,而且都参与吸收,这种现象称为多重谱线干扰。这种情况常见于过渡族元素,如 Co、Ni、Pb、Cd 等。如果几条发射线波长相近,就有可能同时参与吸收,这些谱线的吸收系数小于主吸收线的吸收系数,因而灵敏度会下降,工作曲线发生弯曲。适当地减小检测狭缝宽度可以改善多重谱线的干扰。但狭缝宽度过小会使检测过程中的信噪比大大降低,灵敏度也随之降低。

2. 非吸收线干扰

分析线附近存在非待测元素的谱线,这种谱线可能是待测元素的非吸收线,这种谱线产生的干扰会使灵敏度降低,工作曲线发生弯曲。要消除非吸收线干扰,可以适当降低狭缝宽度,或者选用其他吸收线作为分析线。

3. 谱线重叠干扰

在原子吸收中谱线重叠的概率很小,但个别仍可能出现谱线重叠而产生干扰。干扰的大小程度取决于吸收线重叠的程度、干扰元素的浓度和灵敏度。发生谱线重叠干扰时,应选择其他分析线或者分离干扰元素。

3.5.5　背景吸收与校正

背景吸收也属于光谱干扰,包括分子吸收和光散射两部分。

1. 分子吸收与光散射

分子吸收是指在原子化过程中所产生的无机分子或自由基等对特征谱线的吸收。分子吸收光谱是带光谱(带宽为 20～100 nm),而原子吸收光谱是线光谱(带宽为 10^{-3} nm)。分子吸收会在一定波长范围内对原子吸收造成光谱干扰。

光散射是指原子化过程中所产生的微小颗粒物对特征谱线的散射。

分子吸收与光散射的干扰均使吸光度增大,产生正误差。

2. 背景校正技术

原子吸收分光光度计采用氘灯背景校正、塞曼效应背景校正、谱线自吸收背景校正等技术和非吸收谱线背景校正技术。

1) 氘灯背景校正

空心阴极灯光源发射光与氘灯连续光源发射光,经切光器分别交替在同一光度上通过光谱通带与原子化器,并经干燥器后至检测器分别取得信号,两信号值之差为扣除背景后的待测元素的吸收信号。

其原理:空心阴极灯发射锐线光源,其谱线半宽度约为 0.003 nm,氘灯发射连续光谱带,其谱线宽度与仪器光谱通带一致,一般为 0.2～0.7 nm,测量前将空心阴极灯与氘灯的光源强度调节一致,使显示器无读数。测量时,两束辐射光交替通过原子化器,空心阴极灯发出的锐线光源通过原子化器时,被待测原子及背景物质吸收;氘灯发出的连续光谱带通过原子化器时,同样被待测原子及背景吸收,由于原子吸收共振谱线半宽度约为 0.003 nm,氘灯连续光源的谱线宽度为 0.2 nm,这种情况下即使其中相当于主光源共振辐射的 100% 吸收,也只相当于连续光源总吸收强度的 1.5%,因此,待测原子的特征吸收相对于背景物质的非特征吸收,可以忽略不计。

其缺点:背景校正能力低,高背景吸收可导致噪声增大,信噪比降低。对于石墨炉中基态原子动态吸收信号往往不能进行完全背景校正。存在辐射光源的准值问题,若两束辐射光未能完全重合,特别是用石墨炉原子化器测定时,当原子蒸气在石墨管内分布不均匀时,会引入误差。受波长范围限制,氘灯的最佳使用波长为 190~360 nm,高于 360 nm 波长则光源强度减弱,因而很难在大范围内使两个光源强度调到一致,从而影响校正的准确性。不适宜校正结构背景,若背景具有光谱结构,或在光谱通带内有共存元素的临近吸收线,则会出现严重的过度校正现象。有辐射能量损失,切光器使光能量损失为 50%,若提高辐射光能量,增大噪声,可使性噪比降低。

2) 塞曼效应背景校正

1897 年物理学家塞曼发现光源在磁场的作用下可使光谱线分裂,原子中不同的能级在磁场作用下分裂的情况不同,一般分裂为 3 个部分,分裂后的谱线中间与无磁场情况下的谱线频率相同,另外两个分裂后的谱线移至主谱线的两侧,与磁场垂直,分裂后的谱线与主谱线半宽度在同一数量级上。因此可精确测量背景。

背景校正的理想条件:应使用单一的光源;使两谱线的波长相同或很接近;使工作波段内的样品光束与参比光束的强度相等。在塞曼效应背景校正中由于分析线与参比线来自同一光源,故无须调整光束和平衡强度,是目前在原子吸收光谱分析中能准确校正高背景的方法,可达 98% 的背景吸收值,校正后残留背景吸收为零,对各波段背景校正均能应用。

3) 自吸效应背景校正

空心阴极灯受热后,阴极的金属原子被电离的离子撞击,溅射出激发态原子,并发射该金属原子的特征谱线。而一部分金属原子未能形成激发态,以基态原子形式在阴极开口处前方形成基态原子源,吸收阴极激发态原子所发射的特征谱线,从而使空心阴极灯发射光强度减弱,这种现象称为自吸。

自吸效应背景校正方法:首先使空心阴极灯在弱脉冲低电流下工作,此时发射轮廓较窄的谱线,用以测定待测原子与背景吸收,再以短暂的强脉冲高电流通过空心阴极灯,使其产生自吸收并使发射线的谱线轮廓变宽,此时待测元素的原子吸收信号减弱,但背景吸收值保持不变。

利用其他非吸收线扣除背景。由于背景吸收随波长而改变,要求所选用的线必须临近分析线,而且确实是非吸收线,通常要求测定背景的吸收位置在 5 nm 左右。

思　考　题

3-1　简述原子吸收分光光度法的基本原理。

3-2　何谓锐线光源? 在原子吸收光谱分析中为什么要用锐线光源?

3-3　在原子吸收光谱中为什么不采用连续光源(如钨丝灯或氘灯),而在分光光度计中则需要采用连续光源?

3-4　原子吸收光谱中,若采用火焰原子化法,是否火焰温度越高,测定灵敏度就越高? 为什么?

3-5　石墨炉原子化器的工作原理是什么? 与火焰原子化器相比较,有什么优缺点? 为什么?

3-6　说明在原子吸收光谱中产生背景吸收的原因及影响,如何避免这一类影响?

3-7　应用原子吸收光谱法进行定量分析的依据是什么? 进行定量分析有哪些方法? 试比较它们的优缺点。

3-8　原子吸收光谱仪的主要部件有哪些? 各有何特点?

3-9　如何消除背景干扰?

3-10　进行原子吸收测量时有哪些类型的干扰,如何避免和消除这些干扰?

3-11　原子化的方法有哪些? 它们各有何特点?

3-12　进行原子吸收光谱测试前,样品消解有些什么方法? 各有何特点?

参 考 文 献

[1]　李磊,高希宝.仪器分析[M].北京:人民卫生出版社,2015.

[2]　王世平.现代仪器分析原理与技术[M].北京:科学出版社,2015.

[3]　武汉大学.分析化学[M].5 版.北京:高等教育出版社,2006.

[4]　万萍.食品分析与实验[M].北京:中国纺织出版社,2015.

第 4 章　紫外–可见吸收光谱法

4.1　分子吸收光谱

4.1.1　分子的能级

  分子和原子一样,都具有特征的跃迁能级,分子内部的运动可分为价电子运动、分子内原子在平衡位置附近的振动和分子绕其重心的转动。由此可得分子的总能 $E_{总}$:

$$E_{总}=E_{电子}+E_{振动}+E_{转动} \tag{4-1}$$

  $E_{电子}$、$E_{振动}$、$E_{转动}$,这三种运动能量都是量子化的,并对应有一定的能级,图 4-1 是双原子分子的能级示意图,图中 A 和 B 表示不同能量的电子能级。

  根据量子理论,当用频率为 ν 的电磁波照射分子,且该分子的较高能级与较低能级之差恰好等于该电磁波的能量 $h\nu$ 时,即

$$\Delta E=h\nu=hc/\lambda \tag{4-2}$$

式中:h 为普朗克常数。此时在微观上即可引起分子能级的跃迁,由于发生 3 种能级跃迁需要的能量不同,分别在紫外–可见光区、红外光区和远红外光区产生吸收带;在宏观上可观测到透射光的强度变小。若用连续辐射的电磁波照射分子,将照射前后光强度的变化转变为电信号,并记录下来,就可以得到一张光强度变化对波长的关系曲线图——分子吸收光谱图。

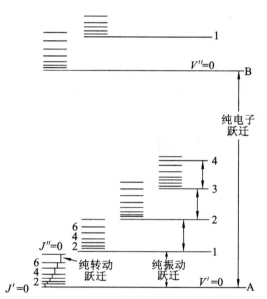

图 4-1　双原子分子的三种能级跃迁示意图

4.1.2　分子吸收定律

  通常情况下,发生电子能级跃迁需要的能量为 $1\sim20$ eV,由式(4-2)可计算出与该能量对应的波长为 1 230～62 nm,紫外–可见光区的波长为 200～760 nm。因此当一束紫外–可见光通过一透明物质时,分子吸收获得的能量足以使价电子发生跃迁。该物质对光的吸收特征,可用吸收曲线来描述。以波长 λ 为横坐标,吸光度 A 为纵坐标作图,得到该物质的紫外–可见吸收光谱。

  不同的物质具有不同的分子结构,则产生的吸收光谱曲线也不同,所以可根据吸收光谱曲线对物质进行定性鉴定和结构分析。用最大吸收峰或次峰所对应的波长的光为入射光,测定待测物质的吸光度,根据朗伯–比尔定律可对物质进行定量分析。

$$A = \lg \frac{I_0}{I} = \lg \frac{1}{T} = \varepsilon c l \qquad (4-3)$$

式中：ε 为摩尔吸光系数（$L \cdot mol^{-1} \cdot cm^{-1}$），只与入射光的波长、被测组分的性质和温度有关，可视为在一定条件下是被测物质的特征性常数，表明物质对某一特定波长光的吸收程度，是定性分析的重要参数指标；l 为液层厚度（cm）；c 为被测组分的浓度（$mol \cdot L^{-1}$），因紫外-可见光谱法为微量分析技术，当浓度大于 $0.01\ mol \cdot L^{-1}$ 时会偏离朗伯-比尔定律。其物理意义在于当一束平行单色光通过均匀透明的溶液时，设入射光强度为 I_0，通过溶液后光强度为 I，那么溶液的吸光度 A 与溶液中吸光物质的溶度 c 及液层厚度 l 的乘积成正比。在一定温度下，摩尔吸光系数 ε 越大，表示该物质对该波长的光吸收能力越强，用于定量分析的灵敏度越高。

如果在某一待测溶液中有多个组分对同一波长的光有吸收作用，则总吸光度等于各组分的吸光度之和。即 $A = A_1 + A_2 + \cdots + A_n$（条件是各组分的吸光质点不发生作用），这就表明物质对光的吸收有加和性。

依据朗伯-比尔定律，A 与 c 成正比，即呈线性关系，但实际上，根据一系列不同浓度的标准溶液测得的吸光度绘制的 $A-c$ 标准曲线往往不在一条直线上，这种现象称为偏离朗伯-比尔定律。产生这种偏离的主要原因：一是入射光并非完全意义上的单色光而是复合光；二是溶液的不均匀性，如部分入射光因散射而损失；三是溶液中发生了解离、配位等化学变化。

4.1.3　分子吸收光谱

用波长连续变化的电磁波扫描液相或气相物质时，一些波长的电磁波被物质吸收，使该波长电磁波的强度减弱。以入射光的波长 λ 为横坐标，以吸光度 A 为纵坐标绘图即得吸收光谱图。紫外-可见吸收光谱包括紫外吸收光谱（$200 \sim 400\ nm$）和可见吸收光谱（$400 \sim 760\ nm$），两者都属于电子光谱。典型的分子吸收光谱图如图 4-2 所示。图中吸收最大的峰称为最大吸收峰，它所对应的波长称为最大吸收波长（λ_{max}），相应的摩尔吸光系数称为最大摩尔吸光系数，以 ε_{max} 表示。

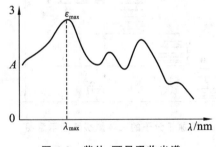

图 4-2　紫外-可见吸收光谱

4.2　化合物的紫外-可见吸收光谱

4.2.1　有机化合物的电子跃迁类型

紫外吸收光谱是由于分子中价电子的跃迁而产生的。因此，这种吸收光谱决定于分子中价电子的分布和结合情况。按分子轨道理论，在有机化合物分子中价电子包括：形成单键的 σ 电子；形成双键的 π 电子；以及氧、氮、硫等原子上非成键的 n 电子。当处于成键轨道上的价电子吸收一定的能量后，将跃迁至较高能级，此时电子所在轨道称为反键轨道。分子中各种分子轨道的能级高低的次序：$\sigma^* > \pi^* > n > \pi > \sigma$（$\sigma^*$ 表示 σ 键电子的反键轨道，π^* 表示 π 键电子的反键轨道）。

如图 4-3 所示,在大多数有机化合物分子中,价电子总是处在 n 轨道以下的各轨道中,可产生的跃迁有 6 种。有机化合物经常发生的跃迁有 $\sigma-\sigma^*$、$n-\sigma^*$、$n-\pi^*$、$\pi-\pi^*$ 4 种类型,其能量顺序为 $n-\pi^* < \pi-\pi^* < n-\sigma^* < \sigma-\sigma^*$。除此之外,某些化合物在光能激发下,还可发生由于电荷转移而产生的电荷转移跃迁。

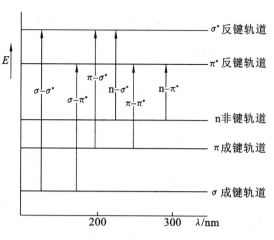

图 4-3　电子的能级和跃迁示意图

1. $\sigma-\sigma^*$ 跃迁

此类跃迁所需能量最大,要产生这种跃迁所吸收的波长一般低于 200 nm。由于空气强烈吸收 200 nm 以下的紫外光,只有在真空条件下才能观察到,故称为真空紫外区。$\sigma-\sigma^*$ 跃迁在一般的紫外-可见光区(200~760 nm)测定范围内无吸收,目前对这类光谱的研究较少。饱和烷烃的分子只有 σ 电子,故只能产生 $\sigma-\sigma^*$ 跃迁,其吸收光谱出现在远紫外区,如甲烷的 λ_{max} 为 125 nm,乙烷的 λ_{max} 为 135 nm。

2. $n-\sigma^*$ 跃迁

此类跃迁所需能量较大,吸收波长为 150~250 nm,大部分在远紫外区,近紫外区仍不易观察到。含非键电子的饱和烃衍生物(含 N、O、S 和卤素等杂原子)均呈现 $n-\sigma^*$ 跃迁。如一氯甲烷、甲醇、三甲基胺的 $n-\sigma^*$ 跃迁的 λ_{max} 分别为 173 nm、183 nm 和 227 nm。

3. $\pi-\pi^*$ 跃迁

此类跃迁所需能量较小,吸收波长处于远紫外区的近紫外端或近紫外区,摩尔吸光系数 ε_{max} 一般在 10^4 L·mol^{-1}·cm^{-1} 以上,属于强吸收。不饱和烃、共轭烯烃和芳香烃类均可发生该类跃迁。如乙烯 $\pi \rightarrow \pi^*$ 跃迁的 λ_{max} 为 162 nm,ε_{max} 为 1×10^4 L·mol^{-1}·cm^{-1}。

4. $n-\pi^*$ 跃迁

此类跃迁所需能量最低,吸收波长 $\lambda_{max} > 200$ nm。这类跃迁在跃迁选律上属于禁阻跃迁,摩尔吸光系数一般为 10~100 L·mol^{-1}·cm^{-1},吸收带强度较弱。分子中 n 电子和 π 键同时存在时可发生 $n-\pi^*$ 跃迁。如丙酮的 $n-\pi^*$ 跃迁的 λ_{max} 为 275 nm,ε_{max} 为 22 L·mol^{-1}·cm^{-1}(溶剂为环己烷)。

5. 电荷转移跃迁

在光能激发下,某些化合物中的电荷发生了重排,导致电荷从化合物的一部分迁移到另一部分,从而产生吸收光谱(荷移光谱),此跃迁称为电荷转移跃迁。电荷转移跃迁本质上属于分子内氧化还原反应,因此要得到电荷转移光谱的必要条件是分子结构中存在一个电子给予体和一个电子接受体。例如:

此时,苯环为电子接收体,N 原子为电子给予体。

4.2.2 有机化合物紫外-可见吸收光谱

1. 饱和烃

1) 烷烃

烷烃类有机化合物由于只有 σ 单键,且 σ 电子不易激发,只有吸收很大的能量后才能产生 $\sigma-\sigma^*$ 跃迁,其吸收带在远紫外区域($10\sim200$ nm),目前应用不多。但是由于这类化合物在 $200\sim760$ nm 波段(一般紫外及可见分光光度计的测量范围)内无吸收带,在紫外-可见吸收光谱分析中常用作溶剂,如己烷、庚烷、环己烷等。

2) 含杂原子的烷烃

当饱和单键碳氢化合物中的 H 被含有 n 电子的氧、氮、硫或卤素等原子取代时,由于这类原子中存在 n 电子,n 电子较 σ 电子易于激发,电子跃迁所需能量减小,可发生 $n-\sigma^*$ 跃迁,其吸收带处于远紫外区和近紫外区(即 200 nm 附近)。此类化合物的典型例子见表 4-1。

表 4-1 含杂原子的烷烃的吸收峰

基团	化合物	溶剂	吸收峰波长 λ_{max}/nm	摩尔吸光系数 ε_{max}/(L·mol^{-1}·cm^{-1})
—	CH_4,C_2H_6	气态	<150	—
—OH	CH_3OH	正己烷	177	200
—OH	C_2H_5OH	正己烷	186	—
—OR	$C_2H_5OC_2H_5$	气态	190	1 000
—NH$_2$	CH_3NH_2	水	173	213
—NHR	$C_2H_5NHC_2H_5$	正己烷	195	2 800
—SH	CH_3SH	乙醇	195	1 400
—SR	CH_3SCH_3	乙醇	210	1 020
—Cl	CH_3Cl	正己烷	229	140
			173	200
—Br	$CH_3CH_2CH_2Br$	正己烷	208	300
—I	CH_3I	正己烷	259	400

此类化合物由于受杂原子的影响,其吸收带的最大吸收波长相比于未取代的烷烃将会出现向长波方向移动的现象,且随着杂原子电负性增大及杂原子取代个数增加,向长波方向的移动会更加明显。这种使吸收带波长向长波方向移动的现象称为红移。例如,甲烷上的氢原子被不同个数的碘原子取代后,其吸收带的变化如下:

$$CH_3I \quad \rightarrow \quad CH_3I \quad \rightarrow \quad CH_2I_2 \quad \rightarrow \quad CHI_3$$
$$130 \text{ nm} \qquad 259 \text{ nm} \qquad 292 \text{ nm} \qquad 349 \text{ nm}$$

反之,则将使吸收带波长向短波方向移动的现象称为蓝移。

2. 不饱和脂肪烃

这类化合物主要指含有双键或三键的化合物。它们含有 π 键电子,有些还同时含有 n 电子。因此,可发生 $\pi-\pi^*$ 和 $n-\pi^*$ 跃迁,这两类跃迁在紫外-可见光谱中是最有用的,其吸收带最大吸收波长将移至紫外及可见光区。此类化合物中含有 π 键,可发生 $\pi-\pi^*$ 和 $n-\pi^*$ 跃迁的不饱和基团称为生色团。简单的生色团由双键或三键体系组成,如乙烯基、羰基、亚硝基、偶氮基—N=N—、乙炔基、腈基—C≡N 等。常见的生色团的特征见表 4-2。

表 4-2 常见生色团的特征

生色团	化合物	溶剂	吸收峰波长 λ_{max}/nm	摩尔吸光系数 ε_{max} /(L·mol^{-1}·cm^{-1})	跃迁类型
烯基	$C_6H_{13}CH=CH_2$	正庚烷	177	13 000	$\pi-\pi^*$
炔基	$C_5H_{11}C≡CCH_3$	正庚烷	178	10 000	$\pi-\pi^*$
羰基	CH_3CCH_3 ‖ O	正己烷	280	16	$n-\pi^*$
羰基	CH_3CH ‖ O	正己烷	293	12	$n-\pi^*$
	CH_3COOH	乙醇	204	41	$n-\pi^*$
	CH_3CONH_2	水	214	60	$n-\pi^*$
偶氮基	$CH_3N=NCH_3$	乙醇	339	5	$n-\pi^*$
硝基	CH_3NO_2	异辛烷	280	22	$n-\pi^*$
	$C_2H_5ONO_2$	二氧六环	270	12	$n-\pi^*$
亚硝基	$CH_3(CH_2)_7ON=O$	正己烷	230、370	2 200、55	$n-\pi^*$
苯基	C_6H_6	乙醇	185、204	47 000、7 900	$\pi-\pi^*$
			230~270	200(256 nm 处)	$\pi-\pi^*$(苯环振动重叠)

按化合物中是否形成共轭体系,分以下两个方面来进行讨论。

1)非共轭结构

该类结构中虽存在双键或三键,但单、重键之间的间隔无规律,各重键间未形成共轭体系。根据其是否含杂原子再细分为烯烃、炔烃和含重键杂原子的不饱和非共轭结构。

(1)烯烃和炔烃。

该类化合物中存在 σ 键和 π 键,可发生 $\sigma-\sigma^*$ 和 $\pi-\pi^*$ 跃迁。$\sigma-\sigma^*$ 跃迁与饱和烷烃相似,应用不多。单纯的 $\pi-\pi^*$ 跃迁的吸收带通常也在远紫外区,与烷烃一样,紫外光谱分析价值不大,如乙烯($\lambda_{max}=171$ nm),乙炔($\lambda_{max}=173$ nm)。但是,当一些含有 n 电子的基团(如—OH、—OR、—NH$_2$、—NHR、—X 等)与烯烃和炔烃等生色团相连时,虽然这些含有 n 电子的基团它们本身在紫外及可见光区没有吸收带,但它们的 n 电子可与生色团的 π 键发生 $n-\pi$ 共轭作用,从而可增强生色团的生色能力,使生色团的吸收波长向长波方向移动,且吸收强度增加,这样的基团称为助色团。

（2）含重键杂原子的非共轭不饱和烃。

此类化合物主要是指含有醛基、酮基、硝基等官能团的化合物。它们除了会发生 $\pi - \pi^*$ 跃迁以外，由于存在与双键相连的杂原子，杂原子上的 n 电子可发生 $n - \pi^*$ 跃迁，其吸收带在近紫外或可见光区（$\lambda_{max} = 260 \sim 300$ nm，$\varepsilon_{max} < 100$ L·mol^{-1}·cm^{-1}）。通常把这种含杂原子的不饱和结构中 $n - \pi^*$ 跃迁所产生的吸收带统称为 R 带。如丙酮的 R 带 $\lambda_{max} = 264$ nm。

另外，对于羧酸、酯、羧酸衍生物，由于含重键杂原子的基团还连接有—OH、—OR、—NH$_2$、—Cl 等助色团，助色团上的 n 电子将与 π 电子发生 $n - \pi$ 共轭，使 π 轨道能量降低，π^* 轨道能量升高，而 n 轨道能量不受影响。其结果是使发生 $n - \pi^*$ 跃迁的能级差增大，R 带发生蓝移（$\lambda_{max} \approx 210$ nm）。这种蓝移现象如图 4-4 所示。

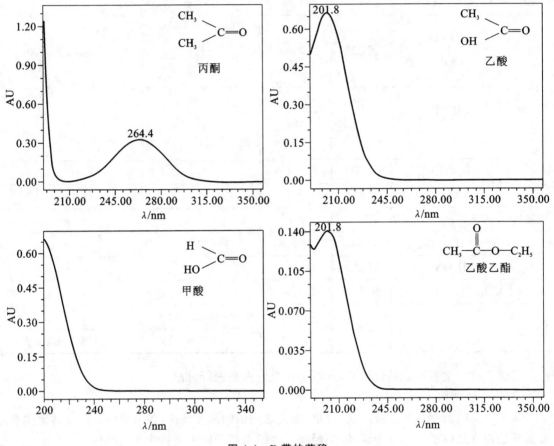

图 4-4　R 带的蓝移

2）共轭结构

根据分子轨道理论，对于具有共轭体系的有机化合物，因共轭效应能使轨道具有更大的成键性，从而降低了体系能量，使 π 电子易激发，$\pi - \pi^*$ 吸收带相比于孤立重键向长波方向移动，摩尔吸光系数增大（$\varepsilon_{max} > 10^4$ L·mol^{-1}·cm^{-1}）。这种由于共轭双键中 $\pi - \pi^*$ 跃迁所产生的吸收带被称为 K 带[从德文 Konjugation（共轭作用）得名]。图 4-5 为丁二烯的紫外-可见吸收光谱图。

K 带的波长及强度与共轭体系的数目、位置、取代基的种类等有关。例如共轭双键越多，

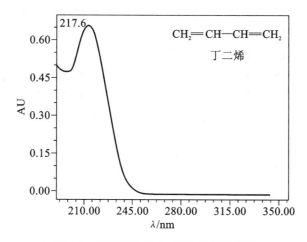

图 4-5　丁二烯的紫外-可见吸收光谱图

红移现象越明显,甚至产生颜色。据此可以判断共轭体系的存在情况,这是紫外-可见吸收光谱的重要作用。如表 4-3 为四种共轭烯烃的 K 带。

表 4-3　四种共轭烯烃的 K 带

化合物	丁二烯	己三烯	辛四烯	葵五烯
λ_{max}/nm	217	268	304	334
$\varepsilon_{max}/(L \cdot mol^{-1} \cdot cm^{-1})$	21 000	43 000	52 000	121 000

共轭的脂肪烃类化合物由于只存在共轭双键的 $\pi - \pi^*$ 跃迁,其紫外吸收光谱中就只有 K 带。而对于含有重键杂原子的共轭结构来说,如 α,β-不饱和酮、醛、酸、酯等,其紫外吸收光谱中除了出现 K 带外,在 300 nm 处还有一个很弱的 R 带,而且这两个吸收带的红移现象比不饱和脂肪烃明显。而且如果共轭体系较大,R 带可能被 K 带淹没。图 4-6 是异丙叉丙酮的紫外-可见吸收光谱图。

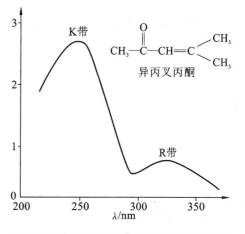

图 4-6　异丙叉丙酮的紫外-可见吸收光谱图

3. 芳香烃

芳香族化合物均含环状共轭体系,有共轭的 $\pi - \pi^*$ 跃迁,因此也是紫外吸收光谱研究的重点之一。苯有 3 个共轭双键,因此有 3 个成键轨道和 3 个反键轨道,$\pi - \pi^*$ 跃迁时情况比较复杂,可以有不同的激发态。图 4-7 为苯的紫外-可见吸收光谱图,可以看出苯有 3 个吸收带。在 185 nm 和 204 nm 处有两个强吸收带,分别称为 E_1 带和 E_2 带,是由苯环中 3 个共轭双键的跃迁所产生的,是芳香族化合物的特征吸收。由于 E_1 带在远紫外区,一般仪器检测不到。E_2 带在近紫外区的边缘,一般情况下,对苯而言意义不大。但当苯环上连有助色团或生色团时,E_2 带红移,且强度增大。此外,在 230~270 nm 处,有一系列锯齿状较弱的吸收带,它是芳香族化合物特有的精细结构吸收带,也称为 B 带,这是由于 $\pi - \pi^*$ 跃迁和苯环的振动的重叠而引起的。B 带是芳香烃化合物紫外吸收的最好特征,常用来辨认芳香族化合物,例如甲苯、乙苯、二甲苯等的紫外吸收光谱中都有 B 带的精细结构。

当苯环上有生色团或助色团取代时,取代基的助色作用会使苯环的 3 个吸收带发生红移现象。同时,B 带由于较弱,又紧靠强吸收的 E_2 带,很容易出现精细结构减弱或消失,甚至是被淹没的现象。图 4-8 为乙酰苯的紫外-可见吸收光谱图,由图可以看出由于苯环与羰基形成共轭体系,苯环的 B 带精细结构减弱,E_2 带、K 带与 R 带均发生红移且 E_2 带与 K 带重合。

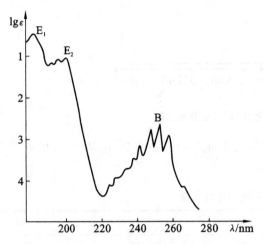

图 4-7　苯的紫外-可见吸收光谱图(溶剂:乙醇)　　图 4-8　乙酰苯的紫外-可见吸收光谱图

图 4-9 为苯、甲苯和苯胺的紫外-可见吸收光谱图,随着苯环上取代基电负性的增大,苯环的 E_2 带及 B 带逐渐红移,且 B 带精细结构逐渐减弱直至消失,融合为一个宽的吸收峰。

稠环芳烃的紫外吸收与苯相同。随着稠环环数的增加,共轭体系增大,3 个吸收带均红移,且吸收强度大大增加(图 4-10)。线性排列的稠环(如萘、蒽、并四苯等),E_2 带的移动幅度较大,因此常常出现 B 带被 E_2 带淹没的情况。角形稠环(如菲等)3 个吸收带红移幅度相似。

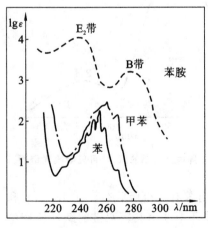

图 4-9　苯、甲苯和苯胺的紫外-可见
　　　　吸收光谱图

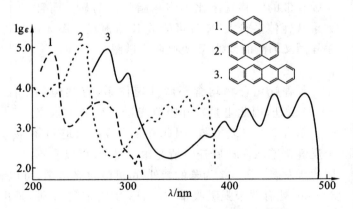

图 4-10　多环芳烃的紫外-可见吸收光谱图

4.2.3　无机化合物的紫外-可见吸收光谱

1. 电荷转移跃迁

当吸收紫外可见辐射后,分子中原定域在金属 M 轨道上的电荷转移到配位体 L 的轨道,或按相反方向转移,这种跃迁称为电荷转移跃迁,所产生的吸收光谱称为荷移光谱。例如:

$$[Fe^{3+}SCN^-]^{2+} \xrightarrow{h\nu} [Fe^{2+}SCN^-]^{2+}$$

此时,Fe^{3+} 为电子接收体,SCN^- 为电子给予体。

2. 配位场跃迁

当吸收紫外可见辐射后,在配体的配位场作用下,配合物中的过渡金属元素的 d 电子或 f 电子发生 d-d 跃迁或 f-f 跃迁。此类跃迁所需能量低,吸收波长通常位于可见光区。吸收带强度较弱,很少用于定量分析,多用于研究配合物的结构和价键理论。

4.3　影响紫外-可见光谱的因素

不同的有机化合物分子对紫外-可见光的吸收主要取决于分子中价电子的电子跃迁,还受到分子内部结构及外部环境的影响。

4.3.1　共轭效应

当分子形成共轭体系时,各能级间的能量差减小,跃迁所需的能量也相应减小。如前所述,共轭效应使吸收波长产生红移,且共轭体系越大,红移越明显,同时吸收强度也逐渐增强。

4.3.2　溶剂效应

1. 溶剂极性对光谱精细结构的影响

图 4-11 为 1,2,4,5-四唑在水和正己烷两种溶剂及纯气态时测得的紫外-可见光谱图。由图可知,在纯气态时,由于该化合物的吸收光谱是由独立分子所给出的,因此可呈现出振动光谱和转动光谱等精细结构,吸收光谱表现出多个锯齿状的精细结构。但是当该化合物溶于溶剂时,化合物并非独立存在,而是被溶剂分子包围,由于溶剂化作用限制分子的自由转动,转动光谱无法表现出来。因此在非极性溶剂正己烷中,其吸收光谱中精细结构有所减弱,表现出 4 个峰形稍宽的精细结构。当使用水做溶剂时,由于溶剂极性增强,溶质分子与溶剂间的相互作用增强,溶质分子的振动也受到了限制,因此振动引起的精细结构的损失就越多,造成其特征的精细结构完全消失,表现出一个很宽的峰形谱带。由此可见,当所用溶剂的极性逐渐增强时,会造成化合物紫外-可见光谱的精细结构逐渐减弱甚至消失。

2. 溶剂极性对 π-π* 和 n-π* 跃迁谱带的影响

紫外-可见光谱中常使用的溶剂有多种,各个溶剂的极性差异对溶质吸收峰的波长、强度及形状可能产生影响。这是因为溶剂和溶质间常形成氢键,限制了溶质分子的自由转动,进而限制溶质分子的振动。从分子轨道能量的变化来看,溶剂极性主要影响 n 轨道、π 轨道及 π* 轨道的能量,从而引起 n-π* 和 π-π* 跃迁的迁移。溶剂极性对各个轨道能量的影响见图 4-12。由图可见,当存在极性溶剂效应时,n 轨道、π 轨道及 π* 轨道的能量均有所降低,但降低的程度不同,能量降低的大小次序为 $\Delta E_{n轨道} > \Delta E_{\pi^*轨道} > \Delta E_{\pi轨道}$。而且溶剂极性越强,降低越明显。因此,随着溶剂极性的增强,$n - \pi^*$ 跃迁吸收带逐渐蓝移,而 $\pi - \pi^*$ 跃迁吸收带逐渐红移。

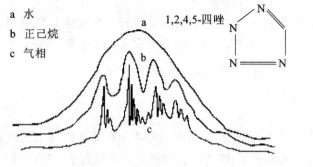

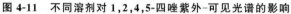

图 4-11　不同溶剂对 1,2,4,5-四唑紫外-可见光谱的影响

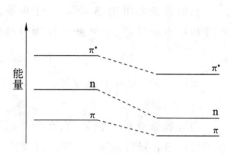

图 4-12　溶剂极性对 $\pi - \pi^*$ 和
$n - \pi^*$ 跃迁能量的影响

表 4-4 为亚异丙基丙酮在不同溶剂中的吸收带。由表可见,由于所使用的 4 种溶剂的极性高低顺序为水>甲醇>氯仿>正己烷,因此随着溶剂极性的增强,其 $\pi - \pi^*$ 跃迁的吸收峰的波长从 230 nm 逐渐红移到 243 nm,而 $n - \pi^*$ 跃迁的吸收峰的波长从 329 nm 逐渐蓝移到 305 nm。利用此现象,可判断化合物的吸收峰的跃迁类型。

表 4-4　亚异丙基丙酮的溶剂效应

吸收带	λ_{max}（正己烷）/nm	λ_{max}（氯仿）/nm	λ_{max}（甲醇）/nm	λ_{max}（水）/nm	迁移
$\pi - \pi^*$	230	238	237	243	红移
$n - \pi^*$	329	315	309	305	蓝移

【例 4-1】 某化合物用乙烷作溶剂时测得的最大吸收波长 $\lambda_{max}^{乙烷} = 305$ nm,用乙醇作溶剂时测得的最大吸收波长 $\lambda_{max}^{乙醇} = 307$ nm。请问该化合物此吸收带的跃迁类型是什么?

解 由于乙醇的极性大于乙烷的极性,溶剂由乙烷变化为乙醇时,溶剂极性增强,而波长测量结果显示发生了红移。因此,该化合物此吸收带的跃迁类型为 $n - \pi^*$ 跃迁。

3. 溶剂的吸收带

任何溶剂,在一定波长下,会产生相应的吸收带。如果溶质的吸收带和溶剂的吸收带有重叠,就会互相干扰。所以我们测定紫外-可见光吸收光谱时,应选择溶剂,使测定波长大于溶剂的吸收波长,也就是紫外-可见吸收光谱溶剂允许使用的最短波长(截止波长),此时可视为溶剂无吸收,不会引起干扰。通常,烷烃溶剂对 λ_{max} 和 ε_{max} 影响较小,故在测定紫外-可见吸收光谱时应尽可能采用非极性溶剂。表 4-5 列出了常用的紫外-可见吸收光谱溶剂允许使用的波长。

表 4-5　紫外-可见吸收光谱中常用的溶剂

溶剂	截止波长 λ/nm	溶剂	截止波长 λ/nm
十氢萘	200	二氯甲烷	235
十二烷	200	1,2-二氯乙烷	235
己烷	210	氯仿	245

溶剂	截止波长 λ/nm	溶剂	截止波长 λ/nm
环己烷	210	甲酸甲酯	260
庚烷	210	四氯化碳	265
异辛烷	210	N,N-二甲基甲酰胺	270
甲基环己烷	210	苯	280
水	210	四氯乙烯	290
乙醇	210	二甲苯	295
乙醚	210	苄腈	300
正丁醇	210	吡啶	305
乙腈	210	丙酮	330
甲醇	215	溴仿	335
异丙醇	215	二硫化碳	380
1,4-二噁烷	225	硝基苯	380

4.3.3　溶液 pH 值的影响

在不同的 pH 值溶剂中，化合物在酸性或碱性条件下有不同的存在形式，使分子中的共轭效应发生变化，从而影响对光谱的吸收。例如，苯胺水溶液的 $\lambda_{max}(\varepsilon)$ 为 230 nm（8 600 $L \cdot mol^{-1} \cdot cm^{-1}$），280 nm（1 430 $L \cdot mol^{-1} \cdot cm^{-1}$）。在酸性条件下，苯胺分子以苯铵盐阳离子形式存在，其 $\lambda_{max}(\varepsilon)$ 为 203 nm（7 500 $L \cdot mol^{-1} \cdot cm^{-1}$），254 nm（1 160 $L \cdot mol^{-1} \cdot cm^{-1}$）。很明显，此时吸收带发生了蓝移，这是因为形成了铵盐，打破了未成盐时的 n-π* 共轭体系。

$$\text{〈〉—NH}_2 + H^+ \Longrightarrow \text{〈〉—}\overset{\oplus}{NH_3}$$

吸收峰 230 nm　　　　　吸收峰 203 nm
280 nm　　　　　　254 nm

又如，苯酚在酸性介质中以苯酚阴离子的形式存在，在中性和碱性介质中则以苯酚分子的形式存在。当溶液 pH 值从酸性变为中性或碱性时，其 E_2 带和 B 带将会蓝移，分别从 235 nm 和 287 nm 移动到 210.5 nm 和 270 nm。

$$\text{〈〉—OH} + H^+ \underset{H^+}{\overset{OH^-}{\Longrightarrow}} \text{〈〉—}O^-$$

吸收峰 210.5 nm　　　　　吸收峰 235 nm
270 nm　　　　　　287 nm

4.4　紫外-可见分光光度计

测量物质在紫外-可见光区域的吸收时，通常使用紫外-可见分光光度计。

4.4.1　紫外-可见分光光度计的组成

紫外-可见分光光度计一般由 5 个主要部分组成,即光源、单色器、吸收池、检测器和读数指示器。如图 4-13 所示。

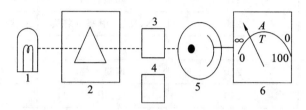

图 4-13　紫外-可见分光光度计组成示意图
1—光源;2—单色器;3—吸收池;4—检测器;5—读数指示器

其工作原理:光源发出的混合光经单色器分光,将获得的单色光通过吸收池后,照射在检测器上转换为电信号,最后由读数指示器显示吸收池中试液的吸光度。

1. 光源

它要求在操作区域内,能发射连续、具有足够强度且辐射能量相对稳定的谱线,且不会随波长的改变产生明显变化。

一般在可见光区采用的是白炽光,如钨灯和卤素灯,钨灯可适用范围是 320～2 500 nm。由于钨灯的能量输出随工作电压的 4 次方而变化,因此必须严格控制电压,尽量保证光源稳定;紫外光区则采用氢灯或氘灯作为光源。其中氘灯是紫外光区应用最广泛的一种光源,其光谱分布与氢灯类似,但光强度是相同功率氢灯的 3～5 倍。

2. 单色器

单色器是将光源发出的复合光分解为单色光的光学装置。单色器一般由入射狭缝,准直原件、色散元件、聚焦元件和出射狭缝等组成。单色器的核心部分是分光的色散元件。

因为棱镜和光栅的分光性能好,能分出很窄的光谱通带,辐射纯度大,使用方便,所以最常用的色散元件是棱镜和光栅。但棱镜色散率随波长而改变,而光栅也会因不同的衍射级造成光谱重叠,所以现代较好的分光光度计往往采用双单色器,既包括光栅又包括棱镜,这样可以明显减少杂散光,提高分辨力。

3. 吸收池

在紫外-可见分光光度法中,吸收池一般采用玻璃或石英材料。为了减少反射损失,吸收池光学面必须完全垂直于光束。通常玻璃吸收池和石英吸收池均可在可见光区使用,而紫外光区只能使用石英吸收池。典型的紫外-可见分光光度计中使用的吸收池光程长度为 1 cm,但变化范围可以很大。

4. 检测器

检测器是将前面产生的光信号转变成电信号,并要求在测定的光谱范围内具有较高的灵敏性,对辐射能量的响应呈线性,且响应快。

当前应用较多的检测器有硅光电池、光电管和光电倍增管。随着科技进步,光电二极管阵列检测器(DAD)也随之诞生并应用得越来越广泛。DAD 是将光束先通过样品流动池,然后由分光技术使所有波长的光在二极管阵列接收器上同时被检测出,这样扫描速度快,有助于液、气相色谱柱流出物的动态观察。

5. 读数指示器

读数指示器是将检测器输出信号进一步放大,然后用记录仪反映出来。

4.4.2　紫外-可见分光光度计的类型

1. 单波长分光光度计

1) 单波长单光束分光光度计

单波长单光束分光光度计(图 4-14)是将光源辐射的光经单色器分光,再将所获得的单色光通过装有参比溶液的吸收池,照射在检测器上转换为电信号,并调节由读出装置显示的吸光度为 0 或透光度为 100%,然后将装有试样的吸收池置于光路中,得到试液的吸光度。若用一系列不同的波长测定试液的吸光度 A 或百分透光度 $T\%$,可以获得吸收光谱图。

其中国产 721 型、722 型以及 751 型均为此类分光光度计。其特点就是结构简单,价格适宜,主要用作定量分析,但测试结果受电源的波动影响较大,容易给定量结果带来较大的误差。

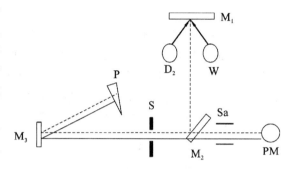

图 4-14　单波长单光束分光光度计的结构示意图

2) 单波长双光束分光光度计

单波长双光束分光光度计(图 4-15)是将光源辐射的光经单色器分光,再将此束单色光一分为二,一束通过参比吸收池,一束通过试样吸收池,这样一次测量即可得到试样的吸光度。正因为两束光同时分别通过参比吸收池和试样吸收池,所以消除了单光束光源强度变化带来的误差。设入射光强度为 I_0,通过参比吸收池和试样吸收池的光强度分别为 I_R 和 I_S,那么

$$A_1 = \lg \frac{I_0}{I_S} \tag{4-4}$$

$$A_2 = \lg \frac{I_0}{I_R} \tag{4-5}$$

$$A = A_1 - A_2 = \lg \frac{I_R}{I_S} \tag{4-6}$$

由此可知,吸光度 A 与光源强度无关。

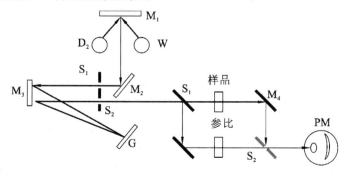

图 4-15　单波长双光束分光光度计的结构示意图

2. 双波长分光光度计

双波长分光光度计采用了两个单色器,光源辐射的光被分成两束,再分别经过两个单色器产生波长为 λ_1 和 λ_2 的两束光,利用切光器使两束单色光以一定的频率交替通过同一吸收池,根据朗伯-比尔定律,试样溶液在不同波长的吸光度差与溶液中待测物的浓度成正比。如图 4-16 所示。

双波长分光光度计不仅可测定多组分混合试样、混浊试样,而且还可测得导数吸收光谱。如测量时使用同一吸收池,不用参比溶液,也可消除因参比池的不同和制备参比溶液等带来的误差。此外,使用同一光源获得的两束单色光,可减小光源电压变化带来的误差,因此灵敏度较高。

3. 多通道分光光度计

多通道分光光度计(图 4-17)出现在 20 世纪 80 年代,主要是使用光二极管阵列检测器代替了传统的光电检测器,其信噪比高于单通道仪器,而且测量快速,整个光谱的记录时间仅需 1 s 左右。因此该类仪器是研究反应中间体的有力工具,并且在动力学研究、液相色谱和毛细管电泳流出组分的定性和定量分析中都得到了广泛应用。

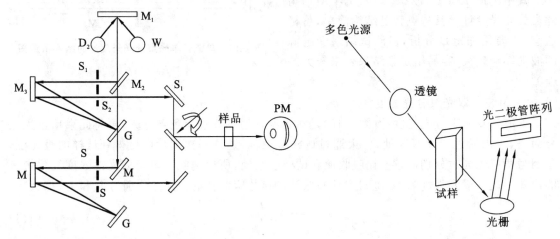

图 4-16 双波长分光光度计结构示意图   图 4-17 光电二极管阵列多通道分光
                                                        光度计示意图

4.5 紫外-可见吸收光谱法的应用

紫外-可见吸收光谱法主要针对在紫外-可见光区有吸收峰的物质进行检测与结构分析,其中主要包括有机化合物的分析和检测、同分异构体的鉴别、物质结构的测定等。但是,不是所有的物质在该区域内都有吸收带,而且物质的紫外-可见吸收光谱基本上取决于其分子中生色团及助色团的存在,并不是整个分子的特征,因此如果物质组成的变化不影响生色团和助色团,就不会显著地影响其吸收光谱。如甲苯和乙苯,两个不同物质却具有相同的紫外-可见吸收光谱。另外,外界因素如溶剂的改变也会影响紫外-可见吸收光谱。所以单纯根据紫外-可见吸收光谱不能完全决定物质的分子结构,还必须与红外吸收光谱、核磁共振谱、质谱以及其他化学和物理方法结合起来,才能得出可靠的结论。

4.5.1　定性分析

通常以此法进行定性分析时,是根据吸收光谱的形状、吸收峰的数目、最大吸收波长的位置以及相应的摩尔吸光系数等进行的。

1. 标准对照法

在相同测试条件下通过对未知纯试样的紫外-可见吸收光谱图与标准纯试样的紫外-可见吸收光谱图,或与标准紫外-可见吸收光谱图比较进行定性分析,浓度相同时,若两紫外-可见吸收光谱图的 λ_{max} 和 ε_{max} 相同,则可以判定它们是同一化合物。

使用此法时,常用的工具书是《萨特勒标准图谱(紫外)》,该书搜集了 4.6 万多种化合物的紫外光谱;此外还有《Organic Electronic Spectral Data》,也是一套由许多作者共同编写的大型手册性丛书,所搜集的文献资料自 1946 年开始。

2. 最大吸收波长计算法

利用经验规则计算不饱和有机化合物的最大吸收波长 λ_{max},并与实验值比较,从而推断其结构。

1) Woodward - Fieser 经验规则

Woodward 提出了共轭二烯烃、多烯烃和不饱和羰基化合物 $\pi - \pi^*$ 跃迁最大吸收波长的计算规则。即以母体生色团的最大吸收波长 λ_{max} 为基数,然后加上连接在母体 π 电子体系上的不同取代基助色团的修正值。某些共轭二烯烃的 λ_{max} 及修正值如表 4-6 所示。某些不饱和羰基化合物的 λ_{max} 及修正值如表 4-7 所示。

表 4-6　共轭二烯烃的 λ_{max} 及修正值(溶剂:己烷)

生色团		λ_{max}/nm
母体是异环二烯或无环多烯烃类型	⌇⌇⌇	基数 217
	(异环共轭二烯)	基数 214
母体是同环二烯		基数 253
助色团		修正值/nm
增加一个共轭双键		+30
增加一个烷基或环外双键或环外取代		+5
—OCOR(酯基)		0
—Cl 或—Br		+5
—O—R(烷氧基)		+6
—NRR′		+60
—SR(烷硫基)		+30

【**例 4-2**】　计算下图化合物的最大吸收波长。

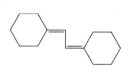

母体二烯	217 nm
2 个环外双键	5 nm×2
4 个取代烷烃	5 nm×4
计算值	247 nm
实测值	247 nm

表 4-7　不饱和羰基化合物的 λ_{max} 及修正值(溶剂:乙醇)

生色团	λ_{max} /nm	
$\overset{\delta}{-}C=\overset{\gamma}{C}-\overset{\beta}{C}=\overset{\alpha}{C}-\underset{X}{C}=O$	X=—R	215
	X=—H	207
	X=—OH	193
	—OR	
	共轭体系内有 5 节或 7 节环内双键时	193＋5
β 环 α =O (β,α)	215	
β 环 α =O (α外)	202	

助色团	修正值/nm					
	α	β	γ	δ	$\delta+1$	$\delta+2$
烷基—R	10	12	18	18	18	18
	10	10	10	10	10	10(酸酯)
—Cl	15	12	12			
—Br	25	30	25			
—OH	35	30	30			
—OR	35	30	17			
—SR		85				
—NRR′		95				
—OCOR	6	6	6			
残余环		12				
每扩展一个共轭双键		30				
环外双键		5				
同环共轭二烯		39				

【例 4-3】　计算下图化合物的最大吸收波长。

$$H_3C-CH_2-CH=\underset{Br}{C}-\underset{CH_3}{C}=O$$

基本值	215 nm
β -烷基取代	12 nm　1
α - Br	25 nm　1
计算值(λ_{max})	252 nm
实测值(λ_{max})	252 nm

2)Scott 经验规则

它用于计算芳香族羰基衍生物如苯甲酸、苯甲醛、苯甲酸酯等的 λ_{max}。某些芳香族羰基衍

生物的 λ_{max} 值如表 4-8 所示。

表 4-8　芳香族羰基衍生物的 λ_{max}（溶剂：乙醇）

助色团	λ_{max}/nm		
COX	X＝—R		249
	X＝—H		250
	X＝—OH，—OR		230
苯环上取代基、—R	邻位	间位	对位
烷基—R、残余环	3	3	10
—OH，—OR	7	7	25
—O	11	20	78
—Cl	0	0	10
—Br	2	2	15
—NH₂	13	13	58
—NHAc	20	20	45
—NR₂	20	20	85

【例 4-4】　计算下图化合物的最大吸收波长。

母体	249 nm
邻位-OH	7 nm
间位-OH	25 nm
计算值	281 nm
实测值	279 nm

4.5.2　有机化合物结构的分析

利用紫外-可见光吸收光谱图研究有机化合物，尤其是具有共轭体系的有机化合物，我们根据谱图可以得到以下结构推断。

1. 推测有机化合物所含的官能团

（1）在 200～760 nm 无吸收峰，该有机化合物可能是脂肪族碳氢化合物及其简单的衍生物，有可能是胺、醇、氯代烃、羧酸，不含双键或环状的共轭体系；

（2）在 210～250 nm 有强吸收带，$\varepsilon > 1.0 \times 10^4$ L·mol⁻¹·cm⁻¹，可能含有两个共轭双键；

（3）在 210～300 nm 有强吸收带，可能含有 3～5 个共轭双键；

（4）在 270～350 nm 有一个很弱的吸收峰，但在 200～270 nm 无任何吸收时，可能含有孤对电子的未共轭生色团，如羰基等；

（5）如化合物的吸收峰在 260 nm 附近有中强吸收，可能具有芳香环结构。因为在 230～270 nm 有精细结构是芳香环的特征吸收，但是当芳香环被取代而使共轭体系延长时，精细结构消失，吸收峰红移，吸收强度增加；

（6）如出现多个吸收峰，可能含有长链共轭体系或稠环芳烃，若化合物有颜色，则至少有 4～

5个共轭生色团和助色团。

2．确定有机化合物的构型和构象

采用紫外-可见光谱,可以确定一些化合物的构型和构象。一般来说,顺式异构体的最大吸收波长比反式异构体小。例如,对于顺式肉桂酸与反式肉桂酸来说,由于顺式空间位阻大,苯环与侧链双键共平面性差,不易产生共轭,因此,反式的λ_{max}为295 nm($\varepsilon_{max}=7\,000$ L·mol^{-1}·cm^{-1}),而顺式的λ_{max}为280 nm($\varepsilon_{max}=13\,500$ L·mol^{-1}·cm^{-1})。

4.5.3 定量分析

紫外-可见分光光度法定量分析的依据是朗伯-比尔定律,即物质在一定波长处的吸光度与它的浓度呈线性关系。若溶液对光的吸收遵循朗伯-比尔定律,则可通过测定溶液对一定波长入射光的吸光度,求出溶液的浓度和含量。

1．单组分物质的定量分析

1）单点校正法

在相同条件下配制样品溶液和标准溶液,在相同实验条件和最大波长λ_{max}处测定两者的吸光度$A_{样}$和$A_{标}$,并进行比较,从而求出样品溶液中待测组分的浓度$c_{样}$。

$$c_{样}=\frac{A_{样}}{A_{标}}\cdot c_{标} \tag{4-7}$$

值得注意的是:使用此法时,所选择标准溶液的浓度应尽量与样品溶液的浓度接近,以降低溶液本底差异所引起的误差。

2）标准曲线法

首先配制一系列已知浓度的标准溶液,在λ_{max}处分别测定标准溶液的吸光度A,以浓度为横坐标,以相应的吸光度为纵坐标绘制$A-c$的标准曲线。然后在完全相同的条件下测定样品溶液的吸光度,并从标准曲线上求得待测样品的浓度。

2．多组分物质的定量分析

溶液中有多个吸光组分同时存在时,在某个测定波长下,可能会存在多个吸光物质的吸光度的叠加情况。根据吸光度叠加性原理,在该测定波长下的总吸光度等于各吸光组分吸光度的和。即

$$A_{总}^{\lambda}=A_1^{\lambda}+A_2^{\lambda}+\cdots+A_n^{\lambda}=(\varepsilon_1^{\lambda}c_1+\varepsilon_2^{\lambda}c_2+\cdots+\varepsilon_n^{\lambda}c_n)\cdot l$$

根据上述吸光度加和性原理以及吸收光谱相互干扰的具体情况,对含有两种或两种以上组分的混合物进行定量分析时,可不需对样品进行分离而直接测定,但需根据吸光度叠加情况分下述3种方式进行测量计算(以双组分为例)。

1）各组分吸收光谱不重叠

此种情况如图4-18所示,x、y两组分虽吸收带有部分重叠,但它们的最大吸收波长λ_1和λ_2并无重叠,因此可在各自的λ_{max}处测定其含量,按单组分物质的测定方法处理。

2）各组分吸收光谱部分重叠

此种情况如图4-19所示,x组分的最大吸收波长λ_1不受y组分的影响,因此可按单组分物质的测定方法处理。而y组分的最大吸收波长λ_2受到x组分的影响,因此可按吸光度叠加性原理进行处理(如下式),然后将x组分的浓度和摩尔吸光系数ε代入式中,即可求得y组分的浓度c_y(其中ε_x和ε_y可分别由x和y的纯物质求出)。

$$A_{总}^{\lambda_2}=A_x^{\lambda_2}+A_y^{\lambda_2}=(\varepsilon_x^{\lambda_2}c_x+\varepsilon_y^{\lambda_2}c_y)\cdot l$$

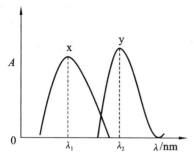

图 4-18　各组分不重叠

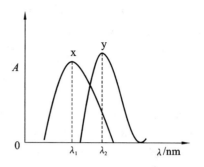

图 4-19　各组分部分重叠

3）各组分吸收光谱均重叠

此种情况如图 4-20 所示，x 组分的最大吸收波长 λ_1 受到 y 组分的影响，且 y 组分的最大吸收波长 λ_2 也受到 x 组分的影响，因此可按吸光度叠加性原理进行处理（如下两式），然后联立解方程即可求得 x、y 组分的浓度 c_x、c_y（其中 ε_x 和 ε_y 可分别由 x 和 y 的纯物质求出）。

$$A_{\text{总}}^{\lambda_1}=A_x^{\lambda_1}+A_y^{\lambda_1}=(\varepsilon_x^{\lambda_1}c_x+\varepsilon_y^{\lambda_1}c_y)\cdot l$$
$$A_{\text{总}}^{\lambda_2}=A_x^{\lambda_2}+A_y^{\lambda_2}=(\varepsilon_x^{\lambda_2}c_x+\varepsilon_y^{\lambda_2}c_y)\cdot l$$

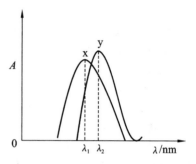

图 4-20　各组分均重叠

【例 4-5】　1.0×10^{-3} mol·L^{-1} 的 $K_2Cr_2O_7$ 溶液在波长 450 nm 和 530 nm 处的吸光度 A 分别为 0.200 和 0.050，1.0×10^{-4} mol·L^{-1} 的 $KMnO_4$ 溶液在波长 450 nm 处无吸收，在 530 nm 处吸光度 A 为 0.420。今测得某 $K_2Cr_2O_7$ 和 $KMnO_4$ 混合溶液在 450 nm 和 530 nm 处的吸光度 A 分别为 0.380 和 0.710。试计算该混合溶液中 $K_2Cr_2O_7$ 和 $KMnO_4$ 的浓度。（假设吸收池长度为 10 mm。）

解

由　　　$A_{450\text{ nm}}(K_2Cr_2O_7)=\varepsilon_{450\text{ nm}}(K_2Cr_2O_7)\cdot c_{K_2Cr_2O_7}=0.200$

得　　　$\varepsilon_{450\text{ nm}}(K_2Cr_2O_7)=200$ L·mol^{-1}·cm^{-1}

由　　　$A_{530\text{ nm}}(K_2Cr_2O_7)=\varepsilon_{530\text{ nm}}(K_2Cr_2O_7)\cdot c_{K_2Cr_2O_7}=0.050$

得　　　$\varepsilon_{530\text{ nm}}(K_2Cr_2O_7)=50$ L·mol^{-1}·cm^{-1}

由　　　$A_{450\text{ nm}}(KMnO_7)=\varepsilon_{450\text{ nm}}(KMnO_7)\cdot c_{KMnO_7}=0$

得　　　$\varepsilon_{450\text{ nm}}(KMnO_7)=0$ L·mol^{-1}·cm^{-1}

　　　$A_{530\text{ nm}}(KMnO_7)=\varepsilon_{530\text{ nm}}(KMnO_7)\cdot c_{KMnO_7}=0.420$

得　　　$\varepsilon_{530\text{ nm}}(KMnO_7)=4\,200$ L·mol^{-1}·cm^{-1}

对于混合溶液：

$$A_{450\text{ nm}}(\text{混})=\varepsilon_{450\text{ nm}}(K_2Cr_2O_7)\cdot c_{K_2Cr_2O_7}(\text{混})=0.380 \qquad (1)$$
$$A_{530\text{ nm}}(\text{混})=\varepsilon_{530\text{ nm}}(K_2Cr_2O_7)\cdot c_{K_2Cr_2O_7}(\text{混})+\varepsilon_{530\text{ nm}}(KMnO_7)\cdot c_{KMnO_7}(\text{混})=0.710 \qquad (2)$$

联立式（1）和式（2），可得

$$c_{K_2Cr_2O_7}(\text{混})=1.9\times10^{-3}\text{ mol·}L^{-1}$$
$$c_{KMnO_7}(\text{混})=1.46\times10^{-4}\text{ mol·}L^{-1}$$

需要指出的是,如果有 n 个组分相互叠加,就要解 n 个方程,才可求出各组分的浓度,但组分数越多,实验结果的误差也会越大。因此,从 20 世纪 50 年代开始,又提出并发展了许多新的吸光光度法如双波长吸光光度法、导数吸光光度法等来解决多组分分析问题。

思 考 题

4-1 已知某化合物的氯仿溶液在其最大吸收波长 465 nm 处的 ε 为 1.2×10^5 $L \cdot mol^{-1} \cdot cm^{-1}$。若希望吸光度为 $0.10 \sim 0.80$(用 1 cm 比色皿),该化合物的浓度范围应为多少?

4-2 在紫外-可见光区有吸收的有机化合物是( )。

    A. $CH_3—CH_2—CH_2—CH_3$

    B. $CH_3—CH_2—CH_2—OH$

    C. $CH_2{=\!=}CH_2$

    D. $CH_3—CH{=\!=}CH—CH{=\!=}CH—CH_3$

4-3 下列化合物中,能吸收较长波长的辐射的化合物是( )。

    A. 苯   B. 二甲苯   C. 对氯代甲苯   D. 萘

4-4 下列化合物中含有生色团的是( )。

    A. CH_4 B. CH_3OH C. CH_3COCH_3 D. C_2H_4

4-5 下列各吸收带中属于芳香族化合物的特征吸收带的是( )。

    A. R 带   B. E 带   C. B 带   D. K 带

4-6 称取维生素 C 样品 0.0500 g 溶于 100 mL 0.005 $mol \cdot L^{-1}$ 的 H_2SO_4 溶液中,取 2.00 mL 该溶液定容至 100 mL 后,用 1.0 cm 的石英比色皿在 245 nm 波长处测得吸光度为 0.551。已知摩尔吸光系数 ε 为 560 $L \cdot mol^{-1} \cdot cm^{-1}$。计算样品中维生素 C 的含量。

4-7 用二硫腙萃取法测定某样品中的铜含量。准确称取试样 0.200 g,溶解后定容至 100 mL,从中移取 10 mL 显色并定容至 25 mL,用等体积的氯仿进行萃取,设萃取率为 90%,有机相在最大吸收波长处用 1 cm 比色皿测得其吸光度为 0.40。已知二硫腙铜配合物在该波长下的摩尔吸光系数 ε 为 4.0×10^4 $L \cdot mol^{-1} \cdot cm^{-1}$,铜的原子量为 63.55,试计算试样中铜的含量。

4-8 紫罗兰酮是重要的香料,稀释时有紫罗兰花香气。它有 α 和 β 两种异构体(如下图所示)。其中 α 型的香气比 β 型好,常用于高档化妆品,而 β 型只用作皂用香精。历史上它们的鉴别全凭香料师的鼻子。现用紫外光谱测得两种异构体的最大吸收波长分别为 228 nm 和 298 nm,请问哪一种是 β-紫罗兰酮?

          α-紫罗兰酮 β-紫罗兰酮

4-9 某化合物的 $\lambda_{max}^{乙烷} = 305$ nm,$\lambda_{max}^{乙醇} = 307$ nm。该吸收是由于 $n-\pi^*$ 还是 $\pi-\pi^*$ 跃迁引起的?

4-10 化合物的 $\lambda_{max}^{二氧六环} = 295$ nm,$\lambda_{max}^{乙醇} = 287$ nm。该吸收的跃迁是什么类型?

参 考 文 献

[1] 金庆华,赵云斌.分析化学学习与习题指南[M].武汉:华中科技大学出版社,2004.

[2] 刘约权.现代仪器分析[M].3 版.北京:高等教育出版社,2015.

[3] 高向阳.新编仪器分析[M].4 版.北京:科学出版社,2013.

第5章 红外吸收光谱法

5.1 概 述

由上一章可知,分子的振动能量远大于转动能量,当振动能级发生跃迁时,必然伴随有转动能级的跃迁,因此无法获得纯粹的振动光谱,只能得到分子的振动-转动光谱,这种光谱称为红外吸收光谱(infrared absorption spectrum,IR)。

由于不同物质的分子内部结构不同,分子的振动-转动光谱能级也各不相同。它们对红外波长辐射的选择性吸收,反映了它们在红外光谱区域内吸收情况。

5.1.1 红外光区的划分

红外光区在可见光区和微波光区之间。其波长范围为 $0.75\sim1\,000\ \mu m$。根据所用仪器以及各个区域内吸收情况的不同,习惯上将红外光区分为以下 3 个区:波长为 $0.75\sim2.5\ \mu m$ 的近红外光区,波长为 $2.5\sim25\ \mu m$ 的中红外光区,波长为 $25\sim1\,000\ \mu m$ 的远红外光区。

近红外光区:该区的吸收带主要是由低能级电子跃迁、含氢原子团(如 O—H,N—H,C—H)伸缩振动的倍频吸收等产生。用于稀土和其他过渡金属化合物的研究,且适用于水、醇、某些高分子化合物以及含氢原子团化合物的定量分析。

中红外光区:绝大多数有机化合物和无机离子的基频吸收带主要分布在该区。基频振动是红外光谱中吸收最强的振动,因此该区最适合进行红外光谱的定性和定量分析。同时,由于中红外光谱仪技术最为成熟、简单,而且目前已积累了该区大量的数据资料,因此该区应用极为广泛。通常,中红外光谱法简称为红外光谱法。

远红外光区:该区的吸收带主要是由气体分子中的纯转动跃迁、振动-转动跃迁、液体和固体中重原子的伸缩振动、某些变角振动、骨架振动以及晶体中的晶格振动引起。由于低频骨架振动能很灵敏地反映出结构变化,所以对于异构体的研究特别方便。此外,该区还用于研究金属有机化合物(包括配合物)、氢键、吸附现象等。但因该区能量弱,除非其他波长区间内没有适合的分析谱带,一般不采用此范围进行分析。

红外吸收光谱除用波长 λ 表征外,更常用波数(wave number)ν 表征。表示每厘米长光波中波的数目。若波长以 μm 为单位,波数的单位为 cm^{-1},则波数与波长的关系为

$$\nu/cm^{-1}=\frac{1}{\lambda/cm}=\frac{10^4}{\lambda/\mu m} \tag{5-1}$$

例如,$\lambda=2\ \mu m$ 的红外线,它的波数为

$$\nu=\frac{10^4}{2}\ cm^{-1}=5\,000\ cm^{-1}$$

5.1.2 红外吸收光谱法的特点

紫外-可见吸收光谱法常用于研究不饱和有机物,特别是具有共轭体系的有机化合物,而红外吸收光谱法主要用于研究分子振动中伴随有偶极矩变化的化合物(拉曼光谱法用于研究

没有偶极矩变化的振动)。因此,除了单原子和同核分子如 Ne、He、O_2、H_2 等之外,几乎所有的有机化合物在红外光谱区均有吸收。除光学异构体,某些相对分子质量较大的高聚物以及在相对分子质量上只有微小差异的化合物外,凡是具有不同结构的化合物,它们的红外光谱一定不同。

红外吸收带的波形、波峰强度、位置及数目,可以用于研究物质的内部结构组成或确定其化学基团,而谱带的吸收强度与分子组成或化学基团的含量有关,可以用于定量分析和纯度鉴定。

由于红外吸收光谱法特征性强,具有快速、高灵敏度、检测试样用量少、能分析各种状态的试样等特点,因此它已成为现代结构化学、分析化学中最常用且不可缺少的分析工具。

5.2　红外吸收光谱法的基本原理

5.2.1　红外吸收光谱的产生

红外吸收光谱是由分子振动能级的跃迁同时伴随转动能级跃迁而产生的,因此物质吸收红外光应满足两个基本条件:一是辐射能量刚好满足分子振动能级跃迁;二是辐射与分子之间有偶合作用发生。即当一定频率(一定能量)的红外光照射分子时,如果分子中某个基团的振动频率与外界辐射频率一致,而且分子在振动中伴随有偶极矩变化,此时分子就会产生红外吸收。

分子整体呈电中性,但构成分子的各原子因价电子得失的难易,而表现出不同的电负性,即不同的极性,通常用分子的偶极矩(dipole moment)来表示分子极性的大小。设正、负电荷分别为 $+q$ 和 $-q$,正、负电荷中心距离为 d,则 $\mu = q \cdot d$。由于分子内原子在其平衡位置不断地振动,d 的瞬时值不断地发生变化,因此分子的偶极矩也发生相应地改变,但分子具有确定的偶极矩变化频率。对于非极性完全对称分子由于其正、负电荷中心重叠,$d = 0$,分子中原子的振动不会引起偶极矩的变化,就不会产生红外吸收;只有当红外光照射频率与分子的偶极矩的变化频率相匹配时,分子才能由原来的基态跃迁到激发态。可见,并非所有的振动都会产生红外吸收。

分子吸收红外光后,由基态振动能级($\nu = 0$)跃迁至第一振动激发态($\nu = 1$)所产生的吸收峰称为基频峰。因为 $\Delta \nu = 1$ 时,$\nu_1 = \nu$,所以基频峰的位置等于分子的振动频率。在红外吸收光谱上除基频峰外,还有振动能级由基态跃迁至第二激发态、第三激发态等产生的吸收峰称为倍频峰。但由于分子的非谐振动性质,各倍频峰并非正好是基频峰的整数倍,而是略小一些。

5.2.2　分子的振动类型

分子中绝大多数是多原子分子,其振动方式较为复杂,但是一个多原子分子可以视作双原子分子的集合。

1. 双原子分子的振动

分子振动可以近似地看成是分子中的原子以平衡点为中心,以非常小的振幅做周期性的振动,即所谓的简谐振动,可以用经典的方法来模拟分子振动。

将双原子分子视为用一个无质量弹簧两端连接着刚性小球的体系,如图 5-1 所示。m_1、

m_2 分别代表两个小球的质量,弹簧的长度 r 就是化学键的长度。当一外力(相当于红外辐射能)作用于弹簧时,两小球沿轴心来回振动,振动频率 ν 取决于弹簧的强度(化学键强度)和小球的质量(原子质量)。用虎克定律(Hooke)可导出振动频率 ν 的计算公式:

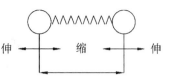

图 5-1 双原子分子振动示意图

$$\nu = \frac{1}{2\pi c}\sqrt{\frac{k}{\mu}} \qquad (5\text{-}2)$$

式中:k 为化学键力常数,是两原子由平衡位置伸长单位长度时的恢复力,其中单键的力常数 $k = 4 \sim 6$ N·cm^{-1},双键的力常数 $k = 8 \sim 12$ N·cm^{-1},三键的力常数 $k = 12 \sim 18$ N·cm^{-1};c 为光速(3×10^{10} cm·s^{-1});μ 为原子的折合质量(g),即

$$\mu = \frac{m_1 \times m_2}{m_1 + m_2}$$

根据小球的质量和相对原子质量之间的关系,可得

$$\nu = \frac{N_A^{1/2}}{2\pi c}\sqrt{\frac{k}{M}} \qquad (5\text{-}3)$$

式中:N_A 为阿伏加德罗常数,值约为 6.02×10^{23} mol^{-1};M 为折合相对原子质量,如两原子的相对原子质量为 M_1、M_2,则

$$M = \frac{M_1 \times M_2}{M_1 + M_2}$$

由上式可知,影响基本振动频率的直接因素是相对原子质量和化学键力常数。化学键力常数 k 越大,折合相对原子质量 M 越小,化学键的振动频率或波数就越大,吸收峰将出现在高波数区;反之,吸收峰则出现在低波数区。实际上,原子间距离随振动频率的变化而改变,化学键力常数也会改变,分子振动并不是严格的简谐振动。这种与简谐振动的偏差称为分子振动的非谐性。

2. 多原子分子的振动

多原子分子由于原子数目增多,组成分子的键或基团不同,空间结构不同,其振动光谱比双原子分子要复杂得多。双原子分子振动只能是沿键轴方向的伸缩振动,而多原子分子振动方式多样,不仅有伸缩振动,还有变形振动(又称变角振动或弯曲振动)。

(1) 多原子分子的伸缩振动即为原子沿键轴方向伸缩,键长发生变化而键角不变的振动,它又可分为对称与不对称伸缩振动,对同一基团,不对称伸缩振动的频率要稍高于对称伸缩振动。

(2) 多原子分子的变形振动是指分子中化学键的键角发生周期性变化而键长不变的振动,可分为面内的剪式振动和平面摇摆振动,以及面外的非平面摇摆振动和扭曲振动。以亚甲基为例的 6 种振动方式如图 5-2 所示。

由于变形振动的力常数比伸缩振动小,因此,同一基团的变形振动都在其伸缩振动的低频端出现。变形振动对环境变化较为敏感,通常由于环境结构的改变,同一振动可以在较宽的波段范围内出现。

我们将分子振动方式的数目称为振动自由度,每个振动自由度相当于红外光谱图上的一个基频吸收带。如对于由 n 个原子组成的分子,每个原子的空间位置都由 x、y、z 三个坐标轴

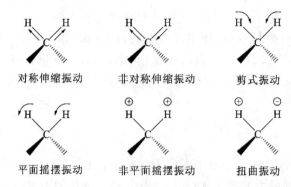

图 5-2　亚甲基的振动模式

⊕、⊖分别表示运动方向垂直纸面向里与向外

来确定,则此分子就有 $3n$ 个自由度,或称为有 $3n$ 种运动状态。但在这 $3n$ 种运动状态中,包括 3 个整个分子沿 x、y、z 轴的平动自由度和 3 个整个分子绕 x、y、z 轴的转动自由度,这 6 种运动都不是分子振动,因此,振动自由度应为 $3n-6$。但线形分子只有 2 个转动自由度,因为总有一种转动的轴心与双原子分子的键轴重合,因此线形分子的振动自由度为 $3n-5$。例如,非线形分子 H_2O 的振动自由度为 $3\times3-6=3$,而线形分子 CO_2,它的自由度则为 $3\times3-5=4$。

理论上计算出的一个振动自由度,在红外光谱上相应产生一个基频吸收带,但实际上所测得的吸收带比预期的要少得多。这可能由以下几点原因造成。

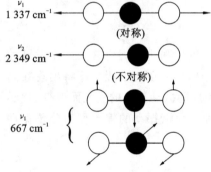

图 5-3　CO₂分子的简谐振动

(1) 分子的振动没有伴随偶极矩变化。如上所述的线形分子 CO_2 实际所测得的红外光谱图就只有 3 个吸收峰。图 5-3 中频率为 ν_1 的对称伸缩振动,不产生偶极矩变化,不产生红外吸收。

(2) 相同频率的振动吸收重叠,发生简并现象。

(3) 因为红外光谱仪分辨率不高,将一些振动频率十分接近的吸收峰分不开,或因振动吸收的能量太小,受到仪器灵敏度的限制检测不到吸收信号。

(4) 有些吸收带落在红外光谱仪检测范围之外。

5.2.3　红外吸收光谱谱带的强度

分子振动时偶极矩的变化不仅决定了该分子能否吸收红外光,还关系着红外吸收带的强度。根据量子理论,红外光谱的强度与分子振动时偶极矩变化的平方成正比。振动的对称性越高,振动分子偶极矩变化越小,则谱带强度也就越弱。一般而言,极性较强的基团(如 O—H、C=O等)在振动时偶极矩变化较大,吸收强度也较大;极性较弱的基团(如 C—C、C=C 等)在振动时,吸收较弱。

红外光谱的吸收强度用很强(vs)、强(v)、中(m)、弱(w)和很弱(vw)等表示,相应的摩尔吸光系数 ε 的大小大致划分如下:

$$\varepsilon > 100 \qquad 很强峰(vs)$$
$$20 < \varepsilon < 100 \qquad 强峰(s)$$
$$10 < \varepsilon < 20 \qquad 中强峰(m)$$
$$1 < \varepsilon < 10 \qquad 弱峰(w)$$

5.3　红外吸收光谱与分子结构的关系

红外吸收光谱反映的是分子在吸收红外光时,分子所产生的特征性振动,与分子的结构密不可分,谱图中的吸收峰与分子中各基团的振动形式相对应。通过对比研究大量化合物的红外光谱发现,不同分子的同一类基团的振动频率非常接近,总是出现在一定的频率区间,这个与一定基团相联系的振动频率称为基团频率(group frequency)。

中红外光谱区可分成 $4\,000 \sim 1\,300$ cm^{-1} 和 $1\,300 \sim 600$ cm^{-1} 两个区域。

基团的特征吸收峰一般位于 $4\,000 \sim 1\,300$ cm^{-1} 区域,是由伸缩振动产生的吸收带,并且此区间吸收峰比较稀疏,容易辨识,因此,这一区域称为基团频率区(或官能团区),常用于基团鉴定。

$1\,300 \sim 600$ cm^{-1} 区域内,除了单键的伸缩振动外,还有因变形振动产生的吸收光谱。当分子结构稍有不同,该区的吸收就会产生细微的差异,并显示出分子的特征。这种就像人的指纹一样,因人而异,因此称为指纹区。它常用于区分结构类似的化合物。

在实际应用中,常将波数为 $4\,000 \sim 600$ cm^{-1} 区分为 4 个区域:一是 X—H 伸缩振动区,$4\,000 \sim 2\,500$ cm^{-1},X 可以是 O、N、C 和 S 原子,表明此区域的吸收峰有含氢原子的官能团存在,通常该区又称为"氢键区";二是三键和累积双键区,$2\,500 \sim 1\,900$ cm^{-1},主要有炔键—C≡C—、腈键—C≡N、丙二烯基—C=C=C—、烯酮基—C=C=O 等基团的非对称伸缩振动,还有 S—H、Si—H、P—H、B—H 的伸缩振动也出现在此区域;三是双键伸缩振动区,$1\,900 \sim 1\,200$ cm^{-1},主要包括 C=O、C=N、C=C 等的伸缩振动和芳环的骨架振动等;四是单键区,波数小于 $1\,650$ cm^{-1},这个区域的情况比较复杂,主要包括 C—H、N—H 的变形振动、C—O、C—X(卤素)等的伸缩振动,以及 C—C 单键的骨架振动等,详见表 5-1。

表 5-1　常见基团的基团频率和振动形式

基团频率/cm^{-1}		基团及振动形式	备注
X—H 伸缩振动区(氢键区)	$3\,650 \sim 3\,200$(m,s)	—OH(伸缩)	判断醇、酚和有机酸
	$3\,500 \sim 3\,100$(m,s)	—NH$_2$、—NH(伸缩)	
	$2\,600 \sim 2\,500$	—SH(伸缩)、CH(伸缩)	不饱和 CH 出现在 $>3\,000$ cm^{-1}
	$3\,300$ 附近(s)	≡C—H(伸缩)	
	$3\,010 \sim 3\,040$(s)	=C—H(伸缩)	末端=CH 出现在 $3\,085$ cm^{-1}
	$3\,030$ 附近(s)	苯环中 C—H	
	$3\,000 \sim 2\,800$	饱和 C—H(伸缩)	取代基影响小
	$2\,965 \sim 2\,860$(s)	—CH$_3$(对称、非对称、伸缩)	
	$2\,935 \sim 2\,840$(s)	—CH$_2$(对称、非对称、伸缩)	
三键及双键累积区	$2\,260 \sim 2\,220$(s)	—C≡N(伸缩)	干扰少
	$2\,260 \sim 2\,100$(v)	—C≡C—(伸缩)	
	$1\,960$ 附近(v)	—C=C=C—(伸缩)	

基团频率/cm^{-1}		基团及振动形式	备注
双键区	1 680～1 630(m)	C＝C(非共轭非环)、C＝N(伸缩)	
	1 685～1 560(v)	C＝C(环合或共轭)(伸缩)	
	1 950～1 600(s)	—C＝O(伸缩)	
	1 600～1 500(s)	—NO$_2$(非对称伸缩)	
	1 300～1 250(s)	NO$_2$(对称伸缩)	
单键区	1 300～1 000(s)	C—O(伸缩)	强度较强
	1 150～900(s)	C—O—C(伸缩)	
	1 460±10(m)	—CH$_3$(非对称变形)	经常出现
	1 375±5(s)	—CH$_3$(对称变形)	特征吸收
	1 400～1 000(s)	C—F(伸缩)	
	800～600(s)	C—Cl(伸缩)	
	600～500(s)	C—Br(伸缩)	

注:s 表示强吸收;m 表示中强吸收;v 表示吸收强度可变。

5.4　影响红外吸收光谱的因素

　　分子中化学键的振动不是孤立的,受到相邻基团的影响,以及溶剂、测定条件等外部因素的影响。因此只有已知红外特征谱带出现的频率和强度,以及了解影响它们的因素,我们才能正确解析红外光谱,对分子结构做出正确的推断。

　　影响基团频率的因素大致可分为外部因素与内部因素。

5.4.1　外部因素

　　外部因素主要指测定时被测试样的形态以及溶剂效应等。

　　同一物质在不同的物理状态,因分子间作用力不同,故所得的红外光谱也有差异。气态试样由于分子间作用力较弱,此时可以观察到伴随振动光谱的精细结构。而液态和固态试样由于分子间作用力较强,有可能形成氢键或发生分子间的缔合,导致特征吸收带频率、强度和形状均有很大的不同。

　　若在溶液中测定红外光谱,则同一被测试样会因溶剂的极性,溶液的浓度和测定时的温度不同而最终得到不同的谱图。通常在极性溶剂中,溶质分子的极性基团的伸缩振动频率随溶剂极性的增加而向低波数方向移动,并且强度增大。所以,在红外光谱测定时,应尽量采用非极性溶剂,如 CS$_2$、CCl$_4$ 和 CHCl$_3$,避免溶剂带来的影响。

5.4.2　内部因素

　　1. 电效应(electrical effects)

　　电效应包括诱导效应、共轭效应和偶极场效应,它们都是由于化学键的电子分布不均匀而引起的。

（1）诱导效应（inductive effect）　此效应因取代基电负性的不同，通过静电诱导作用，引起分子中电子分布的变化，改变化学键力常数，导致基团的特征频率改变。

一般电负性大的基团或原子吸电子能力较强，当与酮羰基上的碳原子相连时，电子云由氧原子转向双键的中间，增加了 C=O 键的力常数，使 C=O 的振动频率升高，吸收峰向高波数区移动（表 5-2）。随着取代原子电负性的增大或取代基数目的增加，诱导效应增强，吸收峰向高波数区移动的程度越明显。

表 5-2　诱导效应导致 C=O 吸收峰向高波数区移动情况

$\nu_{C=O}/cm^{-1}$	1 715	1 800	1 828	1 928
化合物	$\begin{matrix} \delta^- \\ O \\ \parallel \\ R-C-R' \\ \delta^+ \end{matrix}$	$\begin{matrix} O \\ \parallel \downarrow \\ R-C-Cl \end{matrix}$	$\begin{matrix} O \\ \parallel \downarrow \\ Cl\leftarrow C\rightarrow Cl \end{matrix}$	$\begin{matrix} O \\ \parallel \downarrow \\ F\leftarrow C\rightarrow F \end{matrix}$

（2）共轭效应（conjugative effect）　此效应使共轭体系中的电子云密度平均化，导致原来的双键伸长（即电子云密度降低），化学键力常数减小，所以振动频率降低。如酮的 C=O，因与苯环共轭而使 C=O 键的力常数减小，振动频率降低。此外，当含有孤对电子的原子与具有多重键的原子连接时，也有类似的共轭效应。如酰胺中的 C=O，因氮原子的共轭效应，使 C=O 上的电子云更加移向氧原子，C=O 双键的电子云密度平均化，造成 C=O 键的力常数下降，使吸收频率向低波数区移动。

（3）偶极场效应（dipolar field effect）　前两种效应都是通过化学键起作用，但偶极场效应却是经过分子内的空间起作用，因此相互靠近的官能团之间，才能产生偶极场效应。

2. 氢键效应（hydrogen bonding effect）

氢键的形成使电子云密度平均化，从而使振动频率发生变化。如羧酸中的羰基和羟基易形成氢键，使羰基的振动频率降低。游离羧酸的 C=O 键振动频率出现在 1 760 cm^{-1} 附近，在液体或固体中，C=O 键的振动频率则出现在 1 700 cm^{-1} 左右。

3. 振动耦合（vibrational coupling）

当两个振动频率很接近的相邻基团连有同一公共原子时，通过公共原子使两个基团的振动频率一个向高频移动，另一个向低频移动，这种两个振动基团之间的相互作用称为振动耦合。一些二羰基化合物经常会出现振动耦合，如酸酐中，两个羰基的振动耦合，使吸收峰分裂成两个峰，一个频率为 1 820 cm^{-1}（反对称耦合），另一个频率为 1 760 cm^{-1}（对称耦合）。

4. 费米共振（Fermi resonance）

当一振动的倍频与另一振动的基频接近时，由于发生相互作用而产生很强的吸收峰或发生裂分，这种现象称为费米共振。

其他影响基团振动频率的因素还有空间效应、环的张力等。

5.5　红外光谱仪

目前主要使用的红外光谱仪根据它们的结构和工作原理不同，分为两类：色散型红外光谱仪和傅里叶(Fourier)变换红外光谱仪。

5.5.1　色散型红外光谱仪

色散型红外光谱仪(Dispersion infrared spectrophotometer)的工作原理如图 5-4 所示,从光源发出的红外辐射光分成等强度的两束,一束通过试样池,一束通过参比池,然后由斩光器以一定频率将两束光交替送入单色器,最后进入检测器,转变为电信号。如果试样无吸收,则两束光强度相同,检测器上只有稳定的电压而没有交变信号输出;如果试样对某一频率的红外辐射光有吸收,则两束光强度不等,到达检测器上的光强度随斩光器频率而周期性变化,同时输出相应的交变信号。该信号经放大,驱动伺服电动机(带动笔和光楔的装置)带动笔和光楔同步上下移动进行光谱扫描,光楔用于调整参比光路的光能,使 $I_{参比} = I_{试样}$,记录笔在记录纸上画出吸收峰强度随频率(或波数)变化的曲线,即红外吸收光谱。

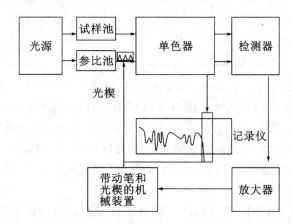

图 5-4　色散型红外光谱仪工作原理示意图

由图 5-4 还可看出,色散型红外光谱仪的组成部分看似与紫外-可见分光光度计一样,也是由光源、单色器、吸收池、检测器和记录系统等部分组成,但因为它们工作的波段范围不同,所以每一部分的结构、所用材料及性能不同,最大区别在于红外光谱仪的试样是放在光源和单色器之间的,而紫外-可见分光光度计是将样品置于单色器之后。

现将色散型红外光谱仪主要部分简要介绍如下。

1. 光源

红外光谱仪通常采用电加热后能发射高强度连续红外辐射的惰性固体做光源。常用的有能斯特灯(Nernst glower)和硅碳棒(globar)两种。

能斯特灯是用氧化锆、氧化钇和氧化钍烧结而成,直径为 1~3 mm,长度为 20~50 mm 的中空或实心棒,在室温下为非导体,所以在工作之前要预热。这种光源具有发射光强度高,稳定性好的特点,但机械强度差,价格较硅碳棒高,操作不如硅碳棒方便。硅碳棒是由碳化硅烧结而成的实心棒,在室温下为导体,工作前不需预热。这种光源具有坚固、发光面积大、寿命长和使用的波长范围较能斯特灯宽的特点。

2. 吸收池

吸收池的材料必须对所需波长的辐射具有很好的透过性,且不同的试样应选用相应材料的吸收池。玻璃、石英等材料均不能透过红外光,所以红外光谱仪吸收池选用 Na、KBr、Cs、

KRS - 5 等材料制成。

3. 单色器

单色器是由色散元件(棱镜或光栅,目前已主要使用光栅)、狭缝和准直镜组成。在红外光谱仪中一般不使用透镜,以免产生色差。由于大多数红外光学材料易吸湿(KRS - 5 除外),因此在使用时应注意防湿。

4. 检测器

因红外光谱区的光子能量较弱,不足以使光电敏感材料发射电子,所以常用的红外光谱检测器有真空热电偶、热释电检测器和汞镉碲检测器。

(1) 真空热电偶是在真空条件下,将热电偶两端由于温度不同产生的温差转变为电位差,在闭路回路中有电流产生,电流的大小则随照射的红外光的强弱而变化的一种仪器。

(2) 热释电检测器是用硫酸三甘肽(简称 TGS)的单晶薄片作为检测原件。由于它反应极快,因此可进行高速扫描,在中红外光区,扫描 1 次仅需 1 秒,因而适合于在傅里叶变换红外光谱仪中使用。目前使用最广的晶体材料是氘化硫酸三甘肽(DTGS)。

(3) 汞镉碲检测器(简称 MCT 检测器)是用半导体碲化镉和碲化汞混合制成的检测器。其对光波的响应速度极快,灵敏度比 TGS 高,适用于快速扫描测量和色谱与红外光谱(傅里叶变换红外光谱)的联用技术。该检测器需在液氮下工作。

5.5.2　傅里叶变换红外光谱仪

傅里叶变换红外光谱仪(Fourier transform infrared spectrophotometer,FTIR)是 20 世纪 70 年代出现的新一代红外光谱测量仪器。FTIR 是根据光的相干性原理设计的,是一种干涉型光谱仪。它没有色散元件,主要由光源(硅碳棒、高压汞灯)、迈克尔逊干涉仪(Michelson interferometer)、检测器、计算机等组成。

FTIR 的工原理如图 5-5 所示,光源发出的红外辐射光,经光束分离器分为两束,分别经定镜和动镜反射后到达检测器并产生干涉现象。当定镜和动镜到达检测器的光程相等时,各种

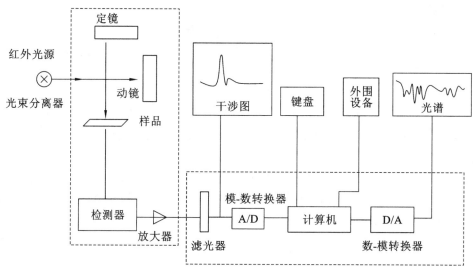

图 5-5　傅里叶变换红外光谱工作原理示意图

波长的红外光到达检测器时都有完全相同的相位而彼此加强。如改变动镜的位置,形成一个光程差,不同波长的光落到检测器上得到不同的干涉强度。当光程差为 $\lambda/2$ 的偶数倍时,相干光相互叠加,强度有最大值;当光程差为 $\lambda/2$ 的奇数倍时,相干光相互抵消,强度有最小值。当连续改变动镜的位置时,可在检测器得到一个干涉强度对光程差和红外光频率的函数图。将试样放入光路中,由此将得到含试样信息的干涉图,由电子计算机采集,并进行复杂的傅里叶变换,得到吸收强度或透光度随频率或波数变化的红外光谱图。

傅里叶变换红外光谱仪的主要特点如下。

(1)与色散型红外光谱仪相比,FTIR 没有狭缝限制,提高了光能利用率,从而使检测器接收到的信号和信噪比增大,测量的灵敏度和准确度大大提高。

(2)扫描速度快。完成一张全谱扫描光只需要 1 秒或更短时间,从而实现了红外光谱仪与色谱仪的联用。

(3)分辨率高。波数精密度可达 $0.01~\mathrm{cm}^{-1}$。

(4)光谱范围宽。可测定的范围为 $10\,000\sim10~\mathrm{cm}^{-1}$。

5.6　红外吸收光谱法的应用

红外吸收光谱不仅适用于分子结构的基础研究,如确定分子的空间构型,求出化学键的力常数、键长和键角等,更广泛地用于化合物的定性和定量分析等。

5.6.1　定性分析

红外吸收光谱对有机化合物的定性分析具有鲜明的特征性。每一化合物分子中的基团或化学键都有各自的特征振动频率,谱图中谱带的数目、位置、形状和强度均随化合物及其聚集态的不同而不同。

现将红外吸收光谱定性分析的过程简要叙述如下。

1. 试样的分离和提纯

红外吸收光谱的试样可以是气体、液体或固体,但试样必须是单一组分的纯物质。多组分试样应在测定前采用分馏、萃取、离心、重结晶或色谱等方法进行分离纯化,以免各组分光谱相互干扰,影响判断。

2. 了解与试样性质相关的资料

在图谱解析前,应了解试样的制备方法、纯度;并进行简单的物理和化学分析,明确试样的熔点、沸点、相对分子质量、溶解度、化学性质、组成元素等,以及紫外光谱、核磁共振谱、质谱等,有利于后期图谱解析。

由元素分析的结果分析可得出化合物的经验式,由相对分子质量可得出其化学式,并计算出不饱和度。从不饱和度可推出化合物可能的范围。不饱和度是指有机分子中碳原子的不饱和程度。不饱和度 U 计算的经验式为

$$U=1+n_4+\frac{n_3-n_1}{2} \tag{5-4}$$

式中:n_4、n_3、n_1 分别表示分子中所含四价、三价和一价元素原子的数目,二价原子不参加计算。按计算所得,我们规定:

$U=0$ 时，表示该化合物有可能是链状饱和烃及不含双键的衍生物；

$U=1$ 时，表示该化合物中有一个双键，或一个饱和环；

$U=2$ 时，表示该化合物中有一个三键，或两个双键，或一个双键和一个饱和环等；

$U=3$ 时，表示该化合物中有三个双键，或一个双键和一个三键，或两个双键和一个饱和环等；

$U=4$ 时，表示该化合物分子中有一个苯环（即三个双键和一个饱和环），或两个双键和一个三键等。

如 $C_9H_{10}O$ 的不饱和度为

$$U=1+9+\frac{0-10}{2}=5$$

3. 图谱解析

获得红外吸收图谱后便开始解析。首先从各个区域的特征振动频率着手，找出其官能团；再根据图谱中指纹区的吸收情况，进一步确认该基团的存在以及与其他基团的结合方式；最后再根据元素分析数据初步推断出其结构式。例如，若试样的红外光谱在 1 720 cm^{-1} 附近出现强吸收，表示有羰基存在。羰基的存在可以表示酮、醛、酯、内脂、羧酸、酸酐等，为了确认其结构，应找出其相关峰作为佐证。若试样为醛，应在 2 700 cm^{-1} 和 2 800 cm^{-1} 出现两个特征性很强的 C—H 吸收带；若为酯，应在 1 300～1 000 cm^{-1} 处发现有酯的 C—O 伸缩振动强吸收；内脂在羰基伸缩区出现复杂带型，通常是双线；若为羧酸，应在 3 000 cm^{-1} 附近出现宽的 O—H 吸收带；若为酸酐，则应在 1 860～1 800 cm^{-1} 和 1 800～1 750 cm^{-1} 处出现两个吸收峰。如若上述情况都没出现，则可推断该试样为酮。

4. 与标准谱图进行比对

在推断出试样的结构之后，还需用纯物质的谱图进行校验。这些标准谱图，除可用纯物质在相同的制样方法和测试条件下测得外，最方便的就是查阅已有的标准谱图集。如通过制备纯物质的方法，则必须注意试样的制备方法与测试条件是否相同；如采用标准光谱图比对的方法，则需与谱图上的特征吸收带（特别注意指纹区）位置、形状及强度一致时，才可完全确认试样结构。

常用的标准红外吸收光谱图集：

（1）萨特勒（Sadtler）红外谱图集　它是由美国费城萨特勒研究室编制，包括棱镜和光栅光谱图集。数千种谱图大多列出化合物名称、分子式、结构式和多种物理常数，以及测绘方法、仪器等。图集还有总索引和分类索引。

（2）API 红外光谱图集　它是由美国石油研究所（API）编制，主要是烃类化合物的光谱图。由于它收集的图谱较单一，数目不多，还配有专门的索引，方便查阅。

（3）分子光谱文献（documentation of molecular spectroscopy，DMS）　它是由英国和西德联合编制，收集了 1000 多个化合物的红外及拉曼光谱图，列出了化合物名称、分子式、结构式及各种物理常数。

近年来，随着科技的发展，计算机技术应用越来越广泛。人们把大量化合物的红外吸收光谱信息储存在计算机中形成谱库，并建立检索系统，极大满足了人们对由红外光谱图快速鉴定未知物的需求。

5.6.2 定量分析

与其他吸收光谱法(紫外-可见光吸收光谱法)一样,红外吸收光谱定量分析是通过对特征吸收带强度的测量来得到组分含量。其理论依据依然是朗伯-比尔定律。由于红外光谱有多个谱带,可供选择余地大,所以能较方便地对单组分和多组分进行定量分析。此外,红外吸收光谱能定量测定气体、液体和固体试样,不受试样状态的限制,因此红外吸收光谱定量分析应用极其广泛。但红外吸收光谱法的灵敏度较低,尚不适用于微量组分的测定。而且对于固体试样,常常遇到光程长度不能准确测量的问题,所以在测定中需采用与紫外-可见分光光度法不太一样的实验技术。

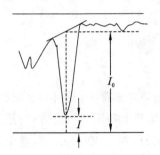

图 5-6 基线法测定吸光度示意图

1. 吸光度的测定

红外吸收光谱定量分析吸光度的测定,常采用基线法。如图 5-6 所示,先通过谱带两翼透过率最大点做光谱吸收的切线,作为该谱线的基线,再分析波数处的垂线与基线的交点,与最高吸收峰定点的距离为峰高,其吸光度 $A = \lg \dfrac{I_0}{I}$。

2. 定量分析方法

参照紫外-可见分光光度法,可选择标准曲线法,即通过测量一系列已知浓度的标准样品的吸光度,绘制标准曲线,再测量试样的吸光度,从标准曲线上找出其对应的浓度。此方法要求试样的处理和制备应与标准样品一致。也可以采用求解联立方程等方法进行定量分析。

思 考 题

5-1 简述红外吸收光谱产生的基本条件。

5-2 某化合物的分子式为 $C_8H_7ClO_3$,其不饱和度为(   )。

5-3 某化合物的紫外可见光谱上,在 204 nm 处有一弱吸收带;红外光谱有如下吸收峰:在 3 300～2 500 cm^{-1} 处有一宽而强的吸收峰,在 1 710 cm^{-1} 处有一强的吸收峰,则该化合物可能是(   )。

A. 醛　　　　B. 酮　　　　C. 羧酸　　　　D. 酯

5-4 将下列波长换算成波数:6.5 μm、11.5 μm、2.8 μm。

5-5 将下列波数换算成波长:320.2 cm^{-1}、1 785.0 cm^{-1}、2 896.0 cm^{-1}。

5-6 某无色液体,其分子为 C_8H_8O,红外吸收光谱如下图所示,试推断其结构。

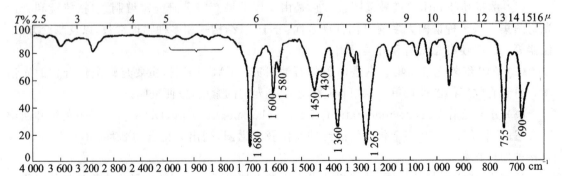

参 考 文 献

［1］　翁诗甫,徐怡庄.傅里叶变换红外光谱分析［M］.3 版.北京:化学工业出版社,2016.
［2］　谢晶曦.红外光谱在有机化学和药物化学中的应用［M］.北京:科学出版社,1987.

第6章 核磁共振波谱法

核磁共振谱是记录原子核在磁场中产生振动时,由于能量变化而产生的信号改变。这种信号改变可通过计算机处理,输出特定的波谱。核磁共振谱具有精密、准确、不破坏被测样品的特点,对各种有机物和无机物的成分、结构都可以进行定性分析。在化学、生物、药学、医学、农业、环境、矿业、材料学等领域得到广泛的应用,与紫外-可见吸收光谱、红外吸收光谱、质谱一起被合称为"四谱",是物质结构定性分析的强有力工具。

6.1 基 本 原 理

6.1.1 核磁共振的产生

核磁共振(Nuclear Magnetic Resonance,NMR)是指原子核在磁场中吸收特定频率的电磁波,引起核自旋态改变的一种物理现象。电磁波的频率与磁场强度及原子本身的特性有关。

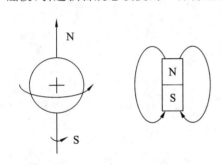

原子核是一个带正电荷的球状粒子,自旋运动时会产生磁矩,如同地球自转产生磁场一般,且磁矩方向与核自旋方向有关,符合右手螺旋规则(图 6-1)。I. I. Rabi在 1938 年的时候发现了这个现象并对原子核的磁矩进行了测算,并于 1944 年因此获得诺贝尔物理学奖。1946年,瑞士物理学家 F. Bloch 和美国物理学家 E. M. Purcell 分别对这一技术进行改进并扩展了其应用范围,因此共同获得 1952 年的诺贝尔物理学奖。

图 6-1 原子核的自旋及产生的磁矩

自旋运动的原子核会产生磁矩,但是,并非所有的原子核都有自旋运动。原子核的自旋运动与自旋量子数 I 有关。如果 $I=0$,原子核就没有自旋运动。只有 $I\neq 0$ 时才会有自旋运动,核磁共振研究的主要就是这一类原子核。按照自旋量子数的差异,原子核可以分为 3 大类(表 6-1)。

表 6-1 原子核的分类

中子数	质子数	自旋量子数	实 例
偶数	偶数	0	^{12}C、^{16}O、^{32}S
偶数(奇数)	奇数(偶数)	半整数 1/2,3/2,5/2…	$^{1}H(1/2)$、$^{13}C(1/2)$、$^{11}B(3/2)$、$^{17}O(5/2)$
奇数	奇数	整数 1,2,3…	$^{2}H(1)$、$^{58}Co(2)$、$^{10}B(3)$

如果没有外部磁场存在,原子核的排布是随机的,自旋方向为各向异性(图 6-2(a)),原子核间的能量也没有差异。如果给原子核施加一个外部磁场 B_0,原子核磁矩就会受外部磁场的影响,导致其自旋方向重新排布,产生两种自旋态:一种磁矩方向与外部磁场方向相同;一种磁

矩方向与外部磁场方向相反(图 6-2(b))。

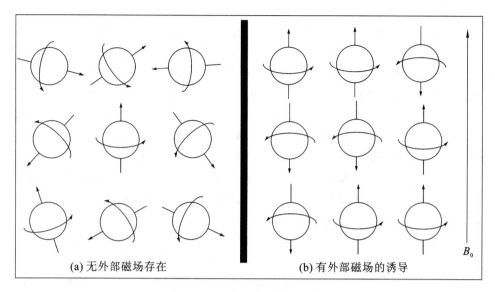

(a) 无外部磁场存在　　　　　　　　　　(b) 有外部磁场的诱导

图 6-2　原子核自旋态的改变

　　磁矩改变的结果会使得原子核间的能量发生改变,磁矩与外部磁场方向相同的原子核,能量比较低;反之则能量比较高。且这种能级差与外部磁场的强度成正比(图 6-3)。当然这种能量的差别非常小,即便外部磁场的强度非常高,例如,外部磁场强度为 14 100 高斯时(地球磁场强度为 $0.5\sim0.6$ 高斯),两个原子核的能级差仅为 2.5×10^{-5} kJ·mol^{-1}。

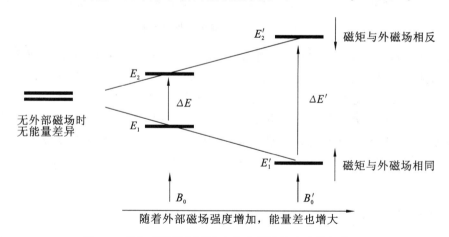

图 6-3　外加磁场引起两种自旋态原子核产生能级差 ΔE

　　在外加固定强度的静磁场中,各个原子核间的能级差 ΔE 是固定的。此时,如果用某一特定频率的电磁波来照射原子核,且射频提供的能量满足两种自旋态不同的原子核的 ΔE,此时处于低能级 E_1 的原子核就会吸收能量,跃迁至高能级 E_2,核磁矩发生倒转,从而产生了核磁共振(NMR)现象。

6.1.2　自旋弛豫

原子核在磁场中的能级裂分数目符合波尔兹曼(Boltzmann)分布规律。以氢原子为例，常温下(300 K)，处于高能级的原子核与处于低能级的原子核的比值约为 0.999 99，也就是说，每 1 000 000 个原子核中，大概有 500 005 个处于低能级，有 499 995 个处于高能级。低能级的原子核数只比高能级的原子核数多了十万分之一。当外加射频能量被这些多出来的低能级的原子核吸收后，会"自旋翻转"成高能态。这种射频能量的吸收可被频谱仪记录下来，转变为核磁共振谱图。这些射频吸收信号记录的灵敏度与外磁场的强度及原子核所处的环境温度有关，提高磁场强度或降低环境温度都有利于 NMR 的检测灵敏度。

原子核跃迁到高能态后，如果能量不能得到释放，就会一直保持高能级的自旋态，而处于低能态的原子核不停地跃迁，最终导致高低能态的原子核数目相同，此时不再吸收外部的射频，仪器也不能检测到任何信号，这种状态称为"饱和"。如果外部射频时间过长或强度过大，饱和现象即可出现。

因此，为了能够维持原子核的不断跃迁以便采集放大信号，必须使跃迁的原子核释放出能量，重新回到低能级状态。这种把能量分配给周围环境或其他低能态原子核的过程称为"弛豫"(图 6-4)。

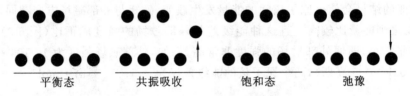

平衡态　　　共振吸收　　　饱和态　　　弛豫

图 6-4　原子核的共振吸收及弛豫

弛豫可分为两种：一种是自旋–晶格弛豫，也叫纵向弛豫；一种是自旋–自旋弛豫，也叫横向弛豫。纵向弛豫是原子与环境(固体的晶格、液体中同类分子或溶剂分子)进行能量转移，体系能量下降重新达到平衡态的过程。这种弛豫在液体及气体中发生较快，弛豫时间较短(毫秒级)。而固体由于振动，转动频率比较小，原子的弛豫效率低，时间比较长(小时级)；横向弛豫是高能态原子核把能量传递到邻近低能态原子核的过程。在固体及高黏度液体中，核间的相对位置是固定的，有利于能量的交换，所以弛豫时间较短($10^{-4} \sim 10^{-5}$ s)；在普通液体及气体中时间约为 1 s。

6.1.3　核磁共振波谱仪

核磁共振波谱仪是测量 NMR 发生时射频能量变化的仪器，它的基本组成可分为 5 个部分：磁铁、样品平台、射频输入、射频输出及记录仪(图 6-5)。磁铁可用永久磁铁，电磁铁及超导磁铁。磁铁产生的磁场强度越大，波谱的分辨率也越好。永久磁铁磁场稳定，结构简单，使用方便，但是磁场强度最高只能达到 24 400 高斯；电磁铁可通过控制电流来调节磁场强度，适用范围广，但是装置较大，耗能也多，且最高磁场也只有 24 400 高斯；超导磁铁是将铌–钛合金绕成线圈后放入液氦中，低温下通入大电流，由于没有电阻，线圈中可以产生很大的磁场，最大可超过 100 000 高斯。

样品平台中有 1 个探头，探头的中间可插入样品管，样品管在中央气流的推动下保持平稳持续旋转,从而使样品中各个点位的原子核受到的磁场强度平均化,整个样品区域内的磁场强度变化小,有利于提高谱图的分辨率。射频输入的信号被原子核共振吸收后,产生的变化由信号检测器经射频输出系统放大并传入计算机,最终处理成可解析的波谱图。

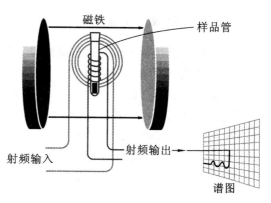

图 6-5　核磁共振波谱仪的基本结构示意图

如果按工作方式的不同分类,核磁共振波谱仪可分为连续波核磁共振波谱仪及脉冲傅里叶变换核磁共振波谱仪。连续波核磁共振波谱仪又可设计成扫频模式或扫场模式。扫频模式是固定了磁场强度,射频发生器通过高频交变电流变换射频强度实现不同原子核的差别共振,图 6-5 显示的就是这种模式;扫场模式是固定了射频强度,通过改变磁场强度来实现核磁共振,后者是目前常用的方法。连续波核磁共振波谱仪采用单频发射和接收方式,在某一时刻内,只记录谱图中很窄的一部分信号,即单位时间内获得的信息很少。对那些核磁共振信号很弱的原子核,一次扫描所需时间长,需要采用多次扫描进行累加。为了提高单位时间的信息量,可采用多道发射机同时发射多种频率,使处于不同化学环境的原子核同时共振,再采用多道接收装置同时得到所有的共振信息。脉冲傅里叶变换核磁共振波谱仪把一个强的射频以脉冲方式(一个脉冲中同时包含了一定范围的各种频率的电磁辐射)将样品中所有同类原子核同时激发,发生共振。而试样中每个原子核都对脉冲中单个频率产生吸收,随后各个原子核通过不同方式弛豫,在接收器中可以得到一个随时间逐步衰减的信号,称自由感应衰减(Free Induction Decay,FID)信号,经过傅里叶变换转换成一般的 NMR 图谱。

6.2　屏蔽效应与化学位移

相同的原子核,在固定的磁场中,共振频率是相同的,在 NMR 波谱上只会出现一个特征峰。但是在实际测量上,由于物质结构的差异,同类原子核由于所处的化学环境不一样,共振时吸收的能量也就不同,导致它们的共振频率也产生了分化,体现在波谱图上,即共振谱线发生了位移。这种因化学环境变化而引起共振谱线的位移称为化学位移。化学位移的来源是原子核外电子云的屏蔽效应。

6.2.1　屏蔽效应的产生原因

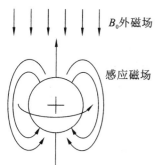

图 6-6　核外电子云对外加磁场产生的屏蔽效应

孤立的原子核,在固定磁场中的共振频率是个固定值,在波谱图上只会有一个吸收峰。但实际上,任何原子的核外都有电子云覆盖,并随着原子核的自转而随之转动。在外磁场作用下,自转的电子云会产生一个与外磁场相反方向的感应磁场,使原子核所受外磁场作用的实际强度减弱,这种作用称为屏蔽效应。核外电子云密度越高,产生的屏蔽作用就越强(图 6-6)。

6.2.2　化学位移的表示方法

屏蔽作用的直接表现就是化学位移的变化。波谱解析中可以根据化学位移的大小来判断原子核所处的化学环境,从而推断物质的分子结构。但是化学环境不同引起原子核化学位移的变化非常小,只有百万分之十左右。如果要精确测量其绝对值较困难,并且在不同强度磁场中仪器测量的数据存在一定的差别。故常采用相对化学位移 δ 来表示,即用一种参考物质作标准,在扫场模式下,样品的共振吸收频率 V_{sa} 与参考物质的共振吸收频率 V_{re} 的差值($V_{sa}-V_{re}$)与核磁仪器的固定频率 V_0 的比值,即

$$\delta = \frac{V_{sa} - V_{re}}{V_0} \tag{6-1}$$

由于计算出的数值极小,只有百万分之几,故将这个相对差值再乘以 10^6,单位用 ppm 来表示。

以 NMR 波谱图为例,图 6-7 是乙酸乙酯的氢谱图(^{1}H NMR):

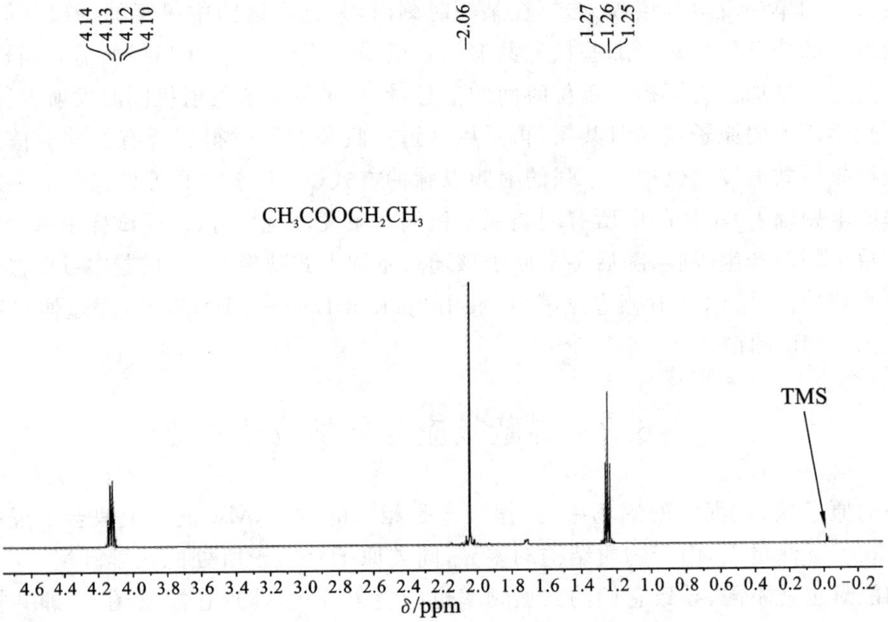

图 6-7　乙酸乙酯的氢谱图(^{1}H NMR)

谱图底部的数轴表示 H 原子的相对化学位移。从右往左,数值增大。参考物质一般选择的是四甲基硅烷(Tetramethylsilane,TMS)。TMS 比较稳定,在有机溶剂中的溶解性好。硅(Si)的电负性比碳原子(C)还小,对—CH$_3$ 上的 H 原子核上电子云密度不会产生影响,所以 4个—CH$_3$ 上的 H 原子受到的屏蔽效应比较强,在受到外磁场作用后产生的感应磁场比一般的有机物强度高。为了让 TMS 的 H 原子产生核磁共振,必须提供较高强度的磁场,而普通有机物则不需要这么高强度的磁场。体现在 NMR 波谱上,即人为定义 TMS 的 H 原子共振信号为 0 ppm,此处磁场强度较高,称为高场区,普通有机物的吸收峰一般都出现在它左侧的低场区。由图 6-7 中可以看到,在相对化学位移为 0 ppm 的那个单峰即为 TMS 的信号峰。而它左侧的几组峰为乙酸乙酯不同 H 原子的共振信号峰。

6.2.3 分子结构与化学位移

综上所述,化学位移其实和原子核受到外层电子云的屏蔽作用大小有关。电子云屏蔽作用较大的,共振信号出现在高场;电子云屏蔽作用较小的,共振信号出现在低场。而电子云屏蔽作用的大小与原子核所处的化学环境有关。以卤代烃为例,图 6-8 显示了不同卤代甲烷中 H 原子的相对化学位移:

卤素原子电负性降低
氢原子屏蔽作用增强
$\longrightarrow$

甲基氢的相对化学	CH_3F	CH_3Cl	CH_3Br	CH_3I
位移 δ,ppm	4.3	3.1	2.7	2.2

图 6-8 不同卤代甲烷中 H 原子的相对化学位移

这种相对化学位移差别是因为卤素由 I 到 F,电负性增大,对—CH_3的吸电子能力增强,使得—CH_3上 H 原子周围的电子云密度下降,产生了去屏蔽效应,相对化学位移逐渐向低场区移动。这种电负性引起的原子核周围电子云的下降还具有累积性,图 6-9 所示分子中 H 原子的相对化学位移变化趋势,体现了取代基的累积效应:

	$CHCl_3$	CH_2Cl_2	CH_3Cl
相对化学位移 δ,ppm	7.3	5.3	3.1

图 6-9 吸电子基团的累积效应

由于 C 原子上连接的吸电子基团数目增加后,对 H 原子上电子云的诱导效应也增加,因此去屏蔽化作用增强。

同理,如果与—CH_3相连的其他官能团电负性减小,必然会导致—CH_3上 H 原子的相对化学位移向高场移动,如图 6-10 所示。

	CH_3F	CH_3OCH_3	$(CH_3)_3N$	CH_3CH_3
相对化学位移 δ,ppm	4.3	3.2	2.2	0.9

图 6-10 不同取代基对—CH_3中 H 原子相对化学位移的影响

从元素周期表可知,原子电负性从左向右逐渐减小。即 F>O>N>C,它们对相邻—CH_3的屏蔽效应也随之减弱,—CH_3的化学位移逐渐向高场移动。

对于烯烃中的 H 原子及芳烃中的 H 原子,相对化学位移与饱和烷烃的相比,要偏向低场,如图 6-11 所示。

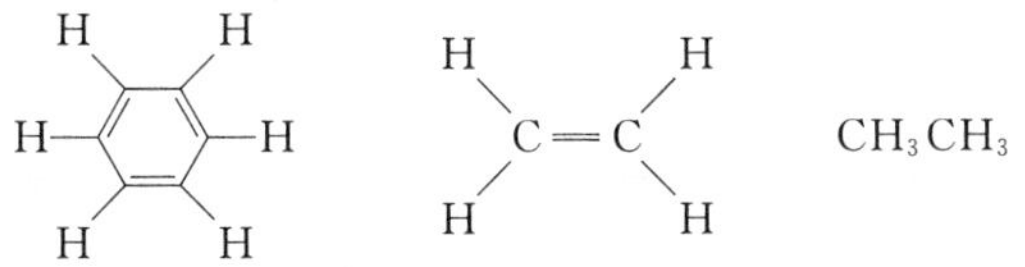

相对化学位移 δ,ppm	7.3	5.3	0.9

图 6-11 苯、乙烯、乙烷中 H 原子的相对化学位移

这种现象产生的原因是烯烃与芳烃上都有共轭的 π 电子云,在外加磁场作用下,同样会产生感应磁场,且方向与外磁场相反,如图 6-12 所示。

由图可见,虽然产生的感应磁场方向在分子中间区域是与外磁场方向相反的,但是由于磁场是一个闭环体系,在分子周围的平面区域,即 H 原子所处的区域,感应磁场方向却正好与外磁场方向相同。对这一区域的 H 原子来说,感应磁场反而增强了外磁场的作用,产生了一种去屏蔽效应。这种效应同样适用于烯烃与芳烃上的其他取代基,比如苄基与烯丙基上的 H 原

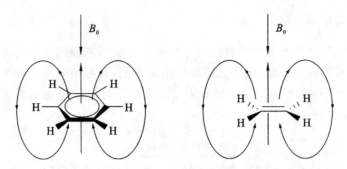

图 6-12　烯烃与芳烃的 π 电子云产生了与外磁场方向相反的感应磁场

子,也受到了去屏蔽效应,只是强度稍微减弱,如图 6-13 所示。

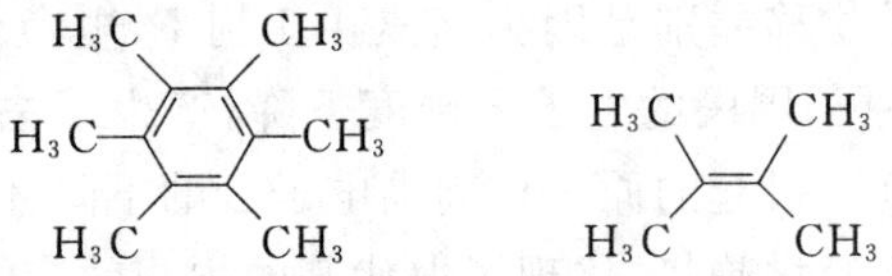

相对化学位移 δ,ppm　　　　2.2　　　　　　1.7

图 6-13　六甲基苯与 2,3-二甲基- 2-丁烯中 H 原子的相对化学位移

六甲基苯与 2,3-二甲基- 2-丁烯中 H 原子的化学位移比苯及乙烯中 H 原子偏高,但是与乙烷比,却是偏低的。

表 6-2 列出了一些代表性化合物中 H 原子的相对化学位移。在表中,—CH₃上的 H 通常会比—CH₂—上的 H 受到更强的屏蔽效应,而—CH₂—上的 H 又比—CH—上的 H 受到更强的屏蔽效应。当然这种差别并不是很大,相对化学位移大约只有 0.7 ppm 的变化。综上所述,普通有机物的 H 的相对化学位移都在 12 ppm 之内。烷烃上 H 原子的屏蔽效应最强,羧基上的活性 H 原子(O—H)的屏蔽效应最弱。

表 6-2　代表性化合物中 H 原子的相对化学位移(以 TMS 为参考)

质子类型	相对化学位移 δ/ppm	质子类型	相对化学位移 δ/ppm
H—R	0.9~1.8	H—C—NR	2.2~2.9
H—C≕C	1.6~2.6	H—C—Cl	3.1~4.1
H—C=O	2.1~2.5	H—C—Br	2.7~4.1
H—C≡C—	2.5	H—C—O	3.3~3.7
H—Ar	2.3~2.8	H—NR	1~3*
H—C=C	4.5~6.5	H—OR	0.5~5*

续表

质子类型	相对化学位移 δ/ppm	质子类型	相对化学位移 δ/ppm
H—Ar	6.5～8.5	H—OAr	6～8*
$\begin{matrix} O \\ \| \\ H-C- \end{matrix}$	9～10	$\begin{matrix} O \\ \| \\ H-OC- \end{matrix}$	10～13*

注：* 表示与 N,O 相连的是活性 H,相对化学位移可随浓度及温度变化而改变。

6.3　氢谱解析

　　表 6-2 展示了不同化学环境下 H 原子的相对化学位移,对于未知化合物结构的解析提供了一定量的参考信息。除此以外,^{1}H NMR 波谱还可以提供更多的解析信息,包括:信号峰的数目、信号峰的强度(测量峰面积)、信号峰的裂分。

　　相对化学位移相同的 H 原子称为化学等价原子。化学不等价的 H 原子在 NMR 谱上表现出相对化学位移的差别。比如图 6-7 所示的乙酸乙酯的[1]H NMR 谱图,分别在 1.26 ppm、2.05 ppm、4.13 ppm 处出现 3 组峰。由屏蔽效应可知,与电负较大的 O 原子相连的—CH$_2$—,受到去屏蔽效应比较强,化学位移向低场移动;与羰基(—CO—)相连的—CH$_3$,同样会受到吸电子的诱导效应,产生去屏蔽效应,化学位移也向低场移动;乙氧基(—OCH$_2$CH$_3$)上的—CH$_3$基团由于离 O 原子较远,去屏蔽效应减弱,化学位移与饱和烃类似,位于高场,因此可推断 1.26 ppm 的信号峰是它的共振吸收峰(图 6-14)。

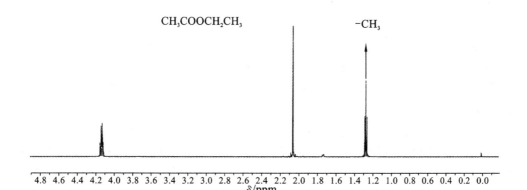

图 6-14　乙酸乙酯中甲基 H 原子的相对化学位移

虽然—CH$_3$的共振峰可被鉴定出来,但是剩下的两组峰还无法正确归属。此时可利用谱图提供的第 2 个信息,即峰的强度。等价 H 的个数越多,共振时同一位置的信号就越强,仪器采集到的信息就越多。体现在谱图上,就是信号峰的强度与共振等价原子的数目成正比例关系。乙酸乙酯中,乙酰基上的—CH$_3$与乙氧基中—CH$_2$—的 H 的数目比为 3 : 2,理论上它们峰强的比值也是 3 : 2。利用计算机的自动积分功能,可以分别对各个峰的面积进行积分,结果如图 6-15 所示。

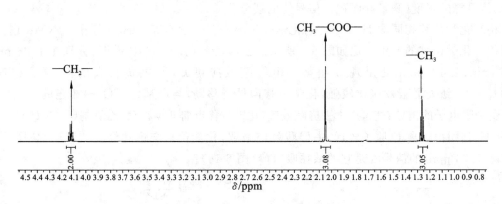

图 6-15　乙酸乙酯中各个共振峰的积分面积

由谱图可见,在 4.13 ppm 处峰积分面积约为 2;在 2.05 ppm 处峰积分面积约为 3;在 1.26 ppm 处峰积分面积也是 3,此前这组峰根据屏蔽效应推断为—CH$_3$,而峰积分面积为 3 说明有 3 个 H 原子,证实它的确归属于—CH$_3$。而积分面积为 2 的峰,说明有 2 个 H 原子,依据这个规律可推断为—CH$_2$—(共有 2 个 H);积分面积为 3 的峰,同理可推断为乙酰基上的—CH$_3$(共有 3 个 H)。总体上,乙酸乙酯 NMR 谱上各个峰的积分面积比为 2 : 3 : 3,与 H 原子数目相等。注意峰的积分面积比是一个相对数值,如果积分面积比出现 1 : 1.5 这种非整数情况,则实际上 H 的数量比可能是 2 : 3 或者 4 : 6。

如果有若干 H 原子处于相同化学环境,它们的相对化学位移也一样,那么它们在 NMR 谱上就是化学等价原子。比如丙烷 CH$_3$CH$_2$CH$_3$,虽然分子中有 2 个—CH$_3$共 6 个 H 原子,但这些 H 原子全是化学等价原子。化学等价原子可以通过一种"虚拟"取代来判断。比如丙烷分子,如果用一个卤素取代其中一个—CH$_3$上任意的 H 得到的 1-卤代丙烷与取代另一个甲基上任意一个 H 的产物其实是同一个结构,说明这 6 个 H 是化学等价的。丙烷中—CH$_2$—上的两个 H 同理也是化学等价的,但是它们与—CH$_3$的 H 是不等价的,所以丙烷的 NMR 谱图上只会出现两组共振峰。同理,乙酸乙酯 CH$_3$COOCH$_2$CH$_3$上虽然有 8 个 H 原子,但是只会出现 3 组共振峰。

手性分子中的化学环境如果不一样,H 原子就会出现不等价情况。比如 2-溴丙烯,两个烯 H 的相对化学位移是不一样的(图 6-16)。

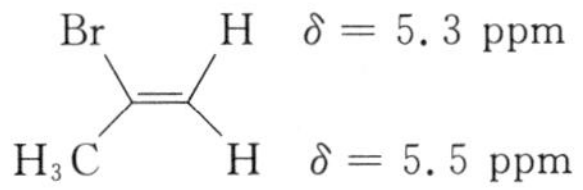

$$Br \quad H \quad \delta = 5.3 \text{ ppm}$$
$$H_3C \quad H \quad \delta = 5.5 \text{ ppm}$$

图 6-16 2-溴丙烯上烯 H 的相对化学位移

这两个 H,一个与 Br 同侧,一个与—CH₃ 同侧。用"虚拟"取代法进行判断,如果用一个氯原子(Cl)取代其中一个 H,就会出现 Z,E 两种构型产物,它们是一对非对映异构体。所以这两个烯 H 本质上是非对映异构的,它们的相对化学位移是有差别的。当然这种差异比较小,比如上图所示 2-溴丙烯的这两个 H,它们的差值只有 0.2 ppm。甚至在偶然情况下,也会出现相对化学位移相同的情况。

对映异构体上的 H 的相对化学位移是一样的。如图 6-17 所示,$(R)-2-$氯$-1-$丙醇与 $(S)-2-$氯$-1-$丙醇,它们是一对对映异构体,NMR 谱图中手性中心 H 原子的相对化学位移相同。

(R)-2-氯-1-丙醇 (S)-2-氯-1-丙醇

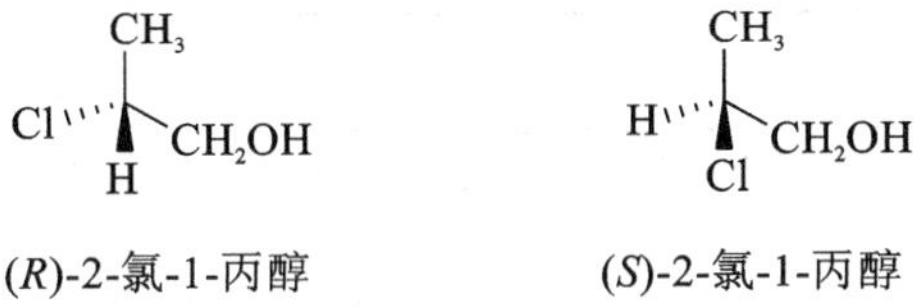

图 6-17 对映异构体手性 H 原子的相对化学位移相同

6.4 偶 合 常 数

在图 6-7 中,乙酸乙酯 NMR 谱中的各个峰的归属已经完成,但是各个峰的形状却有差别。在 2.05 ppm 处,可以看到乙酰甲基的一个尖锐的吸收峰,这种峰被称为单峰(singlet,s)。此外,在 4.13 ppm 及 1.26 ppm 处,都出现了分开的峰,一种是四重峰(quartet,q),一种是三重峰(triplet,t)。这种现象称为峰的裂分,裂分出的峰的数目遵循一定的规则。对于某个氢原子 Ha,它能产生的裂分峰的数目 N 可用公式(6-2)计算:

$$N = 2nI + 1 \tag{6-2}$$

式中:n 为与负载 Ha 的 C 原子相邻的 C 上的 H 原子个数;I 是 ^{1}H 的自旋量子数,这个数值是 $1/2$,所以这个公式可以简写成:

$$N = n + 1 \tag{6-3}$$

以乙酸乙酯为例,乙氧基—O—CH₂CH₃ 上,与—CH₃ 相邻的是—CH₂—,它上面有 2 个 H,根据公式(6-3)计算,—CH₃ 信号峰能产生的裂分的数目 $N = 2 + 1 = 3$(t 峰);而对—CH₂—而言,与它相邻的是—CH₃ 基团,上面有 3 个 H。—CH₂—共振峰产生的裂分数目 $N = 3 + 1 = 4$(q 峰);乙酰基上的 CH₃—由于相邻的是个羰基—CO—,上面没有 H,因此 $N = 0 + 1 = 1$,计算结果只有 1 个单峰(s)。它们的计算值与实际测量值一致(图 6-18)。

6.4.1 自旋偶合与自旋裂分

NMR 谱图中共振吸收峰产生的裂分称为自旋裂分。这是因为带电荷的原子核自旋时产

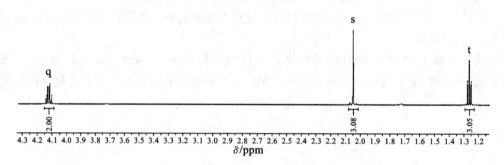

CH₃COOCH₂CH₃

图 6-18　乙酸乙酯的¹H NMR 谱图

生的磁矩,会与周围其他原子核产生的磁矩互相干扰,这种干扰称为自旋偶合;自旋裂分是自旋偶合的结果。

在外加磁场作用下,处于自旋态的原子核吸收相应的能量 ΔE,由低能级跃迁至高能级。其自旋产生的磁矩也由顺磁变成逆磁。如果在 a 原子核的邻近位置有一个 b 原子,由于 b 原子的磁矩与 a 原子一样有两种方向,一种是顺磁,一种是逆磁(图 6-19(a))。此时,如果 b 原子

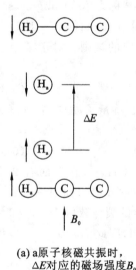

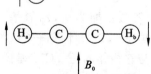

(a) a 原子核磁共振时,ΔE 对应的磁场强度 B_0

(b) b 原子的磁矩与外磁场方向相同,此时给予一个相对较弱的磁场强度就可满足 a 原子的跃迁条件,使 $\Delta E=\Delta E'$

(c) b 原子的磁矩与外磁场方向相反,此时需给予一个较强的磁场强度才能满足 a 原子的跃迁条件,使 $\Delta E=\Delta E''$

图 6-19　自旋偶合的产生原因

产生的磁矩方向与跃迁前a原子的磁矩方向相同（顺磁），就会提供一定的能量供给 a 原子辅助跃迁，产生一种去屏蔽效应，使得 a 原子共振所需的实际磁场强度减少，a 原子的共振吸收峰向低场移动（图 6-19（b））；如果 b 原子在磁矩方向与跃迁前 a 原子的磁矩方向相反（逆磁），b 原子产生的感应磁矩就会对 a 原子产生屏蔽效应，为使 a 原子能产生跃迁，必须给予更高的磁场强度，此时 a 原子的共振吸收峰会向高场移动（图 6-19（c））。

在乙酸乙酯分子中，与—CH_2—相邻的—CH_3上共有 3 个 H 原子。这 3 个 H 原子理论上有 $2^3=8$ 种可能的自旋态组合。对于—CH_2—上的 H 原子，可能产生 4 种能量态的变化：一种是 3 个 H 原子的磁矩方向都与外磁场方向相同，此时产生最大的去屏蔽效应，化学位移处于最低场；与它相反的是 3 个 H 原子的磁矩方向都与外磁场方向相反，这种组合会对—CH_2—上的 H 产生最强的屏蔽效应，导致化学位移处于最高场；第三种组合中，3 个 H 有 2 个顺磁，1 个逆磁；最后一种组合中是 1 个 H 顺磁，2 个 H 逆磁。所有这些组合的结果就是把—CH_2—的 H 原子共振峰裂分成 4 个，而且它们的强度比是 1：3：3：1，与实际测量值吻合（图 6-20）。

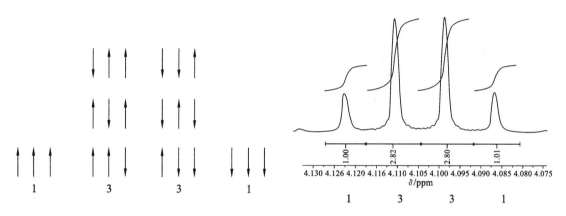

图 6-20　乙酸乙酯—CH_3 中三个 H 自旋态的 8 种组合及 NMR 谱上—CH_2—的裂分

同样，如图 6-21 所示，—CH_2—对—CH_3的共振峰也产生了自旋裂分，得到强度比为 1：2：1 的 3 个裂分峰。

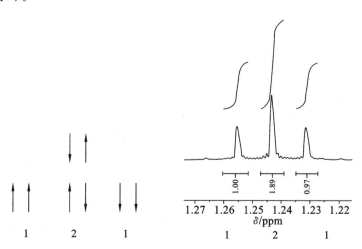

图 6-21　乙酸乙酯—CH_2—的两个 H 自旋态的 4 种组合及 NMR 谱上—CH_3的裂分

　　自旋偶合的结果就是在乙酸乙酯的 NMR 谱图上,可以观察到共振峰发生了裂分,谱线增加,即自旋裂分。自旋裂分包含了原子核间电子的互动信息,这种信息通过化学键传递,而不是通过空间传递。化学键越少,偶合就越强。邻碳 H 原子之间有 3 个共价键,称为三键偶合或邻碳偶合。四键以上的偶合很弱,比较难观察到。

　　另外,很重要的一点是相同化学位移的 H 不会互相裂分,如乙烷,在 NMR 谱上只会显示出一个单峰。虽然两个—CH₃间的 H 原子也是三键距离,但是它们是化学等价的,不会产生裂分。

6.4.2　偶合常数

　　如同作用力与反作用力的关系,互相偶合的原子间彼此裂分程度是一样的。这种衡量裂分程度的标准即为偶合常数,本质上就是裂分峰间的距离,用字母 J 表示,单位是赫兹(Hz)。互相偶合的原子,J 相等。J 是原子核自旋裂分强度的量度,是化合物结构的属性,与外磁场无关,即只随原子核的化学环境不同而有不同数值,H 原子的 J 值一般不超过 20 Hz。

　　简单峰的 J 可通过裂分峰的位置差异得到,如图 6-22 所示。H_a 与 H_b 是一对三键偶合的 H 原子对。H_b 对 H_a 产生了自旋裂分,得到一对双峰(d),那么 J_{ab} 就是两个裂分峰的差值。注意 J 的单位是 Hz,如果两个裂分峰是通过相对化学位移 δ 来表达,那么它们相对化学位移的差还要乘上核磁仪器的固定频率才可以得到 J 值。

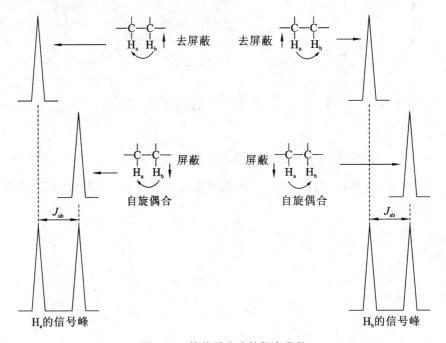

图 6-22　简单裂分峰的偶合常数

　　比如乙酸乙酯中—CH₃的裂分峰,从图 6-23 中可见,三组裂分峰的化学位移分别是 1.25 ppm、1.26 ppm 及 1.27 ppm。仪器的固定频率是 600 MHz,则—CH₂—对—CH₃的偶合常数是(1.27−1.26)或(1.26−1.25)的差值 0.01 再乘以 600,即 J 值为 6 Hz。

　　理论上,—CH₃对—CH₂—的 J 值也应该是 6 Hz,可以从实际计算中得到确证,如图 6-24 所示。

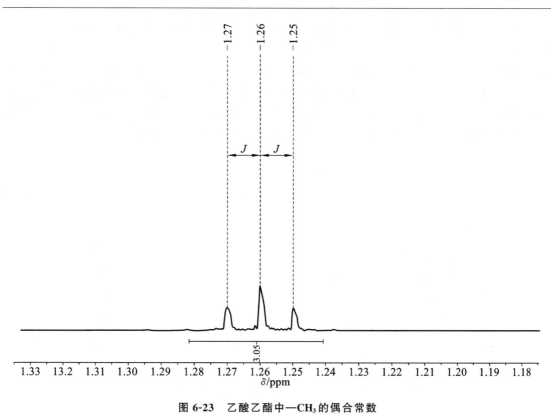

图 6-23　乙酸乙酯中—CH₃ 的偶合常数

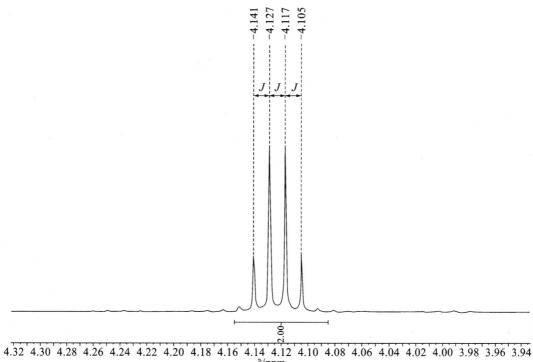

图 6-24　乙酸乙酯中—CH₂—的偶合常数

　　如图 6-24 所示,各个裂分峰的差值都是 0.01 ppm,这个数值乘上仪器的频率 600,得到的 J 值也是 6 Hz。

　　如果分子结构较为复杂,如图 6-25 所示,分子中含有 3 个可发生自旋偶合的 H 原子。除了 H_a、H_b 有自旋偶合外,还有 H_c 也参与了 H_b 的自旋偶合。结果使得 H_b 的共振吸收峰出现了两次裂分:H_a 对 H_b 进行了一次自旋裂分,得到一个双重峰(d);两个 H_c 又对 H_b 进行了一次自旋裂分,得到一个三重峰(t),最终得到的是两组三重峰(doublet of triplets,dt),且里面包含两个 J 值。

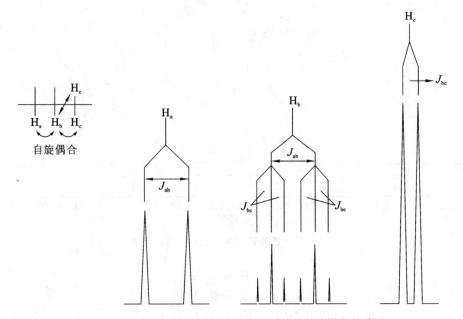

图 6-25　三种互相偶合 H 原子的自旋裂分及相应的偶合常数

　　分子结构中的碳碳键如果可以自由转动,那么这些 C 上的 H 原子通常都是化学等价的。如果碳碳键的转动受限,如图 6-16 的 2-溴丙烯分子,烯 C 间有 π 键,无法自由旋转,那么这类 C 上的 H 原子就可能不等价。若这些 H 原子连在同一 C 原子上,这种偶合称为同碳偶合或偕偶(Geminal Coupling),在烯烃或某些环状结构的分子中比较常见。

6.5　核磁共振碳谱

　　核磁共振信号的强弱与被测对象的天然丰度成正比例关系。比如 ^{1}H,它的天然丰度是 99.985%,因此 ^{1}H NMR 的信号采集容易,吸收峰特征明显,是解析分子结构最常见的波谱之一。除此以外,NMR 还可对其他原子进行解析,比如 [19]F 和 [31]P 的波谱解析都得到了广泛的应用,它们的自旋量子数 I 都是 1/2,在自然界中的丰度都是 100%,共振信号强,容易测量。

　　有机化合物的骨架主要是由 C 原子构成的。在鉴别有机物结构时,^{1}H NMR 提供的信息其实是 H 原子所处的化学环境的差异,利用这些信息可推导 C 骨架的构成。很明显,如果能直接提供骨架上各个 C 原子的信息,对于有机化合物结构解析会有更大的帮助。但是,C 原子在自然界中主要以 [12]C 形式存在,它的天然丰度有 98.9%。由于 [12]C 的自旋量子数 $I=0$,无法产生核磁共振。只有它的同位素^{13}C 的自旋量子数满足核磁共振要求。可是自然界中^{13}C 的丰度只有 1.1%，导致它的信号度很低，比^{1}H 的信号要低很多，约为^{1}H 信号强度的六千分之一，极大地限制了它的应用。直到 20 世纪 70 年代，新型的信号增强型核磁共振仪发明以后才解决了这个问题。简单来讲，就是虽然^{13}C 的 NMR 信号很弱，背景噪音的信号更强。但是无论采集多少次，样品中^{13}C 的共振吸收峰总是出现在固定位置。只要对样品进行多次扫描，把存在计算机中的信号进行叠加，直到超过背景噪音，就可以得到一个较好的信噪比。这种测试方法的缺点是所需时间较长，往往一个样品要重复扫描几百次。脉冲傅里叶变换核磁共振仪的出现使这个问题最终得到解决。

一般有机物^{1}H NMR 波谱的相对化学位移范围在 12 ppm 之内，而^{13}C NMR 谱的相对化学位移可超过 200 ppm，谱线更宽。^{1}H NMR 中有些化学环境差异小的振动吸收峰不容易区别，有时候不同的 H 原子的吸收峰会重叠。但是^{13}C NMR 中，即使化学环境微小的变化都可引起 C 原子共振吸收峰的位移，可以为波谱解析提供精确的位置差异信息，从而对分子结构的鉴定更有利。

在^{1}H NMR 波谱中，^{1}H 原子间的自旋偶合很常见，三键之内都可能产生峰的裂分。但在^{13}C NMR 谱中，由于^{13}C 的丰度很小，同一个分子中^{13}C 同时出现的可能性很小，两个^{13}C 原子相邻的可能性更小，所以^{13}C—^{13}C 间的偶合概率非常小（只有 0.012%），一般不用考虑。只有^{13}C—^{1}H 间才会有偶合产生，它们的偶合常数非常大，可达 100~250 Hz。由于^{13}C 数量极少，这种偶合对^{1}H 的影响非常小，而对^{13}C 的影响却非常大，导致谱图中^{13}C 的吸收峰的裂分非常强，如果不进行压制，对于谱图的解析会非常困难。所以常规的^{13}C NMR 波谱都是宽带去偶谱，去掉全部的^{13}C—^{1}H 偶合，谱图上各种 C 的谱线都是单峰。因此^{13}C NMR 波谱的解析比^{1}H NMR 简单，一般情况下，只需解析相对化学位移就可获得足够的结构信息。特殊情况下，需解析偶合常数、峰面积等参数。

^{1}H NMR 的相对化学位移以 TMS 中的 H 原子为参照；^{13}C NMR 的相对化学位移以 TMS 中的 C 原子为参照。表 6-3 中列出了一些常见化合物中 C 原子的相对化学位移范围。

表 6-3　常见化合物中 C 原子的相对化学位移范围

碳原子类型	δ/ppm	碳原子类型	δ/ppm
RCH_3	0~35	RCH_2NH_2	35~50
R_2CH_2	15~40	RCH_2OH	50~65
RCH_2Br	20~40	—C≡C—	65~90
R_3CH	25~50	⬡	110~175
RCH_2Cl	25~50	C=O	190~220

以乙酸乙酯为例，图 6-26 是它的^{13}C NMR 谱图。与^{1}H NMR 谱图类似，底部的数轴即为共振吸收峰的相对化学位移，只是范围更宽。乙酸乙酯分子中共有 4 个 C 原子，所以出现 4 组单峰。对照表 6-3，推断相对化学位移 171.0 ppm 是羧基 C 的共振峰；60.3 ppm 是—O—CH_2—的吸收峰，21.0 ppm 是乙酰基上—CH_3 的吸收峰，这个基团由于受到羧基的影响，产生去屏蔽效应，相对化学位移向低场移动；14.1 ppm 是乙氧基上—CH_3 的吸收峰。

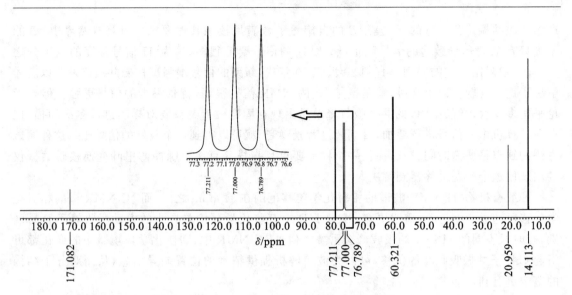

图 6-26　乙酸乙酯的^{13}C NMR 谱图

　　注意在化学位移 77 ppm 位置的吸收峰,其实是一个三重峰。这是溶剂氘代氯仿(CDCl$_3$)产生的裂分峰。为了能让 NMR 仪器快速锁场,需要把测试样品溶解在氘代的溶剂当中。由于不含有^{1}H 原子,只有氘原子,所以氘代溶剂不会在^{1}H NMR 谱图中出现吸收峰,对被测样品不会产生干扰。实际上氘代试剂中还含有少量未被完全氘代的溶剂,所以在谱图中会产生残留的溶剂峰。如图 6-27 所示的乙酸乙酯的^{1}H NMR 谱,在 7.28 ppm 的位置有一个单峰,就是残留的氯仿(CHCl$_3$)的共振吸收峰。

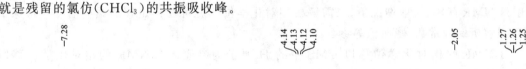

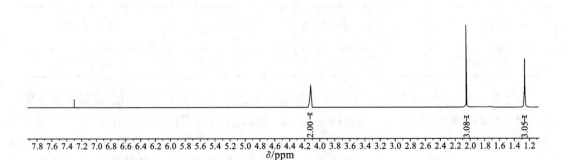

图 6-27　乙酸乙酯^{1}H NMR 谱中残留的溶剂(CDCl$_3$)峰

如果用丙酮(CD_3COCD_3)或二甲基亚砜(CD_3SOCD_3)等含多个氘原子的氘代溶剂,一般氘代度为 99.8%,还有 0.2% 左右的未完全氘代分子,使这些未完全氘代的分子中含有 ^1H 原子(CD_2HCOCD_3 或 CD_2HSOCD_3)。在 ^1H NMR 谱图中氘原子就会对 ^1H 产生自旋裂分,裂分峰的数目 N 与根据公式(6-2)计算的结果一致。只是氘原子自旋量子数 $I=1$。

比如在 $CHCl_3$ 中,没有氘原子,因此 $n=0$,所以 $N=2×0×1+1=1$,溶剂只有 1 组单峰,与用公式(6-3)计算的结果一致。但是如果溶剂选用 CD_3COCD_3 或 CD_3SOCD_3,那么未完全氘代的分子中 $n=2$,$N=2×2×1+1=5$,谱图中的溶剂峰就会出现五重峰。如图 6-28 所示,CD_3COCD_3 在 ^1H NMR 谱中会出现一个五重峰。

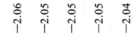

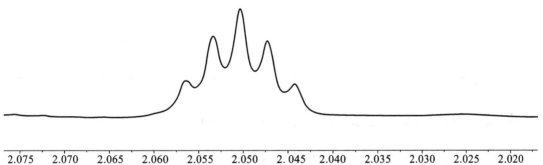

图 6-28　氘代丙酮在 ^1H NMR 谱图中的五重峰

在 ^{13}C NMR 谱图中,波谱仪会去除 $^1H—^{13}C$ 的偶合,但是没有去除 $D—^{13}C$ 的偶合,所以在谱图中就会出现对应的自旋裂分。

比如在 $CDCl_3$ 中,$n=1$,裂分峰的数目 $N=2×1×1+1=3$,会产生如图 6-26 所示的 3 组裂分峰。同理,如果溶剂选用 CD_3COCD_3 或 CD_3SOCD_3,残留的 ^1H 原子对 ^{13}C 的偶合被去除,只有 $D—^{13}C$ 的偶合,那么它们对 ^{13}C 的裂分峰的数目 $N=2×3×1+1=7$。如图 6-29 所示,CD_3COCD_3 中的甲基—CD_3 在 29.8 ppm 处会产生一个七重峰。羰基上因为没有偶合,所以没有裂分,只在 206.2 ppm 处出现一个单峰。

^1H NMR 和 ^{13}C NMR 都是解析有机化合物结构的强有力手段。它们在鉴定过程中对于物质本身没有破坏性,即鉴定结束后,样品可以完整回收。因此,同一个样品可以多次采样,不同的波谱也可以依次表征,它们的波谱信息就可以互补印证。随着现代科学的发展,NMR 技术也取得了不断的进步。1953 年 Varian 公司第一台商用的 NMR,固定频率只有 30 MHz,到 2000 年时已经提高至 900 MHz,对样品的解析能力得到了极大的提高。NMR 波谱已经广泛应用于高分子材料、无机材料、生物大分子材料等领域。当然,NMR 也存在不少缺点,比如价格昂贵、维护费用高、仪器占用空间大等。相信随着超导技术的发展,将来一定会制造出价格更低廉、体积更小、分辨率更高的 NMR 波谱仪,为物质结构分析提供更好的技术支持。

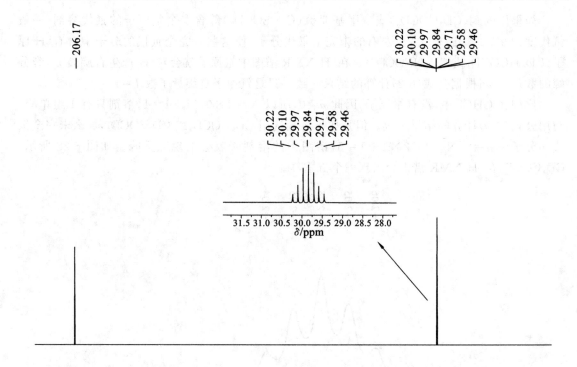

图 6-29　氘代丙酮在^{13}C NMR 谱图中的七重峰及单峰

思 考 题

6-1　下列化合物的^{1}H NMR 谱图中,理论上可以发现几组信号峰?

(a)丁烷

(b)1-溴丁烷

(c)2,2-二溴丁烷

(d)1,1,1-三溴丁烷

6-2　下列化合物的^{1}H NMR 谱图中,理论上可以发现几组信号峰?并指明每个峰的裂分情况。

(a)1,2-二氯乙烷

(b)1,2,2-三氯丙烷

(c)1,1,2-三氯乙烷

(d)1,1,2,2-四氯丙烷

6-3　下列化合物的^{13}C NMR 谱图中,理论上可以发现几组信号峰?

(a)正丙基苯

(b)异丙基苯

(c)1,2,3-三甲基苯

(d)1,3,5-三甲基苯

参 考 文 献

[1]　宁永成.有机化合物结构鉴定与有机波谱学[M].2 版.北京:科学出版社,2002.
[2]　高向阳.新编仪器分析[M].4 版.北京:科学出版社,2013.

第7章 激光拉曼光谱法

7.1 激光拉曼光谱法的基本原理

7.1.1 概论

拉曼散射现象是印度物理学家 C. V. Raman 在 1928 年发现的,拉曼光谱因此而得名。光和介质分子相互作用时会引起介质分子做受迫振动从而产生散射光,其中大部分散射光的频率和入射光的频率相同,这种散射被称为瑞利散射,英国物理学家瑞利于 1899 年曾对其进行了详细的研究。在散射光中,还有一部分散射光的频率和入射光的频率不同。拉曼在他的实验室里用一个大透镜将太阳光聚焦到一瓶苯的溶液中,经过滤光的太阳光呈现蓝色,但是当光束再次进入溶液后,除了入射的蓝光之外,拉曼还观察到了很微弱的绿光,拉曼认为这是光与溶剂分子相互作用产生的一种新频率的光谱线。因为这一重大发现,拉曼于 1930 年荣获诺贝尔物理学奖。

激光拉曼光谱与红外吸收光谱类似,都属于分子振动-转动光谱,提供分子的结构信息。但激光拉曼光谱法的发展较为缓慢,直到 20 世纪 60 年代,由于激光光源的引入,使得激光拉曼光谱法逐渐在化学、生物、地质、材料、医药卫生、考古、食品和珠宝等众多领域取得广泛的应用。

激光拉曼光谱法的特点如下。

(1) 分辨率高,重观性好,快速简单。

(2) 试样可直接通过光纤探头或穿透玻璃、石英、疏宝石窗和光纤进行测量,可进行无损、原位及时间分辨测定。

(3) 水的拉曼散射极弱,激光拉曼光谱法适合水体系的研究,相对于红外光谱,尤其适合生物试样和无机物的研究。

(4) 激光拉曼光谱可一次同时覆盖 $50\sim4\,000\ \mathrm{cm}^{-1}$ 波数区间,无须分段测定。

(5) 激光拉曼光谱峰清晰尖锐,更适合定量检测,共振拉曼光谱检出限可达 $10^{-6}\sim10^{-8}\ \mathrm{mol}\cdot\mathrm{L}^{-1}$。

(6) 激光拉曼光谱测试所需试样量少,$\mu\mathrm{g}$ 级即可。

(7) 共振拉曼光谱谱线的增强是选择性的,可用于研究发色基团的局部结构特征。

7.1.2 拉曼散射与拉曼位移

当一束单色光照射到样品上时,除了发生反射、吸收、衍射、透射及折射等光学现象外,还会发生物质对光的散射。正常状态下,分子处在电子能级和振动能级的基态,当能量为 $h\nu_0$ 的入射光照射分子时,若能量不足以引起分子电子能级的跃迁,分子吸收 $h\nu_0$ 后将引起分子振动能级的跃迁,从而引起散射。

散射过程分为两种,一种是分子与光子发生弹性碰撞。当能量为 $h\nu_0$ 的入射光与处于振动基态($\nu=0$)或处于振动第一激发态($\nu=1$)的分子相碰撞时,分子吸收能量被激发到能量较高的振动虚拟态(virtual state),此时分子很不稳定,将很快返回振动基态($\nu=0$)或振动第一激发态($\nu=1$),并将吸收的能量以光的形式释放出来,光的能量未发生改变,散射光的频率与入射光相同,这种散射现象被称为瑞利散射(Rayleigh scattering),其强度是入射光的 10^{-3}。另一种散射是分子与光子发生非弹性碰撞,此时出现两种情况:一是处于基态($\nu=0$)的分子被激发到虚拟态后,回落到 $\nu=1$ 的激发态,产生能量为 $h(\nu_0-\nu_1)$ 的拉曼散射光,这种散射光的能量比入射光(或瑞利散射)的能量低,此过程被称为斯托克斯(Stokes)散射。另一种是处于 $\nu=1$ 激发态的分子被激发到虚拟态后,回落到基态($\nu=0$),产生能量为 $h(\nu_0+\nu_1)$ 的拉曼散射光,这种散射光的能量比入射光(或瑞利散射)的能量高,此过程被称为反斯托克斯(Anti-Stokes)散射。由于常温下处于基态的分子比处于激发态的分子多(玻尔兹曼分布),因此斯托克斯线比反斯托克斯线强度大,激光拉曼光谱分子中多用斯托克斯线进行分析。拉曼散射的强度是入射光的 $10^{-6}\sim10^{-8}$。上述散射过程如图 7-1 所示。

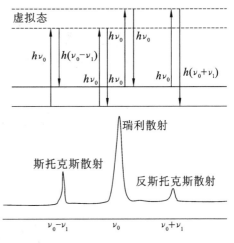

图 7-1　拉曼散射示意图

Stokes 散射与 Anti-stokes 散射线的频率与入射光之间频率的差值 $\Delta\nu$ 称为拉曼位移。一般斯托克斯散射光比反斯托克斯散射光强度大得多,故在拉曼光谱分析中通常测定斯托克斯散射线。拉曼位移取决于分子振动能级的变化,不同的化学键或基态有不同的振动方式,决定了其能级间的能量变化,与之对应的拉曼位移是具有特征性的。这是激光拉曼光谱进行分子结构定性分析的理论依据。

图 7-2 为 CCl_4 的激光拉曼光谱图,实验采用 532 nm 的入射光。中间(532 nm)是很强的瑞利散射光,其右侧长波方向是斯托克斯线,左侧短波方向是反斯托克斯线,反斯托克斯线比斯托克斯线弱得多。可见拉曼光谱观测的是相对于入射光频率的位移。因而所用入射光的波长不同,所测得的拉曼散射线的波长也不同,但相对于入射光的拉曼位移是不变的,只是强度有所变化。

7.1.3　退偏比

在激光拉曼光谱中,除拉曼位移与强度外,还有一个反应分子对称性的参数——退偏比。

激光拉曼光谱为激光光源,属于偏振光。当入射光沿 x 轴方向与分子作用时,可散射出不同方向的偏振光,如图 7-3 所示。若在 y 轴方向上放置一个偏振器 P,当偏振器平行于入射光方向时,则 zOy 平面上的散射光可以通过。当偏振器垂直于激光方向时,则 xOy 平面上的散射光可以通过。

若偏振器平行、垂直于入射光方向时,散射光的强度分别为 $I_{\parallel}$、$I_{\perp}$,则两者之比称为退偏比,即 $\rho_P=I_{\perp}/I_{\parallel}$。

一般分子的退偏比介于 $0\sim3/4$ 之间。分子的对称性越高,其退偏比越趋近于 0,当测得 ρ_P 趋近于 3/4 时,则该分子为不对称结构。一般的光谱只能得到频率和强度两个参数,而激光拉曼光谱还可以得到另一个重要参数——退偏比。这对于各种振动形式的谱带归属和重叠谱带的分离是很有用的。

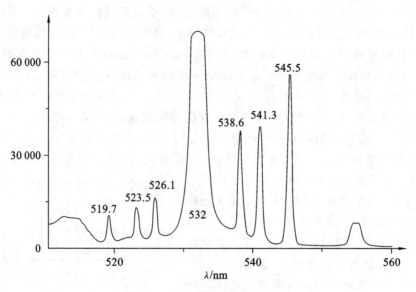

图 7-2　CCl₄ 的激光拉曼光谱图

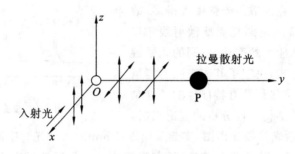

图 7-3　退偏比的测量

7.1.4　激光拉曼光谱与红外吸收光谱的关系

激光拉曼光谱与红外吸收光谱同属于分子振动光谱,通常人们将激光拉曼光谱与红外吸收光谱比作姐妹光谱,这在一定程度上反映了两种光谱间的相似与互补关系。但是,两者也有很大的区别:前者是散射光谱,后者是吸收光谱。而且,同一分子的两种光谱往往不相同。这与分子的对称性密切相关,并受分子振动选律的严格限制。但是对于某个化学键,其红外吸收频率与拉曼位移相等,均对应于第一振动能级与基态之间的跃迁。因此,对某一给定的化合物,某些峰的红外吸收波数与拉曼位移完全相同,均在红外光区,以此反映出分子的结构信息。

另一方面,红外吸收光谱研究的是会引起偶极矩变化的极性基团和非对称性振动,而激光拉曼光谱则以会引起分子极化率变化的非极性基团和对称性振动为研究对象。因此,红外吸收光谱适合研究不同原子构成的极性键振动,如—OH、C＝O、C—X 等的振动。而激光拉曼光谱适合研究由相同原子构成的非极性键,如 C—C、N—N、S—S 等的振动,以及对称分子,如 CO_2、CS_2 等的骨架振动。

7.2　激光拉曼光谱仪

7.2.1　色散型激光拉曼光谱仪

色散型激光拉曼光谱仪主要由激光光源、样品池、单色器及检测器组成,如图 7-4 所示。

1. 激光光源

由于拉曼散射很弱,现代激光拉曼光谱仪的光源多采用高强度的激光光源。激光光源常用连续波激光器和脉冲激光器,如主要波长为 514.5 nm 和 488.0 nm 的氩离子(Ar$^+$)激光器,主要波长为

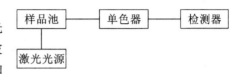

图 7-4　色散型激光拉曼光谱仪示意图

632.8 nm 的氪离子(Kr$^+$)激光器,He – Ne 激光器(632.8 nm),红宝石激光器(694.0 nm),二极管激光器(782 nm 和 830 nm)及 Nd/YAG 激光器(1 064 nm)(表 7-1)。前两种激光器功率大,谱线的强度增加。后几种属于近红外辐射,其优点是辐射能量低,不易使试样分解,同时不足以激发试样分子外层电子的跃迁而产生较大的荧光干扰。应当指出,虽然所采用的激光器的波长各有不同,但所得到的激光拉曼光谱图的拉曼位移并不因此而改变,只是拉曼图上的光强度不同而已。

表 7-1　常用激光器的激发线波长

激光器	激发线波长/nm
Ar$^+$	514.5　501.7　496.5　488.0　476.5　472.7　465.8　457.9　454.5
Kr$^+$	799.3　752.5　676.4　647.1　568.2　530.9　520.8　482.5　476.5　413.1
He – Ne	632.8
染料	800～430
红宝石	694
二极管	782　830
Nd/YAG	1064

2. 样品池

由于激光拉曼光谱用玻璃作窗口,而不是红外光谱中的卤化物晶体,试样的制备方法较红外光谱简单,氩直接用单晶和固体粉末测试,也可配制成溶液,尤其是水溶液测试。不稳定的、贵重的试样可以在原封装的瓶内直接测试。还可以进行高温和低温试样的测定,有色试样和整体试样的测试。

一般在与入射光成 90°角的方向观测激光拉曼光谱,称为 90°照明方式。此外还有 180°照明方式,又称背向照明方式,即入射光用透镜聚焦在试样上被散射后,在样品池内由中心带小孔的抛物面会聚透镜收集,收集面为整个散射面的 180°,以收集尽可能多的拉曼信号。

3. 单色器

由于拉曼位移较小,杂散光较强,为了提高分辨率,对激光拉曼光谱仪的单色性要求较高。

为此,色散型激光拉曼光谱仪采用多单色器系统,如双单色器、三单色器。最好的是带有全息光栅的双单色器,能有效消除杂散光,使与入射光波长非常接近的弱拉曼线得到检测。

4. 检测器

激光拉曼光谱仪的检测器一般采用光电倍增管。为了减少荧光的干扰,在色散型仪器中可用电感耦合阵列(CCD)检测器。最常用的检测器为 Ga - As 光阴极光电倍增管,其优点是光谱响应范围宽(300~850 nm),效率高,而且在可见光区内的响应稳定。

7.2.2　傅里叶变换近红外激光拉曼光谱仪

与傅里叶变换红外光谱类似,傅里叶变换近红外激光拉曼光谱仪(NIR - FT - Raman)具有许多傅里叶变换光谱技术的优点。荧光背景出现机会少,分辨率高,精密度和重现性好,一次扫描可完成全波段范围测定,速度快,操作方便。近红外光可穿透生物组织,能直接提取生

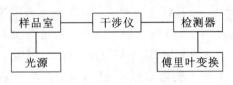

**图 7-5　NIR - FT - Raman 光谱仪
结构示意图**

物组织内分子的有用信息。但因受光学滤光器的限制,在低波数区的测量方面,NIR - FT - Raman 不如色散型拉曼光谱仪。另一方面,由于水对近红外的吸收,影响了 NIR - FT - Raman 测量水溶液的灵敏度。尽管如此,NIR - FT - Raman 光谱仪已应用于激光拉曼光谱涉及的所有领域,并得到很大发展。NIR - FT - Raman 光谱仪结构如图 7-5 所示。

它由近红外激光光源、样品室、迈克尔逊干涉仪、检测器等组成,检测信号经放大由计算机收集进行傅里叶变换计算得到激光拉曼光谱图。

采用 Nd - YAG(掺钕铱铝石榴石红宝石)激光器代替可见光激光器,产生波长为 1 064 nm 的近红外激光,其能量大于荧光所需阈值,从而避免了大部分荧光对拉曼谱带的影响,不足之处是 1 064 nm 近红外激光比可见光波长长,受拉曼散射截面随激发线波长呈 $1/\lambda^4$ 规律递减的制约,它的散射截面仅为可见光 514.5 nm 的 1/16,影响了仪器的信噪比,然而这可用傅里叶变换光谱技术的优越性来克服。

迈克尔逊干涉仪与 FTIR 使用的干涉仪一样,只是为了适合于近红外激光,使用 CaF_2 分束器。整个拉曼光谱范围的散射光经干涉仪得到干涉图,并用计算机进行快速傅里叶变换后,即可得到拉曼散射强度随拉曼位移变化的激光拉曼光谱图。一般的扫描速率,每秒可以得到20 张谱图,大大提高了分析速度,即使多次累加以改善谱图的信噪比,也比色散型激光拉曼光谱仪快很多。

迈克尔逊干涉仪还采用一组特殊的滤光片组,它由几个介电干涉滤光片组成,用来滤去比拉曼散射光强 10^4 倍以上的瑞利散射光。

检测器一般采用在室温下工作的高灵敏度铟镓砷检测器或以液氮冷却的锗检测器。

7.2.3　激光显微拉曼光谱仪

激光显微拉曼光谱仪使入射激光通过显微镜聚焦到试样的微小部位(直径可小至 5 μm),采用摄像管、监视器等装置直接观察到放大图像,以便把激光点对准不受周围物质干扰的微区,可精准获取所照射部位的激光拉曼光谱图。这种技术对不均匀的试样可给出二维的成分与结构的分布信息。

7.3　激光拉曼光谱法的应用

7.3.1　定性分析

拉曼位移表征了分子中不同基团振动的特性,因此,可以通过测定拉曼位移对分子进行定性和结构分析。另外,还可通过测定退偏比 ρ_P 来确定分子的对称性。

由于官能团不是孤立的,它在分子中与周围的原子相互联系,因此,在不同的分子中,相同官能团的拉曼位移有一定的差异,不是固定的频率,而是在某一频率范围内波动。对于有机化合物的结构研究,虽然激光拉曼光谱的应用远不如红外吸收光谱广泛,但激光拉曼光谱适合于测定有机分子的骨架,并能够有效区分各种异构体,如位置异构、顺反异构等。另外,C＝C、S—S、C＝S、S—H、C—N、S＝N、N＝N 等基团,拉曼散射信号强,特征明显,也适合用激光拉曼光谱测定。

激光拉曼光谱特别适合于高聚物的几何构型、碳链骨架或环结构、结晶度等的测定。对于含有无机物填料的高聚物,可以不经分离而直接测定。

激光拉曼光谱也是研究生物大分子的有效手段。还可在接近自然状态的极稀浓度下来研究生物分子的组成、构象和分子间的相互作用。

7.3.2　定量分析

由于激光拉曼光谱信号弱,仪器价格较贵,激光拉曼光谱法在定量分析中不占太大优势,直到共振拉曼光谱与表面增强拉曼光谱出现,激光拉曼光谱才广泛用于定量分析。与紫外-可见吸收光谱法类似,激光拉曼光谱散射光强度与活性待测组分的浓度成正比。据此,可利用激光拉曼光谱法进行定量分析。

思　考　题

7-1　什么是瑞利散射和拉曼散射?

7-2　简述激光拉曼光谱和红外吸收光谱的区别。

参 考 文 献

[1]　路同兴,路轶群. 激光光谱技术原理及应用[M]. 合肥:中国科学技术大学出版社,2006.

[2]　杨序钢,吴琪琳. 拉曼光谱的分析与应用[M]. 北京:国防工业出版社,2008.

[3]　武汉大学. 分析化学[M]. 5 版. 北京:高等教育出版社,2006.

第8章　分子发光分析法

8.1　概　述

8.1.1　分子发光的类型

分子吸收外来能量后,其外层电子可能被激发到高能量的电子能级,处于高能态的分子会通过多种途径回落到基态,所吸收的能量以光的形式释放出来,称为分子发光。

分子发光的类型:按分子激发的模式可分为光致发光和化学发光(或生物发光)。前者指分子通过吸收光能而被激发,分子荧光和分子磷光就属于此类型。后者是指分子由化学反应的化学能或生物体(经由体内的化学反应)释放出来的能量所激发。按分子的激发态类型可分为荧光和分子磷光。以分子发光作为检测手段的分析方法称为分子发光分析法。

8.1.2　分子发光分析法的特点

分子发光分析法的特点有以下几个方面。

(1)灵敏度高。分子发光分析法的灵敏度一般比吸收光谱法高 2～3 个数量级。

(2)选择性高。不同的物质吸收波长和发射波长不同,这样可以通过调节吸收波长和发射波长来达到选择性检测的目的。

(3)所需试样量少,操作简便,工作曲线的动态线性范围宽。

8.2　分子荧光和磷光分析法

8.2.1　基本原理

1. 产生机理

根据分子轨道理论,每个分子具有严格独立的电子能级,每个电子能级中包含一系列振动和转动能级。分子荧光和分子磷光产生的机理可以从图 8-1 的分子能级示意图来理解。分子中占据同一轨道的两个电子必须具有相反的自旋方向,即自旋配对。如果分子中的全部电子都是自旋配对的,则该分子处于单重态(或称单线态),用 S 表示。S_0、S_1、S_2 分别表示分子基态、第一电子激发单重态和第二电子激发单重态。大多数有机物分子的基态是处于单重态的。如果电子在跃迁过程中发生了自旋方向的改变,这时分子便具有两个自旋不配对的电子,则分子处于激发的三重态(或称三线态),用 T 表示。T_1、T_2 表示第一和第二电子激发三重态。根据洪特规则,处于分立轨道上的非成对电子,平行自旋比成对自旋稳定,因此三重态能级总是比相对应的单重态能级略低($T_1 < S_1$)。基态和激发态中不同振动能级用 $\nu = 0, 1, 2, 3\cdots$ 表示。

激发态分子不稳定,可能通过辐射跃迁和非辐射跃迁的衰变过程而返回基态,也可能由于分子间的相互作用过程而失活。辐射跃迁的衰变过程伴随着光子的发射,即产生荧光或磷光;非辐射跃迁的衰变过程无光子发射,导致所吸收的激发能转化为热能传递给介质,主要包括振

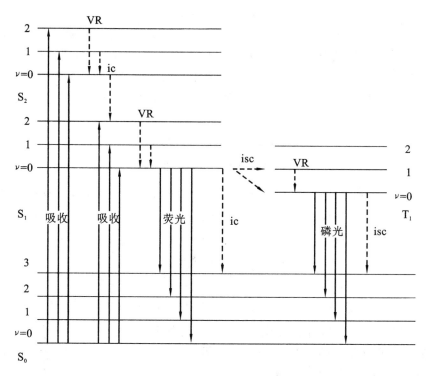

图 8-1　分子能级示意图

动弛豫(VR)、内转化(ic)和系间窜越(isc)。VR 是指分子将多余的振动能量传递给介质而衰变到同一电子能级的最低振动能级的过程。ic 是指相同多重态的两个电子态间的非辐射跃迁过程(如 $S_1 \rightarrow S_0$,$T_2 \rightarrow T_1$)。isc 是指不同多重态的两个电子态间的辐射跃迁过程(如 $S_1 \rightarrow T_1$,$T_1 \rightarrow S_0$)。如果分子被激发到 S_2 以上的某个电子激发单重态的不同振动能级上,处于这种激发态的分子,很快($10^{-12} \sim 10^{-14}$ s)发生振动弛豫而衰变到该电子态的最低振动能级,然后又由内转化及振动弛豫而衰变到 S_1 态的最低振动能级。接着,由如下几种衰变途径回到基态:①$S_1 \rightarrow S_0$ 的辐射跃迁而发射荧光;②$S_1 \rightarrow S_0$ 的内转化;③$S_1 \rightarrow T_1$ 的系间窜越。而处于 T_1 态的最低振动能级的分子,则可能发生 $T_1 \rightarrow S_0$ 的辐射跃迁而发射磷光,也可同时发生 $T_1 \rightarrow S_0$ 的系间窜越。激发单重态间的 ic 速率很快(速率常数为 $10^{11} \sim 10^{13}$ s^{-1}),S_2 以上的激发单重态的寿命通常很短($10^{-11} \sim 10^{-13}$ s),因此除了极少数分子外,通常在发生辐射跃迁之前便发生了非辐射跃迁而衰变到 S_1 态。所以,所观察到的荧光现象通常是来自 S_1 态的最低振动能级的辐射跃迁。由于 isc 是自旋禁阻的,因而其速率常数小得多(为 $10^2 \sim 10^6$ s^{-1})。

因此,荧光是来自最低激发单重态的辐射跃迁过程所伴随的发光现象,发光过程的速率常数大,激发态的寿命短。而磷光是来自最低激发三重态的辐射跃迁过程所伴随的发光现象,发光过程的速率常数小,激发态的寿命相对较长。

2. 荧光、磷光寿命和量子产率

发光的寿命和量子产率是重要的发光参数。荧光(磷光)寿命 $\tau_f (\tau_p)$ 指荧光(磷光)分子处于 $S_1 (T_1)$ 激发态的平均寿命。由于 $T_1 \rightarrow S_0$ 的跃迁属于自旋禁阻跃迁,磷光发射过程的卢律常数(k_p)小得多,因而磷光的寿命比荧光长得多,通常可以达到毫秒级。荧光(磷光)强度的衰变,通常遵循以下公式:

$$\ln I_0 - \ln I_t = t/\tau \tag{8-1}$$

式中：I_0 和 I_t 分别表示 $t=0$ 和 $t=t$ 时刻的荧光（磷光）强度。通过实验测量出不同时刻所对应的 I_t 值，并作出 $\ln I_t - t$ 曲线，由直线的斜率便可计算得到荧光（磷光）的寿命值。

荧光量子产率 ϕ_i 定义为荧光物质吸光后所发射的荧光的光子数与所吸收的激发光的光子数之比值。由于激发态分子的衰变过程包含辐射跃迁和非辐射跃迁，故荧光量子产率可表示为

$$\phi_i = k_i/(k_1 + \sum K) \tag{8-2}$$

可见荧光量子产率的大小取决于荧光辐射过程与非辐射跃迁过程竞争的结果。如果非辐射跃迁的速率远小于辐射跃迁的速率，即 $\sum K \ll k_1$，ϕ_i 的数值便接近 1。通常情况下，ϕ_i 的数值总是小于 1。ϕ_i 的数值越大，化合物的荧光越强。

磷光的量子产率（ϕ_p）定义为

$$\phi_p = \phi_{ST} \frac{K_P}{(K_P + \sum K_j)} \tag{8-3}$$

式中：K_P 为磷光发射的速率常数；ϕ_{ST} 为 $S_1 \rightarrow T_1$ 系间窜越的量子产率；$\sum K_j$ 为与磷光辐射过程相竞争的从 T_1 态发生的所有非辐射跃迁过程的速率常数的总和。

应当指出，这里所定义的磷光量子产率，前提是假定 T_1 态的布局是来自 $S_1 \rightarrow T_1$ 的系间窜越，而由 S_0 激发到 T_1 的过程可以忽略。

荧光（磷光）量子产率的大小，主要取决于化合物的结构与性质，同时也与化合物所处的环境有关。荧光量子产率的数值，可以通过参比法加以测定。该法是通过比较待测荧光物质和已知荧光量子产率的参比荧光物质两者的稀溶液在同样激发条件下所测得的积分荧光强度（即校准的发射光谱所包含的面积）和对该激发波长入射光的吸光度而加以测量的。测量结果按下式计算待测荧光物质的荧光量子产率。

$$\phi_U = \phi_S \cdot \frac{F_U}{F_S} \cdot \frac{A_S}{A_U} \tag{8-4}$$

式中：ϕ_U、F_U、A_U 分别表示待测物质的荧光量子产率、积分荧光强度和吸光度；ϕ_S、F_S、A_S 分别表示参比物质的荧光量子产率、积分荧光强度和吸光度。

3. 荧光、磷光与分子结构的关系

1）共轭 π 体系

含有易被激发的非定域的 π 电子，分子中的共轭 π 体系较易于发光。共轭体系越大，发光越强，且发射峰向长波长方向移动。因此，绝大多数能发荧光的物质为含芳香环或杂环的化合物。

2）刚性平面结构

具有刚性平面结构的分子，其振动和转动的自由度减小，从而增大了发光的效率，其荧光量子产率高。例如，具有刚性结构的曙红会发荧光，而酚酞由于非刚性平面构型而不发光。同一分子的构型发生变化时，其荧光光谱和荧光强度也将发生变化。

3）取代基影响

芳香化合物的芳香环上的取代基的改变对其荧光强度和光谱有很大的影响。给电子取代基如—OH、—OR、—NR$_2$、—CN 等常常使荧光强度增强，这是由于 p-π 共轭作用增强了 π 体

系的共轭程度。吸电子取代基如—COOH、$—\overset{\overset{\text{O}}{\|}}{C}—$、—NO$_2$、—SH、—N $=$N—等会减弱甚至淬灭荧光。卤素等重原子取代基通常会减弱荧光,但增强磷光。这是因为重原子的取代促进了荧光体中电子自旋-轨道的偶合作用,增大了 $S_1 \rightarrow T_1$ 系间窜越的概率。

4. 荧光(磷光)的淬灭

荧光(磷光)的淬灭是指发光分子与溶剂或溶质分子之间发生作用导致发光强度下降或消失的现象。能引起荧光(磷光)淬灭的物质称为淬灭剂。由于淬灭剂与发光物质的激发态分子之间的相互作用而导致的淬灭过程称为动态淬灭。动态淬灭过程中,发光物质的激发态分子通过与淬灭剂分子的碰撞作用,以能量转移机制或电荷转移机制失去激发能而返回基态。由于淬灭剂与发光物质的基态分子之间的相互作用而导致的淬灭过程称为静态淬灭。静态淬灭过程中,淬灭剂与发光物质的基态分子发生络合作用,产生的配合物在实际检测的光谱区内不发光。

5. 激发光谱和发射光谱

分子对光的吸收具有选择性,不同波长的入射光具有不同的激发效率。若固定荧光(磷光)的发射波长(即测定波长)而不断改变激发光(即入射光)的波长,并记录相应的荧光(磷光)强度,所得的发光强度对激发波长的谱图称为荧光(磷光)的激发光谱。反之,若固定激发光的波长和强度而不断改变荧光(磷光)的测定波长(即发射波长),并记录相应的荧光(磷光)强度。所得的发光强度对发射波长的谱图称为荧光(磷光)的发射光谱。激发光谱和发射光谱可作为发光物质的鉴别手段,并可用于定量测定时作为选择合适激发波长和测定波长的依据。通常情况下,溶液的荧光(磷光)光谱的发射波长总是大于激发波长,且荧光发射光谱与吸收光谱成镜像关系。

8.2.2 荧光光谱仪和磷光光谱仪

1. 仪器构造

一般荧光光谱仪有荧光光度计和荧光分光光度计,它们一般由激发光源、单色器、试样池、光检测器及计算机等部件组成。荧光(磷光)分光光度计的构造如图 8-2 所示。

(1)光源:高压氙灯是目前荧光分光光度计中应用最广泛的一种光源,可在 $400 \sim 800$ nm 波长范围内提供连续的光输出。在滤光片荧光计中则常采用高压汞灯,其波长范围主要在紫外区。

(2)试样池:通常采用弱荧光的石英材质制成的方形或长方形池体。

(3)单色器:仪器中含有两个单色器,荧光计采用滤光片,分光光度计采用光栅。激发单色器在光源与试样池之间,用于选择所需的激发波长,激发试样。发射单色器位于试样池与检测器之间,用于分离所需检测的荧光发射波长。

(4)狭缝:用于调节光通量和分辨率,并限

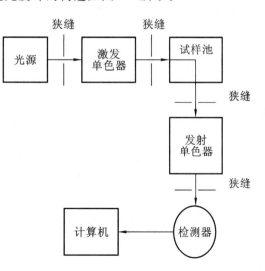

图 8-2 荧光(磷光)分光光度计构造示意图

制杂散光。

（5）检测器：荧光的强度通常较弱，需要较高灵敏度的检测器，一般采用光电管或光电倍增管，检测器位置与激发光成直角。近年来电感耦合器件（CCD）检测器由于具有光谱范围宽、灵敏度高、噪声低、线性动态范围宽等优点而获得广泛应用。

磷光分光光度计的基本部件与荧光分光光度计类似。因此，若试样只发射磷光，可用荧光分光光度计直接测量。但当试样同时发荧光和磷光时，则必须借助荧光与磷光寿命的差别，在荧光分光光度计上配置适当的附件（如磷光镜）将荧光分开后，才可用于磷光的测定。此外，由于磷光是从激发三重态的最低能级跃迁回基态时产生的，而激发三重态的寿命长，使发生 $T_1 \rightarrow S_0$ 系间窜越的激发态分子与周边溶剂分子间发生碰撞的概率增大，这些都将使磷光强度减弱或消失。为了减少这些去活化过程，通常在低温下进行磷光测定。常采用的方法是将装有试样的石英试样管放置在盛有液氮的石英杜瓦瓶中进行测量。

2．荧光和磷光测量方法

（1）直接测量法：若被分析物本身发荧光，则可直接在荧光光度计上测量其荧光光谱和荧光强度。最常用的方法是标准曲线法。

（2）间接测定法：对于本身不发荧光或荧光量子产率较低的待分析物，无法进行直接测定，可采用荧光衍生法、荧光猝灭法，以及敏化荧光法等间接测定方法。

（3）多组分混合物荧光分析：混合物中每种荧光组分具有本身的荧光激发和发射光谱，因而可以通过选择不同的激发和发射波长并结合多次测量的方式消除相互间的干扰达到分别检测的目的。

8.2.3　荧光和磷光分析法的应用

（1）痕量分析：荧光和磷光分析法的灵敏度很高，适合微量和痕量物质的分析。间接测定法的发展大大拓展了荧光和磷光分析法的应用范围。近年来发展起来的新技术如激光诱导荧光、时间分辨荧光及荧光探针等极大地提高了荧光分析法的灵敏度，甚至可以实现单分子测量，使之成为有效的痕量物质分析方法。

（2）分子结构测定：荧光激发、发射光谱及强度与荧光参数及分子结构有密切关系，因此荧光和磷光分析可为分子结构及分子间相互作用的原理提供有用的信息。

（3）联用技术：荧光分析法目前可与高效液相色谱、高效毛细管电泳等仪器联用，作为这些分离分析方法的检测器，提高了传统分析检测方法的灵敏度。

8.3　化学发光分析法

化学发光是物质在进行化学反应过程中伴随的一种光辐射现象，生物发光是产生于生物体系中的化学发光。基于此类发光现象的分析方法，称为化学发光（生物发光）分析法。

产生化学发光的反应，必须满足如下条件。

（1）化学反应必须提供足够的能量，且能被反应物分子吸收，使之处于激发态。通常只有那些反应速率相当快的放热反应，其热反应焓为 $150 \sim 400$ kJ·mol^{-1} 时，才能在可见光范围内观察到化学发光现象。

（2）吸收了化学能而处于激发态的分子，必须能释放出光子或能将它的能量转移给另一个分子,使该分子激发并以辐射光子的形式回到基态。

化学发光分析中常见的反应类型有气相化学发光和液相化学发光两种。气相化学发光在气相中进行,主要是 O_3、NO 和 S 的化学发光反应,可用于检测空气中的 O_3、NO、NO_2、H_2S、SO_2 和 CO 等气体。如 NO 和 O_3 的化学发光反应:

$$NO + O_3 \longrightarrow NO_2^* + O_2$$
$$NO_2^* \longrightarrow NO_2 + h\nu$$

用此反应测定 NO 的灵敏度很高,可达 $1 \text{ ng} \cdot \text{mL}^{-1}$,测量范围为 $0.01 \sim 10\,000 \text{ } \mu g \cdot \text{mL}^{-1}$。

液相化学发光的研究较多,常见的发光物质有鲁米诺、光泽精、洛粉碱、没食子酸、过氧草酸盐等。其中最常用的是鲁米诺,可用于测定 Cl_2、HClO、ClO^-、H_2O_2、O_2 和 NO_2,化学发光的量子产率为 $0.01 \sim 0.05$。鲁米诺与 H_2O_2 的化学发光反应如下:

利用上述发光反应,H_2O_2 的检测限可低至 $10^{-8} \text{ mol} \cdot \text{L}^{-1}$。

化学发光分析法的测量仪器简单,具有选择性好、灵敏度高的特点,特别适用于痕量组分的分析。近年来,化学发光分析法已成为化学、医学、生物学、生物化学等领域中的重要研究手段。

思　考　题

8-1　简述分子荧光的产生机理。

8-2　什么是荧光量子产率?

8-3　什么是荧光的猝灭?

8-4　简述化学发光产生的机理。

参　考　文　献

[1]　许金钩,王尊本.荧光分析法[M].北京:科学出版社,2007.

[2]　武汉大学.分析化学[M].5 版.北京:高等教育出版社,2006.

第9章　X射线光谱法

　　1895年，W. C. Röntgen发现了X射线，1913年H. Moseley在英国曼彻斯特大学奠定了X射线光谱分析的基础。与紫外-可见吸收光谱法类似，X射线光谱法是基于对X射线的发射、吸收、散射、衍射等测定建立起来的一种仪器分析方法。X射线是由高能电子的减速运动或原子内层轨道电子跃迁产生的短波电磁辐射。X射线的波长在$10^{-6} \sim 10$ nm，在X射线光谱法中，常用波长为$0.01 \sim 2.5$ nm。目前，X射线光谱法发展成熟，多用于元素的定性、定量、晶体结构及固体表面薄层成分分析。X射线荧光分析（X-ray fluorescence analysis，XRF）和X射线吸收分析（X-ray absorption analylsis，XRA）广泛用于元素的定性和定量分析。一般说来，它们可以用于测定周期表中原子序数大于11（钠）的元素；如果采用特殊的设备，还可以测定原子序数在$5 \sim 10$范围的元素。定量测定的浓度范围可以为常量、微量或痕量。而X射线衍射分析（X-ray diffraction analysis，XRD）则广泛用于晶体结构的测定。

9.1　X射线光谱法的基本原理

9.1.1　X射线的发射

　　产生X射线的途径有4种：①用高能电子束轰击金属靶；②将物质用初级X射线照射以产生二级射线——X射线荧光；③利用放射性同位素源衰变过程产生的X射线发射；④从同步加速器辐射源获得。在分析测试中，常用的光源是前3种，第4种光源虽然质量非常优越，但设备庞大，国内外仅有少数实验室拥有这种设施。

　　与紫外-可见吸收光谱的发射器一样，X射线光源产生连续光谱和线光谱，两者在分析中都有重要作用。连续辐射通常被称为白光或韧致辐射。韧致辐射是指高能带电子在与原子核碰撞突然减速时产生的辐射。在自然界中，这种韧致辐射通常是连续的。在一个X射线管中，固体阴极被加热后产生大量电子，这些电子在高达100 kV的电压下被加速，向金属阳极（金属靶）轰击，在碰撞过程中，电子束的一部分能量转变为X射线。在轰击过程中，有的电子在一次碰撞中耗尽其全部能量，有的则在多次碰撞中才耗尽全部能量。因为电子数目很大，碰撞是随机的，所以产生了连续的具有不同波长的X射线，即连续X射线谱。某些情况下，只会出现连续X射线谱；而另一些情况下，会在连续X射线谱上叠加一些线光谱，如对钼靶进行轰击后，除了在$0.04 \sim 0.06$ nm波长范围内产生连续X射线谱外，还出现了两条强的发射线（0.063 nm和0.071 nm）（图9-1），短波称为K系，长波称为L系。研究发现，除氢元素外，绝大多数元素均具有不同的特征X射线谱且已精确测定并已汇编成册，供实际分析时查对。

　　H. Moseley发现，元素特征X射线的波长λ与元素的原子序数Z有关，其数学表达式为

$$\sqrt{\frac{1}{\lambda}} = K(Z-S) \tag{9-1}$$

此公式称为Moseley定律，式中K与S是与线系有关的常数。因此，只要测出特征X射

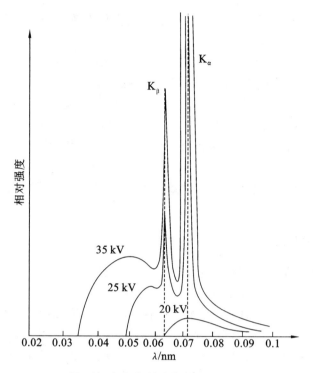

图 9-1　钼阳极管发射的 X 射线谱

线的波长,就可以知道元素的种类,这就是 X 射线定性分析的基础。此外,特征 X 射线的强度与相应元素的含量也有一定的关系,据此,可以进行元素的定量分析。

9.1.2　X 射线的吸收

当一束 X 射线穿过一定厚度的物质时,其光强度和能量会因吸收和散射而显著减小。除氢元素外,散射的影响一般很小,在发生可测吸收外的波长区域通常被忽略。和发射线类似,元素的吸收线也很简单,而且其波长与元素所处的化学形态无关。

X 射线照射固体物质时,一部分透过晶体,产生热能;一部分用于产生散射、衍射和次级 X 射线(X 荧光)等;还有一部分将其能量转移给晶体中的电子。因此,用 X 射线照射固体后其强度会发生衰减。衰减率与其穿越的厚度成正比,符合光吸收基本定律:

$$\frac{\mathrm{d}I}{I} = -\mu \mathrm{d}x \tag{9-2}$$

将上式积分后,得到:

$$I = I_0 \mathrm{e}^{-\mu x} \tag{9-3}$$

式中:I_0 和 I 是入射和透射的 X 射线强度;x 是试样厚度;μ 是线衰减系数(cm^{-1})。在 X 射线分析法中,对于固体试样,最方便使用的是质量衰减系数 μ_m($\mathrm{cm}^2 \cdot \mathrm{g}^{-1}$),即

$$\mu_\mathrm{m} = \frac{\mu}{\rho} \tag{9-4}$$

式中:ρ 是物质密度($\mathrm{g} \cdot \mathrm{cm}^{-3}$)。对于一般的 X 射线,可以认为它的衰减主要是由 X 射线的散射和吸收所引起的,因此可将质量衰减系数写成

$$\mu_\mathrm{m} = \tau_\mathrm{m} + \sigma_\mathrm{m} \tag{9-5}$$

式中：τ_m 和 σ_m 分别代表吸收系数和质量散射系数（包括相干散射和非相干散射）。质量衰减系数具有加和性，因此

$$\mu_m = \omega_A\mu_A + \omega_B\mu_B + \omega_C\mu_C \tag{9-6}$$

式中：μ_m 是试样的质量衰减系数，所含元素 A、B、C 的质量分数为 ω_A、ω_B、ω_C，而 μ_A、μ_B、μ_C 分别为各元素的质量衰减系数。元素在不同波长或能量的质量衰减系数表可从许多文献中查到。

质量吸收系数（τ_m）是物质的一种特性，对于不同的波长或能量，物质的质量吸收系数也不相同，质量吸收系数与 X 射线波长（λ）和物质的原子序数（Z）大致符合如下经验关系：

$$\tau_m = K\lambda^3 Z^4 \tag{9-7}$$

式中：K 为常数。此式说明，物质的原子序数越大，它对 X 射线的阻挡能力越大；X 射线波长越长，即能量越低，越易被吸收。

9.1.3 X 射线的散射和衍射

X 射线的散射分为非相干散射和相干散射两种。非相干散射是指 X 射线与原子中束缚较松的电子作随机的非弹性碰撞，把部分能量给予电子，并改变电子的运动方向。很明显，入射线的能量越大，波长越短，这种非弹性碰撞的程度越大；元素的原子序数越小，它的电子束缚越牢固，这种非弹性碰撞的程度越小。非相干散射的相位与入射线无确定关系，不能产生干涉效应，只能成为衍射图像的背景值，对测定不利。相干散射是指 X 射线与原子中束缚较紧的电子作弹性碰撞。一般说来，这类电子散射的 X 射线只改变方向而无能量损失，波长不变，其相位与原来的相位有确定的关系。在重原子中由于存在大量与原子核结合紧密的电子，尽管有外层电子产生的非相干散射，但相干散射仍是重要部分。

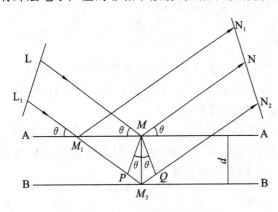

图 9-2 X 射线在晶体上的衍射

相干散射是产生衍射的基础，它在晶体结构研究中得到广泛的应用。当一束 X 射线以某角度 θ 打在晶体表面时，一部分光束被表面上的原子层散射，没有被散射的光束穿透至第二原子层后，又有一部分被散射，余下的继续至第三层，如图 9-2 所示。

图 9-2 即为 X 射线在晶体上的衍射，非常类似于可见光辐射被反射光栅衍射。发生 X 射线衍射所需条件有两个：①原子层之间间距必须与辐射原波长大致相当；②散射中心的空间分布必须非常规则。如果光程差

$$PM_2 + M_2Q = n\lambda \tag{9-8}$$

n 为一整数，但是

$$PM_2 = M_2Q = d\sin\theta \tag{9-9}$$

d 为晶体平面间间距。因此，光束在反射方向发生相干干涉的条件为

$$n\lambda = 2d\sin\theta \tag{9-10}$$

此式即为 Bragg（布拉格）公式。值得注意的是，X 射线仅在入射角满足下列条件时，才从晶体反射，即

$$\sin\theta = \frac{n\lambda}{2d} \tag{9-11}$$

而入射角为其他角度时,仅发生非相干干涉。

9.1.4　X 射线光谱仪的基本结构

在分析化学中,X 射线的吸收、发射、荧光和衍射都有广泛应用。所用仪器都是由类似光学光谱测量的 5 个部分组成的,包括:光源、入射辐射波长限定装置、试样台、辐射检测器或变换器、信号处理和读取器。

X 射线光谱仪有 X 射线光度仪和 X 射线分光光谱仪,前者采用滤光片对来自光源的辐射进行选择,后者则采用单色仪。X 射线光谱仪根据解析光谱方法不同可分为波长色散型和能量色散型。

常用的 X 射线辐射源包括 X 射线管、放射性同位素、次级 X 射线等;入射波长限定装置包括 X 射线滤光片和 X 射线单色器;常用的 X 射线检测器有正比计数器、闪烁计数器和半导体检测器 3 种;信号处理器包括脉冲高度选择器和脉冲高度分析器两种。

9.2　X 射线荧光法

9.2.1　基本原理

将试样置于 X 射线管的靶区时,原子受高能 X 射线激发发射出特征 X 射线荧光谱线。每一种元素都有自身固定波长(或能量)的特征谱线,测定所发射的 X 射线荧光光谱的波长(或能量),即可知是何种元素,测定某一元素分析谱线的强度并与标准样品的同一谱线强度对比或根据一些基本参数的理论计算,即可知该元素的含量。这一分析方法称为 X 射线荧光法(XRF)。此方法是所有元素分析方法中最常用的一种,它可以对原子序数大于氧(8)的所有元素进行定性分析。同时也可以对元素进行半定量或定量分析。与其他元素分析方法比较,其最独特的一个优点是对试样无损。X 射线荧光仪的构造如图 9-3 所示。

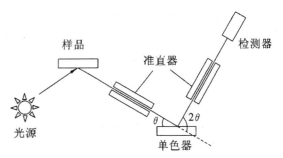

图 9-3　X 射线荧光仪构造示意图

X 射线源必须有足够的强度,其电源电压高至 100 kV。所产生的射线波长必须短于激发波长所需的最小波长。常用的靶元素为钨,因为其原子序数高,射出的 X 射线波长短。单色器使用晶体单色器,这种晶体单色器的光谱仪称为波长色散 X 射线荧光光谱仪。它使入射光以不同的衍射角度分离,其理论依据是布拉格衍射原理。除此之外,还有一种能量色散型 X 射线光谱仪,它不同于波长色散型,它需要一个放射源,来自放射源的 γ 射线直接照射样品。这类仪器的检测器只与入射的单个光子的能量呈线性响应。与波长色散型 X 射线光谱仪相比,省去了单色器。因此能量色散型 X 射线光谱仪的分辨率低。但由于能量色散型 X 射线光谱仪能同时检测来自样品的所有频率,灵敏度比波长色散型 X 射线光谱仪高 100 倍。两类仪器所得到的光谱图相同,能量色散型 X 射线光谱仪比波长色散型 X 射线光谱仪简单,它采用单晶(Si 或 Ge)半导体检测器,但具有复杂电子系统以处理来自检测器的微弱信号。X 射线荧光光谱仪经过多年的发展,已产生多种类型,其分类如图 9-4 所示。

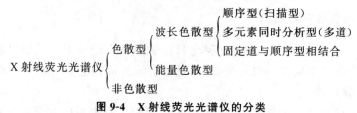

图 9-4　X 射线荧光光谱仪的分类

9.2.2　X 射线荧光法及应用

　　X 射线荧光法是元素分析中较为有效的方法之一,可以测定原子序数在 5 以上的所有元素,并可同时检测多种元素,是一种快速、精密度高的分析方法。该法广泛应用于金属、合金、矿物、环境保护、外空探索等领域。

　　X 射线荧光法定性分析的基础就是 Moseley 定律。测得元素的特征谱线即可计算得到原子序数。在实际应用中,通常需要根据谱线及其相对强度,参照谱线表,对有关峰进行鉴别,得到可靠结果。

　　最简单的 X 射线半定量分析方法是比较未知试样中待测元素某一谱线强度(I_s)和纯元素的谱线强度(I_p)。用 ω 表示待测元素的质量分数,则

$$\omega = I_s / I_p \tag{9-12}$$

实际工作中常用的定量和半定量方法有标准曲线法、加入法、内标法等。选择内标元素时应注意以下几点。

　　(1)试样中不含该内标元素;

　　(2)内标元素与分析元素的激发和吸收性质要尽量相似;

　　(3)一般要求内标元素的原子序数在分析元素的原子序数附近(相差 1~2);

　　(4)两种元素间没有相互作用。

　　X 射线荧光法与原子发射光谱法有很多相似之处,但比较起来具有如下优点。

　　(1)分析速度快。耗时与测定精密度有关,但一般都很短,2~5 min 就可以测完样品中的全部待测元素。

　　(2)X 射线荧光光谱跟样品的化学结合状态无关,而且与固体、粉末、液体及晶质、非晶质等物质的状态也基本没有关系。

　　(3)非破坏分析。在测定中不会引起化学状态的改变,也不会出现试样飞散现象。同一试样可反复多次测量,结果重现性好。

　　(4)分析精密度高。

9.3　X 射线衍射法

9.3.1　基本原理

　　X 射线衍射法是目前测定晶体结构的重要手段,应用范围极其广泛。

　　晶体是由原子、离子或分子在空间周期性排列而构成的固态物质。自然界中的固态物质，绝大多数是晶体。按晶体内部微粒间的作用力不同，晶体可分为离子晶体、原子晶体、分子晶体、金属晶体及混合型晶体。晶体周期性结构包括两个要素：一是周期重复的内容，称为结构基元；二是重复周期的大小和方向。若把结构基元抽象成一个几何点，画在每个结构基元某个确定的位置，而不考虑结构基元中具体的原子、离子或分子，这些点就形成了点阵。因此，晶体结构＝点阵＋结构基元。晶体结构是在三维空间上伸展的点阵结构，由一个个包含相同内容的晶胞组成。晶体中空间点阵的单位叫晶胞，它是晶体结构的最小单位。包含一个结构基元的称素晶胞，包含两个及以上结构基元的叫复晶胞。一般来说，晶体的每一个晶面或平面点阵用晶面指标 (hkl) 来表示，其中 hkl 分别对应着晶胞所在晶轴的 x、y、z 三个方向。若晶面指标中的某个数为零，就表示晶面与该指标对应的晶轴平行。如(110)晶面与 z 轴平行。

　　由于晶体中原子散射的电磁波互相叠加和互相干涉而在某个方向上得到的加强或抵消的现象称为衍射，其对应的方向称为衍射方向。如图 9-5 所示，一束单色光照射到晶体上时，晶面 (hkl) 与入射线的夹角为 θ，若入射角 θ 与晶面间距 d_{hkl} 满足 Bragg 方程(式 9-10)，则发生衍射现象，此时衍射线与入射线的延长线呈 2θ 角(衍射角)。由 Bragg 公式可知：晶面间距 d_{hkl} 与 θ 成反比关系，晶面间距越大，衍射角越小。晶面间距的变化直接反映了晶胞的尺寸和形状。每一种晶体，都有其特定的结构参数，包括点阵类型、晶胞大小等。晶体衍射峰的数目、位置和强度，如同人的指纹一样，是其特征参数。尽管晶体的种类成千上万，但几乎没有两种衍射谱图完全相同的晶体，由此可以对晶体进行物相的定性分析。由衍射图像可测得衍射角 2θ，代入 Bragg 方程即可算出晶面间距 d_{hkl}，从而推断晶体的结构。在实际应用中，可将 X 射线衍射法分为多晶粉末衍射和单晶衍射法。

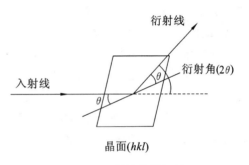

图 9-5　X 射线单晶衍射

9.3.2　X 射线粉末衍射法

　　用特征 X 射线照射到多晶粉末(或块状)上获得的衍射谱图或数据的方法称为粉晶法或粉末衍射法。当单色 X 射线以一定的入射角照射粉末样品时，无规则取向的粉末晶粒中，总有许多晶粒的某个晶面满足 Bragg 方程而产生衍射。所以粉末衍射图谱是无数微小晶粒各衍射面产生衍射强度叠加的结果。因此，当 X 射线照射粉末样品时会产生衍射圆锥，当 $2\theta<90°$ 时，这个圆锥的半顶角为 2θ，当 $2\theta>90°$ 时，这个圆锥半顶角为 $180°-2\theta$。同理，另一个晶面 (hkl) 的衍射线在另一个半顶角为 2θ 的圆锥表面上，即粉末衍射形成中心角不同的系列衍射圆锥(图 9-6)。若在一定位置放置胶片成像，则可以得到半径不同的一系列同心圆的图像，此图像称为德拜环(图 9-7)。不同半径的圆代表晶体中不同晶面产生的叠加衍射。由半径数值可计算出衍射角 2θ。

　　通过 X 射线粉末衍射可进行物质的定性和定量分析，还可进行晶粒尺寸(晶粒度)、结晶度、晶体取向度及相变的测定。

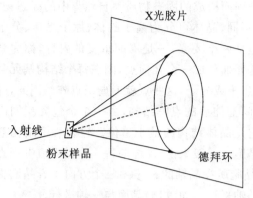

图 9-6　X 射线粉末衍射

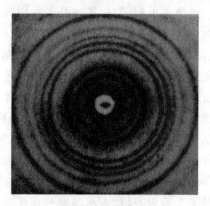

图 9-7　X 射线粉末衍射的德拜环

9.3.3　X 射线单晶衍射法

以单晶作为研究对象可比多晶更方便、更可靠地获得更多的实验数据。目前,测定单晶晶体结构的主要设备是四圆衍射仪。它是将电子计算机和衍射仪结合,通过程序控制,自动收集衍射数据并进行结构解析,使晶体结构测定的速度和精密度大大提高。四圆衍射仪由单色 X 光源、试样台和检测器组成。它与多晶粉末衍射仪的主要区别在于:试样台能在 4 个圆的运动中使晶体依次转到每一个 hkl 晶面所要求的反射位置上,以便检测器收集到全部反射数据。

单晶结构分析是结构分析中比较有效的方法之一。它能为晶体提供精确的晶胞参数,同时还能给出晶体中成键原子间的键长、键角等重要的结构参数。在结构化学、无机化学和有机化学中,单晶衍射法是研究化学成键、结构与性能的关系等的重要手段。同时单晶衍射法在材料科学、生物科学、地质学、冶金学等学科中应用也较为广泛。

思　考　题

9-1　简述 X 射线荧光的产生原理及特点。

9-2　简述 X 射线粉末衍射和单晶衍射的原理及特点。

参　考　文　献

[1]　刘粤惠,刘平安. X 射线衍射分析原理与应用[M]. 北京:化学工业出版社,2003.

[2]　姜传海,杨传铮. X 射线衍射技术及其应用[M]. 上海:华东理工大学出版社,2010.

[3]　潘峰,王英华,陈超. X 射线衍射技术[M]. 北京:化学工业出版社,2016.

色谱分析篇

SEPU FENXI PIAN

利用组分在固定相和流动相分配系数的差异而进行分离和分析的方法称为色谱分析法（chromatography），它是一种物理或物理化学分离分析方法。现代色谱分析是分析化学领域中发展最快、应用最广的一种分析方法，具有分离效率高、分离速度快、灵敏度高、可进行大规模的纯物质制备等特点。

色谱分析法起源于 1906 年俄国植物学家茨维特（Tswett）用碳酸钙填充竖立的玻璃管，以石油醚作为淋洗植物色素的提取液，经过一段时间淋洗之后，植物色素在柱的不同部位形成色带，因而命名为色谱。管内碳酸钙填充物称为固定相，洗脱用的石油醚称为流动相。随着色谱法的不断发展，它不仅可用于有色物质的分离，而且大量用于无色物质的分离，色谱的"色"字虽然已经失去原有的意义，但是色谱一词仍沿用至今。

经过近几十年的发展，由于气相色谱法、液相色谱法、薄层色谱法、毛细管电泳及色谱-光谱、色谱-质谱、色谱-波谱联用技术的飞速发展，色谱法已广泛应用在化工、石油、生物化学、医药卫生、环境保护、食品检验、法医检验、农业等领域，已经发展成为多组分混合物的最重要的分离、分析方法。

第10章 色谱分析导论

分离分析法通常指具有分离和检测两个功能的仪器分析方法。其原理是利用试样中各组分在两相间的吸附、分配、交换、迁移速率以及其他性质上的差异,将它们先分离,分离后的组分按顺序经过检测器,将检测信号转换成相应的图谱信息。它主要包括色谱分析法(气相色谱法、液相色谱法、纸色谱法、薄层色谱法、超临界流体色谱法等)、高效毛细管电泳法及色谱-质谱联用技术和色谱-光谱、色谱-波谱联用技术等。

利用组分在固定相和流动相中分配系数(或吸附系数、渗透性等)的差异,使不同组分在相对运动的两相中进行反复分配,实现分离和分析的方法称为色谱法(chromatography)。色谱法是一种经典的物理或物理化学分离分析方法,是分析化学领域中发展最快、应用最广的一种分析方法,具有灵敏度高、分离速度快、分离效率高等特点。

10.1 概　　述

10.1.1 色谱分离的发展历史

1906 年,俄国植物学家茨维特(M. Tswett)在研究植物绿叶中的色素时,将用石油醚提取的植物色素混合物注入一根填装碳酸钙颗粒的玻璃柱上端,当色素物质富集在柱顶端后,再用石油醚进行冲洗。随着石油醚的不断洗脱,柱子上端的混合液向下扩散,并逐渐形成具有不同颜色的色带,从而成功地将色素混合物中的叶绿素 a、叶绿素 b、叶黄素和胡萝卜素等组分分离(图 10-1)。这种分离分析法称为色谱法(chromatography),洗脱用的石油醚称为流动相(mobile phase),玻璃柱中的碳酸钙填充物称为固定相(stationary phase),装有碳酸钙的玻璃柱称为色谱柱(chromatographic column),用流动相流动淋洗分离混合物中各组分,分离后的各组分依次流出色谱柱的过程称为洗脱(elution)。色谱法的发展历史如表 10-1 所示。

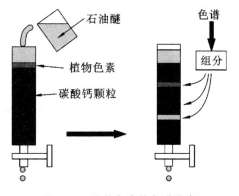

图 10-1　植物色素的色谱分离

表 10-1　色谱法的发展历史

年代	发明者	发明的色谱方法或重要应用
1906	Tswett	用碳酸钙作吸附剂分离植物色素,最先提出色谱概念
1931	Kuhn,Lederer	用氧化铝和碳酸钙分离 α-胡萝卜素、β-胡萝卜素和 γ-胡萝卜素,使色谱法开始为人们所重视
1938	Lzmailov,Shraiber	最先使用薄层色谱法

年代	发明者	发明的色谱方法或重要应用
1938	Taylor,Uray	用离子交换色谱法分离了锂和钾的同位素
1941	Martin,Synge	提出色谱塔板理论;发明液-液分配色谱;预言了气体可作为流动相(即气相色谱)
1944	Consden 等	发明了纸色谱
1949	Macllean	在氧化铝中加入淀粉黏合剂制作薄层板,使薄层色谱进入实用阶段
1952	Martin,James	从理论和实践方面完善了气-液分配色谱法
1956	Van Deemter 等	提出色谱速率理论,并应用于气相色谱
1958	Golay	发明毛细管柱气相色谱
1959	Porath,Flodin	发表凝胶过滤色谱的报告
1964	Moore	发明凝胶渗透色谱
1965	Giddings	发展了色谱理论,为色谱学的发展奠定了理论基础
1975	Small	发明了以离子交换剂为固定相、强电解质为流动相,采用抑制型电导检测的新型离子色谱法
1981	Jorgenson 等	创立了毛细管电泳法

10.1.2 色谱分析的定义

色谱分析实质是一种物理或者物理化学分离方法,其原理是利用组分在两相(固定相和流动相)间的分配系数(或吸附系数)差异,进行分离分析的方法。当混合物样本随流动相流经色谱柱时,由于混合物中各组分之间的物理化学性质和化学结构上的差异,与固定相的相互作用有强弱差异,当两相做相对运动时,这些组分在两相中反复多次分配(即组分在两相之间进行反复多次的吸附、脱附或溶解、挥发过程),从而使各组分得到完全分离。

随着近几十年的发展,色谱法已发展成为分离、纯化和检测有机及无机化合物的重要方法。特别对于分离复杂样品中相似化合物的异构体或同系物等非常有效。色谱分离系统与适当的检测器串联起来,就构成了色谱分析,它是一项重要的分离、分析技术。现代色谱分析仪器和计算机技术的结合,已经成为目前分离和分析复杂组分的最有效的一种方法。目前,色谱分析已广泛应用于医药卫生、食品质量与安全、环境保护、生理生化、工农业生产、石油化工、经济贸易等领域,运用色谱分析法对混合样品进行分离,然后进行定性、定量分析。如药品的质量控制、一致性评价、天然产物的分析检测、生物制品的分离制备、样品中农药残留量的测定、农副产品成分分析、食品质量检验等。

10.1.3 色谱分析的分类

色谱分析是一种包含多种操作方法、分离手段、检测技术的分离、分析方法,可以多角度进行分类。

1. 按两相状态分类

(1)气相色谱(gas chromatography,GC) 流动相为气体的色谱分析称为气相色谱,包括气-固色谱(GSC)和气-液色谱(GLC)。固定相为固体吸附剂的称为气-固色谱,固定相为附着或者涂在惰性固定载体(也称为担体)表面上的薄层液体或毛细管上的液体的称为气-液色谱。气相色谱常用的气体流动相有 N_2、H_2、He 等。

(2) 液相色谱(liquid chromatography,LC)　流动相为液体的色谱分析称为液相色谱,包括液-固色谱(LSC)和液-液色谱(LLC),固定相是固体吸附剂的称为液固色谱(LSC);固定相为液体称为液-液色谱(LLC)。常用的液相色谱流动相有水、甲醇、乙腈等。流动相为超临界流体的色谱分析称为超临界流体色谱(supercritical fluid chromatography,SFC),超临界流体是一种介于气体和液体之间的状态,具有介于气体和液体之间的分离性质。常用的超临界流体有 CO_2、NH_3、CH_3CH_2OH、CH_3OH。

2. **按固定相的外形及性质分类**

(1) 柱色谱(column chromatography,CC)　即柱管内填充固定相的色谱法,一类在玻璃或金属管内填充固定相称为填充柱色谱;另一类在空心细管的内壁上附着或键合固定相的称为毛细管柱色谱。

(2) 薄层色谱(thin layer chromatography,TLC)　玻璃板或其他平板上均匀涂布固定相的色谱法称为薄层色谱或平板色谱。

(3) 纸色谱(paper chromatography,PC)　固定相为滤纸,进行分离的方法称为纸色谱。

3. **按分离原理分类**

按色谱过程的物理、化学机理分类,可以分为如下几类。

(1) 吸附色谱(absorption chromatography,AC)　利用组分在固定相表面的被吸附能力强弱的差异而进行分离、分析的色谱法。

(2) 分配色谱(partition chromatography,PC)　利用组分在固定相和流动相间分配系数的差异而进行分离、分析的色谱法。

(3) 离子交换色谱(ion exchange chromatography,IEC)　利用离子交换剂(固定相)对组分的亲和能力的差异而进行分离的色谱法。

(4) 凝胶色谱或凝胶尺寸排阻色谱(gel exclusion chromatography)　利用凝胶(固定相)颗粒对不同大小、形状分子所产生阻滞作用差异而进行分离的色谱法。固定相为亲脂性凝胶,流动相为有机溶剂的色谱称为凝胶渗透色谱(gel permeation chromatography,GPC);固定相为亲水性凝胶,流动相为水溶液的色谱称为凝胶过滤色谱(gel filtration chromatography,GFC)。

(5) 电色谱(electron chromatography,EC)　利用带电物质在电场作用下移动速度差异进行分离的色谱,如毛细管电泳(capillary electrophoresis chromatography,CEC),它是毛细管电泳和液相色谱相结合的分离、分析技术,在高压电场作用下,基于混合试样中各组分在毛细管内的淌度和分配行为的差异而实现分离、分析的液相分离技术。

10.2　色谱图及色谱常用术语

10.2.1　色谱图

1. 色谱图(chromatogram)

色谱图也称色谱流出曲线。试样中各组分经色谱柱分离后,随流动相依次流出色谱柱,进入检测器检测,记录仪(工作站或色谱软件)记录检测器输出的检测信号,以时间为横坐标,检测信号为纵坐标的曲线,如图 10-2 所示。

2. 色谱峰

如图 10-2 所示,分离组分从色谱柱中流出后,检测器对该组分的响应信号随时间变化所形成的峰形曲线称为色谱峰,正常色谱峰为对称形正态分布曲线。

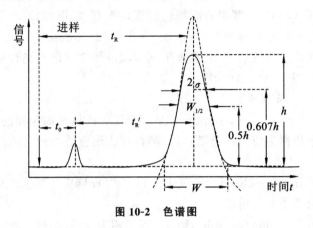

图 10-2　色谱图

10.2.2　色谱常用术语

1. 基线

正常实验条件下,仅有流动相进入检测器时记录下的流出曲线称为基线(base line),稳定的基线为平行于横轴(时间轴)的水平直线。如图 10-2 中色谱曲线与时间轴线平行的虚线。正常的基线应该是一条直线,若基线发生下斜或上斜时称为基线漂移(drift),各种未知偶然因素引起的基线起伏的现象则称为噪音(noise)(或噪声)。保持基线平稳,是进行色谱分析的最基本要求。

2. 色谱峰参数

色谱峰是进行色谱分析的主要区域,包括峰高、区域宽度和峰面积 3 个参数。

1) 峰高

色谱峰高(h)是色谱峰顶点与基线的垂直距离,以 h 表示,可以是纸的高度(mm),电信号的大小(mV 或 mA)表示,是色谱定量分析的依据之一。

2) 区域宽度

区域宽度是色谱峰的重要参数之一,是衡量柱效的重要指标,反映色谱操作条件下的动力学因素,通常有 3 种表示方法(图 10-2)。

标准偏差(standard deviation)是峰高 h 的 0.607 倍处色谱峰宽度的一半,用 σ 表示。半峰宽 $W_{1/2}$ 是色谱峰高一半处对应的峰宽,它与标准偏差之间的关系为

$$W_{1/2} = 2\sigma \sqrt{2\ln 2} = 2.354\sigma \tag{10-1}$$

峰底宽 W 是色谱峰两侧拐点上的切线在基线上的截距,与标准偏差的关系为

$$W = 4\sigma \tag{10-2}$$

一般来说,在相同的色谱操作条件下获得色谱峰的区域宽度值越小,表明色谱柱的分离效果越好,柱效越高;反之,区域宽度越大(峰越胖),柱效(或板效)越低。

3）峰面积

由色谱峰与基线之间所围成的区域面积称为峰面积,用 A 表示,是色谱定量分析的基本依据,色谱软件或者仪器自带的微机处理系统可以计算色谱峰的面积,对理想的对称峰,峰面积与峰高、半峰宽的关系为

$$A = 1.065h \times W_{1/2} \tag{10-3}$$

对于非对称的色谱峰,峰面积与峰高、半峰宽的关系为

$$A = 1.065h \times \frac{Y_{0.15} + Y_{0.85}}{2} \tag{10-4}$$

式中:$Y_{0.15}$ 和 $Y_{0.85}$ 分别为色谱峰高 0.15 和 0.85 处的宽度。

3. 保留值

色谱保留值(retention value)是色谱定性分析和色谱过程热力学特性的重要参数,是试样各组分在色谱柱中保留行为的量度,它反映组分与固定相之间的作用力大小,通常用保留时间或保留体积两种参数来描述。

1）死时间 t_0、死体积 V_0

不被固定相吸附或溶解的组分(如空气、甲烷)的保留时间称为死时间(dead time),它正比于色谱柱内的空隙体积。例如,气相色谱中的空气峰的出峰时间即为死时间,因为这种物质(如空气或甲烷等)不被固定相吸附或溶解,其流动速率与流动相流速相近。利用死时间可以测定流动相的平均线速率 u,即

$$u = \frac{柱长}{t_0} = \frac{L}{t_0} \tag{10-5}$$

对应于时间 t_0 所需的流动相体积称为死体积(dead volume)V_0,即色谱柱中所有空隙充满流动相时的总体积,每根色谱柱的 V_0 不相同。它等于 t_0 与流动相体积流速 F_{co}(mL·min^{-1})的乘积。

$$V_0 = t_0 F_{co} \tag{10-6}$$

2）保留时间 t_R、保留体积 V_R

从进样开始到某组分色谱峰顶点的时间间隔,称为该组分在柱内的保留时间(retention time,t_R),所以组分在柱内的平均线性移动速率 u_L 为

$$u_L = \frac{柱长}{t_R} = \frac{L}{t_R} \tag{10-7}$$

当色谱柱中固定相、柱温、流动相的流速等操作条件保持不变时,每种组分的保留时间只有一个值,因此 t_R 也可作为定性指标对于不同的色谱柱,其 t_0 不一样,或者色谱条件不一样,t_R 就不能作为定性指标。

对应于保留时间所消耗的流动相体积称为保留体积(retention volume)V_R,显然:

$$V_R = t_R F_{co} \tag{10-8}$$

3）调整保留时间 t_R'、调整保留体积 V_R'

调整保留时间(adjusted retention time),用 t_R' 表示,即扣除死时间后的保留时间,体现了某组分真实的用于固定相溶解或吸附所需的时间,因扣除了死时间,所以比保留时间更真实地体现了该组分在柱中的保留行为。扣除了与组分性质无关的 t_0 后,作为定性指标比 t_R 更合理。

$$t_R' = t_R - t_0 \tag{10-9}$$

同理,调整保留体积 V_R' 为

$$V_R' = V_R - V_0 = t_R F_{co} - t_0 F_{co} = (t_R - t_0) F_{co} = t_R' F_{co} \tag{10-10}$$

4）相对保留值 $\gamma_{2,1}$

在相同操作条件下，某组分 2 的调整保留值与组分 1 的调整保留值之比，称为相对保留值（relative retention value），是一个无量纲量。

$$\gamma_{2,1} = \frac{t_{R_2}'}{t_{R_1}'} = \frac{V_{R_2}'}{V_{R_1}'} \tag{10-11}$$

因为 $\gamma_{2,1}$ 仅与固定相的性质和柱温有关，与柱的填充情况、柱内径、柱长和流动相流速无关，所以常用作定性分析的依据，尤其是在气相色谱中广泛用于定性的依据。在色谱定性分析中，通常选择一个前出峰的调整保留值 t_{R_s}' 作为基准，然后再求其他后出峰组分 i 对基准峰的相对保留值，用符号 α 表示。α 称为选择因子，其值总大于 1。

$$\alpha = \frac{t_{R_i}'}{t_{R_s}'} = \frac{V_{R_i}'}{V_{R_s}'} \tag{10-12}$$

相对保留值是固定相选择性的重要参数，其值越大，选择性越好。色谱分析主要依据的是组分的色谱图，它可以给出以下几点信息。

（1）根据色谱峰的保留值及其区域宽度，可以评价色谱柱的分离效果以及相邻两色谱峰的分离程度；

（2）根据色谱峰两峰间的距离，可以评价固定相或流动相的选择是否得当；

（3）根据色谱峰的个数，可以判断样品所含组分的最少个数；

（4）根据色谱峰的各种保留值，可以进行定性分析；

（5）根据色谱峰的面积、峰高，可以进行定量分析。

10.3　色谱分析的基本理论及相关概念

10.3.1　色谱分析的基本理论

色谱分析首要任务是解决组分分离的问题，只有当各组分有效分离之后，才能进行准确的定性和定量分析。要使相邻两个组分有较好的分离效果，就要从色谱热力学和色谱动力学两方面综合考虑。热力学因素是指两组分色谱峰间的距离与它们在两相中的分配平衡或分配系数有关，两组分分配系数值相差越大，两色谱峰间的距离就越大。动力学因素是指色谱峰变宽的问题或色谱柱效问题。色谱峰的宽窄是由组分在色谱柱中传质和扩散行为决定的，与扩散和传质速率有关。

两相邻色谱峰有足够大的距离而没有足够高的柱效，区域宽度比较大，同样不能得到满意地分离。所以，色谱分析的基本理论有两个：一个是以热力学平衡为基础的塔板理论（plate theory）；另一个是以动力学为基础的速率理论（rate theory）。两个理论相辅相成，充分揭示了色谱分析中的有关问题和现象。

10.3.2　分配平衡

1. 分配系数 K

在一定温度和压力下，组分在两相中分配达平衡时的浓度之比，称为分配系数

(distribution coefficient)，用 K 表示，即

$$K = \frac{溶质在固定相中的浓度}{溶质在流动相中的浓度} = \frac{C_s}{C_m} \qquad (10\text{-}13)$$

K 与流动相的流速和柱长没有关系，仅与组分、固定相、柱温、色谱柱的结构及流动相的性质有关。K 值小的组分，每次分配达到平衡后在流动相中的浓度较大，因此能较早地流出色谱柱，K 值大的组分后出柱。所以，分配系数不同是混合物中有关组分分离的基础。

2. 分配比

在一定温度、压力下，组分在两相中分配达到平衡时的质量之比，称为分配比(distribution ratio)，又称容量因子或者分配容量，用 k 表示，即

$$k = \frac{组分在固定相中的质量}{组分在流动相中的质量} = \frac{m_s}{m_m} = \frac{C_s V_s}{V_m C_m} = K \cdot \frac{V_s}{V_m} = \frac{K}{\beta} \qquad (10\text{-}14)$$

式中：C_s、C_m 分别为组分在固定相和流动相中的浓度；V_s、V_m 分别为柱中固定相和流动相的体积，V_s 在分配色谱中表示固定液中的体积，在凝胶色谱中表示固定相的孔穴体积，V_m 近似等于死体积 V_m；$\beta = \dfrac{V_m}{V_s}$，称为相比率，是柱型特点参数；K 为分配系数。

3. 保留比 R_s 与分配比 k 的关系

相同条件下，组分在柱内的平均线速率 u_L 与流动相在该柱内的平均线速率 u 的比值称为保留比，用 R_s 表示，即

$$R_s = \frac{u_L}{u} \qquad (10\text{-}15)$$

由式(10-15)、式(10-5)和式(10-7)可得

$$R_s = \frac{u_L}{u} = \frac{t_M}{t_R} \qquad (10\text{-}16)$$

所以，保留比 R_s 也称为滞留因子，它反映了组分在流动相中的分配比例大小，也可由色谱图直接计算。例如，某组分完全不被固定相滞留，则 $t_R = t_M$，R_s 值为 1，即该组分 100% 分配在流动相中，可用组分在流动相中的质量分配比表示，则保留比 R_s 为

$$R_s = \frac{组分在柱内流动相中的总质量}{柱内流动相和固定相中组分的总质量} = \frac{m_m}{m_m + m_s}$$
$$= \frac{1}{1 + \dfrac{m_s}{m_m}} = \frac{1}{1+k} \qquad (10\text{-}17)$$

式(10-17)就是保留比 R_s 与分配比 k 的关系式，R_s 的值为 $0 \leqslant R_s \leqslant 1$。将式(10-16)和式(10-17)相联系可得到

$$t_R = t_M (1 + k) \qquad (10\text{-}18)$$

所以

$$k = \frac{t_R - t_M}{t_M} = \frac{t'_R}{t_M} = \frac{V'_R}{V_M} = K \frac{V_s}{V_m} \qquad (10\text{-}19)$$

$$t'_R = t_M k = t_M K \frac{V_s}{V_m}$$

$$t_R = t_M \left(1 + K \frac{V_s}{V_m}\right) \qquad (10\text{-}20)$$

式(10-20)称为保留方程，是色谱分析的基本公式之一，该式也可用保留体积表示。

$$V_R = V_M\left(1 + K \cdot \frac{V_s}{V_m}\right) = V_M(1+k) = V_M + KV_s$$

4. 分配比 k、分配系数 K 与选择因子 α 的关系

根据式(10-12)、式(10-19)，两个组分的选择因子 α 可用式(10-21)表示：

$$\alpha = \frac{t'_{R_2}}{t'_{R_1}} = \frac{V'_{R_2}}{V'_{R_1}} = \frac{k_2}{k_1} = \frac{K_2}{K_1} \tag{10-21}$$

式中：组分 1 为所选择的基准。该式通过选择因子 α 把实验测量值 k 与热力学平衡的分配系数 K 联系起来，由式(10-21)可知，两组分的 k 或 K 值相差越大，分离程度越令人满意。

10.3.3　塔板理论

塔板理论由辛格(Synge)和马丁(Martin)最早提出。假设色谱柱内由一系列连续的、相等的塔板组成，每块塔板内分为流动相和固定相两个部分，流动相占据的板内空间称为板体积，每块塔板的高度即为塔板高度用 H 表示。当待测组分进入色谱柱后，很快在两相间达到分配平衡，经过许多次分配平衡后，组分得到彼此分离，这种理论即是塔板理论。塔板理论从热力学平衡的角度解释了色谱分离过程和色谱曲线呈高斯正态分布的原因，证明了保留值与分配比的关系，引入理论塔板数作为衡量柱效率的指标。

该理论对色谱柱的分离过程做了如下假设。

(1) 所有组分开始都进入第 0 块塔板，忽略组分的纵向扩散(塔板之间的扩散)，流动相按前进方向通过色谱柱；

(2) 流动相进入色谱柱是不连续的，呈脉冲式的，每次进入柱中的最小体积为一个塔板体积 ΔV；

(3) 在每块塔板上，待测组分在两相间能瞬间达到分配平衡；

(4) 分配系数在所有塔板上都是常数，与组分在塔板中的浓度无关。

如果色谱柱的塔板数 n 大于 50，组分在柱内就可得到较多次的平衡分配，如果以组分流出色谱柱的浓度或量为纵坐标对相应的流出时间 t 作图，所得到的色谱流出曲线趋于正态分布。此时，进入色谱柱的流动相塔板体积数 N 已足够大，可以用正态分布来表示。塔板理论导出的流出曲线的另一表达式为

$$c = \frac{m\sqrt{n}}{V_R\sqrt{2\pi}}\exp\left[-\frac{n}{2}\left(1 - \frac{V}{V_R}\right)^2\right] \tag{10-22}$$

式中：m 为组分的质量；V_R 为组分的保留体积；V 为从色谱柱中流出的流动相体积；n 为理论塔板数；c 为流出液中组分的浓度。

当 $V = V_R$ 时，浓度最大，此时为色谱峰峰高，即

$$h = c_{max} = \frac{m\sqrt{n}}{V_R\sqrt{2\pi}} \tag{10-23}$$

由式(10-23)知，峰高与理论塔板数 n 和进样量 m 成正比，与组分的保留值成反比。理论塔板数越多，表示色谱柱的分离能力越强。理论塔板数 n 按式(10-24)计算，即

$$n = 5.54\left(\frac{t_R}{W_{1/2}}\right)^2 = 5.54\left(\frac{V_R}{W_{1/2}}\right)^2 = 16\left(\frac{t_R}{W}\right)^2 = 16\left(\frac{V_R}{W}\right)^2 \tag{10-24}$$

设色谱柱长为 L，从而可以计算理论塔板高度 H 为

$$H = \frac{L}{n} \tag{10-25}$$

n 和 H 是描述柱效的参数,理论塔板数 n 越大,塔板高度 H 越小,表明柱效越高。由于 t_m 与各组分和固定相相互作用无关,应从保留值中扣除,用调整保留值才能充分反映色谱柱的真实效能,此时计算出的塔板数和板高度分别称为有效塔板数和有效塔板高度。

$$n_{有效} = 5.54 \left(\frac{t'_R}{W_{1/2}}\right)^2 = 16\left(\frac{t'_R}{W}\right)^2 \tag{10-26}$$

$$H_{有效} = \frac{L}{n_{有效}} \tag{10-27}$$

$n_{有效}$ 和 $H_{有效}$ 消除了死时间的影响,用它们来评价柱效会更符合实际。$n_{有效}$ 与理论塔板数 n 的关系为

$$n_{有效} = \left(\frac{k}{1+k}\right)^2 \cdot n \tag{10-28}$$

10.3.4　速率理论

塔板理论以热力学为基础,提出了计算和评价柱效的有关参数,解释了色谱峰的正态分布现象和浓度极大值的位置。但由于其假设的溶质在色谱柱中的分配平衡和分离过程不符合实际分离过程,无法解释谱带扩张的原因和影响柱效的各种因素关系,也不能解释流速差异导致塔板数的差异的原因,因此其在应用上受到了限制。

1956 年荷兰学者范第姆特(Van Deemter)等针对塔板理论忽视了组分分子在两相中的扩散和传质的动力学过程问题,提出了速率理论。该理论充分考虑组分在两相间的扩散和传质过程,借用塔板理论中塔板高度的概念,从色谱动力学的角度分析了影响塔板高度的各种因素,该理论适用于气相色谱及液相色谱。

范第姆特方程的数学简化式为

$$H = A + \frac{B}{u} + Cu \tag{10-29}$$

式中:u 为流动相的平均线速率,可根据式(10-5)计算;A 为常数,代表涡流扩散系数;B 为分子纵向扩散系数;C 为传质阻力项系数。

速率理论认为涡流扩散项 A、分子纵向扩散项 B/u 和传质阻力项 Cu 等因素决定塔板高 H。当 u 一定时,只有 A、B、C 较小时 H 才能较小,柱效才会较高;反之,色谱峰将会展宽,柱效将下降。

1. 涡流扩散项

涡流扩散(eddy diffusion)项也称为多路效应项,是由于分离组分随着流动相通过填充松紧和颗粒大小不一的固定相时,形成了类似"涡流"的紊乱流动现象,从而引起色谱峰展宽。如图 10-3 所示,同一组分的三个质点开始时都加到色谱柱端的同一位置(如第零块塔板上),当流动相连续不断地通过色谱柱时,质点从颗粒之间孔隙小的部位流过,受到的阻力大,移动速率小;质点从颗粒之间空隙大的部位流过,受到的阻力小,移动速率大;质点介于两者之间。由于组分质点在流动相中形成不规则的"涡流",导致进入色谱柱的同一组分的各分子到达检测器的时间不同,造成谱带展宽,其程度由式(10-30)决定:

$$A = 2\lambda d_p \tag{10-30}$$

式中：λ 为填充不规则因子；d_p 为填充物料的平均直径。

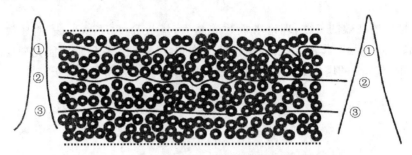

图 10-3 涡流扩散示意图

A 与组分性质、流动相线速率和性质无关。均匀填充粒度适当、颗粒大小一致的固定相，能降低涡流扩散项，提高柱效。空心毛细管柱由于没填充担体，A 项为零。

2. 分子纵向扩散项

待测组分的浓度在柱子的前端分布呈"塞子"状，在"塞子"的头尾处（纵向）存在着浓度差而形成浓度梯度，随着流动相流动"塞子"的两端会沿色谱柱方向前后扩散，造成谱带展宽。分子扩散（molecular diffusion）系数为

$$B = 2\gamma D_g \tag{10-31}$$

式中：γ 为柱内流动相扩散路径弯曲因子，为小于 1 的系数（空心毛细管柱的 $\gamma = 1$），它反映分子扩散的阻碍受固定相颗粒的影响情况；D_g 为样品在流动相中的扩散系数，单位为 $cm^2 \cdot s^{-1}$。

样品在气相中扩散速度比在液相中约大十万倍，所以液相中的分子纵向扩散可以忽略。对气相色谱，采用相对分子质量较大的 N_2、Ar 为流动相并适当加大流动相流速，可减小分子纵向扩散项的影响。

3. 传质阻力项

固定相传质阻力 C_s 和流动相传质阻力 C_m 两项组成传质阻力系数 C，即 $C = C_m + C_s$。当样品从流动相移动到固定相表面进行两相间的分配交换时，所受到的阻力称为流动相传质阻力 C_m；组分从两相的界面迁移至固定相内部达到交换分配平衡后，又返回到两相界面的过程中所受到的阻力为固定相传质阻力 C_s。气相色谱的传质阻力系数为

$$C = C_m + C_s = \left(\frac{0.1k}{1+k}\right)^2 \cdot \frac{d_p^2}{D_g} + \frac{2k}{3(1+k)^2} \cdot \frac{d_f^2}{D_s} \tag{10-32}$$

从式（10-32）可知，流动相传质阻力 C_m 与固定相粒度 d_p 的平方成正比，与扩散系数 D_g 成反比。因此，选用 H_2、He 等相对分子质量小的气体为流动相和选用粒度小的固定相可使 D_m 减小，柱效提高。C_s 与固定相液膜厚度 d_f^2 成正比，与组分在固定相中的扩散系数 D_s 成反比。因此，固定相液膜越薄，扩散系数越大，固定相传质阻力就越小。

色谱柱中的传质过程实际上是不均匀的，导致色谱峰的前沿变宽或者拖尾展宽，从而导致塔板高度的改变。综上所述，气相色谱的范第姆特方程为

$$H = A + \frac{B}{u} + Cu \tag{10-33}$$

$$= 2\lambda d_p + \frac{2\gamma D_g}{u} + \left(\frac{0.1k}{1+k}\right)^2 \cdot \frac{d_p^2}{D_g}u + \frac{2k}{3(1+k)^2} \cdot \frac{d_f^2}{D_s}u$$

4. 流动相线速率 u 对板高 H 的影响

根据式(10-33),以在不同流速下测得的板高 H 对流动相线速率 u 作图(图 10-4),H-u 曲线中有一最低点,该点所对应的板高 H 最小,此时柱效最高,H_{min} 对应的流速为最佳线速 u_{opt}。从图中还可以看出以下几点。

(1)在高流速区,传质阻力项是影响柱效和板高的主要因素。此时应选用相对分子质量较小的 H_2、He 作为流动相,使组分有较大的扩散系数,以提高柱效;

(2)在低流速区,纵向扩散项占主导地位;

(3)涡流扩散项 A 为常数,与流动相线速率无关。如果对式(10-29)等号两边积分,并令其等于零,可得

$$\frac{\mathrm{d}H}{\mathrm{d}u}=-\frac{B}{u^2}+C=0$$

$$u_{opt}=\sqrt{\frac{B}{C}} \tag{10-34}$$

$$H_{min}=A+2\sqrt{BC} \tag{10-35}$$

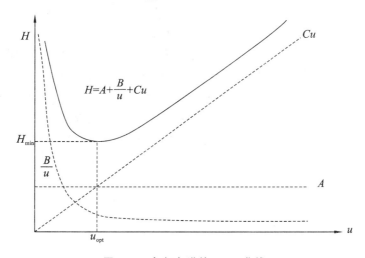

图 10-4　气相色谱的 H-u 曲线

当色谱条件一定时,只需要在 3 种不同流速下测得 3 个对应的 H 值,就能确定 A、B、C 3 项数值。

5. 液相色谱的范第姆特方程

液相色谱和气相色谱速率方程式基本一致,区别在于液相色谱中纵向扩散项很小,可忽略不计,其影响柱效的主要因素是传质阻力项。液相色谱的范第姆特方程式可表达为

$$H=2\lambda d_p+\frac{2\gamma D_m}{u}+\left(\frac{\omega_m d_p^2}{D_m}+\frac{\omega_{sm} d_p^2}{D_m}+\frac{\omega_s d_f^2}{D_s}\right)u \tag{10-36}$$

式中:$\dfrac{\omega_m d_p^2}{D_m}$ 为流动相传质阻力;ω_m 是与固定相和填充柱性质有关的常数。流动相在柱中固定相界面附近的流速比路径中央的流速要慢,样品中离固定相界面越近的分子越容易扩散到界面进行交换,从而使流动相路径中间区域浓度大于路径边缘的浓度,引起谱峰的展宽,这种传质阻力对板高的影响与固定相粒度 d_p^2 成正比,与组分在流动相中的扩散系数 D_m 成反比;$\dfrac{\omega_{sm} d_p^2}{D_m}$

为滞留的流动相传质阻力;由于柱中颗粒状填料使部分流动相滞留在某些局部,如滞留在微孔内而不随流动相继续移动,这部分滞留流动相中的样品分子出柱的速率显然较慢,从而造成色谱峰变宽。ω_{sm} 与滞留的流动相所占的体积分数、固定相的空间结构和容量因子有关。固定相的粒度 d_p 越小,微孔的孔径越大而浅,传质速率就越快,柱效越高。$\dfrac{\omega_s d_f^2}{D_s}$ 为固定相传质阻力系数。其中,d_f 是固定液液膜厚度;D_s 为组分在液膜内的扩散系数;ω_s 是与容量因子 k 有关的常数。

根据式(10-36)作液相色谱的 $H-u$ 曲线,曲线的 H_{min} 比气相色谱的极小值低一个数量级以上,说明液相色谱的柱效比气相色谱高得多;液相色谱的 u_{opt} 比气相色谱小一个数量级,说明要取得良好柱效,控制流速即可。

10.3.5 色谱分离方程

1. 色谱柱的总分离效能

柱效和选择性是色谱分离的两个重要参数。如图 10-5 所示,曲线 a 表示柱效和选择性都

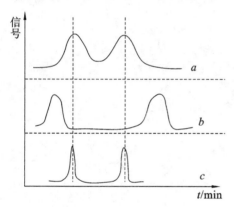

图 10-5　柱效和选择性对色谱分离的影响

差,两色谱峰之间距离近且峰形宽,彼此严重重叠;曲线 b 表明选择性好,但柱效低,两色谱峰之间距离相距较远,能很好分离,但峰形谱带展宽;曲线 c 表示分离最为理想,既有良好的选择性,又有较高的柱效。a 和 c 的相对保留值相同,即它们的选择性因子是一样的,但分离情况却截然不同,单独用柱效或选择性不能真实反映组分在柱中的分离情况。

分离度(resolution,R),又称为分辨率,定义为相邻两峰保留值之差与峰底宽总和一半的比值。R 是色谱柱的总分离效能指标,其计算公式如下:

$$R=\frac{t_{R_2}-t_{R_1}}{\frac{1}{2}(W_1+W_2)}=\frac{2(t_{R_2}-t_{R_1})}{W_1+W_2} \tag{10-37}$$

R 值越大,表明两组分的分离程度越高;$R=1.0$ 时,分离程度可达 98%;$R<1.0$ 时两峰有部分重叠;$R=1.5$ 时,分离程度达到 99.7%。所以,通常用 $R=1.5$ 作为相邻两色谱峰完全分离的指标。

2. 色谱分离方程

分离度 R 受柱效(n)、选择因子(α)和容量因子(k)3 个参数的控制。对于难分离的物质,它们之间的保留值差别小,可合理地认为 $W_1 \approx W_2 = W$,$k_1 \approx k_2 = k$,由式(10-37)得

$$R=\frac{2(t_{R_2}-t_{R_1})}{2W_2}=\frac{t_{R_2}-t_{R_1}}{W_2} \tag{10-38}$$

由式(10-24)得

$$n=16\left(\frac{t_{R_2}}{W_2}\right)^2$$

所以

$$W_2=\frac{4}{\sqrt{n}}\cdot t_{R_2} \tag{10-39}$$

将式(10-39)代入式(10-38),得

$$
\begin{aligned}
R &= \frac{\sqrt{n}}{4} \cdot \frac{t_{R_2} - t_{R_1}}{t_{R_2}} \\
&= \frac{\sqrt{n}}{4} \cdot \frac{t'_{R_2} - t'_{R_1}}{t'_{R_2} + t_M} \\
&= \frac{\sqrt{n}}{4} \cdot \frac{t'_{R_2} - t'_{R_1}}{t'_{R_2}} \cdot \frac{t'_{R_2}}{t'_{R_2} + t_M} \\
&= \frac{\sqrt{n}}{4} \cdot \frac{(t'_{R_2} - t'_{R_1})/t'_{R_1}}{t'_{R_2}/t'_{R_1}} \cdot \frac{t'_{R_2}/t_M}{(t'_{R_2} + t_M)/t_M} \\
&= \frac{\sqrt{n}}{4} \cdot \frac{\gamma_{2,1} - 1}{\gamma_{2,1}} \cdot \frac{k_2}{k_2 + 1} \\
&= \frac{\sqrt{n}}{4} \cdot \frac{\alpha - 1}{\alpha} \cdot \frac{k}{k + 1}
\end{aligned}
\tag{10-40}
$$

变换式(10-40),得

$$
n = 16 R^2 \left(\frac{\alpha}{\alpha - 1}\right)^2 \cdot \left(\frac{k+1}{k}\right)^2
\tag{10-41}
$$

在实际应用中,往往用$n_{有效}$代替n,将式(10-41)代入式(10-28),得

$$
\begin{aligned}
n_{有效} &= \left(\frac{k}{k+1}\right)^2 \cdot n \\
&= \left(\frac{k}{k+1}\right)^2 \cdot 16 R^2 \left(\frac{\alpha}{\alpha - 1}\right)^2 \cdot \left(\frac{k+1}{k}\right)^2 \\
&= 16 R^2 \left(\frac{\alpha}{\alpha - 1}\right)^2
\end{aligned}
\tag{10-42}
$$

变换式(10-42),得

$$
R = \frac{\sqrt{n_{有效}}}{4} \cdot \frac{\alpha - 1}{\alpha}
\tag{10-43}
$$

式(10-42)和式(10-43)即为色谱分离方程式,分离度R与柱效因子n、柱选择性因子α和容量因子k 3个参数有关,这3个参数可以从实验和色谱图上计算得到。

1)R 与柱效的关系

从式(10-40)可知,当固定相确定后,被分离的两组分的选择性因子α一定,则R取决于柱效因子n。对于塔板高度一定的柱子,分离度的平方与柱长度成正比。增加柱长度可以提高分离度,但会延长保留时间使色谱峰变宽。因此,可通过降低色谱柱塔板高度,保留较高的理论塔板数,从而实现提高分离度的效果。

2)R 与容量因子k 的关系

增大k可适当提高分离度R,但这种提高是有限的,R通常控制在2~10为宜。对液相色谱,改变流动相的组成比例,就能有效控制k值。对气相色谱,通过提高柱温,选择合适的k值,可以改善分离度。

3)R 与选择因子α 的关系

α的微小变化,即可引起分离度的显著变化,α越大,柱选择性越好,对分离越有利。但当α大于1.5时,再增加α对R值的影响无意义。改变α常见的方法有改变固定相、流动相的性质及组成,或采用较低柱温,从而使α增大。

10.4　色谱定性和定量的方法

10.4.1　色谱定性方法

色谱定性主要是指鉴定试样中各组分即每个色谱峰代表的是何种化合物。色谱法本质是一种分离方法,色谱分析数据不能直接进行组分鉴定。由于没有结构信息,因此色谱法的定性仅是一个相对的方法,只能鉴定已知化合物,对未知的新化合物的定性常需要结合其他方法来进行。

1. 已知物对照法

在相同色谱条件下,分别将标准样品和试样进行色谱分析,比较两者的出峰时间,如果保留时间相同,可能是同一种物质。在组分性质和范围较确定、色谱条件非常稳定的情况下,这种方法很适用。但是,单纯依靠 t、R 来判定是否为同一种物质,证据还不够充分。

2. 利用相对保留值定性

为克服以上局限性,可采用某物质与另一标准物质相对保留值来定性,从而消除某些实验条件的影响。组分(i)与标准物质(s)的调整保留值的比值 γ_i,γ_i 仅取决于他们的分配系数比,与柱长、固定液含量、流动相流速等条件无关,仅与柱温有关,其定性的可靠性比保留值定性高。

3. 利用保留指数法定性

保留指数法是采用一系列物质作为定性的参照,例如,Kovats 提出用正构烷烃系列为标准物质,规定正构烷烃的保留指数为 $100Z$(Z 代表碳原子数),正戊烷、正己烷、正庚烷的保留指数分别为 500、600、700,其他物质的保留指数用靠近它的两个正构烷烃来标定。待测物的保留指数 I 可表示如下:

$$I = 100\left(\frac{\lg X_i - \lg X_Z}{\lg X_{Z+1} - \lg X_Z} + Z\right) \tag{10-44}$$

式中:X_n 为调整保留值(调保留时间或调整保留体积);i 为待测物;Z 和 $Z+1$ 为具有 Z 个和 $Z+1$ 个碳原子数的正构烷烃。应选择合适的 Z 和 $Z+1$ 的烷烃,以使待测组分的保留值处于这两个正构烷烃的保留值之间。按照式(10-44)求出 I 值后,再与文献值对照,即可达到定性的目的。例如,乙酸正丁酯在阿皮松 L 柱上,柱温为 100 ℃时,得到以下色谱图(图 10-6),求乙酸正丁酯的保留指数 I。

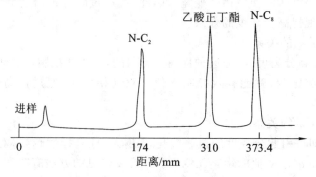

图 10-6　乙酸正丁酯的色谱图

从图可以看出乙酸正丁酯的色谱峰处于正庚烷和正辛烷之间。现以记录纸的长度代表调整保留时间：

正庚烷　　　　$X_7 = 174.0$ mm　　　　lg174.0=2.2406

正辛烷　　　　$X_{Z+1} = 373.4$ mm　　　　lg373.4=2.5722

乙酸正丁酯　$X_i = 310.0$ mm　　　　lg310.0=2.4914

正庚烷　　　　$Z = 7$

将实验结果代入保留指数计算式中,得

$$I = 100\left(\frac{\lg 2.4914 - \lg 2.2406}{\lg 2.5722 - \lg 2.2406} + 7\right) = 775.63$$

保留指数法具有较好的准确度和重现性,只要柱温和固定相与文献一致,就可利用文献资料上的保留指数值进行对照来定性。

4. 与其他方法结合定性

现在采用得更多的是色谱与质谱、红外光谱等联用技术来进行结构测定。质谱、光谱等精密仪器所起的作用与色谱检测器的作用类似,色谱在此充分发挥它分离的特长,质谱或光谱则充分发挥了它们定性的特长。

10.4.2　色谱定量分析

色谱分析的主要目的之一就是对试样中各组分进行定量分析,求出混合试样中各组分的百分比含量。利用气、液相色谱进行定量分析的显著特点是简便、灵敏、定量准确度高。

1. 校正因子和相对校正因子

相同色谱条件下,某组分 i 的色谱峰面积 A_i 或峰高 h_i 与其质量 m_i 成正比,即

$$m_i = f_i' A_i \text{ 或 } m_i = f_i'' A_i \tag{10-45}$$

式中: f_i'(或者 f_i'')为组分 i 在该检测器上的响应斜率,也称为定量校正因子。上式中的 f_i' 就是定量校正因子,它的物理含义是单位峰面积或峰高所代表的组分量。

通常检测器的响应灵敏度在各组分之间存在差异,即峰面积的大小不能完全反映各组分的含量,两种含量相同的组分,色谱峰面积不一定相同,所以必须要对检测器的响应值进行校正。

$$f_i' = \frac{m_i}{A_i} \text{ 和 } f_i'' = \frac{m_i}{A_i} \tag{10-46}$$

直接求出 f_i' 和 f_i'' 的绝对值较困难,不仅要掌握精确的进样,而且要严格控制色谱操作条件,以保证测定和使用 f_i' 时条件相同,所以绝对校正因子使用不方便。为此,在实际工作中往往采用一种标准物质。

$$f_i = \frac{f_i'}{f_s'} \tag{10-47}$$

如将式(10-46)代入式(10-47),并且物质的含量采用质量表示,则所对应的 f 称为质量校正因子 f_m。如物质的含量采用物质的量表示,所对应的 f 称为摩尔校正因子 f_m。它们分别表示为

$$f_m = \frac{f_{i(m)}'}{f_{s(m)}'} = \frac{A_s m_i}{A_i m_s} \text{ 或 } f_m = \frac{h_s m_i}{h_i m_s} \tag{10-48}$$

$$f_{\mathrm{m}} = \frac{f_{\mathrm{i(m)}}'}{f_{\mathrm{s(m)}}'} = \frac{A_s m_i M_s}{A_i m_s M_i} = f_{\mathrm{m}} \cdot \frac{M_s}{M_i} \tag{10-49}$$

式中：A_i、A_s、m_i、m_s、M_i、M_s分别代表组分 i 和标准物质 s 的峰面积、质量和摩尔质量。

在文献资料中列出的相对校正因子，多数是以苯作为标准物质，以 TCD 为检测器所得的数据；或者是以正庚烷作为标准物质，以 FID 为检测器所得的数据，也可自行测定相对校正因子 f_i。测定方法如下：精确称量待测组分和标准物质进行混合后，在实验条件下进行进样分析，分别测量相应的峰面积或峰高，然后按照上述有关公式计算出 f_{m} 和 f_{M}。例如，要测定以苯为标准物质的甲苯、乙苯、邻二甲苯的峰高质量校正因子 f_{m}，实验数据如下：

组分	苯	甲苯	乙苯	邻二甲苯
质量/g	0.5967	0.5478	0.6120	0.6680
峰高/mm	180.1	84.4	45.2	49.0

则

$$f_{\mathrm{m(苯)}} = \frac{h_s m_i}{h_i m_s} = \frac{180.1 \times 0.5967}{180.1 \times 0.5967} = 1$$

$$f_{\mathrm{m(甲苯)}} = \frac{h_s m_i}{h_i m_s} = \frac{180.1 \times 0.5478}{84.4 \times 0.5967} = 1.96$$

$$f_{\mathrm{m(乙苯)}} = \frac{h_s m_i}{h_i m_s} = \frac{180.1 \times 0.6120}{45.2 \times 0.5967} = 4.09$$

$$f_{\mathrm{m(邻二甲苯)}} = \frac{h_s m_i}{h_i m_s} = \frac{180.1 \times 0.6680}{49.0 \times 0.5967} = 4.11$$

2. 定量方法

1）归一化法

若试样中的各组分都能流出色谱柱，且都有相应的色谱峰，则可用归一化法定量。假设试样中有 n 个组分，每个组分的质量分别为 $m_1, m_2 \cdots m_n$，各组分质量总和为 m，则组分 i 的质量分数 w_i 为

$$w_i = \frac{m_i}{m} = \frac{m_i}{m_1 + m_2 + \cdots + m_n} = \frac{A_i f_i}{A_1 f_1 + A_2 f_2 + \cdots + A_n f_n} \tag{10-50}$$

式中：$f_1, f_2 \cdots f_n$ 为各组分相应的质量校正因子。例如，有一样品的色谱图，各组分的 f 值、色谱峰的面积如下。用归一化法求出各组分含量。

组分	乙醇	庚烷	苯	乙酸乙酯
峰面积/cm²	5.0	9.0	4.0	7.0
校正因子 f_i	0.82	0.89	1.00	1.01

则

$$w_{乙醇} = \frac{5.0 \times 0.82}{5.0 \times 0.82 + 9.0 \times 0.89 + 4.0 \times 1.00 + 7.0 \times 1.01} = 0.177 = 17.7\%$$

$$w_{庚烷} = \frac{9.0 \times 0.89}{5.0 \times 0.82 + 9.0 \times 0.89 + 4.0 \times 1.00 + 7.0 \times 1.01} = 0.346 = 34.6\%$$

$$w_{苯} = \frac{4.0 \times 1.00}{5.0 \times 0.82 + 9.0 \times 0.89 + 4.0 \times 1.00 + 7.0 \times 1.01} = 0.172 = 17.2\%$$

$$w_{乙酸乙酯} = \frac{7.0 \times 1.01}{5.0 \times 0.82 + 9.0 \times 0.89 + 4.0 \times 1.00 + 7.0 \times 1.01} = 0.305 = 30.5\%$$

归一化法具有简便、准确的优点,对操作条件如进样量、温度、流速等的控制要求不苛刻,在计算时,将所有的出峰组分的含量之和按 100% 计算。但是当试样组分未完全出峰时不能使用这种方法。

2）内标法

当样品中的所有组分不能全部流出色谱柱,或者检测器不能对每个组分都产生信号或者只需要测定样品中某几个组分含量时,可采用内标法。

将一定量的纯物质作为内标物,加入试样中,根据内标物质量 m_s 与样品质量 m 以及它们的色谱峰面积求出某一组分含量。例如,要测定试样中的 i 组分,它的质量为 m_i,则

$$m_i = f_i A_i m_s = f_s A_s$$

$$\frac{m_i}{m_s} = \frac{A_i f_i}{A_s f_s}$$

$$w_i = \frac{m_i}{m} = \frac{A_i f_i m_s}{A_s f_s m} \tag{10-51}$$

若内标物就是相对校正因子的标准物质,则 $f_s = 1$, $\dfrac{f_i}{f_s} = f_i$。

$$w_i = \frac{A_i m_s f_i}{A_s m} \tag{10-52}$$

由上式可以看出,内标法是测量内标物与待测物的峰面积的相对值,实验条件对测定的准确度影响较小,准确度高。所有内标物应满足 3 个要求:①待测样品中无内标物存在;②内标物必须是纯物质;③内标物的出峰保留时间应在待测组分附近,但又可分离开。此法常用于定量要求较高的测定中。

3）外标法

将待测组分的标准物质配制成系列标准溶液,在相同操作条件下测定各浓度梯度下标准物质的峰高或峰面积,以系列标准溶液的浓度 c_1, $c_2 \cdots c_n$ 为横坐标,相应的峰面积(或峰高)A_1,$A_2 \cdots A_n$(或 h_1, $h_2 \cdots h_n$)为纵坐标,作标准曲线。在分析待测物试样时,严格按照标准溶液相同的色谱条件和进样量,根据所得到的响应值 A_i 或 h_i,从标准曲线的横坐标上查出对应的浓度 c_i。外标法操作简便,不需用校正因子,但是对操作条件的稳定和进样量的重现性要求较高。

思　考　题

10-1　简述色谱分析法的起源,类型以及优点。

10-2　绘制典型的色谱图,并标出进样点 t_M、t_R、t'_R、h、W、$W_{1/2}$、σ 和基线。

10-3　列举从色谱图上可以获得的信息。

10-4　分析色谱图上两色谱峰之间距离的决定因素。

10-5　简述塔板理论与速率理论的原理及其区别和联系。

10-6　分析理论塔板数 n、有效塔板数 $n_{有效}$ 与选择性和分离度之间的关系。

10-7　样品中有 a、b、c、d、e 和 f 6 个组分,它们在同一色谱柱上的分配系数分别为 370、516、386、475、356 和 490,请排出它们流出色谱柱的先后次序。

10-8　简述色谱柱柱效和选择性的指标。

10-9　测得某组分的保留时间为 4.59 min,峰底宽度为 45 s,空气峰保留时间为 28 s,色谱柱柱长 25 cm。假设色谱峰呈正态分布,试计算该组分对色谱柱的有效塔板数和有效塔板高度。

10-10　同一试样中的不同组分之间能否根据峰高或峰面积直接进行定量分析?

10-11 引起相对保留值改变的参数有哪些?

10-12 在柱长一定的条件下,影响色谱峰的宽窄的主要因素有哪些?

10-13 组分 A 流出色谱柱需 10 min,组分 B 流出需 15 min,而不与固定相作用的物质 C 流出色谱柱需 2 min,计算:(1)组分 B 在固定相中所耗费的时间;(2)组分 B 对组分 A 的选择因子 α;(3)组分 A 对组分 B 的相对保留值 $\gamma_{A,B}$;(4)组分 A 在柱中的容量因子。

10-14 已知某色谱柱的理论塔板数为 2 500,组分 a 和 b 在该柱上的保留时间分别为 15 min 和 25 min,求组分 b 的峰底宽。

10-15 当气相色谱柱温为 150 ℃时,其范第姆特方程常数 $A = 0.08$ cm,$B = 0.15$ cm$^2 \cdot$ s^{-1},$C = 0.03$ s,色谱柱的最佳流速是多少? 所对应的最小塔板高度是多少?

10-16 长度相等的两根色谱柱,其范第姆特方程的常数如下:

	A	B	C
柱 1	0.2 cm	0.15 cm$^2 \cdot$ s^{-1}	0.30 s
柱 2	0.1 cm	0.25 cm$^2 \cdot$ s^{-1}	0.20 s

(1) 如果载气(流动相)流速为 0.25 cm $\cdot$ s^{-1},那么,两根柱子给出的理论塔板数哪个大?

(2) 柱 1 的最佳流速 u_{opt} 是多少?

10-17 在一根 3 m 长的色谱柱上分离两个组分,得到色谱的有关数据如下:$t_M = 1$ min、$t_{R_1} = 14$ min,$t_{R_2} = 17$ min,$W_2 = 1$ min,求(1)以前出峰为基准的选择因子 α;(2)用组分 2 计算色谱柱的 n 和 $n_{有效}$ 及 R;(3)若需要达到分离度 $R = 1.5$,该柱长最短为多少?

10-18 某一色谱柱以氮气为流动相,在不同流速下测得如下数据:

测定顺序	1	2	3
流动相线速度/(cm $\cdot$ s^{-1})	4.0	6.0	8.0
测得板高/cm	0.16	0.17	0.19

试计算:(1)速率理论方程中 A、B 和 C 的值;(2)H_{min} 和 u_{opt} 值。

10-19 从色谱图上测得组分 x 和 y 的保留时间分别为 10.55 min 和 11.48 min,两峰的峰底宽为 0.36 min 和 0.46 min,该两峰是否达到完全分离?

10-20 分别取 1 μL 不同浓度的甲苯标准溶液,注入色谱仪后得到的峰高数据如下:

甲苯浓度/(mg $\cdot$ mL^{-1})　　0.05　　0.10　　0.20　　0.30　　0.40

测得峰高/cm　　　　　　　　0.3　　1.7　　3.7　　5.3　　7.3

测定水样中的甲苯时,先将水样富集 50 倍,取所得的浓缩液 1 μL 注入色谱仪,在相同的条件下测得其峰高为 2.7 cm。已知富集时的回收率为 90.0%,试计算水样中甲苯的浓度(mg $\cdot$ L^{-1})。

10-21 试根据式(10-23)、式(10-25)和式(10-17),推导出理论塔板数 n 和 $n_{有效}$ 的关系式为 $n_{有效} = \left(\dfrac{k}{1+k}\right)^2 \cdot n$。

10-22 两组分的相对保留值 $\gamma_{2,1}$ 为 1.2,要在一根色谱柱上得到完全分离($R = 1.5$),所需有效塔板数 $n_{有效}$ 为多少? 设有效塔板高度 $H_{有效}$ 为 0.1 cm,应使用多长的色谱柱?

参 考 文 献

[1] 吴谋成. 仪器分析[M]. 北京:科学出版社,2003.

[2] 孙毓庆. 现代色谱法及其在药物分析中的应用[M]. 北京:科学出版社,2005.

[3] 吕静. 仪器分析新技术[M]. 哈尔滨:黑龙江人民出版社,2007.

[4] 朱明华,胡坪.仪器分析[M].4 版.北京:高等教育出版社,2008.

[5] 武汉大学.分析化学[M].5 版.北京:高等教育出版社,2006.

[6] 高向阳.新编仪器分析[M].4 版.北京:科学出版社,2013.

[7] 袁存光,祝优珍,田晶,等.现代仪器分析[M].北京:化学工业出版社,2012.

[8] 刘约权.现代仪器分析[M].3 版.北京:高等教育出版社,2015.

第11章 气相色谱法

11.1 概　　述

11.1.1 气相色谱法的基本原理

采用气体作为流动相的色谱法称为气相色谱法(gas chromatography, GC),它是由惰性气体将汽化后的样品带入色谱柱中,柱中的固定相与样品中各组分的作用力不同,各组分从色谱柱流出的时间不同,从而达到分离的目的。根据固定相的状态,气相色谱法又分为气-固色谱和气-液色谱两类。气-固色谱分析中的固定相是一种具有多孔性及较大表面积的吸附剂颗粒,而气-液色谱分析中的固定相是在化学惰性的固体微粒(此固体是用来支持固定液的,通常称之为担体)表面,涂渍上一层高沸点有机化合物的液膜。气相色谱由于气体黏度小,扩散系数大,在色谱柱内流动阻力小,传质速度快,有利于快速分离低分子化合物,因而在各种色谱分析方法中应用最为普遍,在环境、生物、食品、药品、化工等领域都有广泛应用。近些年来随着气相色谱与其他检测仪器联用技术的快速发展使其应用得到了进一步扩展。

11.1.2 气相色谱仪

气相色谱仪的工作原理如图 11-1 所示。高压钢瓶提供的载气(通常为不与被测物质作用的惰性气体,如氮气、氦气、氢气等)作为流动相,经减压阀后进入净化器以除去载气中的水分、氧气等,再由稳压器(流量调节阀和转子流速计)控制载气的柱前流量及压力,经过进样口将液体样品瞬间汽化为蒸气,随载气进入色谱柱进行分离。各组分被分离后依次进入检测器,检测器将各组分的浓度或质量变化为电信号,电信号经放大后由记录仪记录下来,得到如图 11-2 所示的色谱图。图中编号的 10 个色谱峰代表混合物中的 10 个组分。

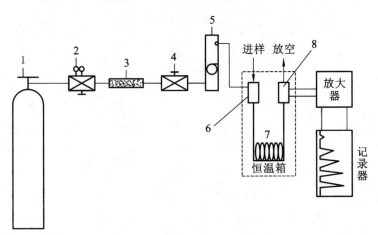

图 11-1　气相色谱仪的工作原理示意图

1—载气钢瓶;2—减压阀;3—净化器;4—气流调节阀;5—转子流速计;6—汽化室;7—色谱柱;8—检测器

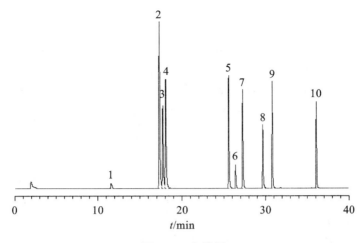

图 11-2　色谱图

气相色谱仪一般由以下六部分组成。

1. 气路系统

气相色谱的气路系统是一个载气连续运行的密闭管路系统。整个载气系统要求载气纯净、密封性好、流速稳定及流速测量准确。载气通过钢瓶出来后经过减压阀、净化器、稳压器、汽化室、色谱柱后进入检测器,最后放空。该系统常用净化器来提高载气的纯度,净化器串联在气路中,且管内装有如分子筛、硅胶、活性炭等不同的净化剂和脱氧剂,用以除去油性组分、烃类物质、水分和氧气。气相色谱中常用的载气有氮气、氢气、氩气等,某些检测器还需要辅助气体,如氢火焰离子化检测器需要氢气和空气作为火焰燃气。

2. 进样系统

进样系统就是把气体或液体样品快速而定量的加入气相色谱柱前端,包括进样装置与汽化室。进样装置一般采用微量注射器及进样阀。液体样品常采用微量注射器,而气体样品常用六通阀进样。而进样速度的快慢、进样量的大小以及准确性对样品的分离分析结果影响较大。汽化室的作用是将定量加入的样品瞬间汽化,因而要求汽化室死体积小、热容量大、内表面高惰性等。

3. 分离系统

分离系统主要由色谱柱和柱温箱组成。常用色谱柱主要有填充柱和毛细管柱两类,在气相色谱仪中起到主要分离作用。填充柱通常由不锈钢、玻璃等材料制成,形状有 U 形或螺旋形等,柱内填充固定相,其制备简单、柱容量大、分离效率较高。毛细管柱通常由石英或玻璃制成,柱内径一般为 0.1～0.5 mm,长度为 20～200 m,螺旋形,柱内表面填涂薄层固定液,其渗透性好、分离效率高,可用于分离复杂混合物。柱温箱中温度是根据分离要求精确控制,可以是恒温或程序升温,分离复杂混合物通常采用程序升温方法。

4. 检测系统

气相色谱检测系统主要由检测器、放大器和记录器等组成。样品各组分经过色谱柱分离后进入检测器,由于各组分的浓度或质量变化,其产生的电信号也随之变化,信号经放大器放大后传输到记录器。气相色谱检测器的性能要求主要有通用性强或专用性好、响应范围宽、稳定性好、死体积小、线性范围宽及操作简便、耐用等。常用检测器有氢火焰离子化检测器、热导池检测器等。

5. 记录系统

气相色谱仪的记录系统是将检测器输出信号随时间变化曲线绘制出来。随着电子和计算机技术的发展,现代的气相色谱仪已经广泛使用色谱数据处理机和色谱工作站,尤其是色谱工作站,不仅能实时记录色谱图,还能利用色谱专用软件进行人机对话和智能处理分析结果,使色谱分析更加方便、准确和可靠。常用的气相色谱工作站有美国安捷伦公司的 Chemstation 工作站和日本岛津公司的 GC solution 工作站。

6. 温度控制系统

温度是气相色谱分析的重要参数之一。它直接影响着色谱柱的选择性、分离度以及检测器的基线稳定性。由于汽化室、色谱柱和检测器各自有不同的作用,因此,在色谱分析中亦有3种不同的温度变数的操作以及相应的3种各自的温度控制器。柱温是色谱柱分离的重要因素之一,柱温通常根据样品和固定液所允许的温度范围来选择。在固定相允许的条件下,柱温选择在被分析物质的平均沸点左右或低一些为佳。若样品为混合物,其沸点范围太宽,可以采用程序升温的方法,使不同沸点的组分都能在各自所需的柱温下分离。

11.2　气相色谱固定相及其选择

色谱分离效果主要取决于色谱柱中固定相的性质。固定相是色谱柱的核心部分。气相色谱固定相一般分为固体固定相和液体固定相,多组分混合物的分离主要取决于色谱柱的效能和选择性,因此选择适当固定相是色谱分析的关键问题。

11.2.1　固体固定相

固体固定相包括固体吸附剂、高分子多孔微球、化学键合固定相等。一般用于分析永久性气体(H_2、O_2、CO、CH_4 等)、无机气体和低沸点碳氢化合物、几何异构体或强极性物质。试样由载气携带进入色谱柱后立即被吸附剂吸附,载气不断流过吸附剂时,组分又被洗脱下来,这种现象称为脱附。脱附的组分随载气继续前进,又被吸附剂所吸附。因而被测组分总是随着载气的流动,在吸附剂表面进行反复的物理吸附与脱附。由于试验中各组分性质不同,它们在吸附剂上所表现的吸附能力也不一样。吸附能力弱的组分先流出色谱柱,而吸附能力强的组分后流出色谱柱。

1. 固体吸附剂

常用的固体吸附剂有活性炭、氧化铝、硅胶、分子筛等。活性炭属于非极性物质,比表面积大,吸附活性强;氧化铝属于中等极性吸附剂,比表面积大,热稳定性和力学强度较好;硅胶是强极性吸附剂,分离能力取决于孔径大小和含水量;分子筛具有多孔性,属于极性固定相。固体吸附剂为多孔性固体材料,具有很大的比表面积和较密集的吸附活性点,其色谱性能常受预处理、操作和环境条件影响,重复性较差;吸附等温线一般是非线性的,易形成不对称拖尾峰,保留值随进样量的不同而变化,所以要求进样量较小;且固体吸附剂一般在高温下有催化活性。为了克服上述缺点,可对固体吸附剂进行一定的处理。用去尾剂覆盖吸附剂表面的某些活性中心,使吸附剂表面趋于均匀,以解决不对称拖尾峰的问题。常用的去尾剂有鳖鱼烷、液体石蜡、硅油等高沸点有机物。其用量为吸附剂质量的 1‰～3‰。有时也采用无机物如

KOH、$NaOH$、$AgNO_3$、$CuCl_2$ 等作为去尾剂。

2. 高分子多孔微球

高分子多孔微球聚合物是气固色谱中用途最广的一类固定相,如国外的 Chromosorb 系列、Porapok 系列、Haysep 系列、国内 GDX 系列等。这种固定相主要以苯乙烯和二乙烯基苯交联共聚制备,或引入极性不同的基团,可获得具有一定极性的聚合物。此类固定相适用范围广,既适宜作为气-固色谱固定相,又可作为气-液色谱载体;选择性高,分离效果好,具有疏水性能,对水的保留能力比绝大多数有机化合物小,特别适合于有机物中微量水的测定,也可用于多元醇、脂肪酸、腈类、胺类等的分析;热稳定性好,可在 250 ℃ 以上使用;而且粒度均匀,机械强度高,不易破碎,耐腐蚀,还可用于氨气、氯气、氯化氢等的分析。

3. 化学键合固定相

化学键合固定相一般采用硅胶为基质,利用硅胶表面的硅羟基与有机试剂经化学键合而成。其特点:使用温度范围宽,抗溶剂冲洗,无固定相流失,使用寿命长,传质速度快,在很高的载气流速下使用时,柱效下降很小。这类固定相,不仅适用于气相色谱中,而且更广泛地用作高效液相色谱固定相。

11.2.2　液体固定相

液体固定相是由担体(化学惰性固体颗粒)和固定液(高沸点有机物)组成的。在气-液色谱柱内,试样中各组分的分离基于各组分在固定液中溶解度的不同。当载气进入色谱柱后,溶解在固定液中的组分会从固定液中挥发到气相中去。随着载气的流动,挥发到气相中的组分又会被溶解在前面的固定液中,这样经过反复多次的溶解与挥发而达到分离效果。由于各组分在固定液中的溶解度不同,溶解度小的组分停留在色谱柱中时间短而较快流出色谱柱,溶解度大的组分停留在色谱柱中时间长而较慢流出色谱柱。

1. 担体

担体由于是固定液的支持物而成为色谱固定相的一部分,是用来负载一层均匀的固定液薄膜的多孔性的惰性固体颗粒。通常把惰性固体支持物称为"担体"或"载体"。一种适宜的载体一般需要满足下列要求:有微孔结构,表面积大,孔径分布均匀,表面无或者仅有很弱的催化或吸附性能,与试样组分不起化学反应,热稳定性好,有较好的机械强度和浸润性,不易破碎等。

能用于气相色谱的担体品种很多,大致可以分为无机担体和有机聚合物担体两大类。前者应用最为普遍的主要是硅藻土型担体和玻璃微球担体。后者主要包括氟塑料担体以及其他聚合物担体。目前最常用的是硅藻土型担体。天然硅藻土是由无定型二氧化硅及少量金属氧化物杂质组成的单细胞海藻骨架,经过粉碎、高温煅烧再粉碎过筛而成。因处理方法不同分为红色担体和白色担体。

硅藻土型担体使用的历史最长,应用也最普遍。这类担体绝大多数是以硅藻土为原料制成的。天然硅藻土在 900 ℃ 左右直接煅烧,就得到红色硅藻土担体,如国产的 6201 担体及国外的 Chromosorb P 即属于这一类。如果将天然硅藻土经盐酸处理后干燥,再加入少量碳酸钠助熔剂在 900 ℃ 左右煅烧,就得到白色硅藻土担体,国产的 101 白色担体以及国外的 Chromosorb W 担体即属于这一类。

红色硅藻土担体和白色硅藻土担体的化学组成基本相同,内部结构相似,都是以硅、铝氧化物为主体,以水合无定形氧化硅和少量金属氧化物杂质为骨架。但是他们的表面结构差别很大,红色担体和硅藻土原来的细孔结构一样,表面空隙密集,孔径较小,表面积大,能负荷较多的固定液。由于结构紧密,因而机械强度较好。与此相反,白色硅藻土担体在煅烧时由于助熔剂的作用,硅藻土原来的细孔结构大部分被破坏,变得松散。此种担体孔径较粗,表面积小,能负荷的固定液较少,机械强度不如红色担体。但与红色担体相比,其表面吸附作用和催化作用较小,能用于高温分析,特别是应用于分析极性组分时,易获得较好的峰形。

硅藻土型担体表面含有大量的硅醇基等其他基团,具有细孔结构,并呈现不同的 pH 值,因此担体表面既有吸附活性也有催化活性。引起担体表面活性的原因主要有以下几种。

(1) 表面硅醇基团:担体表面存在的硅醇基团能与醇、胺、酸类等极性化合物形成氢键,发生吸附,引起色谱峰的拖尾。

(2) 无机杂质:担体中通常存在少量金属氧化物,可以在表面形成酸性或者碱性活性基团。酸性活性基团能吸附碱性化合物甚至发生催化反应。碱性活性基团可以引起酸类及酚类物质的吸附,造成色谱峰严重拖尾。

(3) 微孔结构:硅藻土担体本身有许多孔隙,孔径的分布与大小对担体性质有很大的影响。孔径小于 1 μm 的微孔会妨碍气体扩散,还会产生毛细管凝聚现象。因此在分析这些样品时,担体需要进行钝化处理从而提高柱效。通常硅藻土型担体在使用前应进行酸洗、碱洗、硅烷化(silanization)等预处理。酸洗和碱洗即用浓盐酸、氢氧化钾-甲醇溶液分别浸泡,以除去铁等金属氧化物杂质及表面的氧化铝等酸性作用点。使用过程中应当注意,经酸洗的载体催化活性较大。例如,在高温下会使 SE-30 的硅氧键断裂,使 PEG-400 发生裂解,所以不宜分析碱性化合物和醇类;而碱洗载体的表面仍残留有微量游离碱,可能会引起非碱性物质的分解;硅烷化是用硅烷化试剂和担体表面的硅醇、硅醚基团反应,以除去担体表面的氢键作用力,从而改进担体性能。常用的硅烷化试剂有二甲基二氯硅烷和六甲基二硅烷胺等。

非硅藻土型担体有氟担体,如聚四氟乙烯,适用于强极性、腐蚀性物质的分析;玻璃微球担体,用于分析高沸点化合物;高分子多孔微球担体,是苯乙烯与二乙烯苯的共聚物,一类新型合成有机固定相,可直接用作气相色谱固定相,又可作为担体涂上固定液后再使用。

2. 固定液

固定液是色谱柱的关键组成部分,它的选择是被分析物质能否有效分离的一个决定性因素。固定液的种类繁多,应用极其广泛。

1) 对固定液的要求

对固定液的要求主要有以下几个方面。

a. 在使用温度下是液体,挥发性小,以免流失。

b. 有足够的化学稳定性,这对高温(200 ℃以上)色谱柱尤其重要。有些固定液在高温下会变质,并有结构上的变化,如硅油的交联反应。

c. 对试样各组分有适当的溶解能力、分离能力,柱效要高,即在一定的时间内分离出尽可能多的单独色谱峰。

d. 对所要分离的组分要有选择性,特别是对沸点相近的异构体或其他难分离的混合组分。

e. 要选用合适的担体,担体的催化性能会使固定液产生分解作用。

2)固定液的用量

固定液与担体的重量比通常称为液担比,一般为 5%～25%,不同的担体为达到较高色谱柱效能,与固定液配比往往不同。一般担体比表面积越大,固定液的含量通常越高。

3)固定液的分类

用于色谱分析的固定液有许多种,通常按照极性大小把固定液分为四类:非极性、中等极性、强极性和氢键型固定液。

a. 非极性固定液

主要由饱和烷烃类和甲基硅油组成,与待测物质之间的作用力主要是色散力。待测组分通常按照沸点由低到高顺序流出,同沸点组分中通常极性组分较非极性组分先流出。非极性固定液适用于非极性和弱极性化合物的分析。常用的非极性固定液有角鲨烷、阿皮松等。

b. 中等极性固定液

主要由较大烷基和少量极性基团或可诱导极化基团组成,与待测物质之间的作用力主要是色散力和诱导力。待测组分通常按照沸点顺序流出,同沸点组分时非极性组分先流出。中等极性固定液适用于弱极性和中等极性化合物的分析。常用的中等极性固定液有邻苯二甲酸二壬酯等。

c. 强极性固定液

由强极性基团组成,它们与待测物质之间的作用力主要是静电力和诱导力。组分按照极性由小到大流出。强极性固定液适用于极性化合物的分析。常用的强极性固定液有 β,β'-氧二丙腈等。

d. 氢键型固定液

属于强极性固定液中特殊的一类。其作用力以氢键力为主,不易形成氢键的组分先流出。适用于分析含 F、N、O 等化合物。常用固定相有聚乙二醇、三乙醇胺等。

e. 固定液相对极性的测定

Rohrschneider 于 1959 年提出用相对极性表示固定液的分离特性,用 P 代表极性。

规定:标准极性固定液为 β,β'-氧二丙腈　　　　$P=100$　　（柱 1）

标准非极性固定液为角鲨烷　　　　　　$P=0$　　　（柱 2）

待测固定液极性　　　　　　　　　　　$P=?$　　　（柱 3）

被分离物质为丁二烯和正丁烷的混合物,在三根色谱柱中分别装有 β,β'-氧二丙腈(柱 1)、角鲨烷(柱 2)和待测固定液(柱 3)。

对于柱 1：
$$\lg \frac{t'_{R(丁二烯)}}{t'_{R(正丁烷)}}=q_1$$

对于柱 2：
$$\lg \frac{t'_{R(丁二烯)}}{t'_{R(正丁烷)}}=q_2$$

对于柱 3：
$$\lg \frac{t'_{R(丁二烯)}}{t'_{R(正丁烷)}}=q_x$$

那么　　　　　　　　　$$P_x=100-100\times\frac{q_1-q_x}{q_1-q_2}\tag{11-1}$$

各固定液相对极性的测量值为 0～100。为便于在选择固定液时参考,把固定液相对极性 P_x 从 0～100 分为 5 级,每 20 为 1 级,用"+"表示,非极性用"-"表示(表 11-1)。

表 11-1　固定液相对极性分级表

P_x	0～20	20～40	40～60	60～80	80～100
极性	－＋	＋＋	＋＋＋	＋＋＋＋	＋＋＋＋＋

P_x 在 0～＋1 间为非极性固定液，＋1～＋2 为弱极性固定液，＋3 为中等极性固定液，＋4～＋5 为强极性固定液。表 11-2 列出了几种常用固定液的性质。

表 11-2　几种常用固定液性质

固定液名称	型号	最高使用温度/℃	相对极性	溶剂	分析对象
角鲨烷	SQ	150	－1	乙醚、甲苯	气态烃及非极性化合物
甲基硅油	OV－101	350	＋1	氯仿、甲苯	非极性和弱极性高沸点化合物
苯基（10%）甲基聚硅氧烷	OV－3	350	＋1	丙酮、苯	高沸点化合物、含氯农药
苯基（25%）甲基聚硅氧烷	OV－7	300	＋2	丙酮、苯	高沸点化合物、含氯农药
苯基（50%）甲基聚硅氧烷	OV－17	300	＋2	丙酮、苯	高沸点化合物、含氯农药
苯基（60%）甲基聚硅氧烷	OV－22	300	＋2	丙酮、苯	高沸点化合物、含氯农药
三氯丙基甲基聚硅氧烷	OV－210	250	＋3	氯仿、二氯甲烷	含氯化合物、多核芳烃、甾类化合物
聚乙二醇	PEG－20M	250	＋4	乙醇	醇、醛、酮、脂肪酸等极性化合物
1,2,3-三(2-氢乙氧基)	TCEP	175	＋5	甲醇	伯胺、仲胺等

4）固定液的选择

固定液的选择一般根据"相似相溶"原则。待测组分与固定液的极性或官能团相似时溶解度大。

a. 按极性相似选择

待测组分与固定液极性相似时，两者间作用力强，待测组分在固定液中溶解度大，保留时间长；若待测组分中含有极性与非极性混合物时，通常选择极性固定液，此时非极性组分先流出色谱柱。

b. 按官能团相似选择

当待测组分为醇类物质时，可选用聚乙二醇固定液。若待测组分为酯类物质时，则选用酯或聚酯类固定液。

c. 混合固定相的选择

对于难分离的混合复杂样品，可选用两种或两种以上的混合固定液。如今对于特别复杂样品的分析，可采用多维气相色谱法。在实际工作中遇到的样品往往比较复杂，所以固定液的选择因根据待测样品性质而定。一般还可依据参考文献或经验，按最接近的性质来选择。

11.3　气相色谱检测器

检测器是色谱仪的重要部件,色谱仪灵敏度的高低主要取决于检测器性能的好坏。除了热导检测器(TCD)及质量选择检测器(MSD)外,色谱中使用的检测器大都是专门为气相色谱技术而发明的,气相色谱中可能有超过 60 种检测器被使用过,而这些检测器中大都通过某种方式让被测组分形成离子而被检出,其中氢火焰离子化检测器(FID)已成为目前最受欢迎的检测器。

根据检测原理的不同,通常把气相色谱检测器分为质量型和浓度型两类。

质量型检测器(mass detector)是在一定浓度范围内,响应信号大小与单位时间内通过检测器的被测组分质量成正比,与组分在载气中的浓度无关,峰高响应值与载气流速成正比,但积分响应值(峰面积)与载气流速无关。常用的质量检测器有氢火焰离子化检测器(FID)、火焰光度检测器(FPD)、氮磷检测器(NPD)及质量选择检测器(MSD)。

浓度型检测器(concentration detector)是在一定浓度范围内,响应信号大小与载气中被测组分浓度成正比。当进样量一定时,瞬间响应值(峰高)与载气流速无关,而积分响应值(峰面积)与载气流速成反比,积分响应值与载气流速的乘积为一常数。常用的浓度型检测器有电子捕获检测器(ECD)、热导检测器(TCD)。

11.3.1　检测器的性能指标

气相色谱检测器的性能要求通用性强、线性响应范围宽、稳定性好、响应时间快,一般通过以下几个参数进行评价。

1. 灵敏度(S)

一定量的样品进入检测器后就产生相应的响应信号。气相色谱检测器的灵敏度 S 是通过检测器物质的量变化 ΔQ 时,响应信号的变化率,即图 11-3 中线性范围部分的斜率。

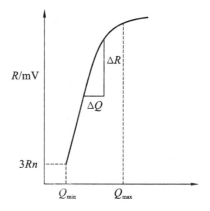

$$S = \frac{\Delta R}{\Delta Q} \tag{11-2}$$

式中:ΔR 单位为毫伏(mV);图中 Q_{max} 为最大允许进样量,超过此量时进样量与响应信号将不呈线性关系;Q_{min} 为最小进样量。

由于各种检测器作用机理不同,灵敏度的计算式和量纲也不同。

图 11-3　进样量与响应值关系示意图

质量型检测器的灵敏度计算见式(11-3)。

$$S_m = \frac{60\,C_1 C_2 A}{W} \tag{11-3}$$

式中:W 为进样量(g);A 为峰面积(cm^2);C_1 为记录仪灵敏度($mV \cdot cm^{-1}$);C_2 为记录仪纸速的倒数($min \cdot cm^{-1} = 60\ s \cdot cm^{-1}$);$S_m$ 的单位为 $mV \cdot s \cdot g^{-1}$。

浓度型检测器灵敏度计算见式(11-4)。

$$S_C = \frac{C_1 C_2 F_0 A}{W} \tag{11-4}$$

式中：C_1 为记录仪灵敏度($mV \cdot cm^{-1}$)；C_2 为记录仪纸速的倒数($min \cdot cm^{-1}$)；F_0 为流速($mL \cdot min^{-1}$)；A 为峰面积(cm^2)；W 为进样量(mg)。

若试样为液体，则灵敏度的单位是 $mV \cdot mL \cdot mg^{-1}$。即每毫升载气中有 1 mg 试样时在检测器中所能产生的电压(mV)；若试样为气体，灵敏度的单位则为 $mV \cdot mL \cdot mL^{-1}$。

2. 检测限(D)

检测限，又称检出限，是指试样中被测物能被检出的最低量。通常是以检测器恰能产生和噪声(在没有样品的情况下检测器产生的信号。通常被称为背景。理想情况下基线不应该显示任何噪声，但由于放大器等电子元件以及环境中的杂散信号和污染会使基线产生随机波动。)相鉴别的信号时，在单位体积或时间需向检测器加入物质的质量。通常被认作由基质空白所产生的仪器背景信号的 3 倍值的相应量，即

$$D = \frac{3N}{S} \tag{11-5}$$

式中：N 为检测器的噪声，指基线在短时间内左右偏差的响应数值，单位为 mV；S 为检测器的灵敏度。检测限的单位随 S 不同而异。图 11-4 为检测限示意图。

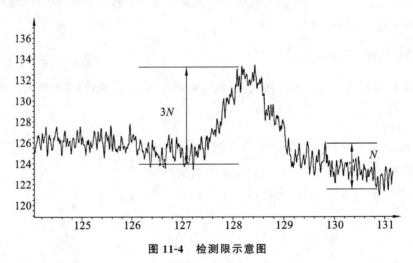

图 11-4　检测限示意图

灵敏度越大、检测限越低表示检测器的性能越好。它们是从两个不同的角度表示检测器对物质灵敏度的指标。

3. 最小检测量与最小检测浓度

最小检测量与最小检测浓度是指检测器恰能产生和噪声相鉴别的信号($3N$)时，进入检测器的物质量(g)或浓度($mg \cdot mL^{-1}$)，以 m_{min} 表示。

对于质量型检测器：　　　　　$m_{min} = 1.065 Y_{1/2} F_0 D \tag{11-6}$

对于浓度型检测器：　　　　　$m_{min} = 1.065 Y_{1/2} D \tag{11-7}$

4. 线性范围

检测器的线性范围是指检测器内样品量与响应信号之间保持线性关系的范围。线性是在设计的范围内，被测组分测试结果与被测组分浓度直接成正比例关系的程度，通常以回归方程及相关系数来表示。而范围是能达到一定精准度和线性时，其测试方法适用的高低限度或量

的区间。当在宽浓度范围样品定量时,要求在线性范围内工作,才能确保定量结果的准确性。线性范围＝Q_{max}/Q_{min},Q_{min}为由检测限确定的最小进样量,Q_{max}为偏离线性 5％处的进样量。

5. 响应时间

气相色谱检测器的响应时间是指样品组分进入检测器响应出 63％的电信号所经过的时间,又称为检测器的时间常数。一台好的检测器应当能迅速和真实地反映通过它的物质浓度的变化,为了使色谱峰不失真,即要求响应时间要短,其响应时间应不超过峰底宽度时间的 1/20,或检测器的响应时间应使峰形失真小于 1％。

6. 对检测器的要求

对检测器的要求有以下几点。

(1) 通用性强,能检测多种化合物,对特定类别化合物及特殊基团化合物灵敏度高。

(2) 稳定性、重复性好,色谱操作条件波动造成的影响下,表现为噪声低、漂移小。

(3) 响应值与被测组分浓度间线性范围宽,既可做常量分析,又可做微量及痕量分析。

(4) 检测器体积小、响应时间快。

11.3.2 氢火焰离子化检测器

氢火焰离子化检测器(flame ionization detector,FID)只对碳氢化合物产生信号,是使用最广泛的气相色谱检测器,也是专门为气相色谱发明的电离检测器。1958 年 Mewillan 和 Harley 等研制成功 FID 检测器,其结构简单,性能优异,操作方便。FID 检测器死体积小,灵敏度高,稳定好,响应快,线性范围宽,适合于痕量有机物的分析,但样品被破坏,无法进行收集,因此,FID 检测器属于破坏性、质量型检测器。

从图 11-5 可以看出,FID 的主要部件是离子室,H_2 与载气在进入喷嘴前混合,助燃气(空气)由一侧引入。在火焰上方筒状收集电极(正极)和下方的圆环状极化电极(负极)间施加恒定电压,当待测有机物由载气携带从色谱柱流出,进入火焰后,在高温火焰下发生离子化反应,生成许多正离子和电子,在外电场作用下,向两极定向移动,形成微电流(微电流的大小与待测有机物含量成正比),微电流经放大器放大后,由记录仪记录下来。

1. 火焰离子化机理

火焰离子化的机理尚不清楚,目前公认的是化学电离过程。

(1) 载气携带有机化合物 C_nH_m 和可燃气体,由喷嘴喷出进入火焰,有机化合物 C_nH_m 在火焰裂解区发生裂解反应产生自由基,其反应如下:

$$C_nH_m \longrightarrow \cdot CH$$

(2) 空气从四周向火焰聚集,上述反应产生的自由基在火焰反应区与空气中的激发态原子氧或分子氧发生如下反应:

$$\cdot CH + O \longrightarrow CHO^+ + e^-$$

(3) 生成的正离子 CHO^+ 与火焰中大量水分子碰撞而发生分子离子反应:

$$CHO^+ + H_2O \longrightarrow H_3O^+ + CO$$

化学电离产生的正离子(CHO^+、H_3O^+)和电子(e^-)在极化电压形成的微电场定向作用下分别向相反极性的电极运动,正离子移向负极、电子被征集捕获产生微电流,经放大后记录下色谱峰。

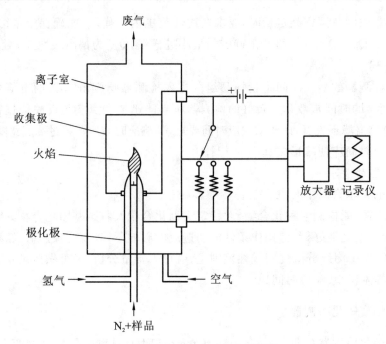

图 11-5　FID 检测器结构示意图

2. 操作条件的选择

1）气体流量

（1）载气流量：载气流量的选择主要考虑分离效能。依据速率理论，可以选择最佳载气流速，使色谱柱的分离效果最好。

（2）氢气流量：氢气与载气流量之比影响氢火焰的温度及电离过程。氢气流量低，灵敏度低，容易熄火；氢气流量太高，热噪音越大；最佳氢气流量应保证灵敏度高、稳定性好。一般采用的经验值是 H_2 ： $N_2=1$ ： $(1\sim1.5)$ 。

（3）空气流量：空气是助燃气，并为生成 CHO^+ 提供 O_2 ，当空气流量高于某一数值（如 $400\ mL\cdot min^{-1}$ ）时，对响应值几乎没有影响，一般采用的经验值是 H_2 ：空气 $=1$ ：10。

2）保证管路的干净

气体中含有微量有机杂质时，对基线的稳定性影响很大，故色谱分析过程中必须保持管路干净。

3）极化电极

氢火焰中生成的离子只有在电场作用下向两极定向移动，才能产生电流。因此极化电压的大小直接影响响应值。实践证明，在极化电压较低时，响应值随极化电压的增加成正比，然后趋于一个饱和值，极化电压高于饱和值时与检测器的响应值几乎无关。一般极化电压为 $(\pm100\sim\pm300)\text{V}$ 。

4）使用温度

FID 的温度不是主要影响因素，80～200 ℃ 的灵敏度几乎相同，低于 80 ℃，灵敏度下降。

11.3.3　电子捕获检测器

电子捕获检测器（electron capture detector，ECD）是一种高选择性、高灵敏度的选择性离子化检测器。它只对那些"捕获电子"化合物提供非常高的灵敏度,对具有电负性的物质如卤素、S、P、O、N 原子有响应,而且电负性越强,检测器的灵敏度越高(能测出 10^{-14} g·mL^{-1} 的电负性物质)。目前,电子捕获检测器 ECD 常用于分析痕量的电负性有机物,如农副产品、食品中的农药残留量(如有机氯与菊酯类六六六、DDT),大气、水中的痕量污染物(如三氯甲烷、四氯化碳)等,在生物化学、药物、法医学等领域也有着广泛应用,其应用仅次于 TCD 和 FID。

ECD 检测器主要缺点是线性范围较窄,进样量不宜太大。但近年来 ECD 在电离源的种类、检测电路、池结构和池体积等方面均做了很大改进,从而使现代 ECD 的灵敏度、线性及范围、最高使用温度及应用范围均有很大改善,尤其是与毛细管柱的联用使 ECD 性能有很大的改善和提高。

ECD 的结构如图 11-6 所示。两极间施加直流或脉冲电压,当只有载气(一般为高纯度 N_2)进入检测器时,由放射源放射出的 β 射线使载气电离,产生正离子和慢速低能量的电子,在电场的作用下,向极性相反的电极运动,形成恒定的本底电流——基流;当载气携带电负性物质进入检测器时,电负性物质捕获低能量的电子,使基流降低产生负信号而形成倒峰,检测信号的大小与待测物质的浓度呈线性关系。

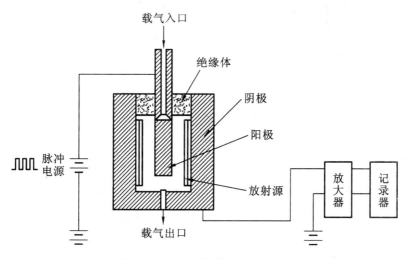

图 11-6　ECD 检测器结构示意图

电子捕获检测器的机理可用以下过程说明:

$$N_2 + \beta \longrightarrow N_2^+ + e^-$$

$$AM + e^- \longrightarrow AM^- + E$$

$$AM^- + N_2^+ \longrightarrow N_2 + AM$$

其中,AM 代表电负性物质,E 代表能量。

11.3.4　火焰光度检测器

火焰光度检测器(flame photometric detector,FPD)是一种对含硫、磷化合物具有高选择性、高灵敏度的检测器,在气相色谱中应用十分广泛。

FPD 的结构如图 11-7 所示,其火焰部分的结构与 FID 检测器类似。它实际上是利用含硫、磷原子的化合物在富氢火焰中燃烧,形成激发态分子,当它们回到基态时,发射出一定波长的特征光谱,这些特征光谱用滤光片分离后,经光电倍增管转化为电信号从而进行测定。当只有载气通过检测器时,载气与空气和氢气混合后经喷嘴流出,在喷嘴燃烧。当载气携带含硫、磷的化合物通过检测器时,含硫、磷的化合物在富氢火焰中燃烧,含硫化合物产生激发态的硫分子,此分子回到基态发射出波长为 $320\sim480$ nm 的光,其最大发射波长为 394 nm;含磷化合物产生激发态的 HPO,它回到基态发射出波长为 $480\sim580$ nm 的光,最大波长为 526 nm;烃类进入火焰,产生发射光,波长为 $390\sim520$ nm。光电倍增管对这些大范围的光均可接收。硫化物用 384 nm 或 394 nm 的滤光片进行选择;磷化物用 526 nm 的滤光片进行选择,而烃类的光可以被滤掉,然后利用光电倍增管将所滤过的光转换成电信号,放大器放大后由记录系统记录下相应的色谱图,从而达到对含硫、磷的化合物进行选择性测定。

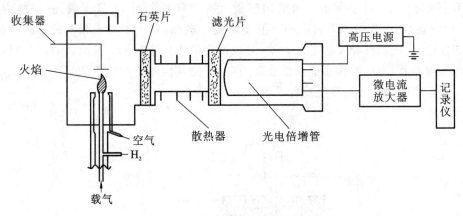

图 11-7　FPD 检测器结构示意图

11.3.5　氮磷检测器

氮磷检测器(NPD)又称热离子检测器(TID),是分析含氮、磷化合物的高灵敏度、高选择性和宽线性范围的检测器,是检测痕量氮、磷化合物的气相色谱专用检测器,广泛用于环保、医药、临床、生物化学和食品科学等领域。NPD 的结构与操作因产品型号不同而异,典型结构如图 11-8 所示。

NPD 与 FID 的差异是在喷嘴与收集极间加了一个热电离源(又称铷珠)。热电离源通常采用硅酸铷或硅酸铯等制成的玻璃或陶瓷珠,柱体为 $1\sim5$ mm³,支撑在一根直径约为 0.2 mm 的铂金丝支架上。其成分、形态、供电方式、加热电流及负偏压是决定 NPD 性能的主要因素,各公司不同型号的 NPD 电离源的设计也不尽相同。

NPD 的检测机理:电离源被加热后,会发出激发态铷原子,铷原子与火焰中各基团反应生成 Rb⁺,Rb⁺被负极电离源吸收还原;火焰

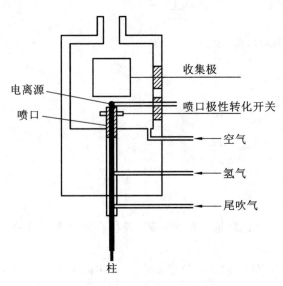

图 11-8　NPD 结构示意图

中各基团获得电子成为负离子,形成基流。当含 N、P 化合物进入电离源的冷焰区时,生成稳定电负性基团(CN 和 PO 或 PO_2),电负性基团从气化的铷原子上获得电子生成 Rb^+ 与负离子(CN^- 或 PO^-、PO_2^-)。负离子在正电位的收集极释放出一个电子,同时输出信号;Rb^+ 又回到负电位的铷表面,被吸收还原,以维持电离源的长期使用。

11.3.6　热导池检测器

热导池检测器(thermal conductive detector,TCD)是根据不同物质具有不同的热导系数的原理制成的。早期气相色谱仪几乎都配有热导池检测器,对于使用填充气相色谱柱分析及 H_2O、CO、CO_2 和 H_2 等无机物分析仍然很受欢迎。其具有结构简单、性能稳定、通用性好、灵敏度适宜、线性范围宽等优点。热导池检测器属于浓度型检测器。

1. 热导池检测器的结构

热导池检测器由池体和热敏元件组成,如图 11-9 所示有双臂和四臂两种。

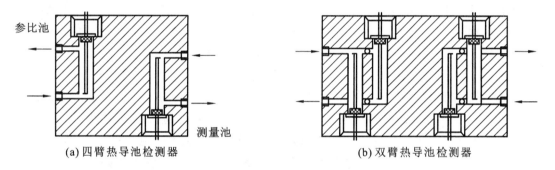

（a）四臂热导池检测器　　　　　　　　（b）双臂热导池检测器

图 11-9　热导池检测器结构示意图

以双臂为例介绍其结构。

1）池体

池体多用金属材料制成,在不锈钢块上,钻两个大小相同,形状完全对称的孔道,孔道内装有热敏元件。

2）热敏元件

热敏元件一般是电阻率高,电阻温度系数大(即温度每变化 1 ℃,导体电阻的变化值大)的金属丝,一般选用钨丝、铂丝等,双臂热导池检测器有两根钨丝,其中一臂是参比池,一臂是测量池,热导池体两端有气体进口和出口,参比池仅通过载气气流,从色谱柱流出来的组分由载气携带进入测量池。

2. 热导池检测器的检测原理

热导池作为检测器,是基于不同的物质具有不同的热导系数。在未进样时,通过热导池两个池孔(参比池和测量池)的都是载气。载气流经参比池以后,再经进样器进样,样品组分随着载气流经测量池,由于被测组分与载气组成的混合气体的热导系数和纯载气的热导系数不同,因而测量池中钨丝的散热情况发生变化,使两个池孔中的两根钨丝的电阻值之间存在差异。此差异可以利用电桥测量出来。气相色谱仪中的桥路如图 11-10 所示。

图中,$R_参$ 和 $R_测$ 分别为参比池和测量池中钨丝的电阻,分别连于电桥中作为两臂。在安装

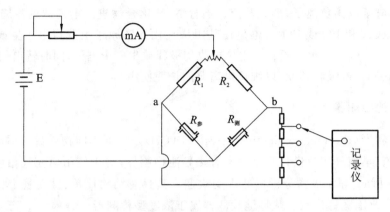

图 11-10　气相色谱仪中的桥路

仪器时选择配对的钨丝,使 $R_1 = R_2$,$R_参 = R_测$,则电桥平衡时,$R_参 R_2 = R_测 R_1$。

　　当电流通过热导池中两臂的钨丝时,钨丝加热到一定温度,钨丝的电阻值也增加到一定值,两个池中电阻增加的程度相同。现在假设用 H_2 作载气,当载气经过参比池和测量池时,由于氢气的热导系数较大,被氢气传走的热量也较多,钨丝温度迅速下降,电阻减小。在载气流速恒定时,在两个池中的钨丝温度下降和电阻值减小是相同的。即 $\Delta R_参 = \Delta R_测$,因此当两个池中都通过载气时,电桥处于平衡状态,能满足 $(R_参 + \Delta R_参)R_2 = (R_测 + \Delta R_测)R_1$,这时 a、b 两端的电位相等,$\Delta E = 0$,没有信号输出,电位差计记录的是一条零位直线,即基线。

　　如果从进样口注入样品,经色谱柱分离后,由载气先后带入测量池。此时由于被测组分与载气组成的二元体系的热导系数与纯载气不同,使测量池中钨丝散热情况发生变化,导致测量池中钨丝温度和电阻值的改变,而与只通过纯载气的参比池内的钨丝的电阻值之间有了差异,这时电桥就不平衡,即 $\Delta R_参 \neq \Delta R_测$,$(R_参 + \Delta R_参)R_2 \neq (R_测 + \Delta R_测)R_1$,这时电桥 a、b 之间产生不平衡电位差,因此检测器所产生的响应信号,在一定条件与载气中组分的浓度存在定量关系。电桥上 a、b 间不平衡电位差用自动平衡电位差计记录,在记录仪上可绘制出各组分的色谱峰。

　　由于色谱柱流出的载气和样品混合气体的热导系数与纯载气热导系数不同,破坏了处于平衡状态的惠斯通电桥,因而产生了信号,该信号大小即可用来衡量该组分浓度的大小。一些气体的热导系数见表 11-3。

表 11-3　一些气体的热导系数(λ)

气体或蒸气	$\lambda / 10^{-4}$ J(cm·s·℃)$^{-1}$		气体或蒸气	$\lambda / 10^{-4}$ J(cm·s·℃)$^{-1}$	
	0 ℃	100 ℃		0 ℃	100 ℃
空气	2.17	3.14	正己烷	1.26	2.09
氢	17.41	22.40	环己烷	—	1.80
氦	14.57	17.41	乙烯	1.76	3.10
氧	2.47	3.18	乙炔	1.88	2.85

气体或蒸气	$\lambda/10^{-4}$ J(cm·s·℃)$^{-1}$		气体或蒸气	$\lambda/10^{-4}$ J(cm·s·℃)$^{-1}$	
	0 ℃	100 ℃		0 ℃	100 ℃
氮	2.43	3.14	苯	0.92	1.84
二氧化碳	1.47	2.22	甲醇	1.42	2.30
氨	2.18	3.26	乙醇	—	2.22
甲烷	3.01	4.56	丙酮	1.01	1.76
乙烷	1.80	3.06	乙醚	1.30	—
丙烷	1.51	2.64	乙酸乙酯	0.67	1.72
正丁烷	1.34	2.34	四氯化碳	—	0.92
异丁烷	1.38	2.43	氯仿	0.67	1.05

3. 影响热导池检测器灵敏度的因素

1) 桥路工作电流的影响

电流增加,使钨丝温度提高,钨丝和热导池体的温差加大,气体容易将热量带出去,导致灵敏度提高。但电流太大,将使钨丝处于灼热状态,引起基线不稳,甚至烧坏钨丝。一般桥路电流控制在 $100\sim200$ mA 之间(载气为 N_2 时,$100\sim150$ mA;载气为 H_2 时,$150\sim200$ mA)。

2) 热导池体温度的影响

当桥路电流一定时,钨丝温度一定。池体温度低,池体和钨丝的温差大,池体温度与钨丝温度相差越大,越有利于热传导,检测器的灵敏度也就越高。但池体温度不能太低,否则被测组分将在检测器内冷凝,一般池体温度不应低于柱温。

3) 载气的影响

载气与样品的热导系数相差越大,在检测器两臂中产生的温差和电阻差越大,检测灵敏度就越高。载气的热导系数大,传热好,通过的桥路电流也可适当加大,则检测灵敏度会进一步提高。如 H_2 或 He 作为载气,灵敏度就比较高。

4) 热敏元件阻值的影响

一般选阻值高、电阻温度系数大的热敏元件(如钨丝),当温度变化时就能引起电阻明显变化,灵敏度就高。

此外,色谱与其他分析仪器联用发展迅速,也可将所联用的仪器看作是色谱的检测器,如色谱-质谱、色谱-红外联用技术等。有关色谱-质谱联用技术将在后面章节介绍。

11.4　气相色谱分离操作条件的选择

11.4.1　载气及其流速的选择

气相色谱中载气的选择、流速控制与纯度会直接影响到柱效与分离度。载气流速对分离测定的影响,主要表现在以下方面。

(1) 对柱效的影响。流速过快,降低分离效能;流速过慢,色谱峰容易拖尾或者前伸。对于特定的载气和色谱柱,一般都有相应的最佳流速,此时色谱柱柱效最高。

(2) 对样品组分保留时间的影响。不同流速下,保留时间变化差别很大。对于特定的色谱柱和色谱条件,样品组分的保留时间和载气流速成反比。为了加快分析时间,一般采用高于最佳流速的线速度进行分析。

(3) 对检测定量结果的影响。流速快慢会影响色谱峰之间的分离以及峰形的尖锐程度,影响灵敏度,从而影响定量结果。

因此气相色谱分析选择载气时,应注意以下几个方面。①应根据检测器的工作原理,考虑检测器的灵敏度、线性范围和稳定性等因素来选择载气,检测器类型不同,选用的载气可能不同。②为了提高稳定性和线性范围,结合成本考虑,FID 检测器常用相对分子质量较大的 N_2 作为载气;为了避免基流下降而影响灵敏度,ECD 检测器常用高纯度 N_2 或 Ar 作为载气;为了提高检测器的灵敏度,使用 TCD 检测器时,应该选用与待测组分热导系数差异比较大的气体,如 H_2 或 He 作为载气。

11.4.2 柱温的选择

在气相色谱中,柱温是最重要的操作条件之一,直接影响柱效、分离选择性、检测灵敏度和稳定性。提高柱温可缩短分析时间;降低柱温可使色谱柱选择性增强,有利于组分分离和色谱柱稳定性的提高,从而延长柱的使用寿命。一般采用等于或稍高于样品平均沸点的柱温较合适;对易挥发样品宜用低柱温,不易挥发的样品宜采用高柱温。一般的原则是:在使最难分离的组分尽可能分离的前提下,尽量采用较低的柱温,但以保留时间适宜、峰形不拖尾为度。

(1) 每种固定液都有一定的使用温度,柱温不能高于固定液的最高使用温度,否则固定液会挥发流失。

(2) 柱温一般选择在接近或略低于组分平均沸点时的温度,然后根据实际分离情况进行调整。

(3) 对于沸点范围较宽的样品,宜采用程序升温,即柱温按预定的程序连续地或分阶段地进行升温。这样能兼顾高、低沸点组分的分离效果和分析时间,使不同沸点的组分基本上都在其合适的温度下得到良好的分离。

11.4.3 担体的选择

担体的选择一般遵循以下三点。

(1) 担体表面的固定液液膜薄而均匀可使液相传质阻力减小,因此要求担体表面具有多孔性且孔径分布均匀。

(2) 担体粒度的减小有利于提高柱效。但粒度不能太小,这样不仅不易填充均匀,还导致填充不规则因子增大,致使塔板高度增大,需要采用较大的柱压,且容易漏气,给仪器装配带来困难。一般填充柱要求担体粒径是柱直径的 1/10 左右,即 60~80 目或 80~100 目较好。

(3) 担体颗粒要求均匀,筛分范围要窄,以降低不规则因子,减小塔板高度。一般使用颗粒筛分范围约为 20 目。

11.4.4 柱长和内径的选择

1. 柱长

柱长影响柱效、保留时间(分析时间)和载气压力。如果不知道最佳长度,优先使用 25~

30 m 长的色谱柱;10～15 m 的色谱柱适合于分离含组分较少的试样;如果通过其他方法(较小内径、不同的固定相、改变柱温)不能达到满意的分离度时,应使用 50～60 m 长的色谱柱。这种色谱柱适合于分离组分较多的复杂试样。但长的色谱柱的分析时间较长、费用较高。

　　2. 内径

　　当需要较高柱效时,使用 0.15 mm、0.18 mm 或 0.25 mm 内径的色谱柱。0.15 mm 和 0.18 mm 内径的色谱柱适用于泵容量低的 GC/MS 系统,内径较小的色谱柱具有的柱容量小,并需要最高的柱头压;当需要较高的样品容量时,使用 0.32 mm 内径的色谱柱,与 0.25 mm 内径的色谱柱相比,它们对于不分流进样或大体积(>2 μL)进样时早流出的溶质有更佳的分离度;在仪器配备大口径直接进样器并需要较高的柱效时,才使用 0.45 mm 内径的色谱柱,其特别适用于高载气流速的情况,比如吹扫-捕集、顶空进样器和阀进样的应用;配备大口径直接进样器时,才使用 0.53 mm 内径的色谱柱,其特别适用于高载气流速的条件,比如吹扫-捕集和顶空进样器,0.53 mm 内径色谱柱在恒定的膜厚度情况下具有较高的样品容量。

11.4.5　固定液及其配比的选择

　　固定液的性质和配比对塔板高度的影响反映在传质阻力项中,亦即与分配比、液膜厚度和组分在液相中的扩散系数有关。一般选用的固定液对分析样品要有合适的分配比值,使待分离样品有较大的相对保留值。此外还要求固定液的黏度小,蒸气压力低等。

　　为改善液相传质阻力,减小塔板高度,可采用低固定液配比以减小液膜厚度,并有利于在较低的温度下分析沸点较高的组分和缩短分析时间。但是配比太低,固定液不足以覆盖担体而出现担体的吸附现象,反而会降低柱效。低固定液配比时,柱负荷变小,样品量也要相应减少。一般填充柱的液载比为 5%～25%;空心柱液膜厚度一般为 0.2～0.5 μm。

11.4.6　进样条件的选择

　　进样速度必须很快,使样品能立即汽化并被带入柱中。若进样时间过长,样品原始宽度变大,使色谱峰扩张。

　　原则上要求在选择的汽化温度下样品能瞬间汽化而不分解,这对于高沸点或易分解组分尤为重要。由于色谱进样量为微升,近于无限稀释的情况(相当于减压),故汽化温度可比样品最难汽化组分的沸点略低;反之,进样量多汽化温度就要高些。一般汽化室温度比柱温高30～70 ℃。

　　液体样品一般进样量为 0.1～5 μL,气体样品一般为 0.1～10 mL。进样量太小,检测器不易检测,分析误差大;若进样量太多,则柱效下降,同时由于柱超负荷,使分离效果差,拖延流出时间。

11.5　气相色谱分析方法

11.5.1　气相色谱定性分析方法

　　气相色谱法是一种非常有效的分离方法,优点是能对多种组分的混合物进行分离分析。但由于用于色谱分析的物质很多,不同组分在同一固定相上色谱峰出现时间可能相同,仅凭色谱峰对未知物定性有一定困难。对于一个未知样品,首先要了解它的来源、性质、分析目的。在此基础上,对样品初步估计,再结合已知纯物质或有关的色谱定性参考数据,用一定的方法进行定性鉴定。长期以来,色谱工作者在这方面做了很多努力,建立了很多新方法和辅助技术,尤其是气相色谱与质谱、红外光谱等仪器联用技术的发展,使其在定性方面有了很大进展,使未知物定性分析能够得到比较满意的结果。

1. 根据色谱保留值进行定性

根据色谱保留值进行定性的依据:各物质在一定的色谱条件(固定相、操作条件)下均有确定不变的保留值。

1) 利用纯物质对照法定性

必要条件:有纯样品、稳定的操作条件和高柱效,塔板数 $n \geq 105$ 的色谱柱才能用来定性。

局限性:有时几个组分在同一色谱柱上有相同的保留值;保留值随进样量增加而变化,如拖尾峰使保留值增大,前伸峰保留值延后等。

常用的方法是通过比较已知纯物质和未知组分的保留值定性。如待测组分的保留值与在相同色谱条件下测得的已知纯物质的保留值相同,则可以初步认为它们是属同一种物质。由于两种组分在同一色谱柱上可能有相同的保留值,只用一根色谱柱定性,结果往往不可靠。可采用另一根极性不同的色谱柱进行定性,比较未知组分和已知纯物质在两根色谱柱上的保留值,如果都具有相同的保留值,即可认为未知组分与已知纯物质为同一种物质。

如果标准物质和被测物质保留值相同,但峰形不同而不能确定是同一物质时,可以采用标准加入法进一步检验。标准加入法的具体做法是,先将待测试样进行色谱分析,然后将已知组分加入样品中,在相同的色谱条件下再进行实验,比较两次得到的谱图,看色谱峰高和峰形的变化。如果色谱峰增高,色谱峰形没变,则表明样品中可能含有该物质。

2) 利用文献的数据定性

① 相对保留值

相对保留值是两组分调整保留值之比。采用绝对保留值定性时,必须严格地控制操作条件,故使用时受到一定的限制,采用相对保留值定性避免了上述缺点。

选择一种标准物,在相同的色谱条件(柱温、固定相)下,测得二者的调整保留值,其比值即可用来定性,该比值与文献值比较,若相同则是同一物质。该方法的优点是只要控制柱温、固定相性质不变,即使柱长、柱内径、载气流速及填充情况有所变化,也不影响定性。但在样品比较复杂,不能推测其组成,且相邻的两峰距离较近时,如果直接引用文献上的相对保留值数据进行定性,就可能发生错误。

② 保留指数(Kovats 指数)

这是一种重现性较其他保留数据更可靠定性参数,可根据固定相和柱温与文献值对照来进行定性。

保留指数用 I 表示,是把物质的保留行为用两个紧靠它的标准物(指保留值相近,一般是两个正构烷烃)来标定,用下式计算。

$$I = 100\left(\frac{\lg t'_{R_i} - \lg t'_{R_Z}}{\lg t'_{R_{Z+1}} - \lg t'_{R_Z}} + Z\right) \tag{11-8}$$

式中:t'_{R_i},t'_{R_Z},$t'_{R_{Z+1}}$ 分别表示待测组分、碳原子数为 Z 和 $(Z+1)$ 的正构烷烃的调整保留时间。要求 $t'_{R_Z} < t'_{R_i} < t'_{R_{Z+1}}$;正构烷烃的保留指数人为地规定为它的碳原子数乘以 100,例如正戊烷、

正己烷、正庚烷和正辛烷,其相应的保留指数分别为 500、600、700 和 800。

因此,欲求某物质的保留指数,只要将其与相邻的正构烷烃混合在一起,在给定的条件下测绘出色谱图,然后按上式计算其保留指数。只要柱温和固定相相同,就可用文献中的保留指数进行定性鉴定,而不必用被测组分的纯物质。保留指数的有效数字为三位,其准确度和重现性都很好,误差<1%。

【例 11-1】　在一色谱柱上,测得下列物质的保留时间为:空气—1 min;正庚烷—9.2 min;正辛烷—17.3 min;乙酸正丁酯—15.5 min,计算乙酸正丁酯的保留指数。

解　$I = 100\left(\dfrac{\lg t'_{R_i} - \lg t'_{R_Z}}{\lg t'_{R_{Z+1}} - \lg t'_{R_Z}} + Z\right) = 100\left[\dfrac{\lg(15.1-1) - \lg(9.2-1)}{\lg(17.3-1) - \lg(9.2-1)}\right] + 7 = 782.88$

2. 与其他方法结合定性

近年来,随着电子计算机技术的应用,大大促进了气相色谱法与其他方法联用技术的发展。气相色谱对多组分复杂混合物的分离效率很高,但定性却很困难。而质谱、红外光谱和核磁共振谱等是鉴别未知物的有力工具,但要求所分析的试样组分很纯。因此,将气相色谱与质谱、红外光谱、核磁共振谱联用,复杂的混合物先经气相色谱分离成单一组分后,再利用质谱、红外光谱或核磁共振谱进行定性。未知物经色谱分离后,质谱可以很快地给出未知组分的相对分子质量和电离碎片,提供是否含有某些元素或基团的信息,红外光谱也可很快得到未知组分所含各类基团的信息,对结构鉴定提供可靠依据。

3. 利用检测器的选择性定性

不同类型的检测器对各种组分的选择性和灵敏度是不相同的。选择性检测器是指对某类物质特别敏感,响应值很高,而对另一类物质却极不敏感,响应值很低,因此可以用来判定被检测物质是否为此类化合物。例如,电子捕获检测器(ECD)只对含有卤素、氧、氮等电负性强的组分有高的灵敏度;火焰光度检测器(FPD)只对含硫、磷的化合物有响应;氢火焰离子化检测器(FID)对有机物灵敏度高,而对无机气体、水分、二硫化碳等响应很小,甚至无响应。利用不同检测器具有不同的选择性和灵敏度,可以对未知物大致分类定性。分析时可根据样品的特点选择不同的检测器。如果用两个或两个以上的检测器分析同一个样品,比较得到的谱图,可以得到更多的定性信息。

11.5.2　气相色谱定量分析方法

定量分析就是要确定样品中某一组分的准确含量。气相色谱定量分析与绝大部分的仪器定量分析一样,是一种相对定量方法,而不是绝对定量方法。它是根据仪器检测器的响应值与被测组分的量在某些条件限定下成正比的关系来进行定量分析的。

1. 色谱定量分析的依据

在一定操作条件下,分析组分 i 的质量(m_i)或其在载气中的浓度与检测器的响应信号(峰高 h_i 或峰面积 A_i)成正比,这是色谱定量分析的依据。

$$m_i = f'_i \cdot A_i \tag{11-9}$$

式中:f'_i 为比例常数,称为定量校正因子。为了获得准确的定量分析结果,除了被测组分要获得很好的分离外,还要解决以下问题:

(1) 准确测量色谱峰的峰面积(或峰高);

(2) 确定峰面积(或峰高)与组分含量之间的关系,即准确求出 f'_i;

（3）正确选用合适的定量计算方法。

2. 峰面积测量法

峰面积的测量直接关系到定量分析的准确度,常用的峰面积测量方法根据色谱峰形的不同而不同。

1）峰高乘半峰宽法

当色谱峰为对称峰时可采用此法。峰高乘半峰宽法的基本关系如下。

$$A = 1.065h\, Y_{1/2} \tag{11-10}$$

式中:h 为色谱峰高;$Y_{1/2}$ 为半峰宽值。该方法不适用于不对称峰、很窄或很小的峰。

2）峰高乘平均峰宽法

峰高乘平均峰宽法的基本关系如下。该方法适用于不对称色谱峰。所谓平均峰宽是指在峰高 0.15 和 0.85 处分别测峰宽,然后取其平均值。

$$A = h \times \frac{(Y_{0.15} + Y_{0.85})}{2} \tag{11-11}$$

式中:$Y_{0.15}$ 和 $Y_{0.85}$ 分别为峰高 0.15 和 0.85 处测得的峰宽值。

3）峰高乘保留值法

在一定操作条件下,同系物的半峰宽 $Y_{1/2}$ 与保留时间 t_R 成正比。

$$A = h\, Y_{1/2} = hb\, t_R \tag{11-12}$$

式中:b 为比例常数。此法适用于狭窄的峰。

4）自动积分仪法

自动积分仪能自动测出曲线所包围的面积,是最方便的测量工具,速度快,线性范围广,精密度一般可达 0.2%～2%,对小峰或不对称峰也能得出较准确的结果。

3. 定量校正因子

由于同一检测器对不同的物质具有不同的响应值,所以两个相等量的物质得出的峰面积往往不相等,这样就不能用峰面积来直接计算物质的含量。需要对响应值进行校正,因此引入"定量校正因子"。由 $m_i = f_i' A_i$,得

$$f_i' = \frac{m_i}{A_i} \tag{11-13}$$

式中:f_i' 称为绝对定量校正因子,即单位峰面积所代表的物质的质量。实际工作中都用相对校正因子,即某一物质与标准物质的绝对校正因子之比值。一般教材中提到的校正因子都是指相对校正因子,$f = \dfrac{f_1'}{f_2'}$。按被测组分使用的计量单位不同,可分为质量校正因子、摩尔校正因子和体积校正因子。

1）质量校正因子 f_m

$$f_m = \frac{f_{i(m)}'}{f_{s(m)}'} = \frac{A_s m_i}{A_i m_s} \tag{11-14}$$

它是一种最常用的定量校正因子,式中下标 i、s 分别代表被测物质和标准物质。

2）摩尔校正因子 f_M

$$f_M = \frac{f_{i(M)}'}{f_{s(M)}'} = \frac{A_s m_i M_s}{A_i m_s M_i} = f_m \cdot \frac{M_s}{M_i} \tag{11-15}$$

式中:M_i、M_s 分别为被测物质和标准物质的摩尔质量。

3) 体积校正因子 f_V

如果以体积计量(气体试样),则体积校正因子见式(11-16),体积校正因子在形式上与摩尔校正因子一致,这是因为 1 mol 任何理想气体在标准状态下体积都约为 22.4 L。

$$f_V = \frac{f'_{i(V)}}{f'_{s(V)}} = \frac{A_s m_i M_s \times 22.4}{A_i m_s M_i \times 22.4} = f_M \tag{11-16}$$

4. 定量计算方法

1) 归一化法

归一化法适用于试样中所有组分都能流出色谱柱,并都能在色谱图上显示出色谱峰的体系的定量。

假设试样中有 n 个组分,每个组分的质量分别为 $m_1, m_2 \cdots m_n$,各组分质量的总和为 m,其中组分 x 的百分含量可用下式表示。

$$w_x = \frac{m_x}{m} \times 100\% = \frac{m_x}{m_1 + m_2 + \cdots + m_x + \cdots + m_n} \times 100\%$$

即

$$w_x = \frac{A_x f_x}{A_1 f_1 + A_2 f_2 + \cdots + A_x f_x + \cdots + A_n f_n} \times 100\% \tag{11-17}$$

式中:f_x 为质量校正因子,可求得质量分数;如为摩尔校正因子,则得摩尔分数或体积分数(气体)。归一化法的优点是简便、准确,进样量、流速等操作条件变化时,对分析结果影响较小。

2) 内标法

内标法只需要测定试样中某一个或几个组分,而且试样中所有组分不能全部出峰时亦可用此法。

所谓内标法,是将一定量的纯物质作为内标物,加入准确称取的试样中,根据被测物和内标物的质量及其在色谱图上相应的峰面积比,求出某组分的含量,设 m_i、m_s 分别为被测物和内标物的质量,m 为试样总量,则

$$m_i = f_i A_i, m_s = f_s A_s, \frac{m_i}{m_s} = \frac{A_i f_i}{A_s f_s}$$

即

$$m_i = \frac{A_i f_i}{A_s f_s} \cdot m_s \tag{11-18}$$

$$w_i = \frac{m_i}{m} \times 100\% = \frac{A_i f_i m_s}{A_s f_s m} \times 100\% \tag{11-19}$$

一般常以内标物为基准,则 $f_s = 1$,此时计算式可简化为

$$w_i = \frac{A_i f_i m_s}{A_s m} \times 100\% \tag{11-20}$$

选择内标物通常有以下要求:①内标物应是该试样中不存在的纯物质;②它必须完全溶于试样中,并与试样中各组分的色谱峰能完全分离;③加入内标物的量应接近于被测组分;④色谱峰的位置应与被测组分的色谱峰的位置相近,或在几个被测组分色谱峰中间。内标法的优点是测定的结果较为准确,由于通过测量内标物及被测组分的峰面积的相对值来进行计算,因而在一定程度上消除了操作条件等的变化所引起的误差。内标法的缺点是操作程序较为麻烦,每次分析时内标物和试样都要准确称量,有时寻找合适的内标物也较为困难。

3) 内标标准曲线法

这是一种简化的内标法,适用于工厂控制分析的需要,若称量同样量的试样,加入恒定量的内标物,此时 $w_i = \dfrac{A_i}{A_s} \times$ 常数,以 w_i 对 A_i/A_s 作图得一直线。分析时,称取和制作标准曲线时用量相同的试样和内标物,测出其峰面积比,从标准曲线上查出被测物的含量。

该方法不必测出校正因子,消除了某些操作条件的影响,也不必严格定量进样,适合于液体试样的常规分析。

4) 外标法

外标法又称定量进样标准曲线法,是用待测组分的纯物质来制作标准曲线的色谱定量分析方法。配制一系列不同浓度的标准溶液,在一定的色谱条件下,分别测定相应的响应信号(峰面积或峰高),以响应信号为纵坐标,以标准溶液百分含量为横坐标绘制标准曲线。分析试样时,进样量与制作标准曲线时进样量一致,在相同的色谱条件下,测得试样中待测组分的峰面积(或峰高),即可从标准曲线上查得相应的含量。

外标法不使用校正因子,准确性较高,且操作简单,计算方便。但结果的准确度主要取决于进样量的重现性和操作条件的稳定性。该方法适用于大批量试样的快速分析。

【例 11-2】 用内标法测定一试样中丙酸的含量,称取此试样 1.055 g。以环己酮作为内标物质,称取 0.190 7 g 环己酮,加到试样中进行色谱分析,得到如下数据:丙酸峰面积为 42.4,环己酮峰面积为 133,已知丙酸和环己酮的相对质量校正因子为 0.94 和 1.00,计算丙酸的百分含量。

解 $w_i = \dfrac{m_i}{m} \times 100\% = \dfrac{A_i f_i m_s}{A_s f_s m} \times 100\% = \dfrac{42.4 \times 0.94 \times 0.1907}{133 \times 1 \times 1.055} \times 100\% = 5.42\%$

11.6 毛细管气相色谱法

毛细管柱(capillary column)是用内壁涂渍一层薄而均匀的固定液液膜的毛细管作分离柱。使用毛细管色谱柱的气相色谱法称为毛细管气相色谱法(capillary column gas chromatography)。气相色谱分析中,毛细管色谱柱的应用最为广泛,在食品安全、环境保护、石油化工、电子电气等领域都有广泛应用。毛细管色谱柱的种类极其繁多,仅固定相就有上千种,同一固定相色谱柱,其柱长、内径、液膜厚度等参数上也有不同规格,对样品分离结果影响不尽相同。而在实际分析应用中,色谱柱的性能指标,如惰性、塔板数和柱流失率等同样会严重影响样品的分离效果。

毛细管柱色谱的主要特点:①柱渗透性好,阻抗小,可使用长色谱柱;②总柱效高,大大提高了对复杂混合物的分离能力;③柱容量低,允许进样量小。

11.6.1 毛细管色谱柱种类

毛细管柱内径为 0.1~0.5 mm,长为 30~300 m,由不锈钢、玻璃或熔融石英制成。熔融石英毛细管柱具有化学惰性、热稳定性及力学强度好并具有弹性,因此成为毛细管气相色谱柱的主要材质。一般将毛细管柱分为壁涂开管柱、载体涂渍开管柱、交联毛细管柱和多孔层开管柱四种类型。经典毛细管柱为壁涂开管柱,管内经预处理后将固定液直接涂渍在内壁上。因其制备难、柱子的重复性差、内表面小、涂渍量小等原因,导致有效塔板数及分离能力不高,且热稳定性较差。

多孔层壁涂柱:内壁上涂很薄一层多孔性吸附剂微粒,是毛细管气固色谱柱。其主要用于永久气体和相对分子质量较小的有机化合物的分离。这种色谱柱综合了空心毛细管柱和填充毛细管柱方面的优点,因此分离效能更高,分析速度快。

载体壁涂柱:内壁上先涂很薄一层担体,担体上再涂固定液。固定液膜较厚,柱容量也较大。

交联毛细管柱:涂好固定液后再用偶联剂交联键合,其具有液膜稳定、耐高温、不易流失、柱效高、使用寿命长等特点。目前,大部分毛细管柱属于此种类型。

11.6.2　毛细管色谱柱系统的结构特点

毛细管柱和填充柱的色谱系统基本上是相同的。不同之处主要有两点。

由于毛细管柱内径小,柱子较长,毛细管柱系统的载气流速较低($1\sim5$ mL·min^{-1})。为了减少组分的柱后扩散,一般在色谱系统中增加尾吹气,即在毛细管柱出口到检测器流路中增加一段辅助气路,以增加柱出口到检测器的载气流速,减少这段死体积的影响。

另外,由于毛细管柱的柱容量很小,允许的进样量很小,用微量注射器很难准确地将小于 $0.01\ \mu\mathrm{L}$ 的液体样品直接加入,为此常采用分流进样方式。分流进样是将液体样品注入进样器使其汽化,并与载气均匀混合,然后让少量样品进入色谱柱,大量样品放空。放空的试样量与进入毛细管柱试样量的比值称为分流比,通常控制在 50∶1 至 500∶1。毛细管色谱柱和填充柱色谱系统的主要不同是毛细管柱在柱前增加了分流进样装置,柱后增加了尾吹装置。

11.7　气相色谱法的应用

气相色谱法在生物科学、环保、医药卫生、食品检验等领域有广泛应用。近年来裂解气相色谱法(将难挥发的固体样品在高温下裂解后进行分离鉴定,已用于聚合物的分析和微生物的分类鉴定)、顶空气相色谱法(通过对密闭体系中处于热力学平衡状态的蒸气的分析,间接地测定液体或固体中的挥发性成分)等的应用,大大扩展了气相色谱法的应用范围。

全二维气相色谱(GC×GC)是色谱技术上的又一次革命性突破。它把分离机理不同而又互相独立的两根色谱柱串联结合,两柱之间装有调制器,由第一根色谱柱分离后的每一个馏分,经调制器聚焦后再以脉冲方式送入第二根色谱柱进行进一步分离,最后得到以柱 1 的保留时间为 x 轴,柱 2 的保留时间为 y 轴,信号强度为 z 轴的三维立体色谱图。全二维气相色谱已成为目前最强大的分离分析工具,广泛应用于石油、环境、烟草、中药等极其复杂体系的分离分析。

11.7.1　气相色谱在食品安全分析中的应用

因大多数食品中对人体有害物质的组分复杂且是易挥发的有机化合物,所以气相色谱技术在食品安全监测中有着非常广泛的应用前景。如测定水和食品中微量的 DDT 和六六六(图 11-11)以及微量的有机磷农药;啤酒和白酒中有机酸、酚类、醇类等有机成分的分析亦可用气相色谱法(图 11-12)。

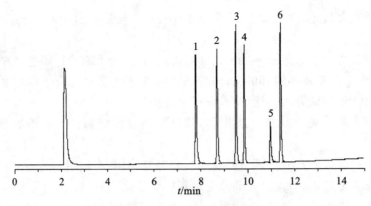

图 11-11　有机氯农药色谱图

色谱峰:1—六氯苯;2—α-六六六;3—γ-六六六;4—七氯;5—β-六六六;6—δ-六六六

色谱柱:DM-1701,30 m×0.32 mm,0.25 μm

柱温:150 ℃(1 min)—10 ℃/min—280 ℃

载气:氮气

检测器:ECD,270 ℃

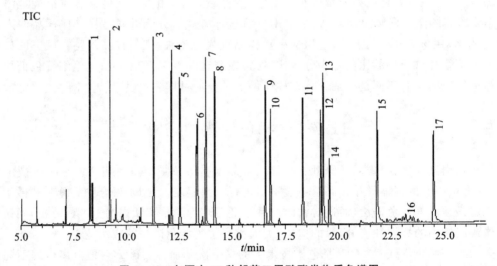

图 11-12　白酒中 17 种邻苯二甲酸酯类物质色谱图

色谱峰:1—DMP;2—DEP;3—DIBP;4—DBP;5—DMEP;6—BMPP;7—DEEP;8—DPP;9—DHXP;10—BBP;11—DBEP;12—DCHP;13—DEHP;14—邻苯二甲酸二苯酯;15—DNOP;16—DINP;17—DNP

色谱柱:DM-5MS,30 m×0.25 mm,0.25 μm

柱温:60 ℃(1 min)—20 ℃/min—220 ℃(1 min)—5 ℃/min—300 ℃(20 min)

载气:氮气

检测器:MS

11.7.2　气相色谱在环境监测中的应用

随着有毒有害有机污染物对空气、水、土壤的污染日益严重,有机污染物的监测已得到世界各国的重视。而气相色谱分析法在环境水和废水分析中应用较广泛(图 11-13),特别是对水中复杂、痕量、多组分有机物的分析(图 11-14),气相色谱法是强有力的成分分析工具,而质谱是能给出最充分信息的结构分析器。目前许多国家已将 GC-MS 系统列为水中有机物的监测分析方法和标准分析方法。GC-MS 成为有力的物质鉴定工具。

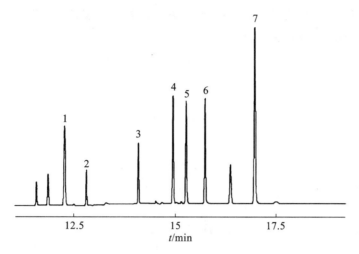

图 11-13 水中多氯联苯类化合物的测定

色谱峰:1—PCB 28;2—PCB 52;3—PCB 101;4—PCB 118;5—PCB 153;6—PCB 138;7—PCB 180

色谱柱:DM - 5,30 m×0. 25 mm,0. 25 μm

柱温:100 ℃—10 ℃/min—200 ℃—20 ℃/min—270 ℃(5 min)

载气:氮气

检测器:ECD,280 ℃

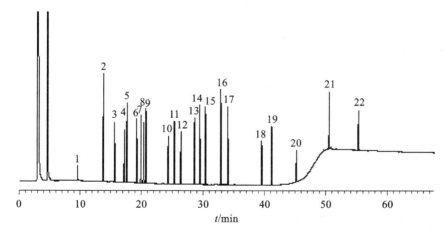

图 11-14 22 种苯类物质气相色谱图

色谱峰:1—苯胺;2—硝基苯;3—1,3,5-三氯苯;4—2,4-二氯苯酚;5—1,2,4-三氯苯;6—1,2,3-三氯苯;7—间硝基氯苯;8—对硝基氯苯;9—邻硝基氯苯;10—1,2,3,5-四氯苯;11—2,4,6-三氯苯酚;12—1,2,3,4-四氯苯;13—对二硝基苯;14—间二硝基苯;15—邻二硝基苯;16—2,4-二硝基甲苯;17—2,4-二硝基氯苯;18—六氯苯;19—五氯苯酚;20—邻苯二甲酸二(2-乙基己基)酯;21—苯并芘

色谱柱:DM - 5,30 m×0. 32 mm,0. 25 μm

柱温:60 ℃(1 min)—3 ℃/min—180 ℃—15 ℃/min—280 ℃(20 min)

载气:氮气

检测器:FID,310 ℃

11.7.3　气相色谱在化学工业中的应用

化学工业方面,气相色谱可以分析各种醛、酸、醇、酮、醚、氯仿等(图 11-15)。在石油和石油化工工业中,气相色谱技术更是被广泛采用。

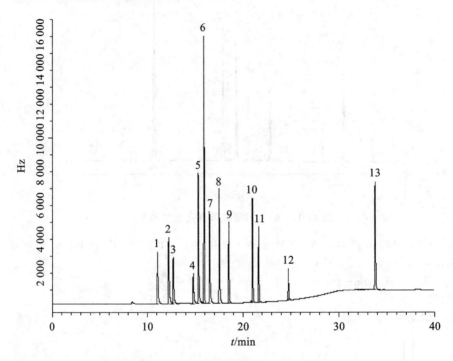

图 11-15　氯代烃类物质气相色谱图

色谱峰:1—1,1 二氯乙烯;2—二氯甲烷;3—反式-1,2-二氯乙烯;4—顺式-1,2-二氯乙烯;5—三氯甲烷;6—四氯化碳;7—1,2-二氯甲烷;8—三氯乙烯;9——溴二氯甲烷;10—四氯乙烯;11—二溴一氯甲烷;12—三溴甲烷;13—六氯丁二烯

色谱柱:DM - 624,60 m×0.32 mm,1.8 μm

柱温:40 ℃(5 min)—8 ℃/min—100 ℃—6 ℃/min—200 ℃(10 min)

载气:氮气

检测器:ECD,220 ℃

11.7.4　气相色谱在药物分析中的应用

药物分析是药物行业的一个主要环节,它涉及药物的检测与控制,是药学专业的一个非常重要的组成部分。气相色谱法其分析速度快给药物分析行业带来了极大的便利(图 11-16)。如采用气相色谱法对药品中残留溶剂的限度控制,不仅关系到药品质量而且关系到患者的生命。

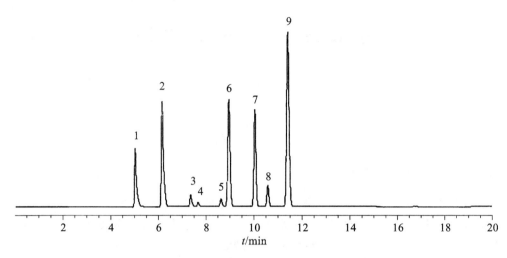

图 11-16　药品中残留溶剂色谱图

色谱峰:1—甲醇;2—乙醇;3—乙腈;4—二氯甲烷;5—正己烷;6—异丙醚;7—乙酸乙酯;8—四氢呋喃;9—异丁醇

色谱柱:DB-624,30 m×0.53 mm,3.0 μm

柱温:50 ℃—10 ℃/min—180 ℃

载气:氮气

检测器:FID,280 ℃

思　考　题

11-1　气相色谱仪包括哪几个组成部分,其分离原理是什么?

11-2　固定液的选择原则有哪些?

11-3　试述氢火焰离子化检测器的工作原理。如何控制其操作条件?

11-4　色谱定量分析中,为什么要引入定量校正因子?

11-5　判断下列情况对色谱峰峰形的影响:

a.进样速度慢;b.由于汽化室温度低,样品不能瞬间气化;c.增加柱温;d.增大载气流速;e.增加柱长;f.固定相颗粒变粗。

参　考　文　献

[1]　国家药典委员会.中华人民共和国药典:2015 年版(四部)[M].北京:中国医药科技出版社,2015.

[2]　孙毓庆,胡育筑.分析化学[M].3 版.北京:科学出版社,2011.

[3]　朱明华,胡坪.仪器分析[M].4 版.北京:高等教育出版社,2008.

[4]　吴谋成.仪器分析[M].北京:科学出版社,2003.

[5]　孙毓庆.现代色谱法及其在药物分析中的应用[M].北京:科学出版社,2005.

[6]　刘约权.现代仪器分析[M].3 版.北京:高等教育出版社,2015.

第 12 章　高效液相色谱法

12.1　概　　述

12.1.1　高效液相色谱法概况

液相色谱法的初期阶段,通常是采用大直径的玻璃管柱在室温和常压下用液位差输送流动相,称为经典液相色谱法,此方法时间长、柱效低。高效液相色谱法(high performance liquid chromatography,HPLC)是在经典液相色谱法的基础上,于 60 年代后期引入了气相色谱理论而迅速发展起来的。它与经典液相色谱法的不同在于填料颗粒小而且均匀,小颗粒具有高柱效,但会引起高阻力,需用高压装置输送流动相,故又称高压液相色谱法(high pressure liquid chromatography,HPLC);又因分析速度快而称为高速液相色谱法(high speed liquid chromatography,HSLP),也称现代液相色谱法。高效液相色谱法是目前应用广泛的分离、分析、纯化有机化合物(包括能通过化学反应转变为有机化合物的无机物)的有效方法之一。在已知的有机化合物中,约有 80% 能采用高效液相色谱法分离、分析,而且由于此法条件温和,不破坏样品,因此特别适合高沸点、难气化、热稳定性差的有机化合物。

12.1.2　高效液相色谱法的特点

高效液相色谱法具有以下特点。

(1)高速:分析速度快、载液流速快,较经典液相色谱法速度快得多,流速可达 $1\sim 10$ mL·min^{-1},通常分析一个样品在 $15\sim30$ min,有些样品甚至在 5 min 内即可完成。

(2)高压:流动相为液体,流经色谱柱时,受到的阻力较大,为了能迅速通过色谱柱,必须对载液加以高压。一般压强可达到 $(1.5\sim3.5)\times10^7$ Pa。

(3)选择性高:可选择固定相和流动相以达到最佳分离效果,可分析同类型的有机化合物及其同分异构体,还可以分析在性质上极为相似的旋光异构体。

(4)灵敏度高:已广泛采用高灵敏度的检测器,如紫外检测器可达到 0.01 ng,荧光和电化学检测器可达到 0.1 pg。

(5)柱子可反复使用:用一根色谱柱可分离不同的化合物。

(6)样品量少,容易回收:样品经过色谱柱后不被破坏,可以收集单一组分。

(7)高效:柱效可达每米 5 000 塔板。在一根柱子中同时可分离达 100 多种成分。

12.2　高效液相色谱法的分类及分离原理

根据分离原理高效液相色谱法主要分为液-固色谱法、液-液色谱法、离子交换色谱法、凝胶色谱法。

12.2.1　液-固色谱法(液-固吸附色谱法)

吸附色谱法是基于物质吸附性的不同而进行分离和分析的方法。以固体吸附剂为固定相,以液体为流动相的色谱法,称为液-固吸附色谱法(liquid - solid adsorption chromatography, LSC),简称液-固色谱法。它是根据物质在固定相上的吸附作用不同来进行分配的分离方法。

1. 液-固色谱法的作用机制

吸附剂是一些多孔的固体颗粒物质,其表面常存在分散的吸附中心点。流动相中的溶质分子(X)被流动相(溶剂分子 S)带入色谱柱后,在随载液流动的过程中,发生如下交换反应。

$$X_m(液相) + nS_a(吸附) \rightleftharpoons X_a(吸附) + nS_m(液相)$$

其作用机制是溶质分子 X_m(液相)和溶剂分子 S_m(液相)对吸附剂活性表面的竞争吸附。吸附平衡常数 K_a 可表示为

$$K_a = \frac{[X_a][S_m]^n}{[X_m][S_a]^n} \tag{12-1}$$

吸附反应的平衡常数 K_a 实际上是溶质 X 在固定相和流动相中分配达到平衡时的浓度比值,即分配系数 $K = X_a/X_m$, K 较小表明被吸附的溶质分子很少,溶剂分子吸附力很强,溶质先流出色谱柱。K 较大表明被吸附的溶质分子较多,溶剂分子吸附力较弱,溶质后流出色谱柱。发生在吸附剂表面上的吸附-解吸平衡,就是液-固色谱分离的基础。

2. 液-固色谱法的应用

液-固色谱法常用于分离极性不同的化合物、含有不同类型或不同数量官能团的有机化合物,以及同分异构体;但液-固色谱法不宜用于分离同系物,因为液-固色谱对不同相对分子质量的同系物选择性不高,许多生物样品可使用液-固色谱法进行纯化,除去蛋白质等干扰成分,然后再采用气相或液相色谱法进一步分离分析;液-固色谱法还可用于化合物的制备。

12.2.2　液-液色谱法(液-液分配色谱法)

基于样品组分在流动相和固定相之间的分配系数不同而分离的色谱法称为液-液分配色谱法(liquid - liquid partition chromatography,LLC),简称液-液色谱法。液-液色谱法是将液体固定液涂渍在担体上作为固定相,固定相和流动相都是液体。

1. 液-液色谱法的作用机制

溶质在两相间进行分配时,在固定液中溶解度较小的组分较难进入固定液,在色谱柱中迁移速度较快;在固定液中溶解度较大的组分容易进入固定液,在色谱柱中迁移速度较慢,从而达到分离的目的。液-液色谱法与液-液萃取法均服从 $K = c_s/c_m$,因此 K 较大的组分,保留时间长,后流出色谱柱。

按照流动相和固定相的极性差别,可把液-液色谱法分为正相色谱法和反相色谱法。

2. 正相色谱法和反相色谱法

流动相极性小于固定相极性的液-液色谱法称为正相色谱法。正相色谱用极性物质作为固定相,非极性溶剂(如苯、正己烷等)作为流动相。

流动相极性大于固定相极性的液-液色谱法称为反相色谱法。反相色谱用非极性物质作为固定相,极性溶剂(如水、甲醇、己腈等)作为流动相。

一般地,正相色谱法适宜于分离极性化合物,反相色谱法则适宜于分离非极性或弱极性化

合物。

3. 液-液色谱法的应用

液-液色谱法既能分离极性化合物，又能分离非极性化合物，如烷烃、烯烃、芳烃、稠环化合物、染料、硫族化合物等。化合物中取代基的数目或性质不同，或化合物的相对分子质量不同，均可以用液-液色谱法进行分离。

12.2.3　离子交换色谱法

离子交换色谱(ion exchange chromatography，IEC)以离子交换树脂作为固定相，树脂上具有固定离子基团及可交换的离子基团。当流动相带着组分电离生成的离子通过固定相时，组分离子与树脂上可交换的离子基团进行可逆变换。由于被测离子在交换剂上具有不同的亲和力(作用力)而被分离。

1. 离子交换色谱法的作用机制

聚合物的分子骨架上连接着活性基团，如：$—SO_3^-$，$—N(CH_3)_3^+$ 等。为了保证离子交换树脂的电中性，活性基团上带有电量相等但电性相反的离子 X，称为反离子。活性基团上的反离子可以与流动相中具有相同电荷的被测离子发生交换。离子交换树脂分为阳离子交换树脂和阴离子交换树脂，其交换过程如下。

$$阳离子交换：M^+ + Y^+R^- \rightleftharpoons M^+R^- + Y^+$$
$$阴离子交换：X^- + R^+Y^- \rightleftharpoons R^+X^- + Y^-$$

式中：R 表示树脂；Y 为树脂上可电离的离子；M^+、X^- 分别为流动相中溶质的离子。离子交换色谱的分配过程是交换与洗脱过程。交换达到平衡时 K 越大，表示溶质离子与离子交换剂间的相互作用越强，保留时间越长。

$$K_阳 = \frac{[M^+R^-][Y^+]}{[M^+][Y^+R^-]} 或 K_阴 = \frac{[R^+X^-][Y^-]}{[X^-][R^+Y^-]} \tag{12-2}$$

2. 离子交换色谱法的应用

离子交换色谱主要用来分离离子或可离解的化合物，凡是在流动相中能够电离的物质都可以用离子交换色谱法进行分离。其广泛应用于无机离子、有机化合物和生物活性物质(如氨基酸、核酸、蛋白质等)的分离。

12.2.4　凝胶色谱法(尺寸排阻色谱法)

凝胶色谱法(gel chromatography)是一种以多孔性的高分子聚合体为固定相，且固定相表面布满孔隙，能被流动相浸润，其吸附性很小的分离方法。其分离机制是根据分子的体积大小和形状不同而达到分离目的的，也称尺寸排阻色谱法(size exclusion chromatography，SEC)。

1. 凝胶色谱法的作用机制

体积大于凝胶孔隙的分子，由于不能进入孔隙而被排阻，直接从表面流过，先流出色谱柱；小分子可以渗入大大小小的凝胶孔隙中而完全不受排阻，然后又从孔隙中出来随载液流动，后流出色谱柱；中等体积的分子可以渗入较大的孔隙中，但受到较小孔隙的排阻，流出色谱柱的顺序介于上述两种情况之间。

凝胶色谱法是一种按分子尺寸大小的顺序进行分离的一种色谱分析方法。

2. 凝胶色谱法的应用特点

凝胶色谱的保留时间是分子尺寸的函数，其适宜于分离相对分子质量在 $400 \sim 8 \times 10^5$ 的化合物。

凝胶色谱法的保留时间短,色谱峰窄,容易检测,且固定相与溶质分子间的作用力极弱,几乎为零,柱的使用寿命较长。但凝胶色谱法不能分离分子大小相近的化合物,相对分子质量相差需在 10% 以上时才能得到分离。

12.3　固　定　相

色谱柱中的固定相是高效液相色谱最重要的组成部分,它直接关系到柱效和分离度。现将四种基本类型的高效液相色谱法的固定相概括如下。

12.3.1　液-固色谱法固定相

液-固色谱法采用的固定相多为具有吸附活性的吸附剂,最常用的为硅胶、氧化铝、高分子多孔微球、分子筛、聚酰胺及活性炭等。固体吸附剂按其性质可分为极性和非极性两种类型。极性吸附剂包括硅胶、氧化铝、氧化镁、硅酸镁、分子筛及聚酰胺等。非极性吸附剂最常见的是活性炭。极性吸附剂可进一步分为酸性吸附剂和碱性吸附剂。酸性吸附剂包括硅胶和硅酸镁等,碱性吸附剂有氧化铝、氧化镁和聚酰胺等。酸性吸附剂适合于分离碱性物质,如脂肪胺和芳香胺。碱性吸附剂则适于分离酸性溶质,如酚类物质、羧酸和吡咯衍生物等。各种吸附剂中,最常用的吸附剂是硅胶,其次是氧化铝。在现代液相色谱中,硅胶不仅作为液-固色谱固定相,还可作为液-液色谱的载体和键合相色谱填料的基体。

12.3.2　液-液色谱法固定相

液-液色谱的固定相由载体和固定液组成。常用的载体有下列几类(图 12-1)。

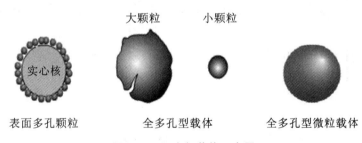

图 12-1　固定相载体示意图

（1）表面多孔型载体(薄壳型微珠载体)　由直径为 $30 \sim 40 \ \mu m$ 的实心玻璃球和表层涂渍厚度为 $1 \sim 2 \ \mu m$ 的多孔性固定液外层组成。由于固定相为表面很薄的一层,孔浅,所以其相对死体积小,传质速度快,物质出峰时间短,柱效高。且固定相颗粒较大,渗透性好,容易填装,所以其重现性好。但其比表面积小,试样容量低,所以该类型色谱受到最大允许量的限制,并且需要配制高灵敏度的检测器。

（2）全多孔型载体　由硅胶、硅藻土、氧化铝等材料制成,直径为 $100 \ \mu m$ 的多孔型颗粒。由于填料的不规则性和较宽的粒径范围,所填充的不均匀性成为色谱峰扩展的一个明显原因。还因填料孔径分布不一,并存在裂隙,在颗粒深孔中形成滞留液体,溶质分子在深孔中扩散和传质缓慢,这样就促使色谱峰变宽或拖尾。

（3）全多孔型微粒载体　由纳米级的硅胶微粒堆积而成，又称堆积硅珠。由于其颗粒小，所以柱效高，是目前使用最广泛的一种载体。它克服了全多孔型载体粒度大和不均一性的缺点。

（4）化学键合相　此法采用化学反应的方法将固定液键合在载体表面上，广泛采用微粒多孔硅胶为基体，用二甲基氯硅烷或烷氧基硅烷与硅胶表面的游离硅醇基反应，形成 Si—O—Si—C 键形的单分子膜。由于空间位阻效应（不可能将较大的有机官能团键合到全部硅醇基上）和其他因素的影响，使得有 40%～50% 的硅醇基未反应。残余的硅醇基对键合相的性能有很大影响，特别是对非极性键合相，它可以减小键合相表面的疏水性，对极性溶质（特别是碱性化合物）产生次级化学吸附，从而使保留机制复杂化（使溶质在两相间的平衡速度减慢，降低了键合相填料的稳定性。结果使碱性组分的峰形拖尾）。为尽量减少残余硅醇基，一般在键合反应后，用三甲基氯硅烷（TMCS）等进行钝化处理，称封端（或称封尾、封顶，end - capping），以提高键合相的稳定性（图 12-2）。另一方面，也有些 ODS 填料是不封尾的，以使其与水系流动相有更好的"湿润"性能。由于不同生产厂家所用的硅胶、硅烷化试剂和反应条件不同，因此具有相同键合基团的键合相，其表面有机官能团的键合量往往差别很大，使其产品性能有很大的不同。键合相的键合量常用含碳量来表示，也可以用覆盖度来表示。所谓覆盖度是指参与反应的硅醇基数目占硅胶表面硅醇基总数的比例。

pH 值对以硅胶为基质的键合相的稳定性有很大的影响，一般来说，硅胶键合相应在 pH 2～8 的介质中使用。

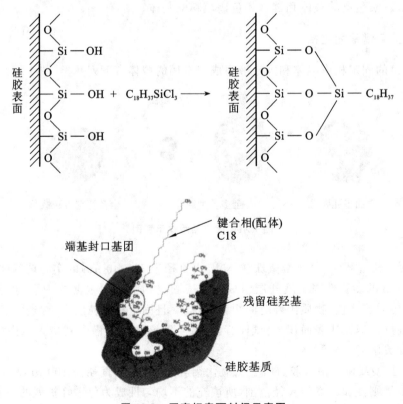

图 12-2　固定相表面封闭示意图

化学键合相按键合官能团的极性分为极性键合相和非极性键合相。

常用的极性键合相主要有氰基（—CN）键合相、氨基（—NH$_2$）键合相和二醇基（DIOL）键合相。极性键合相常用作正相色谱的固定相,混合物在极性键合相上的分离主要是基于极性键合基团与溶质分子间的氢键作用,极性强的组分保留值较大。极性键合相有时也可作为反相色谱的固定相。

常用的非极性键合相主要有各种烷基（C$_1$～C$_{18}$）和苯基、苯甲基等,以 C$_{18}$ 应用最广。非极性键合相的烷基链长对样品容量、溶质的保留值和分离选择性都有影响,一般来说,样品容量随烷基链长增加而增大,且长链烷基可使溶质的保留值增大,并可改善分离的选择性;但短链烷基键合相具有较高的覆盖度,分离极性化合物时可得到对称性较好的色谱峰。苯基键合相与短链烷基键合相的性质相似。

另外 C$_{18}$ 柱稳定性较高,这是由于长烷基链保护了硅胶基质的缘故,但 C$_{18}$ 基团空间体积较大,使有效孔径变小,分离大分子化合物时往往柱效较低。

键合硅胶固定相一般是通过—Si—O—Si—共价键合有机硅烷或涂覆聚合物层得到,根据官能团的差异可以得到多种不同性质的固定相,以满足各种样品的分离分析。部分常见的键合硅胶见表 12-1。

表 12-1　部分常见的键合硅胶

类别	固定相	特点
反相	C$_{18}$（十八烷基或 ODS）	稳定性好,保留能力强,用途广
	C$_8$（辛基）	与 C$_{18}$ 相似,但保留能力减弱
	C$_3$,C$_4$	保留能力弱;多用于肽类与蛋白质的分离
	CN（氰基）	保留值适中,选择性有所不同
	NH$_2$（氨基）	保留能力弱,用于烃类,稳定性不够理想
正相	CN（氰基）	稳定性好,极性适中,用途广
	OH（二醇基）	极性大于 CN
	NH$_2$（氨基）	极性强,稳定性不够理想
	硅胶	耐用性好,价廉,操作不够方便

12.3.3　离子交换色谱法固定相

离子交换色谱法固定相有以下两种类型。

（1）多孔性离子交换树脂　极小的球型离子交换树脂,能分离复杂样品,进样量较大;缺点是机械强度不高,不能耐受压力。

（2）薄壳型离子交换树脂　在玻璃微球上涂以薄层的离子交换树脂,这种树脂柱效高,当流动相成分发生变化时,不会膨胀或压缩;缺点是柱子容量小,进样量不宜太多。

12.3.4　凝胶色谱法固定相

常用的凝胶色谱固定相有以下三种。

（1）软质凝胶　　如葡萄糖凝胶、琼脂糖凝胶等,其呈多空网状结构,适用于水为流动相的凝胶,能溶胀到干体的数倍。在压强 $1\ kg\cdot cm^{-2}$ 左右时易被压坏,因此这类凝胶只能用于常压凝胶色谱法。

（2）半硬质凝胶　　如苯乙烯-二乙烯基苯交联共聚凝胶,适用于非水溶剂流动相,不能用于丙酮、乙醇等极性溶剂,可耐较高的压力,溶胀性比软质凝胶小。

（3）硬质凝胶　　如多孔硅胶、多孔玻璃珠等,可控孔径玻璃珠具有恒定孔径和窄粒度分布,是近年来受到重视的一种固定相。硬质凝胶具有化学稳定性和热稳定性好、力学强度大等特点,可在较高流速和压力下使用,既可采用水作为流动相,也可使用有机相作为流动相。

12.4　流　动　相

12.4.1　流动相的性质要求

一个理想的液相色谱流动相应具有低黏度、与检测器兼容性好、易于得到纯品和低毒性等特征。

选好填料(固定相)后,强溶剂使溶质在填料表面的吸附减少,相应的容量因子 k 降低;而较弱的溶剂使溶质在填料表面吸附增加,相应的容量因子 k 升高。塔板数 n 一般与流动相的黏度成反比。所以选择流动相时应考虑以下几个方面。

（1）流动相应不改变填料的任何性质。低交联度的离子交换树脂和排阻色谱填料有时遇到某些有机相会溶胀或收缩,从而改变色谱柱填床的性质。碱性流动相不能用于硅胶柱系统。酸性流动相不能用于氧化铝、氧化镁等吸附剂的柱系统。

（2）流动相纯度高。色谱柱的寿命与大量流动相通过有关,特别是当溶剂所含杂质在柱上积累时,柱寿命将缩短。

（3）流动相必须与检测器匹配。使用 UV 检测器时,所用流动相在检测波长下应没有吸收或吸收很小。当使用示差折光检测器时,应选择折光系数与样品差别较大的溶剂作流动相,以提高灵敏度。

（4）流动相黏度要低。高黏度溶剂会影响溶质的扩散、传质,降低柱效,还会使柱压降增加,使分离时间延长。

（5）流动相对样品的溶解度大小要适宜。如果溶解效果欠佳,样品会在柱头沉淀,不但影响纯化分离,而且会使柱子受损。

12.4.2　流动相的选择

在化学键合相色谱法中,溶剂的洗脱能力直接与其极性相关。在正相色谱中,溶剂的强度随极性的增强而增加;在反相色谱中,溶剂的强度随极性的增强而减弱。

正相色谱的流动相通常采用烷烃加适量极性调整剂。

反相色谱的流动相通常以水作基础溶剂,再加入一定量的能与水互溶的极性调整剂,如甲醇、乙腈、四氢呋喃等。极性调整剂的性质及其所占比例对溶质的保留值和分离选择性有显著影响。一般情况下,甲醇-水系统、乙腈-水系统已能满足多数样品的分离要求,且流动相黏度小、价格低,是反相色谱最常用的流动相。在分离含极性差别较大的多组分样品时,为了使各组分间能够良好分离,也需采用梯度洗脱技术。

12.4.3　流动相的 pH 值

采用反相色谱法分离弱酸($3 \leqslant pK_a \leqslant 7$)或弱碱($7 \leqslant pK_a \leqslant 8$)样品时,通过调节流动相的 pH 值,以抑制样品组分的解离,增加组分在固定相上的保留,并改善峰形的技术称为反相离子抑制技术。对于弱酸,流动相的 pH 值越小,组分的 k 值越大,这时 pH 值远远小于弱酸的 pK_a 值;对弱碱,则情况相反。即分析弱酸样品时,通常在流动相中加入少量弱酸,常用 50 mmol·L⁻¹ 磷酸盐缓冲液和 1% 醋酸溶液;分析弱碱样品时,通常在流动相中加入少量弱碱,常用 50 mmol·L⁻¹ 磷酸盐缓冲液和 30 mmol·L⁻¹ 三乙胺溶液,使弱酸或弱碱主要以分子形式存在,峰形对称性好。

12.4.4　流动相的脱气

HPLC 所用流动相必须预先脱气,否则容易在系统内逸出气泡,影响泵的工作。气泡还会影响柱的分离效率,影响检测器的灵敏度、基线稳定性,甚至无法检测(噪声增大,基线不稳,鬼峰出现)。此外,溶解在流动相中的氧还可能与样品、流动相甚至固定相(如烷基胺)反应。溶解气体还会引起溶剂 pH 值的变化,对分离或分析结果带来误差。

溶解氧能与某些溶剂(如甲醇、四氢呋喃)形成有紫外吸收的配合物,此配合物会提高背景吸收(特别是在 260 nm 以下),并导致检测灵敏度的轻微降低,但更重要的是,会在梯度淋洗时造成基线漂移或形成鬼峰(假峰)。在荧光检测中,溶解氧在一定条件下还会引起猝灭现象,特别是对于芳香烃、脂肪醛、酮等的检测。在某些情况下,荧光响应降低可达 95%。在电化学检测中(特别是还原电化学法),氧的影响更大。

除去流动相中的溶解氧将大大提高 UV 检测器的性能,也将改善其在荧光检测应用中的灵敏度。常用的脱气方法有加热煮沸、抽真空、超声、吹氦气等。对混合溶剂,若采用抽气或煮沸法,则需要考虑低沸点溶剂挥发造成的组成变化。超声脱气比较好,10~20 min 超声处理对许多有机溶剂或有机溶剂/水混合液的脱气就已足够(一般 500 mL 溶液需超声 20~30 min 方可),此法不影响溶剂组成。

12.4.5　流动相的过滤

所有溶剂使用前都必须经 0.45 μm(或 0.22 μm)滤膜过滤,以除去杂质微粒。

用滤膜过滤时,特别要注意分清有机相(脂溶性)滤膜和水相(水溶性)滤膜。有机相滤膜一般用于过滤有机溶剂,过滤水溶液时流速低或滤不动。水相滤膜只能用于过滤水溶液,严禁用于有机溶剂,否则滤膜会被溶解,溶有滤膜的溶剂不得用作流动相。对于混合流动相,可在混合前分别滤过,如需混合后滤过,应选有机相滤膜。

12.4.6　流动相的储存

流动相一般储存于玻璃、聚四氟乙烯或不锈钢容器内,不能储存在塑料容器中。因许多有机溶剂如甲醇、乙酸等可浸出塑料表面的增塑剂,导致溶剂受污染。这种被污染的溶剂如用于高效液相色谱,可能造成柱效降低。储存容器一定要密闭,防止溶剂挥发引起组成变化或空气中的杂质落入。

磷酸盐、乙酸盐等缓冲液易长霉,应尽量现用现配,不要储存。如确需储存,可在冰箱内冷藏.并在三天内使用,用前应重新过滤。容器应定期清洗,特别是盛水、缓冲液和混合溶液的瓶子,以除去底部的杂质沉淀和可能生长的微生物。因甲醇有防腐作用,所以盛甲醇的瓶子无此现象。

12.5　高效液相色谱系统

高效液相色谱(HPLC)系统主要由输液泵、进样器、色谱柱、检测器、数据记录及处理装置等组成。其中输液泵、色谱柱、检测器是关键部件。

其工作流程为流动相(溶剂)经混合室由高压泵输送并控制流量,经过进样器,将样品带入色谱柱进行分离,经分离的组分,依次通过检测器进行检测,输出信号记录到数据处理系统上。如图 12-3 所示。

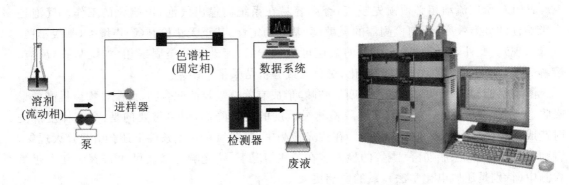

图 12-3　高相液相色谱系统

12.5.1　输液泵

高效液相色谱法常使用的色谱柱内径小(1~6 mm),且固定相的粒度也非常小(几微米到几十微米),所以流动相在柱中流动受到的阻力很大,为达到快速、高效分离,必须给流动相施加压力,以加快其在柱中的流动速度,因此常用输液泵进行高压输液。

1. 泵的构造和性能

输液泵是高效液相色谱法系统中最重要的部件之一。泵的性能好坏直接影响到整个系统的质量和分析结果的可靠性。输液泵应具备如下性能。

(1)流量稳定,其 RSD 应小于 0.5%。

(2)流量范围宽,分析型应在 0.1~10 mL · min^{-1} 范围内连续可调,制备型应可达到 100 mL · min^{-1}。

(3)出压力高且平稳,一般应能达到 150~300 kg · cm^{-2}。

(4)密封性能好,且耐腐蚀。

泵的种类很多,按输液性质可分为恒压泵和恒流泵。恒流泵按结构又可分为螺旋注射泵、柱塞往复泵和隔膜往复泵。恒压泵受柱阻影响,流量不稳定,现主要应用于液相色谱柱的制备;目前应用最多的是往复式柱塞泵。

往复式柱塞泵的结构如图 12-4 所示。

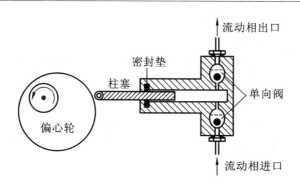

图 12-4　往复式柱塞泵的结构

2. 泵的使用注意事项

为了延长泵的使用寿命和维持其输液的稳定性,必须按照下列注意事项进行操作。

(1) 防止任何固体微粒进入泵体,流动相最好过滤,而常用的方法是滤过,可采用滤膜(0.2 μm 或 0.45 μm)等滤器。

(2) 流动相不应含有任何腐蚀性物质,含有缓冲液的流动相不应保留在泵内,尤其是在停泵过夜或更长时间的情况下。

(3) 泵工作时要留心防止溶剂瓶内的流动相被用完,否则空泵运转也会磨损柱塞、缸体或密封环,最终产生漏液。

(4) 输液泵的工作压力不要超过规定的最高压力。

(5) 流动相应该先脱气,以免在泵内产生气泡,影响流量的稳定性。

12.5.2　进样器

进样器主要分为微量注射器、高压定量进样阀(通常用六通阀)和自动进样器。

微量注射器是用微量注射器刺过装有弹性隔膜的进样口,针尖直达上端固定相或多孔不锈钢滤片,然后迅速按下注射器芯,样品以小滴形式到达固定相床的顶端。其缺点是不能承受高压。

高压定量进样阀是通过进样阀(常用六通阀)直接向压力系统内进样,六通阀进样装置如图 12-5 所示。操作时将阀柄置于进样准备位置,这时进样口 1 只与定量管接通,处于常压状态,用平头微量注射器(体积要比定量管容积大三倍)注入样品溶液,样品停留在定量管中,多

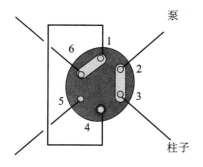

取样位 (样品进入定量环)

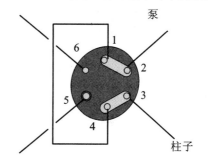

进样位 (样品进入色谱柱)

图 12-5　流通阀示意图

余的样品溶液从 6 处溢出,将进样器阀柄顺时针转动 60°的工作位置时,流动相与定量管接通,样品被流动相带入色谱柱中进行分离分析。

自动进样器是由计算机自动控制定量阀,主要用于大批量检测时使用。取样、进样、复位、样品管路清洗和样品盘的转动,均按照预先编制程序自动进行工作。自动进样器分为圆盘式、链式和笔标式三种。

进样方式有隔膜进样、停流进样、阀进样、自动进样。

进样器的特点:密封性好,死体积小,重复性好,保证中心进样,进样时对色谱系统的压力、流量影响小。

12.5.3 色谱柱

色谱柱是高效液相系统中承担分离作用的部件,也是高效液相色谱系统中最核心的部件,其选择与性能直接决定了整个系统的优劣。

色谱柱由柱管、压帽、卡套(密封环)、筛板(滤片)、接头、螺丝等组成(图 12-6)。柱管多用不锈钢制成,也有用厚壁玻璃或石英管为材料的柱管。为提高柱效,减小管壁效应,不锈钢柱内壁多经过抛光。色谱柱两端的柱接头内装有筛板,是烧结不锈钢或钛合金,孔径为 $0.2\sim20\ \mu m$,取决于填料粒度,目的是防止填料漏出。

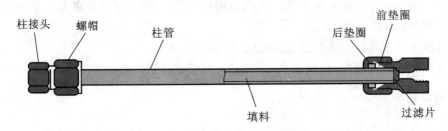

图 12-6 色谱柱示意图

色谱柱按用途可分为分析型和制备型两类,尺寸规格也不同。

(1) 常规分析柱(常量柱) 其内径为 $2\sim5\ mm$(常用 $4.6\ mm$),柱长为 $10\sim30\ cm$。

(2) 窄径柱(又称细管径柱、半微柱) 其内径为 $1\sim2\ mm$,柱长为 $10\sim20\ cm$。

(3) 毛细管柱(又称微柱) 其内径为 $0.2\sim0.5\ mm$。

(4) 半制备柱 其内径$>5\ mm$。

(5) 实验室制备柱 其内径为 $20\sim40\ mm$,柱长为 $10\sim30\ cm$。

(6) 生产制备柱 其内径可达几十厘米。

通常色谱柱寿命(正常情况下)可达两年以上。以硅胶为基质的填料,只能在 pH $2\sim9$ 范围内使用。有时为防止柱子失效通常是在分析柱前装一根与分析柱相同固定相的短柱($5\sim30\ mm$),可以起到保护、延长柱寿命的作用,但是采用保护柱有时柱效会降低或峰形变难看。

12.5.4 检测器

检测器的作用是将柱流出物中样品组成和含量的变化转化为可供检测的信号,应具有灵敏度高、重现性好、响应快、线性范围宽、使用范围广、死体积小等特点。常见检测器有紫外检测器、荧光检测器、示差折光检测器、蒸发光散射检测器等。

1. 紫外可见吸收检测器(ultraviolet-visible detector,UVD)

紫外可见吸收检测器(UVD)是 HPLC 中应用最广泛的检测器。其特点是灵敏度较高、波长可选、线性范围宽,噪声低,它对流动相的脉冲和温度变化不敏感,可用于梯度洗脱。对强吸收物质检测限可达 1 ng,检测后不破坏样品,可用于物质的制备。但是它只适用于对紫外有吸收的组分的检测。

1)紫外吸收检测器

紫外可见检测器的工作原理是基于被测样品组分对特定波长的紫外光选择性的吸收,组分的浓度与吸光度的关系符合朗伯-比尔定律。紫外吸收检测器由光源、单色器、流通池和光电管等部分组成。常用氘灯作光源,氘灯可发射出紫外-可见区范围的连续波长(图 12-7)。其缺点主要为溶剂的选择受到一定限制(有紫外吸收的溶剂不能选择,各种溶剂的紫外截止波长具体见第 4 章第 3 节),工作波长不能小于溶剂的截止波长。

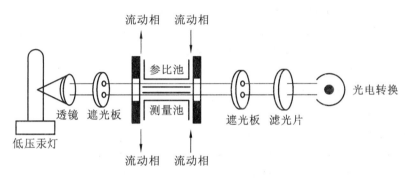

图 12-7　双光路结构的紫外-可见检测器光路图

2)光电二极管阵列检测器(Photo-diode Array Detector,PDAD)

光电二极管阵列检测器又称快速扫描紫外可见分光检测器,是一种新型的光吸收式检测器。它的检测元件为光电二极管阵列,有多达 1024 个二极管组成,各接受一定波长的光谱(图 12-8)。原理为,由于计算机快速扫描采集数据而获得组分的吸收度(A)是保留时间(t_R)和波长(λ)函数的三维色谱光谱图。由三维色谱图可观察到与每一组分的色谱图相应的光谱数据,从而可以选择最佳灵敏度的波长。

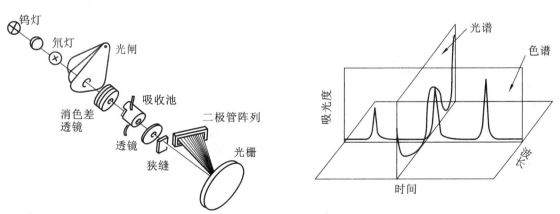

图 12-8　光电二极管阵列检测器光路图

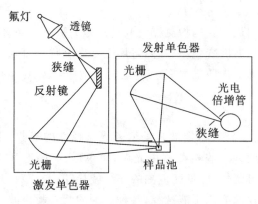

图 12-9　荧光检测器示意图

2. 荧光检测器(fluorescence detector,FD)

荧光检测器的灵敏度高,可检测能产生荧光的化合物,属于浓度型检测器。对某些不发荧光的物质可通过化学衍生化生成荧光衍生物,再进行荧光检测。其原理为某物质在受到紫外光激发后,发射荧光(图 12-9),根据物质发出的荧光强度和其浓度成正比的关系来检测待测组分。其最小检测浓度可达 0.1 ng/mL,适用于痕量分析。其灵敏度比紫外检测器高 2～3 个数量级,但其线性范围不如紫外检测器宽,并只能对具有荧光特性的物质有响应。

3. 示差折光检测器(refractive index detector,RID)

示差折光检测器是一种浓度型通用检测器,是除紫外吸收检测器以外应用最多的液相色谱检测器,由于每种物质都具有不同的折光系数,故示差折光检测器属于通用型检测器(图 12-10)。示差折光检测器是根据连续检测参比池和样品池中流动相之间的折光系数的差值与待测样品浓度成正比的关系来测定样品含量的。对于一些不能用选择性检测器检测的组分,如高分子化合物、糖类、脂肪烷烃等,可用示差检测器检测。它的主要缺点是对温度变化很敏感,不能用于梯度洗脱。

4. 蒸发光检测器(evaporative light scattering detector,ELSD)

蒸发光检测器适合于分析挥发性低于流动相的和无紫外吸收的组分,是一种新型的通用型检测器(图 12-11)。其原理为被测组分经色谱柱分离后流出得到柱洗脱液,柱洗脱液被高速载气喷成雾状颗粒,然后在加热的漂移管中将溶剂蒸发,溶质形成不挥发的微小颗粒,被载气携带进入光散射检测池进行检测。在检测池中,样品颗粒散射激光光源发出的光,而蒸发的流动相不发生散射。散射光被硅光电二极管检测,产生电信号输送模拟信号输出端口。它消除了溶剂干扰和因温度变化而引起的基线漂移,灵敏高,适用于梯度洗脱。

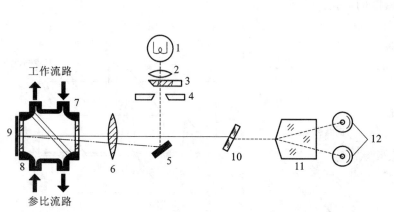

图 12-10　示差折光检测器光路图

1—钨灯丝光源;2—透镜;3—滤光片;4—遮光板;5—反射镜;6—透镜;7—工作池;

8—参比池;9—平面反射镜;10—平面细调透;11—棱镜;12—光电管

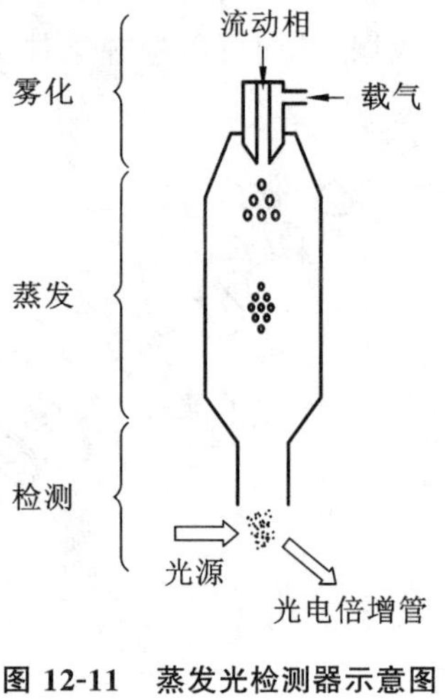

图 12-11　蒸发光检测器示意图

12.6　定量、定性分析及其应用

12.6.1　定性分析

1．保留时间对照法

1）外标对照法

在相同的色谱条件下，分别测定供试品溶液与高纯度的单一组分对照品溶液，对比两组分的保留时间，一般保留时间相对差异在 5％以内，同时绝对误差在 0.1 min 以内的认定为同一个物质，仍遵守"同一组分保留时间肯定一样，但保留时间一样不一定是同一组分，保留时间不一样的肯定不是同一组分"的原则。

2）标准加入法

在相同的色谱条件下，将高纯度的对照品按一系列的比例加入供试品溶液中，再进行检测，与相同浓度未加对照品的供试品溶液比较，峰高或峰面积呈等比例增加的，可认定为是同一物质。此法适用于组分比较复杂，邻近有干扰组分峰时的供试品的鉴别。

2．利用检测器选择性进行鉴别

1）DAD 检测器波长扫描法

对于配有 DAD 检测器的还可以对比三维扫描图谱和峰纯度计算进行辅助定性。

2）质谱检测器鉴别法

该方法适用于高效液相色谱与质谱联用技术，通过比较碎片峰进而对供试品进行鉴别。

12.6.2　定量分析

1．外标法

外标法是以待测成分的对照品作为对照物质，测定供试品的含量。

1）工作曲线法：用已知不同含量的对照品溶液系列等量进样分析，然后作出响应信号峰高或峰面积与含量之间的关系曲线，也就是校正曲线。定量分析样品时，在测校正曲线相同条件下，测定供试品溶液，得到响应信号出峰高或峰面积，再从校正曲线查出样品的含量或利用它的回归方程，计算供试品的含量。

2）外标一点法：用一种浓度的对照品溶液与供试品溶液组分 i 进行对比，将对照品与供试品多次在相同条件下进样，测得峰面积的平均值。用下式可以计算待测组分 i 的含量。

$$W_i = \frac{A_i (W_i)_s}{(A_i)_s} \tag{12-3}$$

式中：W_i、A_i 分别是供试品溶液进样体积中所含 i 组分的重量及峰面积；$(W_i)_s$、$(A_i)_s$ 分别是对照品溶液中所含 i 组分的重量及峰面积。

2．内标法

内标法是将一定量的已知含量的物质作为内标物，加到一定量的供试品中，然后对含有内标物的样品进行色谱分析，分别测定内标物和待测组分的峰面积（或峰高）及相对校正因子，求出被测组分在样品中的百分含量。内标法可分为下述三种方法。

（1）工作曲线法：与外标法相同，是在供试品各种浓度的标准溶液中，同体积加入相同量的内标物,分别测量标准物与内标物峰面积(或峰高),以其峰面积比A_i/A_s对$(c_i)_s$做曲线或求出回归方程。将相同量的内标物加至供试品溶液中,用相同的方法测量供试品与内标物峰面积(或峰高),以两者峰面积之比由工作曲线查出或用回归方程计算出供试品的含量。

(2)内标一点法:在已知浓度的标准样品中加入一定量的内标物,再将内标物按相同量加入同体积的供试品溶液中,分别测定,计算供试品的含量。

(3)校正因子法:将精密称量的供试品的标准品m_i g,加入精密称定的内标物m_s g配成溶液,进行测定,由两者的峰面积比求出校正因子f_i,再用待测组分的峰面积与校正因子计算含量。

$$f_i = \frac{m_i/A_i}{m_s/A_s} \tag{12-4}$$

12.6.3 应用

高效液相色谱法作为一种十分有效的分析分离手段,已经广泛应用于石油化工、生物化学、食品卫生、环境、生命科学、材料、医药工业等领域。通过一些色谱技术的相互结合,解决了传统液相检测器灵敏度和选择性不够的缺点,提供了可靠、精确的分析结果,简化了实验步骤,节省了分析时间。

高效液相色谱法在药物分析中的应用包括对药物成分的含量测定,以及对各种可能存在的杂质、分解产物等微量成分的鉴别和分析,还有药物代谢产物的分析、鉴定以及临床治疗药物的监测和体内物质的分析、测定。除此之外还包括对药物的开发研究到生产阶段的各环节进行质量追踪控制。

1. 鉴别和含量测定的应用实例(图 12-12):

色谱柱:Agilent XDB(250×4.6 mm,5 μm);流动相:0.025 mol·L^{-1}的甲酸铵溶液-乙腈(60:40);流速:1 mL·min^{-1};柱温:35 ℃;检测波长:230 nm;进样量:10 μL。

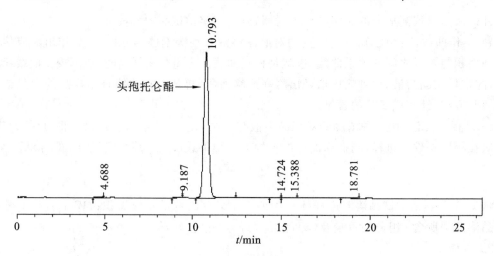

图 12-12　头孢托仑酯含量测定的 HPLC 图

2. 异构体检查应用实例(图 12-13):

色谱柱:CHIRALPAK IC(250×4.6 mm,5 μm);流动相:正己烷-乙醇-异丙醇-二乙胺

（65∶15∶20∶0.25）；流速：0.8 mL·min⁻¹；柱温：25 ℃；检测波长：254 nm；进样量：20 μL。

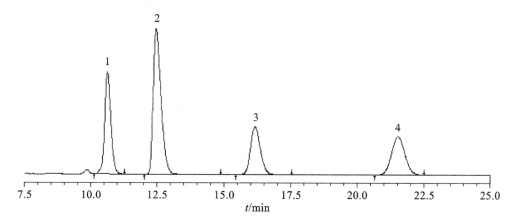

图 12-13　琥珀酸索非那新异构体检查的 HPLC 图

1—琥珀酸索非那新异构体 c；2—琥珀酸索非那新异构体 a；3—琥珀酸索非那新异构体 b；4—琥珀酸索非那新

3. 有关物质检查应用实例（图 12-14）

色谱柱：Agilent Eclipse XDB－C18（4.6×250 mm，5 μm）；以水为流动相 A，以乙腈为流动相 B，以乙醇为流动相 C；流速：1.0 mL·min⁻¹；柱温：35 ℃；检测波长：230 nm。进样量：20 μL，按照表 5-4 梯度进行洗脱：

表 5-4　梯度洗脱数据

时间/min	0	2	18	30	40	60	60.01	70
流动相 A	55%	55%	30%	30%	15%	15%	55%	55%
流动相 B	45%	45%	45%	45%	55%	55%	45%	45%
流动相 C	0%	0%	25%	25%	30%	30%	0%	0%

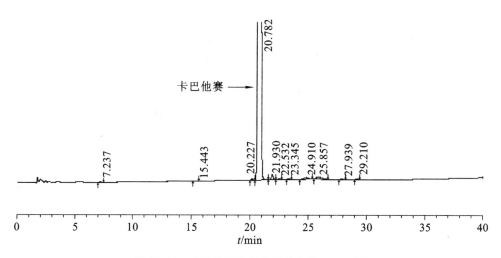

图 12-14　卡巴他赛有关物质检查的 HPLC 图

4. 高聚物检查应用实例（图 12-15）：

色谱柱：TSKgel G2000 SWXL（300×7.8 mm，5 μm）；流动相：0.005 mol·L⁻¹的磷酸盐缓冲液（pH 5.0）-乙腈（99∶1）；流速：0.5 mL·min⁻¹；柱温：35 ℃；检测波长：254 nm；进样量：20 μL。

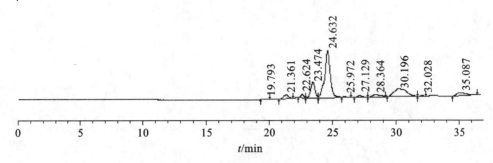

图 12-15　盐酸头孢替安酯聚合物检查的 HPLC 图

思 考 题

12-1　简述液相色谱法的类型及分离原理？

12-2　在液-液分配色谱中，为什么可分为正相色谱及反相色谱？

12-3　高效液相色谱仪的流动相为什么要脱气？常用的脱气方法有几种？

12-4　简述高效液相色谱仪紫外-可见吸收检测器的使用原理。

12-5　高效液相色谱法常用的定量方法有哪些？

12-6　高效液相色谱仪有哪些常用的检测器？

12-7　高效液相色谱法在哪些领域有实用价值？

参 考 文 献

[1]　孙毓庆,胡育筑.分析化学[M].3 版.北京:科学出版社,2011.

[2]　刘约权.现代仪器分析[M].3 版.北京:高等教育出版社,2015.

[3]　武汉大学.分析化学[M].5 版.北京:高等教育出版社,2006.

[4]　高向阳.新编仪器分析[M].4 版.北京:科学出版社,2013.

[5]　朱明华,胡坪.仪器分析[M].4 版.北京:高等教育出版社,2008.

[6]　吴谋成.仪器分析[M].北京:科学出版社,2003.

[7]　吕静.仪器分析新技术[M].哈尔滨:黑龙江人民出版社,2007.

[8]　孙毓庆.现代色谱法及其在药物分析中的应用[M].北京:科学出版社,2005.

[9]　袁存光.现代仪器分析[M].北京:化学工业出版社,2012.

第13章　高效毛细管电泳和毛细管电动色谱分析法

13.1　概　　述

13.1.1　毛细管电泳及发展历史

在电场作用下,带电粒子朝着与其带相反电荷的电极移动的现象称为电泳(electrophoresis,EP)。电泳技术是基于带电粒子在电场中移动速度差异而进行分离的技术。目前,电泳技术是分析化学领域中发展最快的分离技术。在高压直流电场作用下,基于各组分之间的分配行为和淌度上的差异,将离子或带电粒子在毛细管内实现分离的技术称为高效毛细管电泳(high-performance capillary electrophoresis,HPCE)。HPCE 的特点是毛细管柱内径小,表面积和体积的比值大,散热快,热量少。同普通高效液相色谱法相比较,HPCE 具有进样量小、分离效率高、分析成本低、应用面广、操作简便等优点。但是它不能进行样品制备,进样的准确性和检测灵敏度等方面略显不足。

早在20世纪40年代瑞典生物化学家 Tiselius 将电泳技术应用到人血清中五种主要蛋白质的分离。经过多年的发展,直到20世纪90年代 Jorgenson 和 Lukacs 阐明了毛细管电泳(capillary electrophoresis,CE)的有关理论,奠定了 HPCE 发展的基础。从此,毛细管电泳的研究与应用迅速发展,分离模式和操作技术相继建立并日益完善,商品化的仪器设备不断推出,应用领域迅速拓宽。根据分离原理和分离模式不同,毛细管电泳又可分为毛细管区带电泳(capillary zone electrophoresis,CZE)、亲和毛细管电泳(affinity capillary electrophoresis,ACE)、毛细管等电聚焦(capillary isoelectric focusing,CIEF)、毛细管等速电泳(capillary isotachophoresis,CITP)、毛细管电动色谱(capillary electrokinetic chromatography,CEC)等。

13.1.2　毛细管电泳的特点

毛细管电泳使用内径通常为 $10\sim25~\mu m$ 的弹性(聚酰亚胺)涂层熔融石英管,标准毛细管的外径为 $375~\mu m$。毛细管的特点有以下几个方面:①容积小(1根 $100~cm\times75~\mu m$ 管子的容积仅 $4.4~\mu L$);②侧面积与截面积的比值大,使毛细管散热快,能承受高电场($100\sim1~000~V\cdot cm^{-1}$);③能使用自由溶液、凝胶等为支持介质;④在溶液介质下能产生平面形状的电渗流。毛细管电泳同传统的电泳技术和现代色谱技术比较,具备如下突出优点。

(1)检测器灵敏度高,一般紫外检测器的检测极限在 $1\times10^{-13}\sim1\times10^{-15}$ mol,荧光检测器可达 $1\times10^{-19}\sim1\times10^{-21}$ mol。

(2)分离效率高,峰分离效率超过100万理论塔板数/米,一般可达几十万理论塔板数/米。

(3)分离、分析快速,分析在几十秒至十几分钟内完成。

(4)进样量少,与其他分离方法比较,需要更少的样品制备量,一般只需纳升级进样量。

(5)适用范围广,具有"万能"分析功能或潜力,从无机离子到整个细胞都适用。

(6)成本低,毛细管使用寿命长,缓冲液消耗少,并可自行配制。

（7）自动化程度高，是目前自动化程度较高的分离方法之一。

（8）环境污染小。通常使用水相体系，对人体对环境均无害。

毛细管电泳也存在如下不足。

（1）制备样品能力差。

（2）光路太短，非高灵敏度的检测器难以测出样品峰。

（3）凝胶毛细管需要专门的灌制技术。

（4）侧面积与截面积的比值增大能"放大"吸附作用，导致蛋白质类样品的分离效率下降或无峰。

（5）吸附引起电渗变化，进而影响分离重现性等，目前尚难以定量控制电渗。

总之，毛细管电泳法是将传统的电泳分离技术和现代的分离技术（如 HPLC、GC 等）中的检测、数据处理技术有机地结合起来，形成了一种新的高效分离技术。其灵敏度、分离效率及使用成本等方面较液相色谱法具有更多优势。

13.2　毛细管电泳的基本原理

13.2.1　基本概念

1. 电泳迁移

电泳迁移（electrophoretic migration）是指带电粒子在电场作用下作定向移动的现象。

2. 迁移时间

迁移时间（migration time）是指带电粒子在电场作用下做定向移动的时间，用 t_m 表示，单位为 min。

3. 电泳速度

电泳速度（electrophoretic velocity）是指带电粒子在单位时间内定向移动的距离，用 U_e 表示，单位为 cm · s^{-1}。

4. 电场强度

电场强度（electric field strength）是指在给定长度毛细管的两端施加一个电压后所形成的电效应的强度，用 E 表示，单位为 V · cm^{-1}。

5. 电泳淌度

电泳淌度（electrophoretic mobility）是指带电粒子在毛细管中定向移动的速度与所在电场强度之比。单位为 cm^2 · V^{-1} · s^{-1}，用 μ_{ep} 表示，单位为 cm^2 · V^{-1} · s^{-1}。

$$\mu_{ep} = \frac{U_e}{E} = \frac{\dfrac{L_d}{t_m}}{\dfrac{V}{L_t}} \tag{13-1}$$

式中：U_e 为电泳速度；E 为电场强度；L_d 为毛细管的入口端到检测器窗口的距离，即有效长度；L_t 为毛细管两端的总长度；t_m 为迁移时间；V 为电压。

电泳淌度（mobility）定义为单位场强下离子的平均电泳速率。电泳速率与外加电场强度有关，因此，在电泳中常用淌度描述电荷离子的电泳行为与特征，这样离子迁移速率可以用式

(13-1)表示。

$$v_e = \mu_e E = \frac{\zeta_e \alpha_i \varepsilon}{d \eta} E \qquad (13-2)$$

式中：μ_e 为电泳淌度；v_e 为离子的电泳速率；E 为电场强度；α_i 为组分的分离度；ζ_e 为组分的电动电位；ε 为介质的介电常数；η 为介质的黏度；d 为与离子大小有关的常数。从式(13-2)可以看出，当电场强度一定时离子的电泳淌度不同，在电场中移动的速率不同，利用这个原理可以将不同的离子进行分离。对于具有相同电荷的离子而言，离子半径越小，摩擦力越小，迁移的速率就越快。对于大小相同的离子而言，所带电荷越大，获得的驱动力越大，迁移的速率也就越快。

6. 电渗流

电渗流(electroosmotic flow, EOF)是一种电动现象，当一个电场加在某个带电荷的表面(例如 pH>3 的玻璃毛细管的内壁)或者多孔的固体介质的两端，同时该表面或介质处在电解质溶液中，溶液会以某一固定的速度流动。如图 13-1 所示。当缓冲液的 pH>3 时，毛细管内壁的硅羟基 Si—OH 电离成 SiO⁻，使表面带负电荷。在静电吸附和分子扩散作用下，溶液中的阳离子在固液界面形成双电层。在外加电场作用下处于扩散层中的阳离子向阴极移动，溶剂化的阳离子连同溶剂一同向阴极迁移，便形成 EOF。电场作用下产生的 EOF，与高效液相色谱中靠外部泵压产生的液流不同，如图 13-2 所示，EOF 的流形属扁平形的塞流，HPLC 的流形是抛物线状的层流。扁平流形的塞流不会引起样品区带的增宽，这是 CE 的分离柱效高于 HPLC 的重要原因之一。

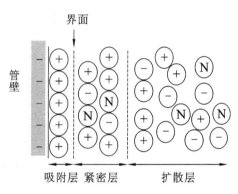

图 13-1 毛细管内壁的双电层模型
⊖—负电荷粒子；⊕—正电荷粒子；N—电中性粒子

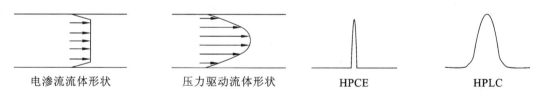

电渗流流体形状　　压力驱动流体形状　　HPCE　　HPLC

图 13-2 电渗流与高效液相色谱的流形对比

与电泳类似，常用电渗淌度表示电渗流的大小，用式(13-3)表示。

$$v_{eo} = \mu_{eo} E \qquad (13-3)$$

式中：v_{eo} 为电渗流速率；μ_{eo} 为电渗淌度。

在电渗流存在的情况下，组分的迁移速率 v 是其电泳速率 v_e 和电渗流速率 v_{eo} 的总和，可用式(13-4)表示。

$$v = (\mu_e + \mu_{eo}) E = v_e + v_{eo} \qquad (13-4)$$

在毛细管电泳中，阳离子向阴极迁移速率最快，与 EOF 方向一致；中性分子可以随 EOF 迁移但不能彼此分离；阴离子应向阳极迁移，通常电泳移动速率小于 EOF 速率，所以阴离子缓慢移向阴极，因此，所有的阳离子、中性物质、阴离子都能先后迁移至毛细管的同一末端并被检测。

7. Zeta 电位

Zeta 电位是指在电场的作用下,两种相反电荷的离子之间所产生的电位。在毛细管电泳中,石英毛细管内壁上带负电荷的硅胶表面(在 pH>3 时)与缓冲液中阳离子之间形成的电位称之为 Zeta 电位。

8. 焦耳热(joule heating)

毛细管中的电解质在高电场作用下会产生热量,即焦耳热。焦耳热的产生与缓冲液的浓度和毛细管的管径大小有关。缓冲液的浓度越大,产生的热量就越多,但是管径越细散热就快。

13.2.2 电泳分离基本原理

毛细管电泳仪的基本组成包括进样系统、高压电源装置、电极槽、毛细管柱、检测器、数据处理系统等。

1. 毛细管电泳装置

图 13-3 是毛细管电泳装置示意图。毛细管柱两端分别置于含有缓冲液的电极槽中,毛细管内也充满相同的缓冲液。毛细管一端为进样端,另一端连接在线检测器。高压电源供给铂电极 5~30 kV 的电压,待分离的试样在电场作用下产生电泳进而分离。为了避免柱两端产生压差引起液体在毛细管内流动,两个电极槽中缓冲液的液面和毛细管柱的两端插入液面下的深度应保持在同一水平面。

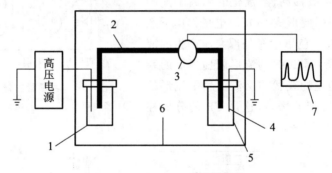

图 13-3　毛细管电泳装置示意图

1—高压电极槽;2—毛细管柱;3—检测器;4—铂丝电极;5—低压电极槽;6—恒温系统;7—数据处理系统

2. 电泳电压

毛细管电泳的柱效、分离度和分离时间与电泳电压有密切关系。较高的电压可以提高柱效、分离度和缩短分析时间,但是高电压难以避免产生大量的焦耳热,不利于分离分析。毛细管电泳分离条件优化时,除需要有效措施散热外,筛选最佳工作电压也是非常重要的。

实际工作中,缓冲液浓度、毛细管内径及长度是选择最佳工作电压的重要影响因素。通过实验作欧姆定律曲线来选择电泳体系的最佳工作电压。除了工作电压选择外,电压施加方式也非常重要。常见的有恒压、恒流、恒功率、梯度升压、梯度降压等方式。恒压是毛细管电泳分离加压的主要模式。恒流或恒功率方式加压在恒温控制较差的电泳系统中,有利于提高分离的重现性。在微量样品的制备研究中,可通过降压分离方法减慢迁移速率,从而使分离组分能够准确收集。条件允许时,应当考虑线性升压的工作方式。图 13-4 显示的梯度升压方式不仅提高了分离度,而且获得了较对称的峰形。

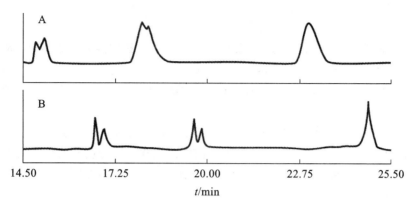

图 13-4　梯度升压方式对毛细管电泳分离的影响

A—2 kV 至 25 kV,0 min,一步升压;B—2 kV 至 25 kV,5 min,线性梯度升压

样品:β-乳球蛋白 A,溶菌酶,细胞色素 C,肌红蛋白,白蛋白

3. 毛细管及其温度控制

毛细管柱作为电泳分离分析的载体,其材料、形状、内径、柱长、温度对分离度和重现性都有影响。

1) 毛细管的选择

目前多用圆管形弹性熔融石英毛细管,俗称融硅毛细管。柱外涂敷一层聚酰亚胺薄膜,使其不易折断。石英玻璃透明,对紫外光无吸收可以实现柱上检测。在电压一定的条件下,毛细管孔径越小,电流就越小,产生的焦耳热也就越少。但是孔径小,载样量也相应减少,可能低于检出限。因此,毛细管柱内径选择的下限受到检测灵敏度等因素的限制。

柱长与电泳分离度无关,但是毛细管尺寸的选择与分离模式和样品有关。CZE 多选用分离的有效长度为 $40\sim60$ cm,内径为 50 μm 或 75 μm 的毛细管,但也有长达 1 m 或短至数厘米的毛细管。进行大颗粒(如红细胞)的分离,则需要内径大于 300 μm 的毛细管。

2) 毛细管柱温控制

毛细管柱温对 CE 分离参数和电泳行为有重要意义,温度影响分离效率和分离的重现性。电泳温度的选择应综合考虑热效应、重现性、分离效率和分离介质对温度耐受性等因素。减小热效应的方法包括增加柱长、减小柱内径、降低外加电压、减小缓冲液浓度等。增加柱长,可以增加散热面积,提高分离度,但分析时间延长;减小柱内径在有利于散热但同时增强了吸附效应;电压降低造成分离效率降低和延长迁移时间;缓冲液浓度降低会限制样品负载,并使分离度降低。因此,这些方法都不是控制温度的最佳方法。因此在仪器设备开发上,应考虑在 CE 装置上配套使用热传导系数高的合金材料制成的固态电热控制器快速散发焦耳热,也可配套使用空气循环或水循环的降温附件。图 13-5 显示,控制毛细管柱温时,毛细管中的电流小且稳定。

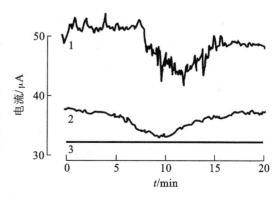

图 13-5　毛细管电流随时间变化曲线

1—空气自然对流;2—空气强制对流;3—固态电热冷却

4. 进样方式

1）电动进样

毛细管柱的进样端插入样品溶液，在施加电压的情况下，试样因离子迁移和电渗作用进入管内的进样方式称为电动进样。这种进样方式的优点在于适用于毛细管内的任何介质。缺点是其准确性和可靠性低。比如对离子组分中迁移速率大的组分进样量要多于迁移率小的组分。

2）压力进样

压力进样要求毛细管中的介质具有流动性，当毛细管的两端存在压力差时，管内的溶液将发生流动从而将试样带入，因此其只适合于自由溶液电泳模式。压力进样的优点是对组分没有偏向性，但是样品及其背景同时被引进管中，其进样选择性差，因此对后续分离可能产生影响。

3）扩散进样

扩散进样是利用浓度差扩散原理将样品分子带入毛细管内，当将毛细管进样端插入试液中时，试液和管口溶液界面存在浓度差而向管内扩散。扩散进样对毛细管内的介质没有任何限制，属于普适性方法。扩散进样具有双向性，即样品进入毛细管内的同时，区带中的背景物质也向管外扩散，这种进样方式可以抑制背景干扰，提高分离效率。扩散与电迁移速率和方向无关，可以抑制进样偏向，提高定性、定量分析的可靠性。

5. 检测器

目前除了原子吸收光谱和红外光谱未用于 CE 外，其他常用的紫外、荧光、化学发光、电化学和质谱检测器等均已用于 CE，检测器是 CE 装置中的关键。表 13-1 列出了毛细管电泳中常用的检测器及其检出限。

表 13-1　毛细管电泳中常用检测器及其检出限

检测器	质量检出限/mol	优缺点	是否柱上检测
紫外	$10^{-13} \sim 10^{-15}$	适合用于有紫外吸收的物质	是
荧光	$10^{-15} \sim 10^{-17}$	灵敏度高，通常需要衍生化	是
激发诱导荧光	$10^{-20} \sim 10^{-21}$	灵敏度非常高，通常需要衍生化	是
质谱	$10^{-15} \sim 10^{-17}$	通用性好，能提供结构信息	否
安培	$10^{-19} \sim 10^{-21}$	灵敏度高，只适合于电活性物质	否
电导	$10^{-15} \sim 10^{-16}$	通用性好	否

1）紫外检测器

紫外检测器是应用最广泛的商品化检测器，广泛应用在 HPLC、CE、分光光度计等仪器上。其优点是可以采用在线检测的方式，简单方便。对极低浓度和极微量样品分析时，毛细管的直径限制了光程，影响紫外检测器的灵敏度，达不到分析的要求。

2）激光诱导荧光检测器

激光诱导荧光（laser induced fluorescence，LIF）检测器的检测限比常规紫外检测器低 5～6 个数量级，其灵敏度较高，与紫外检测一样可以采用在线检测方式。LIF 也可采用柱后衍生检测。利用 CE‐LIF 技术时，被测物质必须用荧光试剂衍生化修饰。LIF 检测器的光源由激光器产生，激光的优点是具有单色性和相干性好、光强高，能有效提高信噪比。采用光导纤维将激光引入毛细管中，令其进行全反射传播，能有效消除管壁散射、降低背景噪声，从而大幅度提高检测灵敏度。

3）质谱检测器

CE 与质谱仪（mass spectrometry，MS）联用，MS 检测器可以给出组分的结构信息，成为微量生物样品分离分析的有力工具，适用于复杂生物体系的分离鉴定。MS 用作 CE 的检测器，有离线检测和在线检测两种方式。离线检测是将 CE 分离组分收集后，再进入 MS 离子源进行分析，在线检测是毛细管分离组分直接进入 MS 检测器中进行分析。

4）电化学检测器

电化学（electrochemistry，EC）检测器的优点是避免光学检测器光程短的问题，和 LIF 一样是一种灵敏度较高的检测器，尤其是对吸光系数小的无机离子和有机小分子的 EC 分离检测很有效。其缺点是要求溶质具有电活性，检测范围局限于一些容易氧化或还原的物质。

13.2.3　毛细管电泳分离模式

1. 毛细管区带电泳

毛细管区带电泳（capillary zone electrophoresis）是毛细管电泳中应用范围最广的分离模式，其分离原理是具有不同的质荷比的试样组分，在电渗流的作用下流出的速度具有差异，质荷比大的粒子流出的速度快，从而达到分离效果。溶质的流出顺序：阳离子＞中性粒子＞阴离子。毛细管区带电泳使用一种电泳缓冲液。该缓冲液的离子强度、pH 值影响电渗流的大小及方向、电泳的柱效、选择性、分离度、分离时间。缓冲液的选择应遵循以下几点：①本底的响应值低；②自身的淌度低，离子大而带电量小；③在所选的 pH 值范围内有合适的缓冲容量。毛细管区带电泳特别适合分离带电化合物，包括无机阴离子、无机阳离子、有机酸、胺类化合物、氨基酸、蛋白质等，不能分离中性化合物。图 13-6 是水中无机阴离子及有机酸根的分离图谱。

2. 毛细管凝胶电泳

毛细管凝胶电泳（capillary gel electrophoresis，CGE）是按照组分相对分子质量大小进行分离的区带电泳方法。支持介质是起"分子筛"作用的凝胶，凝胶具有多孔性和分子筛的作用，组分按分子大小逐一分离。凝胶黏度大，能减少溶质的扩散，所得峰形尖锐，能达到较好的柱效。常用聚丙烯酰胺在毛细管内交联制成凝胶柱，分离测定蛋白质的分子量或核酸的碱基数目，凝胶柱制备麻烦，使用寿命短。另外一种采用无胶筛分介质（如甲基纤维素）代替聚丙烯酰胺，其优点是黏度低，无凝胶形成但具有分子筛的作用，不同种类、不同浓度的线形聚合物其分离效果不一样。线形聚合物制备的分离介质比凝胶柱制备简单，使用寿命长，但分离效果比凝胶柱略差。用 1.5% 线性聚丙烯酰胺溶液分离混合 DNA 的电泳图谱如图 13-7 所示。其具有分离能力强、速度快等特点，常用于分离核酸片段、蛋白质等生物大分子。

3. 毛细管等电聚焦

毛细管等电聚焦电泳（capillary isoelectric focusing，CIEF）是基于蛋白质或多肽之间等电点的差异进行分离的电泳技术。它是结合了常规等电聚焦凝胶电泳的高分辨率和现代毛细管电泳的特点的一种毛细管电泳分离模式。电解质中混合凝胶及两性电解质，通电后，两性电解质会先形成 pH 值梯度，样品移动到其等电点时则停止移动，利用气压压力将已等电聚焦的样品推动，经过检测器进行检测。CIEF 在分离蛋白质方面具有较大的优越性，可分离等电点（pI）相差 0.01 pH 单位的不同蛋白质，除测定 pI 外，还可用于其他方法无法分离的蛋白质，如异构酶鉴定、单克隆抗体、多克隆抗体、免疫球蛋白、血红蛋白、血清转铁蛋白以及低浓度生物样品的分析。

4. 亲和毛细管电泳

亲和毛细管电泳是指在电泳过程中具有生物专一性亲和力的两种分子（受体和其配体）间

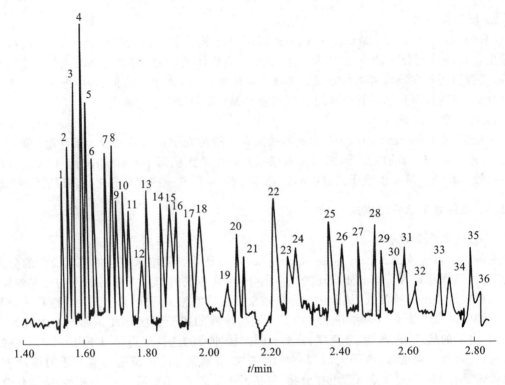

图 13-6　36 种阴离子的 CZE 分离图谱

1—$S_2O_3^{2-}$；2—Br^-；3—Cl^-；4—SO_4^{2-}；5—NO_2^-；6—NO_3^-；7—钼酸根；8—叠氮(化物)；9—WO_4^{2-}；10——氟磷酸根；

11—ClO_3^-；12—柠檬酸根；13—F^-；14—甲酸根；15—PO_4^{3-}；16—亚磷酸根；17—次氯酸根；18—戊二酸根；

19—邻苯二甲酸根；20—半乳糖二酸根；21—碳酸根；22—乙酸根；23—氯乙酸根；24—乙基磺酸根；25—丙酸根；

26—丙基磺酸根；27—天冬酸根；28—巴豆酸根；29—丁酸根；30—丁基磺酸根；31—戊酸根；32—苯甲酸根；

33—L-谷氨酸根；34—戊基磺酸根；35—D-葡萄糖酸根；36—D-半乳糖醛酸根。

发生了特异性相互作用,可以形成具有不同荷质比的配合物而达到分离目的。电泳缓冲液中试剂的变化,配合物电泳峰的面积可能增加或位置发生规律移动。图 13-8 为 4 ng 白蛋白的亲和毛细管电泳分离图谱。当 Ca^{2+} 存在时,蛋白峰为单峰;当 Ca^{2+} 被 EDTA 配合后,对应的峰后移,并表现出多峰性。

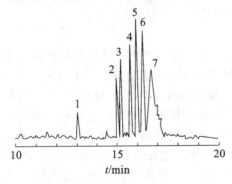

图 13-7　DNA 在线形聚丙烯酰胺溶液中的电泳图谱

1—1.564 bp；2—2.0 kbp；3—2.3 kbp；4—4.4 kbp；

5—6.6 kbp；6—9.4 kbp；7—23.1 kbp

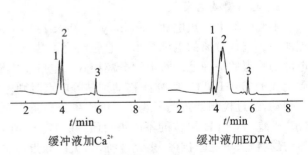

缓冲液加Ca^{2+}　　　　　　缓冲液加EDTA

图 13-8　白蛋白的亲和毛细管电泳分离图谱

1—电渗峰；2—蛋白峰；3—未知组分

13.3　毛细管电动色谱

13.3.1　毛细管电动色谱

　　毛细管电动色谱(capillary electro chromatography,CEC)可以分为填充柱毛细管电动色谱(packed column capillary electro chromatography,PCCEC)和胶束电动毛细管色谱(micellar electrokinetic capillary chromatography,MECC)两类,是高效液相和毛细管电泳相结合的一种毛细管电泳分离模式。PCCEC 的主要特点是 HPLC 用的固定相填充或者键合在石英毛细管柱内或管壁上。MECC 的特点是将表面活性剂(如十二烷基磺酸钠(SDS))加入缓冲溶液中,表面活性剂的浓度一旦超过临界胶束浓度时,它们聚集形成具有三维结构的胶束,疏水烷基指向中心,带电荷的一端指向缓冲液。如图 13-9 所示。该方法也可用来改善不同离子的分离选择性。CEC 优点是既保持 CE 高效、高分辨和快速的特点,又可选择不同的固定相提高选择性和扩大分离范围,根据溶质在流动相与固定相中的分配系数不同,带电组分电泳淌度的差异进行分离。CEC 能分离中性物质、阴离子和阳离子。

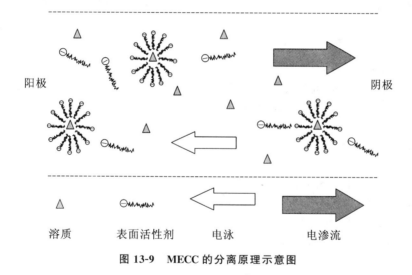

图 13-9　MECC 的分离原理示意图

13.3.2　实验技术

　　1. 毛细管涂层技术

　　毛细管内壁的表面特性对电泳分离行为有显著影响。熔硅毛细管的特点是 EOF 随 pH 值和实验条件的改变而变化,以及对某些溶质特别是蛋白质的吸附作用表现突出。图 13-10 为 7 种蛋白质在五氟代芳基涂层(a)和未涂层(b)毛细管中的 CZE 图谱。

　　2. 凝胶毛细管的制备

　　聚丙烯酰胺凝胶毛细管制备技术分为凝胶柱结构设计及单体溶液的配制、毛细管预处理、单体溶液的灌制与控制、聚合及其速率与方向控制、后续处理等五个过程。凝胶柱结构设计主要包括凝胶浓度、梯度、性质等。为了制备没有气泡且稳定的毛细管,可以采用高压灌胶方式,即将灌入丙烯酰胺反应溶液的毛细管置于高压环境中,预先将反应溶液压缩至成胶后的体积,

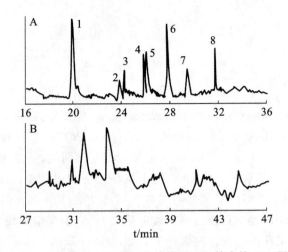

图 13-10 蛋白质在 APF 涂层和未涂层毛细管中的 CZE 图谱

1—溶菌酶;2—EOF 指示剂;3—核糖核酸酶;4—胰蛋白酶原;5—鲸肌红蛋白;6—马肌红蛋白;

7—人碳酸酐酶 B;8—牛碳酸酐酶 B

然后开始聚合反应。

思 考 题

13-1 简述电渗流及其产生的原因。

13-2 基于色谱理论分析毛细管电泳能实现高效和快速分离的原因。

13-3 在毛细管电泳中,阴极是否能检测出所有离子,并分析其原因。

13-4 简述 CZE、CGE、CIEF、ACE 的工作原理。

13-5 简述 MECC 的原理及其与毛细管电泳的差别。

13-6 简述电渗流迁移速率的测定方法。

13-7 简述在毛细管电泳中,进样方式的选择依据。

13-8 简述激光诱导荧光检测器与紫外检测器相比的优点。

13-9 解释电渗流迁移速率方向改变的原因。

13-10 简述聚丙烯酰胺凝胶毛细管制备过程。

13-11 举例说明高效毛细管电泳分析在生命科学中的应用。

参 考 文 献

[1] 吴谋成.仪器分析[M].北京:科学出版社,2003.

[2] 孙毓庆.现代色谱法及其在药物分析中的应用[M].北京:科学出版社,2005.

[3] 陈义.毛细管电泳技术及应用[M].北京:化学工业出版社,2006.

[4] 吕静.仪器分析新技术[M].哈尔滨:黑龙江人民出版社,2007.

[5] 朱明华,胡坪.仪器分析[M].4 版.北京:高等教育出版社,2008.

[6] 武汉大学.分析化学[M].5 版.北京:高等教育出版社,2006.

[7] 高向阳.新编仪器分析[M].4 版.北京:科学出版社,2013.

[8] 袁存光,祝优珍,田晶,等.现代仪器分析[M].北京:化学工业出版社,2012.

[9] 刘约权.现代仪器分析[M].3 版.北京:高等教育出版社,2015.

电化学分析篇

DIANHUAXUE FENXI PIAN

电化学分析是仪器分析的重要组成部分,它是利用物质的电学及电化学性质及其变化规律来进行分析的方法。它通常是在待分析的试样溶液中加入电极构成化学电池(原电池或电解池),然后根据所组成电池的某些物理量(如电动势、电流、电压、电量或电阻)与其化学量之间的内在联系来进行测量的。电化学分析方法可分为以下几类。

(1)通过试液的浓度在某一特定条件下与化学电池中某些物理量的关系来进行分析,这些方法主要有电位分析法(电压)、电导分析法(电导率)、库仑法(电量)、伏安法(电流-电压曲线)等。目前基于这些方法已派生出几十种具体的电化学分析方法,在各种领域得到了广泛应用。

(2)利用上述物理量的突变作为滴定分析中滴定终点的判断指示,又称为电容量分析法,主要包括电位滴定法、电流滴定法、电导滴定法等。

(3)通过电极反应将试样中某一个待测组分转化为固相(金属或其氧化物),然后通过电极上析出的金属或其氧化物的质量来确定溶液中该组分的含量。该类方法实际上是一种重量分析法,只不过是用电化学方法来沉淀物质,因此又称为电重量分析法,也即通常所称的电解分析法。

电化学分析法的灵敏度和准确度很高,可适用于各种不同的体系,且易于实现自动化,因此已得到了迅速的发展,并广泛用于电化学基础理论研究、有机化学、药物化学、生物化学、环境分析、临床医学等多个领域。

第 14 章　电化学分析导论

14.1　电化学分析概论

电化学分析是仪器分析的重要组成部分。电化学分析与溶液的电化学性质有关。溶液的电化学性质是指构成电池的电学性质（电极电位、电流、电量、电导等）和化学性质（溶液的组成、浓度等）。电化学分析就是利用这些性质，通过传感器——电极将被测物质的浓度转化成电学参数而加以测量的方法。本章将介绍电化学分析中的一些常用术语和基本概念，所涉及的方法原理、测试技术及分析应用等将在以后几章中进行讨论。

14.1.1　电化学池

电化学池（electrochemical cells）通常称为电池，它是指两个电极被至少一个电解质相所隔开的体系，是任何一类电化学分析法中必不可少的装置。每个电池由两个电极和适当的电解质溶液组成，一个电极与它所接触的电解质溶液组成一个半电池，两个半电池构成一个电池，如图 14-1 所示。Zn 电

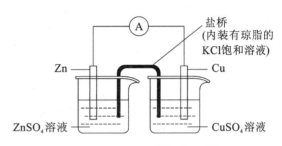

图 14-1　Zn－Cu 原电池示意图

极与 $ZnSO_4$ 电解质溶液构成一个半电池，Cu 电极与 $CuSO_4$ 电解质溶液构成一个半电池，$ZnSO_4$ 和 $CuSO_4$ 溶液间以盐桥相连接。两个半电池构成一个电池。

电池一般分为原电池和电解池两类。原电池是将化学能转变为电能的装置。在外电路接通的情况下，反应可自发进行并向外电路供给电能。如图 14-1 所示的 Zn－Cu 原电池中，Zn 电极上发生氧化反应为 $Zn-2e^- \Longrightarrow Zn^{2+}$，Cu 电极上发生还原反应为 $Cu^{2+}+2\,e^- \Longrightarrow Cu$，电池总反应为 $Zn+Cu^{2+} \Longrightarrow Zn^{2+}+Cu$。两电极之间用金属导线连通，在电流计上就有电流通过。因此，原电池是利用氧化还原反应来产生电流的装置。它由两个电极组成：在一个电极上发生氧化反应，称为阳极；另一个电极上发生还原反应，称为阴极。电子从阳极通过外电路流向阴极，所以阳极作为负极，阴极作为正极。习惯上又人为地规定电流方向与电子流动的方向相反，即电流是从正极通过外电路流向负极。

盐桥是"连接"和"隔离"不同电解质的重要装置。其主要作用是接通电路，消除或减小液接电位。液接电位是指在两种组成不同或浓度不同的溶液接触界面上，由于溶液中正、负离子扩散通过界面的迁移率不相等，破坏界面上的电荷平衡，形成双电层，产生一个电位差，达到平衡时，与此相对应的电位差。加入盐桥可以防止试液中有害离子的扩散而造成的对电极电位的影响。两相溶液浓度差越大，液接电位就越小。当两相溶液浓度相同，且有 H^+、OH^- 存在时，液接电位最大。这是因为二者有最快的迁移速率，引起最大的液接电位。在使用盐桥时需要注意以下几点：①盐桥中的电解质应不含有被测离子；②电解质的正、负离子的迁移速率应

该基本相等;③要保持盐桥内离子浓度尽可能大,以保证减小液接电位。常用作盐桥的电解质有 KCl、NH_4Cl、KNO_3 等。

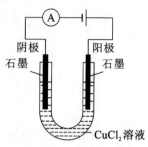

阴极　阳极
石墨　　石墨

$CuCl_2$溶液

图 14-2　$CuCl_2$ 电解池示意图

若电池与一外加电源相连,当外加电源的电动势大于电池的电动势,电池接受电能而充电时,该电池为电解池,如图 14-2 所示。这时阳极作为正极,阴极作为负极。阳极反应式为 $2Cl^- - 2e^- \\!=\\!=\\!= Cl_2$(气),阴极反应式为$Cu^{2+} + 2e^- \\!=\\!=\\!= Cu$,电池总反应方程式为 $CuCl_2 \\!=\\!=\\!= Cu + Cl_2$(气)。

14.1.2　电池图解表达式

电池的组成方式可用图解表达式进行描述,如上述铜锌电池可用图解表达式表示为

$$Zn \mid ZnSO_4(0.1\ mol \cdot L^{-1}) \parallel CuSO_4(0.1\ mol \cdot L^{-1}) \mid Cu$$

电池图解表达式的规定如下。

(1)规定左边的电极上进行氧化反应,右边的电极上进行还原反应。

(2)电极的两相界面和不混溶的两种溶液之间的界面,都用"丨"表示。当两种溶液通过盐桥连接已消除液接电位时,则用双竖线"‖"表示。当同一溶液中同时存在多种组分时,用逗号","隔开。

(3)电解质位于两电极之间。

(4)气体或均相的电极反应,反应物质本身不能直接用作电极,要用惰性材料(如铂、金或碳等)作电极,以传导电流。

(5)电池中的溶液应标明浓(活)度。如有气体,则应标明压强、温度。如不注明,系指 25 ℃ 及 100 kPa(标准状态)。例如:

$$Zn \mid Zn^{2+}(0.1\ mol \cdot L^{-1}) \parallel H^+(0.1\ mol \cdot L^{-1}) \mid H_2(100\ kPa), Pt$$

根据电极反应的性质来区别阳极和阴极,凡是发生氧化反应的电极为阳极,发生还原反应的电极为阴极。另外,根据电极电位的正负程度来区分正极和负极,即比较两个电极的实际电位,凡是电位较正的电极为正极,电位较负的电极为负极。

电池电动势的符号取决于电流的流向。如上述铜锌电池短路时,在电池内部的电流流向是从左向右(即电流从右边阴极流向左边阳极),电池反应为

$$Zn + Cu^{2+} \\!=\\!=\\!= Zn^{2+} + Cu$$

该反应能自发进行,为原电池,电动势为正值。

反之,如果电池改写为

$$Cu \mid Cu^{2+}(0.1\ mol \cdot L^{-1}) \parallel Zn^{2+}(0.1\ mol \cdot L^{-1}) \mid Zn$$

则电池反应为

$$Zn^{2+} + Cu \\!=\\!=\\!= Zn + Cu^{2+}$$

该反应不能自发进行,必须外加能量,为电解池,电动势为负值。

电池电动势规定为右边电极的电位减去左边电极的电位,即

$$E_{电池} = E_右 - E_左 \tag{14-1}$$

14.1.3　电极电位

国际纯粹与应用化学联合会(IUPAC)推荐电极的电位符号的表示方法如下。

（1）反应写成还原过程：

$$O + ne^- \Longrightarrow R$$

（2）规定电极符号相当于该电极与标准氢电极组成电池时，该电极所带的电荷的符号。如 Cu 与 Cu^{2+} 组成电极并和标准氢电极组成电池时，金属 Cu 带正电荷，则其电极电位为正值；Zn 与 Zn^{2+} 组成电极并和标准氢电极组成电池时，金属 Zn 带负电荷，则其电极电位为负值。

电池一般是由两个或三个电极组成的，根据它们的电极电位，可以计算出电池的电动势。但是目前还无法测量单个电极的电位绝对值，而只能使另一个电极标准化，通过测量电池的电动势来获得其相对值。国际上承认并推荐的是以标准氢电极（standard hydrogen electrode，SHE）作为标准，即人为地规定下列电极的电位为零：

$$Pt \mid H_2(100 \text{ kPa}) \mid H^+(a = 1 \text{ mol} \cdot L^{-1})$$

将它与待测电极组成电池，所测得的电池电动势即为待测电极的电极电位。可见，目前通用的标准电极电位值都是相对值，并非绝对值。应该注意的是，当测量的电流较大或溶液电阻较高时，一般测量值中常包含有溶液的电阻所引起的电压降 iR，所以应当加以校正。各种电极的标准电极电位，都可以用上述方法测定。但还有许多电极的标准电极电位不便用此法测定，此时可以根据化学热力学原理，从有关反应自由能的变化中进行计算求得。

对于可逆电极反应 $O + ne^- \Longrightarrow R$，用能斯特公式表示电极电位与反应物活度之间的关系为

$$E = E^{\ominus} + \frac{RT}{nF} \ln \frac{a_o}{a_R} \tag{14-2}$$

若氧化态活度和还原态活度都等于 $1 \text{ mol} \cdot L^{-1}$，则此时的电位为标准电极电位（$E^{\ominus}$）。25 ℃时，上式可写成

$$E = E^{\ominus} + \frac{59.16}{nF} \lg \frac{a_o}{a_R} (\text{mV}) \tag{14-3}$$

活度是活度系数与浓度的乘积，则上式可变为

$$E = E^{\ominus} + \frac{RT}{nF} \ln \frac{\gamma_o}{\gamma_R} + \frac{RT}{nF} \ln \frac{[O]}{[R]} \tag{14-4}$$

等式右边前两项以 $E^{\ominus\prime}$ 表示，即

$$E^{\ominus\prime} = E^{\ominus} + \frac{RT}{nF} \ln \frac{\gamma_o}{\gamma_R} \tag{14-5}$$

故

$$E = E^{\ominus\prime} + \frac{RT}{nF} \ln \frac{[O]}{[R]} \tag{14-6}$$

式中：$E^{\ominus\prime}$ 是氧化态和还原态的浓度均为 $1 \text{ mol} \cdot L^{-1}$ 时的电极电位，称为条件电位。

显然，条件电位随反应物的活度系数不同而不同，它受离子强度、配位效应、水解效应和 pH 值等条件的影响。所以，条件电位是与溶液中各电解质成分有关的、以浓度表示的实际电位值。在分析化学中，溶液中除了待测离子之外，一般尚有其他物质存在，它们虽不直接参加电极反应，但常常显著地影响电极电位，因此使用条件电位比标准电位更具有实际应用价值。

14.1.4 电极的分类

1. 按电极反应机理分

1）第一类电极

由金属与该金属离子的溶液相平衡构成的电极，也称金属电极。其电极结构和电极反应为

$$M \mid M^{n+} [a(M^{n+})]$$
$$M^{n+} + n\,e^- \rightleftharpoons M$$

电极电位：

$$\varphi_{M^{n+}/M} = \varphi M^{n+}/M + \frac{RT}{nF}\ln a(M^{n+})$$

2）第二类电极

由金属、金属难溶盐与该难溶盐的阴离子溶液相平衡构成的电极。其电极结构和电极反应为

$$M \mid M_n X_m \mid X^{n-} [a(X^{n-})]$$
$$M_n X_m + mn\,e^- \rightleftharpoons nM + m\,X^{n-}$$

电极电位：

$$\varphi_{M_n X_m/M} = \varphi M_n X_m/M - \frac{RT}{mnF}\ln a^m(X^{n-}) = \varphi M_n X_m/M - \frac{RT}{nF}\ln a(X^{n-})$$

此类电极中最典型的是甘汞电极，是用 Hg、Hg_2Cl_2 和饱和 KCl 溶液一起研磨成糊状，表面覆盖一层纯金属汞制成甘汞芯，放入电极管中，并充入 KCl 作为盐桥，以 Pt 丝为导线，电极管下端用多孔纤维等封口制成。其结构如图 14-3 所示。

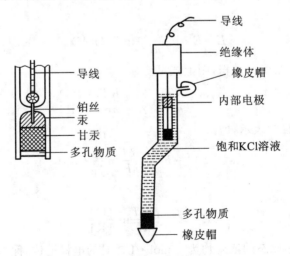

图 14-3　甘汞电极结构示意图

其电极结构和电极反应为

$$Hg \mid Hg_2Cl_2 \mid Cl^- [a(Cl^-)]$$
$$Hg_2Cl_2 + 2\,e^- \rightleftharpoons 2Hg + 2\,Cl^-$$

25 ℃下电极电位：

$$\varphi_{Hg_2Cl_2/Hg} = \varphi^{\ominus}Hg_2Cl_2/Hg - 0.05916 \lg a(Cl^-)$$

由于甘汞电极制备方便,只要测量过程中通过的电流不大,其电极电位就不会发生明显改变,因此常作为构成测量电池的参比电极使用。

另外,Ag-AgCl 电极同样具备甘汞电极的优点。制备时将 Ag 金属丝在 $0.1\ mol \cdot L^{-1}$ HCl 溶液中电解,在 Ag 丝表面镀一层 AgCl 均匀覆盖层,插入含有 Cl^- 的溶液中,组成半电池。其电极结构和电极反应为

$$Ag \mid AgCl \mid Cl^- [a(Cl^-)]$$
$$AgCl + e^- \rightleftharpoons Ag + Cl^-$$

25 ℃下电极电位:

$$\varphi_{AgCl/Ag} = \varphi^{\ominus}AgCl/Ag - 0.05916 \lg a(Cl^-)$$

3）零类电极

由金、铂或石墨等惰性导体浸入含有氧化还原电对的溶液中构成,也称为氧化还原电极。其电极结构和电极反应为

$$Pt \mid M^{m+} [a(M^{m+})] \mid M^{mn} [a(M^{mn+})]$$
$$M^{m+} + n\,e^- \rightleftharpoons M^{mn+}$$

电极电位:

$$\varphi_{M^{m+}/M^{mn+}} = \varphi^{\ominus}M^{m+}/M^{mn+} - \frac{RT}{nF} \frac{a(M^{m+})}{a(M^{mn+})}$$

4）膜电极

这是由特殊材料的固态或液态敏感膜构成、对溶液中特定离子有选择性响应的电极,关于膜电极的内容将在下一章讨论。

2. 按电极用途分

1）指示电极(indicator electrode)或工作电极(working electrode)

这类电极是实验中要研究或考察的电极,它在电化学池中能发生所期待的电化学反应,或者对激励信号能做出响应。在电化学分析中,电极上所出现的电学量(如电流、电位)的改变能反映待测物的浓度(或活度)。一般来说,将用于平衡体系,或在测量过程中本体浓度不发生可察觉变化的体系的电极称为指示电极,如离子选择性电极。如果有较大的电流通过电池,本体浓度发生显著改变,则相应地电极称为工作电极。

2）参比电极(reference electrode)

在测量过程中其电极电位几乎不发生变化的电极。为了方便研究工作电极,就要使电池的另一半标准化,通常是由一个组分恒定的相构成参比电极,这样测量时电池电动势的变化就直接反映出工作电极或指示电极的电极电位的变化。

3）辅助电极(auxiliary electrode)

辅助电极又称对电极,它是提供电子传导的场所,与工作电极、参比电极组成一个三电极系统,并与工作电极形成电流通路。辅助电极一般面积较大,通过降低电极上的电流密度,使其在测量过程中基本上不被极化。

14.1.5　电极系统

常用的电极系统有二电极和三电极系统(图 14-4)。当通过电池的电流很小时,一般直接由

工作电极和参比电极组成电池(即二电极系统)。但是当通过的电流较大时,参比电极将不能负荷,其电极电位不再稳定,或体系的电压降变得很大,难以克服。此时除工作电极、参比电极外,另用一个辅助电极(或称对电极)来构成所谓的三电极系统。辅助电极一般为铂丝电极。电流通过工作电极和辅助电极组成的回路。而由工作电极与参比电极组成另一个电位监测回路,此回路中的阻抗很高,所以实际上没有明显的电流通过。这样,就可以实时显示电解过程中工作电极的电位。同时,监测回路还可以通过反馈给外加电路的信息来调整外加电压,使工作电极的电位按一定方式变化,如随时间线性变化等,使测量或控制工作电极的电位易于实现。

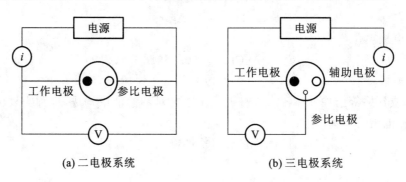

(a) 二电极系统　　　　　　　　　(b) 三电极系统

图 14-4　电极系统

14.1.6　电流的性质和符号

　　IUPAC 将阳极电流和阴极电流分别定义为在工作电极(或指示电极)上发生纯氧化和纯还原反应所产生的电流,规定阳极电流为正值,阴极电流为负值,这与传统的习惯相反,过去前者定义为负值,后者为正值。但是,国内外相关文献均未接受这一推荐,因此本书仍按过去习惯,即阴极电流为正值,阳极电流为负值。

14.2　电化学分析方法分类

14.2.1　电化学分析方法的分类

　　电化学分析近年发展非常迅速,各类新的电化学分析方法与技术不断出现,根据所测量的电学量的不同,电化学分析方法可分为 4 类。

　　1) 电位分析法

　　将一个指示电极(其电位与被测物质浓度有关)和一个参比电极(其电位保持恒定),或采用两个指示电极,与试液组成电池,然后根据电池电动势(或指示电极电位)的变化来进行分析的方法称为电位分析法。电位分析法也可分为两种:电位法和电位滴定法。

　　电位法是直接根据指示电极的电位与被测物质浓度关系来进行分析的方法。

　　电位滴定法也是一种容量分析方法。它根据滴定过程中指示电极电位的变化来确定滴定终点。滴定时,在化学计量点附近,被测物质的浓度发生突变,使指示电极电位发生突跃,从而确定滴定终点。

2）伏安法和极谱法

用二电极系统或三电极系统将电极与被测物质溶液组成电解池，根据电解过程中所得到的电流-电压曲线来进行分析的方法。

这类方法中最早使用的是极谱法，是用滴汞电极作为工作电极，电极表面可进行周期性更新。另一种是用固定或固态电极作为工作电极，如悬汞电极、玻璃碳电极、铂电极等，称为伏安法，可以认为极谱法是一种特殊的伏安法。另外，从极谱法发展起来的还有电流滴定法。它是在固定的外加电压下，使滴定剂或被滴物电解产生电流，根据滴定过程中电流变化的转折点来指示滴定终点。

3）电解分析法和库仑法

使用外加电源电解试液，然后直接称量电解后电极上析出的被测物质的质量来进行分析的方法称为电解分析法。如果将电解的方法用于物质的分离，则称为电解分离法。

使用外加电源电解试液，根据电解过程中所消耗的电量来进行分析的方法则称为库仑法。库仑法的基础是法拉第（Faraday）电解定律，并要求以 100％的电流效率电解试液。库仑法分为两种：控制电流库仑法（库仑滴定法）和控制电位库仑法。

控制电流库仑法是控制电解电流为恒定值，以 100％的电流效率电解试液，产生某一试剂与被测物质进行定量的化学反应。反应的等当点可借助指示剂或电化学分析方法来确定。根据等当点时电解过程所消耗的电量求得被测物质的含量。

控制电位库仑法是控制电解电压为恒定值，以 100％的电流效率电解试液，使被测物质直接参与电极反应，再根据电解过程中所消耗的电量求得其含量。

4）电导分析法

根据溶液的电导性质来进行分析的方法称为电导分析法。电导分析法包括电导法和电导滴定法。

电导法是直接根据溶液的电导（或电阻）与被测离子浓度的关系进行分析的方法。电导法主要用于水质纯度的鉴定以及生产中某些中间流程的控制及自动分析。如水质纯度的鉴定时，由于纯水中的主要杂质是一些可溶性的无机盐类，所以电导率常作为水质纯度的指标。普通蒸馏水的电导率约为 2×10^{-4} S・m^{-1}（电阻率约为 5 kΩ・m），离子交换水的电导率小于 5×10^{-5} S・m^{-1}（电阻率大于 20 kΩ・m）。

电导滴定法是一种容量分析方法。它根据溶液电导的变化确定滴定终点。滴定时，滴定剂与溶液中被测离子生成水、沉淀或其他难解离的化合物，从而使溶液的电导发生变化，利用化学计量点时出现的转折来指示滴定终点。

14.2.2　电化学分析方法的特点

近年来，随着科研及生产的发展，电化学分析技术发展迅猛，涌现出了多种新的技术，如循环伏安法、差示脉冲伏安法、交流阻抗法等，并取得了广泛的应用。与其他的分析化学方法相比，电化学分析方法具有下述特点。

（1）分析速度快。如伏安法或极谱法可以一次同时测定多种被分析物。

（2）灵敏度高。电化学分析方法可用于痕量甚至超痕量组分的分析，如脉冲极谱法、溶出伏安法等方法都具有非常高的灵敏度，可测定浓度低至 10^{-11} mol・L^{-1} 的组分，甚至可实现单细胞水平的细胞分析。

（3）选择性好。电化学分析方法的选择性一般都比较好,易于实现自动化。

（4）所需试样的量较少。电化学分析方法可进行微量操作,并进行活体分析和监测。

（5）电分析化学方法可用于各种化学平衡常数的测定以及化学反应机理的研究。

思　考　题

14-1　原电池和电解池的区别是什么？

14-2　何谓标准氢电极？定义标准电极电位的条件是什么？改变温度对标准电极电位和对标准氢电极电位是否有影响？

14-3　已知下列电池在 25 ℃时的电动势为 -0.125 V,求算 $c_{Cu^{2+}}$ 。

$$(-)Cu|Cu^{2+}(1\times10^{-4}\ mol\cdot L^{-1})\parallel Cu^{2+}(c)|Cu(+)$$

14-4　用标准甘汞电极作正极,氢电极作负极($p_{H_2}=100$ kPa)与待测的 HCl 溶液组成电池。在 25 ℃时,测得 $E=0.342$ V。当待测溶液为 NaOH 溶液时,测得 $E=1.050$ V。取此 NaOH 溶液 20.00 mL,用上述 HCl 溶液中和完全,需用 HCl 溶液多少毫升？

14-5　电池:$(-)Ag|Ag_2CrO_4(s),CrO_4^{2-}(x mol\cdot L^{-1})\parallel SCE(+)$,25 ℃时,电池电动势为 -0.285 V,试计算 CrO_4^{2-} 的浓度。（已知:Ag_2CrO_4 的 $K_{sp}=9.0\times10^{-12}$;$\varphi_{Ag^+/Ag}=0.799$ V;$\varphi_{SCE}=0.244$ V）

参　考　文　献

[1]　高鹏,朱永明.电化学基础教程[M].北京:化学工业出版社,2013.

[2]　Bard A J,Faulkner L R.电化学方法原理和应用[M].邵元华,朱果逸,董献堆,等译.2版.北京:化学工业出版社,2005.

[3]　贾铮,戴长松,陈玲.电化学测量方法[M].北京:化学工业出版社,2006.

[4]　Ali Efekhari.纳米材料电化学[M].李屹,胡星,凌志远译.北京:化学工业出版社,2017.

第15章　电位分析法

15.1　离子选择性电极

电位分析法是一种重要的电化学分析方法,它是在电流为零的条件下测定两电极间的电位差(所构成原电池的电动势)进行分析测定的。电位分析法分为两种,即电位法和电位滴定法。能斯特(Nernst)方程为电位分析法的理论基础。电位分析法一般适用于由两个电极构成的原电池体系,其中一个电极称为指示电极,响应被测物质活度,其结果能在毫伏电位计上读得。另一个电极称为参比电极,其电极电位值恒定,不随被测溶液中物质活度变化而变化。理想的指示电极能够快速、稳定、有选择性地响应被测离子,并且有较好的重现性和较长的使用寿命。电位分析法的指示电极种类繁多,可大致分为两大类,即在电极上能发生电子交换的和在电极上不发生电子交换的,前者一般系指金属指示电极,后者为离子选择性电极(ISE)。

离子选择性电极是一种以电位法测量溶液中某些特定离子活度的指示电极,被 IUPAC 定义为一类电化学传感器。自从对氢离子专属响应的玻璃膜氢离子选择性电极和对氟离子专属响应的 LaF_3 单晶氟离子选择性电极问世以来,离子选择性电极电位分析法由于具有所需仪器设备简单、适合于现场测定等优点,广泛应用于各领域,现已有商品化离子选择性电极 30 多种。下面重点介绍离子选择性电极电位分析法及其应用。

15.1.1　双电层和膜电位

各种离子选择性电极的构造随薄膜(敏感膜)不同而略有不同,但一般都包括薄膜及其支持体、内参比溶液(含有与待测离子相同的离子)、内参比电极(Ag-AgCl 电极)等。图 15-1 为典型的离子选择性电极的结构示意图。敏感膜将内参比溶液与外部待测溶液隔开,内参比溶液为含有待测离子的溶液且浓度恒定,其中放置有内参比电极,一般为 Ag-AgCl 电极。用离子选择性电极测定有关离子,一般都是基于内参比溶液与外部待测溶液之间产生的电位差,即所谓的膜电位。一般认为,膜电位的形成主要是溶液中的离子与电极膜上离子之间发生交换作用的结果。玻璃膜氢离子选择性电极的膜电位的形成是一个典型的例子。

如图 15-2 所示,玻璃电极的玻璃膜浸入水溶液中时,形成一层很薄的溶胀的硅酸层,称为水化层。构成玻璃骨架的 Si 和 O 是带负电荷的,与水接触时,由于静电作用使水溶液中的 H^+ 在膜表面富集,形成 H^+ 浓度差,从而造成电荷分布不均匀而在膜内外的固-液界面上分别产生一个界面电位($E_内$ 与 $E_试$),此电位称为道南(Donnan)电位。膜两侧道南电位的差值即为膜电位 $E_膜$,即

$$E_膜 = E_试 - E_内 \tag{15-1}$$

若膜两边溶液的 H^+ 活度为 $a_{H^+,内}$ 和 $a_{H^+,试}$,而 $a'_{H^+,内}$ 和 $a'_{H^+,试}$ 是接触此两溶液的每一水化层中的 H^+ 活度,则根据热力学,界面电位与 H^+ 活度应符合下述关系:

$$E_{\text{试}} = k_1 + \frac{RT}{F} \ln \frac{a_{H^+,\text{试}}}{a'_{H^+,\text{试}}} \tag{15-2}$$

$$E_{\text{内}} = k_2 + \frac{RT}{F} \ln \frac{a_{H^+,\text{内}}}{a'_{H^+,\text{内}}} \tag{15-3}$$

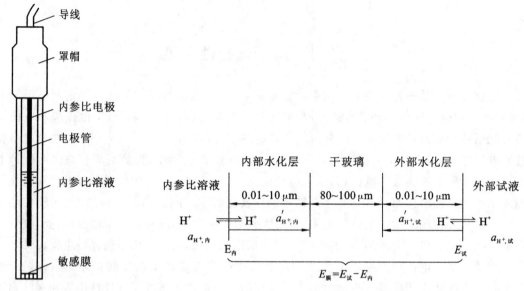

导线

罩帽

内参比电极

电极管

内参比溶液

敏感膜

图 15-1　离子选择性电极的结构示意图

图 15-2　玻璃电极膜电位形成示意图

实际上,式(15-1)的玻璃膜电位还应包含扩散电位,此电位将分布在膜两侧的水化层内。为简化讨论,假定玻璃膜两侧的水化层完全对称,因此其内部形成的两个扩散电位相等且符号相反,故可不予考虑。而试液处于均匀搅拌条件下,可认为试液相内$a'_{H^+,\text{试}}$是均匀的,不必考虑由于膜不均匀而造成的扩散电位。据此假设,则 $k_1 = k_2$,$a'_{H^+,\text{内}} = a'_{H^+,\text{试}}$,于是联立式(15-1)、式(15-2)和式(15-3),可得

$$E_{\text{膜}} = E_{\text{试}} - E_{\text{内}} = \frac{RT}{F} \ln \frac{a_{H^+,\text{试}}}{a_{H^+,\text{内}}} \tag{15-4}$$

由于$a_{H^+,\text{内}}$为一常数,式(15-4)可写成

$$E_{\text{膜}} = K + \frac{2.303RT}{F} \lg a_{H^+,\text{试}} = K - \frac{2.303RT}{F} pH_{\text{试}} \tag{15-5}$$

此式说明在一定温度下玻璃电极的膜电位与溶液的 pH 值呈线性关系,这是玻璃膜氢离子选择性电极测定溶液 pH 值的基础。

与玻璃电极类似,各种离子选择性电极的膜电位在一定条件下遵循能斯特方程。对阳离子有响应的电极,其膜电位为

$$E_{\text{膜}} = K + \frac{2.303RT}{nF} \lg a_{\text{阳离子}} \tag{15-6}$$

对阴离子有响应的电极则为

$$E_{\text{膜}} = K - \frac{2.303RT}{nF} \lg a_{\text{阴离子}} \tag{15-7}$$

不同的电极,其 K 值是不相同的,它与敏感膜、内部溶液等有关。式(15-6)和式(15-7)说

明,在一定条件下膜电位与溶液中待测离子的活度的对数呈线性关系,这是离子选择性电极法测定离子活度的基础。

15.1.2　离子选择性电极的种类

1. 刚性基质

最重要的刚性基质电极是玻璃电极,其中最常用的为 pH 玻璃电极,其构造及机制在下一节进行详细讨论。除此之外,还有对 Li^+、K^+、Na^+、Ag^+ 等离子响应的玻璃电极,其构造与 pH 玻璃电极相似,选择性主要取决于玻璃的组成。

2. 晶体膜电极

这类电极的薄膜一般都是由难溶盐经过加压或拉制成单晶、多晶或混晶的活性膜。由于制备敏感膜的方法不同,晶体膜可分为均相膜和非均相膜两类。均相膜电极的敏感膜由一种或几种化合物的均匀混合物的晶体构成,而非均相膜则除了电活性物质外,还加入某种惰性材料,如硅橡胶、聚氯乙烯、聚苯乙烯、石蜡等,其中电活性物质对膜电极的功能起决定性作用。

1) 氟离子单晶膜电极

氟电极是以 LaF_3 单晶为敏感膜的,为提高膜的电导率,还在其中掺杂了微量的 Eu^{2+} 和 Ca^{2+}。二价离子的引入,导致 LaF_3 晶格缺陷增多,膜的导电性增强,因此这种膜的电阻一般小于 2 MΩ。氟电极的内参比溶液为 0.1 mol · L^{-1} NaF-0.1 mol · L^{-1} NaCl 溶液,内参比电极为 Ag - AgCl 参比电极。

根据式(15-7),氟电极的膜电位为

$$E_{膜} = K - \frac{2.303RT}{F} \lg a_{F^-}$$

氟电极的检测下限实际上是由 LaF_3 单晶的溶度积决定的,LaF_3 饱和溶液中 F^- 的活度约为 10^{-7} mol · L^{-1},因此氟电极在纯水体系中检测下限最低为 10^{-7} mol · L^{-1} 左右。

氟电极具有良好的选择性,主要的干扰物是 OH^-,产生干扰的原因可能是在膜表面发生了如下反应:

$$LaF_3 + 3OH^- \rightleftharpoons La(OH)_3 + 3F^-$$

此反应的产物 F^- 为电极本身的响应,因此造成正干扰。而在较高酸度时,由于形成 HF_2^-,从而降低了 F^- 的活度。因此,在用氟电极进行测试时,需控制溶液 pH 值在 5～6 之间。

2) 硫、卤素离子电极

此电极使用的敏感膜为硫化银粉末在 10^8 Pa 以上的高压下压制而成的硫化银薄膜,它可以对 Ag^+、S^{2-} 进行响应。硫化银是低电阻的离子导体,其中可移动的导电离子是银离子。由于硫化银的溶度积很小,所以该电极具有很好的选择性和灵敏度。其对硫离子响应的膜电位为

$$E_{膜} = K - \frac{2.303RT}{nF} \lg a_{S^{2-}}$$

氯化银、溴化银及碘化银可分别作为氯电极、溴电极及碘电极的敏感膜。氯化银和溴化银均具有较高的电阻,并有较强的光敏性。为克服上述缺点,可以将氯化银或溴化银与硫化银均匀混合后一起压制,使氯化银或溴化银分散在硫化银的骨架中,从而制备敏感膜。同样,铅、镉或铜等重金属离子的硫化物与硫化银均匀混合后压制的敏感膜可对这些二价阳离子有敏感

响应。

3．流动载体电极

流动载体电极亦称液膜电极，它是以浸有载体(某种液体离子交换剂，通常溶于有机溶剂中)的惰性多孔膜为敏感膜。Ca^{2+} 选择性电极就是这类电极的重要例子，它以二癸基磷酸根为载体，此载体与 Ca^{2+} 作用可生成二癸基磷酸钙，从而可对 Ca^{2+} 进行响应。除此之外，按此原理还发展了多种对 Cu^{2+}、Cl^-、BF_4^-、ClO_4^-、NO_3^- 等离子响应的流动载体电极。

4．气敏电极

气敏电极是一种气体传感器，能用于测定溶液或其他介质中某种气体的含量。其敏感膜为微多孔气体渗透膜，一般由醋酸纤维、聚四氟乙烯、聚偏氟乙烯等材料组成，具有疏水性，但能透过气体。常用的气敏电极能分别对 CO_2、NH_3、NO_2、SO_2、H_2S、HCN、HAc 和 Cl_2 进行测量。

5．生物电极

生物电极是一种将生物化学与电化学分析原理相结合而制作的电极，经过几十年的发展，已成为一个庞大的体系。这里仅介绍酶电极、离子敏感场效应晶体管电极和组织电极。

1）酶电极

将生物酶涂布在电极的敏感膜上，通过酶催化作用，使待测物质产生能在该电极上响应的离子或其他物质，来间接测定该物质的方法称为酶电极法。由于酶的作用具有很高的选择性，所以酶电极的选择性相当高。

例如，葡萄糖氧化酶能催化葡萄糖的氧化反应：

$$C_6H_{12}O_6 + O_2 + H_2O \xrightarrow{GOD} C_6H_{12}O_7 + H_2O_2$$

氧电极可检测试液中氧含量的变化，从而间接测定葡萄糖的含量。

2）离子敏感场效应晶体管电极

离子敏感场效应晶体管电极是一种微电子敏感元件及制造技术与离子选择性电极制作及测量方法相结合的高技术电分析方法。它既具有离子选择性电极对敏感离子响应的特性，又保留场效应晶体管的性能。它是在金属-氧化物-半导体场效应晶体管的基础上发展而来的。目前已制成的离子敏感场效应晶体管电极有多种，可分别对 H^+、Na^+、K^+、Ca^{2+}、F^-、Ag^+、Br^-、Cl^-、H_2、NH_3、H_2S 和青霉素等产生响应。该电极是全固态器件，体积小，易于微型化，本身具有高阻抗转换和放大功能等优点，已在生物医学、临床诊断、环境分析、食品工业等领域得到广泛应用。

3）组织电极

以动植物组织薄片材料作为敏感膜固定在电极上的器件称为组织电极，它是酶电极的衍生型电极，利用动植物组织中的天然酶作为反应的催化剂。与酶电极相比，组织电极有如下优点：①酶活性较离析酶大；②酶的稳定性增大；③材料易获得。最早的组织电极于 1979 年提出，是由猪肾组织切片与氨气敏电极组成的组织电极，用于测定 L-谷氨酰胺。制作组织电极时，生物膜的固定化是关键，它决定了电极的使用寿命并对灵敏度、重现性等有很大的影响。固定化的方法有物理吸附、共价附着、交联、包埋等。

15.1.3　离子活度(浓度)的测定方法

离子选择性电极可以用于直接测量离子的活度(浓度)，也可作为指示电极用于电位滴定。

本节只讨论直接电位法,电位滴定法将在第 3 节讨论。

用离子选择性电极测定离子活度时是将电极浸入待测溶液中,与参比电极组成一电池,并测量其电动势。例如,使用氟离子选择性电极测定 F^- 活度时与饱和甘汞(SCE)电极组成以下工作电池:

$$Hg \mid Hg_2Cl_2, KCl(饱和) \mid\mid 试液 \mid LaF_3 \mid NaF, NaCl, AgCl \mid Ag$$

在此电池中,氟离子选择性电极为正极,饱和甘汞电极为负极,则所组成的电池的电动势 E 为

$$E = E_{F^-} - E_{SCE} = (E_{Ag-AgCl} + E_{膜}) - E_{SCE}$$

但上述关系中还应考虑玻璃电极的不对称电位($E_{不对称}$)及液接电位(E_L)的影响。因此所组成的电池的电动势应为

$$E = (E_{Ag-AgCl} + E_{膜}) - E_{SCE} + E_{不对称} + E_L$$

根据式(15-7):

$$E = E_{Ag-AgCl} + K - \frac{2.303RT}{F} \lg a_{F^-} - E_{SCE} + E_{不对称} + E_L$$

令 $E_{Ag-AgCl} + K - E_{SCE} + E_{不对称} + E_L = K'$,得

$$E = K' - \frac{2.303RT}{F} \lg a_{F^-}$$

式中:K' 在一定条件下为一常数。

由此可得

对于阴离子:
$$E = K' - \frac{2.303RT}{nF} \lg a_{阴离子} \tag{15-8}$$

对于阳离子:
$$E = K' + \frac{2.303RT}{nF} \lg a_{阳离子} \tag{15-9}$$

因此,工作电池的电动势在一定条件下与 F^- 的活度的对数呈线性关系。因此通过测量电动势可测定 F^- 的活度。下面介绍几种常用的测定方法。

1. 标准曲线法

将离子选择性电极与参比电极插入一系列活度(浓度)已知的标准溶液,测出相应的电动势 E。然后以电动势 E 与 $\lg a_i$($\lg c_i$)绘制标准曲线。在同样条件下测出待测离子溶液的电动势,代入标准曲线即可得到待测离子的活度(浓度)。由于 $a_i = \gamma_i c_i$,因此式(15-8)、式(15-9)测量的是离子的活度。分别用 a_i 和 c_i 绘制的标准曲线是有区别的,而且在高浓度时尤为明显。其中 γ_i 为活度系数,是溶液中离子强度的函数,在极稀溶液中,$\gamma_i \approx 1$,而在高浓度溶液中,$\gamma_i < 1$。

在实际工作中,一般不会通过计算活度系数 γ_i 来求待测离子活度,而是在控制标准溶液和待测溶液的离子强度相同的条件下通过绘制 E-$\lg c_i$ 标准曲线来求得未知溶液中待测离子的浓度。控制标准溶液和待测溶液的离子强度相同的方法一般是向各溶液中加入一定量的"总离子强度调节缓冲剂(TISAB)"。TISAB 是一种浓度恒大的电解质溶液,它的作用有如下几种:①对待测离子无干扰;②能保持溶液的离子强度较大且恒定,从而使各溶液的 γ_i 近似相等;③维持溶液在适宜的 pH 值范围内,满足离子电极的要求;④掩蔽干扰离子。例如,典型的用氟离子选择性电极测定氟离子时,加入 TISAB 的组成为:$1.0 \ mol \cdot L^{-1}$ 的 NaCl(使溶液保持较大稳定的离子强度),$0.25 \ mol \cdot L^{-1}$ HAc 和 $0.75 \ mol \cdot L^{-1}$ NaAc(使溶液 pH 值在 5 左右);$0.001 \ mol \cdot L^{-1}$ 的柠檬酸钠,掩蔽 Fe^{3+}、Al^{3+} 等干扰离子。

2. 标准加入法

相比于标准曲线法,标准加入法可在一定程度上避免或减弱溶液离子强度和组成变化而引起的活度系数 γ 变化造成的浓度测定误差。

设某一未知溶液中待测离子的浓度为 c_x,其体积为 V_0,溶液中游离的(未配合)离子的摩尔分数为 x_1,测得的电动势为 E_1,则

$$E_1 = K' + \frac{2.303RT}{nF}\lg(x_1\gamma_1 c_x)$$

然后加入少量的体积为 V_s(约为试样体积的 $1/1000$)的待测离子的标准溶液(浓度为 c_s,此处的 c_s 约为 c_x 的 100 倍),再次测定溶液的电动势为 E_2,则

$$E_2 = K' + \frac{2.303RT}{nF}\lg(x_2\gamma_2 c_x + x_2\gamma_2 c_\Delta)$$

式中:γ_2 和 x_2 分别为加入标准溶液后溶液的新活度系数和游离待测离子的摩尔分数;c_Δ 为加入标准溶液后试样溶液中待测离子的浓度的增量,其值为

$$c_\Delta = \frac{V_s c_s}{V_0 + V_s} \tag{15-10}$$

两次测得的电动势的差值 ΔE 为(若 $E_2 > E_1$)

$$\Delta E = E_2 - E_1 = \frac{2.303RT}{nF}\lg\frac{x_2\gamma_2(c_x + c_\Delta)}{x_1\gamma_1 c_x}$$

由于 $V_s \ll V_0$,试样溶液的活度系数可认为保持恒定,即 $\gamma_1 \approx \gamma_2$、$x_1 \approx x_2$。因此

$$\Delta E = \frac{2.303RT}{nF}\lg\left(1 + \frac{c_\Delta}{c_x}\right)$$

令 $S = \frac{2.303RT}{F}$,则

$$\Delta E = \frac{S}{n}\lg\left(1 + \frac{c_\Delta}{c_x}\right)$$

$$c_x = c_\Delta(10^{\frac{n\Delta E}{S}} - 1)^{-1} \tag{15-11}$$

15.2 电位法测量溶液的 pH 值

溶液的 pH 值是溶液的重要参数之一。最简单的测量方法是 pH 试纸法,但此方法比较粗略,无法精确测定溶液的 pH 值。随着离子选择性电极的迅速发展,以玻璃膜氢离子选择性电极为基础测定溶液 pH 值的电位测定法获得了广泛的应用。

电位法测定溶液的 pH 值的电化学体系较为简单,是以玻璃膜氢离子选择性电极(简称玻璃电极)为测量氢离子活度的指示电极,以饱和甘汞电极(或 Ag-AgCl 电极)为参比电极构成的。现代商品化的 pH 计则是使用将玻璃电极与 Ag-AgCl 参比电极合为一体的玻璃 pH 复合电极(图 15-3(a)),使用起来较为方便。其中作为指示电极的玻璃膜氢离子选择性电极内包含有 Ag-AgCl 内参比电极和内参比溶液(一般为 0.1 mol·L^{-1} 的盐酸),外管中的 Ag-AgCl 电极为参比电极,外参比溶液通常为 0.1 mol·L^{-1} 的 KCl 溶液。单独的玻璃电极的示意图如图 15-3(b)所示,其核心为对 H$^+$ 敏感的玻璃薄膜。当然,除了对 H$^+$ 响应的 pH 玻璃电极之外,尚有对 Li$^+$、K$^+$、Na$^+$、Ag$^+$ 响应的玻璃电极。这些玻璃电极的结构同样由电极腔体(玻璃管)、内

参比溶液、内参比电极及敏感玻璃膜组成,而关键部分为敏感玻璃膜。

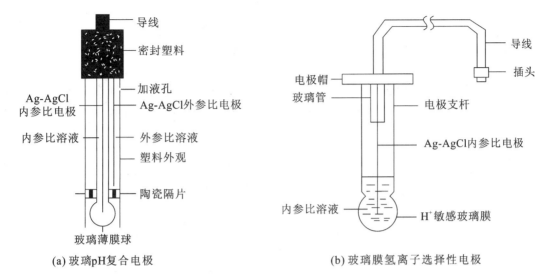

(a) 玻璃pH复合电极　　　　　　　　　　　(b) 玻璃膜氢离子选择性电极

图 15-3　玻璃 pH 复合电极和玻璃膜氢离子选择性电极

根据式(15-6),玻璃电极的膜电位为

$$E_膚 = K + \frac{2.303RT}{F}\lg a_{H^+,试} = K - \frac{2.303RT}{F}pH_试 \tag{15-12}$$

当用玻璃电极作指示电极,饱和甘汞(SCE)电极作参比电极时,组成下列原电池:

$$Ag|AgCl,内参比溶液|玻璃膜|试液 \| KCl(饱和),Hg_2Cl_2|Hg$$

在此原电池中,玻璃电极为负极,饱和甘汞电极为正极,则所组成的电池的电动势 E 为

$$E = E_{SCE} - E_玚璃 = E_{SCE} - (E_{Ag-AgCl} + E_膚) \tag{15-13}$$

但上述关系中还应考虑玻璃电极的不对称电位($E_{不对称}$)及液接电位(E_L)的影响。因此所组成的原电池的电动势应为

$$\begin{aligned}E &= E_{SCE} - (E_{Ag-AgCl} + E_膚) + E_{不对称} + E_L \\ &= E_{SCE} - E_{Ag-AgCl} + E_{不对称} + E_L - K + \frac{2.303RT}{F}pH_试\end{aligned} \tag{15-14}$$

令 $E_{SCE} - E_{Ag-AgCl} + E_{不对称} + E_L - K = K'$,得

$$E = K' + \frac{2.303RT}{F}pH_试 \tag{15-15}$$

式中,K' 在一定条件下为一常数,故原电池的电动势与溶液的 pH 值之间呈线性关系,斜率与温度有关,25 ℃时为 0.05916 V。这就是以电位法测定 pH 值的依据。

变换式(15-15),得

$$pH_试 = \frac{E - K'}{2.303RT/F} \tag{15-16}$$

式(15-16)中,K' 无法测量和计算,因此在实际测定中,试样的 pH 值是根据已知 pH 值的标准缓冲溶液求得的。在相同条件下,若标准缓冲溶液的 pH 值为 $pH_标$,以该缓冲溶液组成的原电池的电动势为 $E_标$,则

$$pH_标 = \frac{E_标 - K'}{2.303RT/F} \tag{15-17}$$

联立式(15-16)和式(15-17),得

$$pH_{试}=pH_{标}+\frac{E-E_{标}}{2.303RT/F} \tag{15-18}$$

在实际中用 pH 计测量时,先用标准缓冲溶液对玻璃 pH 复合电极进行标定,然后即可直接在 pH 计上读出 $pH_{试}$。

在实际测量中,常先用多个 pH 标准缓冲溶液对 pH 玻璃复合电极进行校正,然后再进行待测溶液的 pH 值的测量。一些较常用的 pH 标准缓冲溶液如表 15-1 所示,其中 4、5、8 号为最常用的 pH 标准缓冲溶液。

表 15-1　常用的 pH 标准缓冲溶液

序号	pH 标准缓冲溶液	标准物质质量 /(g/1000 g(水))	pH (25 ℃)	使用温度范围/℃
1	四草酸氢钠(0.05 mol·kg⁻¹)	12.61	1.679	0～95
2	饱和酒石酸氢钾(25℃)	＞7	3.557	25～95
3	柠檬酸二氢钾(0.05 mol·kg⁻¹)	11.41	3.776	0～50
4	邻苯二甲酸氢钾(0.05 mol·kg⁻¹)	10.12	4.004	0～95
5	磷酸二氢钾(0.025 mol·kg⁻¹)-磷酸氢二钠 (0.025 mol·kg⁻¹)	3.387～ 3.533	6.863	0～50
6	磷酸二氢钾(0.008695 mol·kg⁻¹)-磷酸氢二钠 (0.03043 mol·kg⁻¹)	1.179～ 4.303	7.415	0～50
7	三(羟基甲基)氨基甲烷(0.01667 mol·kg⁻¹)-三 (羟基甲基)氨基甲烷盐酸盐(0.05 mol·kg⁻¹)	2.005～ 7.822	7.669	0～50
8	硼砂(0.1 mol·kg⁻¹)	3.80	9.183	0～50
9	碳酸氢钠(0.025 mol·kg⁻¹)-碳酸钠(0.025 mol·kg⁻¹)	2.092～ 2.640	10.014	0～50
10	饱和氢氧化钙(25 ℃)	＞2	12.454	0～60

注:标准物质邻苯二甲酸盐于 110 ℃,磷酸盐于 110～130 ℃,碳酸盐于 275 ℃干燥 2 h。

15.3　电位滴定法

15.3.1　电位滴定法原理

电位滴定法是一种容量分析方法,只是其滴定终点依赖电位法来确定。和电位法所使用的装置基本一致,都是以指示电极、参比电极及试液组成测量电池。所不同的是电位滴定法还需要有滴定管以逐步向试液中滴加滴定剂。此外,电位法依赖于能斯特方程来确定被测物质的量,而电位滴定法则只是确定滴定终点的工具,被测物质的量则仍然按照容量分析的滴定终点来计算。电位滴定装置如图 15-4 所示。

滴定反应发生时,在化学计量点附近,由于被滴定物质的浓度发生突变,指示电极的电位(或电池电动势)随之发生突跃。由此即可确定滴定终点。电位滴定时,在滴定过程中,需要连续记录滴定剂用量(V)和毫伏计显示的电池电动势(E)读数。这样就得到一组滴定剂用量和毫伏计显示的电池电动势的数据(E-V数据)。根据此组数据可用适当的数据处理方法确定滴定终点。

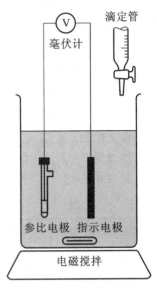

图 15-4　电位滴定装置

目前确定电位滴定终点的方法主要有三种:E-V 曲线法;一阶微商法(dE/dV 曲线法);二阶微商法(d^2E/dV^2曲线法)。

1. E-V 曲线

用加入的滴定剂的体积(V)作横坐标,E 读数作纵坐标,绘制 E-V 曲线,曲线上的转折点即为化学计量点(图 15-5(a))。

2. 一阶微商法

此法中,以加入的滴定剂的体积(V)作横坐标,dE/dV(mV/mL)作纵坐标,绘制 dE/dV-V 曲线,其中 dE/dV 为 E 的变化值与对应的加入滴定剂体积的增量的比值(实际为将 E 对 V 取微商的结果)。所得的曲线为一尖峰状极大的曲线,峰尖所对应的 V 值即为滴定终点(图 15-5(b))。

3. 二阶微商法

此法中,以加入的滴定剂的体积(V)作横坐标,d^2E/dV^2 作纵坐标,绘制 d^2E/dV^2-V 曲线,其中 d^2E/dV^2 为 dE/dV 的变化值与对应的加入滴定剂体积的增量的比值(实际为将 dE/dV 对 V 取微商的结果)。所得的曲线为一穿越 V 轴的反转曲线,虚线与 V 轴交点所对应的 V 值即为滴定终点(图 15-5(c))。

后两种方法作图确定终点较为准确,但操作较繁杂,且终点体积是由实验点的连线外推得到的,会引入一定的误差。

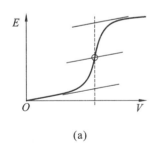
(a)

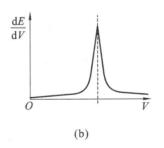
(b)

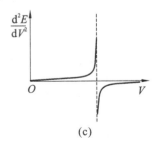
(c)

图 15-5　电位滴定曲线

思　考　题

15-1　简述 pH 玻璃电极的构造及作用原理。

15-2　什么叫 TISAB? 它的作用有哪些?

15-3　电位滴定的基本原理是什么? 确定终点的方法有哪些?

15-4　当下列电池的标准溶液为 pH 5.21 的缓冲溶液时,在 25 ℃时的电动势为 0.209 V。

玻璃电极|H$^+$(a)‖SCE

当缓冲溶液用待测溶液代替时,测得的电动势为 0.312 V,计算待测溶液的 pH 值。

15-5 用氟离子选择性电极作负极,SCE 作正极,取不同体积的含 F^- 的标准溶液($c_{F^-} = 2.0 \times 10^{-4}$ mol·L^{-1}),加入一定量的 TISAB,稀释至 100 mL,进行电位法测定,测得数据如下:

V_{F^-}/mL	0.00	1.00	2.00	3.00	4.00	5.00
E/mV	−400	−382	−365	−347	−330	−314

取含 F^- 的溶液 20 mL,在相同条件下测定,$E = -359$ mV。

1)绘制 E-lgc_{F^-} 工作曲线;

2)计算试液中 F^- 的浓度。

15-6 下面是用 0.100 0 mol·L^{-1} NaOH 标准溶液滴定 50.00 mL 一元弱酸的数据:

V_{NaOH}/mL	pH 值	V_{NaOH}/mL	pH 值	V_{NaOH}/mL	pH 值
0.00	3.40	12.00	6.11	15.80	10.03
1.00	4.00	14.00	6.60	16.00	10.61
2.00	4.50	15.00	7.04	17.00	11.30
4.00	5.05	15.50	7.70	20.00	11.96
7.00	5.47	15.60	8.24	24.00	12.39
10.00	5.85	15.70	9.43	28.00	12.57

1)绘制滴定曲线(pH-V),找出滴定终点。

2)绘制一阶微商曲线($\Delta pH/\Delta V$-V),找出滴定终点。

3)用二阶微商法确定滴定终点,并与 1)、2)的结果进行比较。

4)以 3)的结果为滴定终点,计算试样中弱酸的浓度(mol·L^{-1})。

5)计算弱酸的电离常数(K_a)。

6)计算计量点时溶液的 pH 值。

参 考 文 献

[1] 俞汝勤. 离子选择性电极分析法[M]. 北京:人民教育出版社,1980.

[2] 黄德培,沈子琛,吴国梁. 离子选择电极的原理及应用[M]. 北京:新时代出版社,1982.

[3] 李继萍. 仪器分析[M]. 北京:北京理工大学出版社,2013.

[4] 高鹏,朱永明. 电化学基础教程[M]. 北京:化学工业出版社,2013.

[5] Bard A J,Faulkner L R. 电化学方法原理和应用[M]. 邵元华,朱果逸,董献堆,等译. 2 版. 北京:化学工业出版社,2005.

第16章 伏 安 法

16.1 循环伏安法

16.1.1 循环伏安法原理

循环伏安法(cyclic voltammetry)是一种常用的电化学研究方法。该法控制电极电位以不同的速率,随时间以三角波形一次或多次反复扫描,电位范围是使电极上能交替发生不同的还原反应和氧化反应,并记录电流-电位曲线。该法除了使用汞电极外,还可以用铂、金、玻璃碳、碳纤维微电极以及化学修饰电极等。循环伏安法还可以改变电位以得到氧化还原电流方向。循环伏安法中电位扫描速度可从每秒钟数毫伏到 1 V。

若以等腰三角形的脉冲电压加在工作电极上,得到的电流-电位曲线包括两个分支,如果前半部分电位向阴极方向扫描,电活性物质在电极上还原,产生还原波,那么后半部分电位向阳极方向扫描时,还原产物又会重新在电极上氧化,产生氧化波。因此一次三角波形扫描,完成一个还原和氧化过程的循环,故该法称为循环伏安法,其电流-电位曲线称为循环伏安图(图 16-1)。

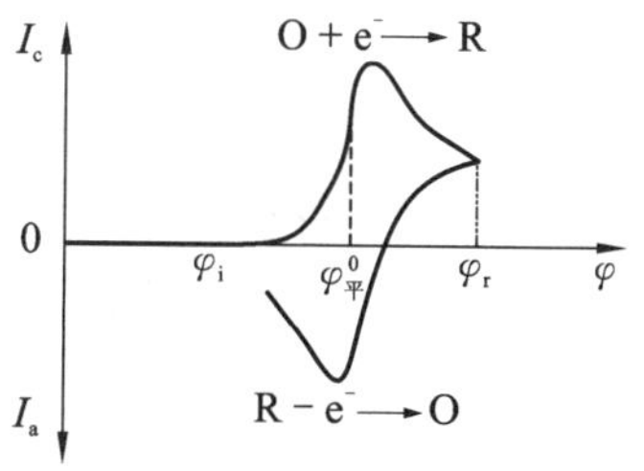

图 16-1 循环伏安图

若电极反应为 $O+e^- \longrightarrow R$,反应前溶液中只含有反应粒子 O,且 O,R 在溶液中均可溶,控制扫描起始电位从比体系标准平衡电位($\varphi^\ominus$)正得多的起始电位(φ_i)处开始做正向电扫描。当电极电位逐渐负移到($\varphi_\mp^0$)附近时,O 开始在电极上还原,并有法拉第电流通过。由于电位越来越负,电极表面反应物 O 的浓度逐渐下降,因此电流会增加。当 O 的表面浓度下降到近于零,电流也增加到最大值 I_{pc},然后电流逐渐下降。当电位达到(φ_r)后,又改为反向扫描。随着电极电位逐渐变正,电极附近可氧化的 R 粒子的浓度变大,在电位接近并通过($\varphi_\mp^0$)时,表面上的电化学平衡应当向着越来越有利于生成 R 的方向移动。于是 R 开始被氧化,并且电流增大到峰值氧化电流 I_{pa},随后又由于 R 的显著消耗而引起电流下降。整个曲线称为"循环伏安曲线"。

图 16-2 为在 $1.0 \text{ mol} \cdot \text{L}^{-1}$ KCl 电解质溶液中,$6\times10^{-3} \text{ mol} \cdot \text{L}^{-1} \text{K}_3\text{Fe(CN)}_6$ 在玻璃碳工作电极上的反应所得到的结果。扫描速度为 $100 \text{ mV} \cdot \text{s}^{-1}$,玻璃碳电极面积为 3.0 mm^2。

由图可见,起始电位 E_i 为 $+0.6$ V,电位比较正是为了避免电极接通后 Fe(CN)_6^{3-} 发生电解,然后沿负电位扫描,当电位至 Fe(CN)_6^{3-} 被还原时,即电位至析出电位时,将产生阴极电流。其电极反应为

$$[\text{Fe}^{\text{III}}(\text{CN})_6]^{3-} + e^- \longrightarrow [\text{Fe}^{\text{II}}(\text{CN})_6]^{4-}$$

随着电位负移,阴极电流迅速增加,直至电极表面的 $[\text{Fe}^{\text{III}}(\text{CN})_6]^{3-}$ 浓度趋近于零,电流在 d 点达到最高峰,此时峰电位和峰电流分别称为阴极峰电位 E_{pc} 和阴极峰电流 I_{pc}。然后电流迅速衰减,这是因为电极表面附近溶液中的 $[\text{Fe(CN)}_6]^{3-}$ 几乎全部电解转变为 $[\text{Fe(CN)}_6]^{4-}$ 而耗尽,即所谓的贫乏效应。当电压扫描至 -0.2 V 处时,虽然已经转向开始阳极化扫描,但

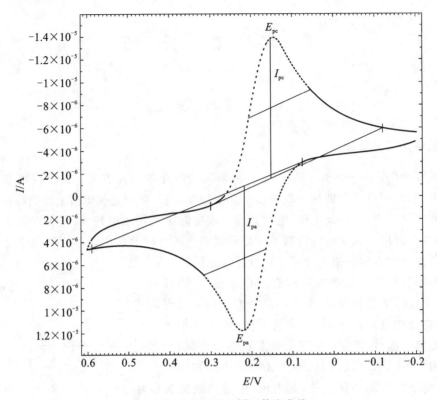

图 16-2 K₃Fe(CN)₆循环伏安曲线

这时的电极电位仍然相当负,扩散至电极表面的[Fe(CN)₆]³⁻仍然在不断被还原,故仍呈现阴极电流,而不是阳极电流。当电极电位继续正向变化至[Fe(CN)₆]⁴⁻的析出电位时,聚集在电极表面附近的还原产物[Fe(CN)₆]⁴⁻被氧化,其反应为

$$[Fe(CN)_6]^{4-} - e^- \longrightarrow [Fe(CN)_6]^{3-}$$

这时体系产生阳极电流。阳极电流随着扫描电位正移迅速增加,当电极表面的[Fe(CN)₆]⁴⁻浓度趋于零时,阳极电流达到峰值,此时峰电位和峰电流分别称为阳极峰电位E_{pa}和阳极峰电流I_{pa}。扫描电位继续正移,电极表面附近的[Fe(CN)₆]⁴⁻耗尽,阳极电流衰减至最小。当电位扫描至 0.6 V 时,完成第一次循环,即获得了循环伏安图。

简言之,在正向扫描(电位变负)时,[Fe(CN)₆]³⁻在电极上被还原产生阴极电流而指示电极表面附近浓度变化的信息。在反向扫描(电位变正)时,产生的[Fe(CN)₆]⁴⁻重新氧化产生阳极电流而指示它是否存在和变化。因此,循环伏安法能迅速提供电活性物质电极反应过程的可逆性、化学反应历程、电极表面吸附等多种信息。

测量确定I_{pa}(或I_{pc})的方法:沿基线作切线外推至峰下,从峰顶作垂线至切线,其间高度即为I_{pa}(或I_{pc})。E_{pa}(或E_{pc})可直接从横轴与峰顶对应处读取。

16.1.2 循环伏安法应用

1. 判断电极反应的可逆性

循环伏安法中电压的扫描过程包括阴极与阳极两个方向,因此可从所得的循环伏安图的氧化波和还原波来判断电活性物质在电极表面反应的可逆程度。

对可逆氧化还原电对的电位 $E^{\ominus}$ 与 E_{pa} 和 E_{pc} 的关系可表示为

$$E^{\ominus}=(E_{pa}-E_{pc})/2 \tag{16-1}$$

而两峰间的电位差为

$$\Delta E_p=E_{pa}-E_{pc}\approx0.05916/2\ \text{V} \tag{16-2}$$

对于铁氰化钾电对，其反应为单电子过程，可从实验中测出 ΔE_p 并与理论值比较。

对可逆体系的正向峰电流，Randles - Savcik 方程可表示为

$$I_p=2.69\times10^5 n^{3/2}AD^{1/2}v^{1/2}c \tag{16-3}$$

式中：I_p 为峰电流（A），n 为电子转移数，A 为电极面积（cm^2），D 为扩散系数（$\text{cm}^2 \cdot \text{s}^{-1}$），$v$ 为扫描速度（$\text{V} \cdot \text{s}^{-1}$），$c$ 为浓度（$\text{mol} \cdot \text{L}^{-1}$）。由上式可知，$I_p$ 与 $v^{1/2}$ 和 c 都呈线性关系，该公式对研究电极反应过程及定量分析具有重要意义。对于一个电极反应过程，可通过下述方法判断其可逆性。

1）可逆

a. $\dfrac{|I_{pc}|}{|I_{pa}|}=1$，且与电位扫描速率、转换电位和扩散系数等无关；

b. $\Delta E_p=E_{pa}-E_{pc}\approx\dfrac{58}{n}\text{mV}(25\ ℃)$

2）部分可逆

$$\Delta E_p=E_{pa}-E_{pc}>\frac{58}{n}\text{mV}(25\ ℃)$$

3）完全不可逆，无逆向反应

2. 电极反应机理研究

循环伏安法还可研究电极吸附现象、电化学反应产物、电化学-化学偶联反应等，对于有机物、金属有机化合物及生物物质的氧化还原机理研究很有用。

3. 定量分析

在循环伏安实验中，某物质在电极上具有明显的氧化峰电流，根据 Randles - Savcik 方程，在一定浓度范围内，某物质的氧化峰电流与其浓度呈线性关系，则可以根据该物质的氧化峰电流，由线性关系反推出该物质的浓度，从而计算出该物质的含量。此方法一般适用于微量分析。

16.2 线性扫描伏安法

线性扫描伏安法（linear sweep voltammetry，LSV）也称线性电位扫描计时电流法。它是在电极上施加一个快速线性变化的电压，因此电极电位是随外加电压线性变化的。记录的电流随电极电位变化的曲线称为线性扫描伏安图（图 16-3）。外加电压的速度很快，呈峰状曲线，峰尖位置的电位和电流称为峰电位（E_p）和峰电流（I_p）。当电位较正时，不足以使被测物质在电极上还原，电流没有变化，即电极表面和本体溶液中物质的浓度是相同的，无浓差极化。当电位变负，达到被测物质的还原电位时，物质在电极上很快被还原，电极表面物质的浓度迅速下降，电流急速上升。若电位变负的速率很快，可还原物质会急剧地被还原而电位继续变

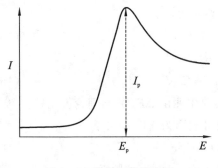

图 16-3　线性扫描伏安图

负,溶液中的可还原物质要从更远处向电极表面扩散,扩散层因此变厚,电流随时间的变化缓慢衰减,于是形成了一种峰状的电流-电位曲线。

对可逆电极反应,其峰电流 I_p 同样满足式(16-3)的 Randles – Savcik 方程。由此可知,峰电流 I_p 与电位扫描速度 v 的 1/2 次方成正比,与反应物的本体浓度成正比。这就是线性扫描伏安法定量分析的依据。

线性扫描伏安法的优点是灵敏度高,更适合于有吸附性物质的测定。

16.3　差示脉冲伏安法

差示脉冲伏安法是在线性扫描伏安法的基础上衍生出来的一种方法。它是在线性变化的电压上添加一定的脉冲电压(图 16-4(a))。在应用脉冲之前和脉冲末期,对电流两次取样。电流差对电压作图所得的图形称为差示脉冲伏安曲线(图 16-4(b))。通过这种方式可以减小充电电流对测定的影响,从而提高检测灵敏度。

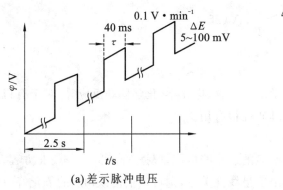

(a) 差示脉冲电压

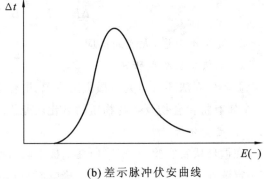

(b) 差示脉冲伏安曲线

图 16-4　差示脉冲电压和差示脉冲伏安曲线

差示脉冲伏安法的优点如下。

(1) 灵敏度高。由于背景电流得以充分衰减,可以将衰减的法拉第电流充分放大,因此能达到很高的灵敏度。

(2) 分辨能力高,可同时进行多元素、多物质检测。

(3) 可大大降低空白值。由于脉冲持续时间长,在保证电流和充分衰减的前提下,可以允许电阻增大 10 倍或更大,这样只需使用 $0.01 \sim 0.1 \ mol \cdot L^{-1}$ 的支持电解质即可。

(4) 仪器价格低廉,检测物用量少。

16.4　溶出伏安法

溶出伏安法(stripping voltammetry)是先将被测物质以某种方法富集在电极表面,而后借助线性电位扫描或脉冲技术将电极表面富集物质溶出,根据溶出过程所得到的电流-电位曲线来进行分析的方法。富集过程往往通过电解来实现,电解富集时工作电极作为阴极,溶出时作为阳极,称为阳极溶出法;相反,工作电极作为阳极来电解富集,而作为阴极进行溶出,则称为阴极溶出法。如果富集过程是通过吸附作用完成的,则称为吸附溶出伏安法。溶出伏安法具有很高的灵敏度,对某些金属离子及有机化合物的测定可达$10^{-10} \sim 10^{-15}$ mol·L^{-1},因此,其应用非常广泛。

16.4.1　阳极溶出伏安法

阳极溶出伏安法多用于测定金属离子,其富集和溶出过程见下式。

$$M^{n+} + ne^- \xrightarrow[\text{溶出}]{\text{电解}} M$$

所得的阳极溶出曲线如图 16-5 所示。

在测定条件一定时,峰电流 I_p 与待测物浓度成正比,式(16-4)就是溶出伏安法的定量分析基础。

$$I_p = -K c_0 \tag{16-4}$$

16.4.2　阴极溶出伏安法

溶出伏安法除用于测定金属离子以外,还可以测定一些阴离子如氯、溴、碘、硫等,即为阴极溶出伏安法(cathodic stripping voltammetry)。阴极溶出伏安法虽然也包含电解富集和溶出两个过程,但在原理上恰恰相反,即富集过程是被测物质的氧化沉积,溶出过程是沉积物的还原。被测离子在预电解的阳极过程中形成一层难溶化合物,然后当工作电极向负方向扫描时,这一难溶化合物被还原而产生还原电流的峰。富集时工作电极为阳极,溶出时工作电极为阴极,此方法可用于卤素、硫、钨酸根等阴离子的测定。图 16-6 为 Se 的阴极溶出伏安曲线。

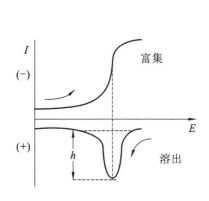

图 16-5　阳极溶出曲线

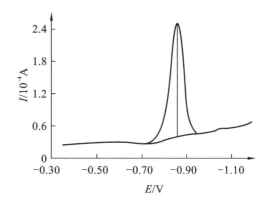

图 16-6　Se 的阴极溶出伏安曲线

其富集及溶出过程为

$$H_2SeO_3 + 2Ag + 4H^+ + 4e^- \longrightarrow Ag_2Se + 3H_2O(在酸性介质中富集)$$
$$Ag_2Se + H_2O + 2e^- \longrightarrow HSe^- + OH^- + 2Ag(在碱性介质中溶出)$$

思　考　题

16-1　简述循环伏安法的基本原理。

16-2　差示脉冲伏安法为何可以提高灵敏度？

16-3　溶出伏安法的基本原理是什么？比较阳极和阴极溶出伏安法的区别。

参 考 文 献

［1］　何为,唐先忠,王守绪,等.线性扫描伏安法与循环伏安法实验技术[J].实验科学与技术,2005,(1)：126-128.

［2］　姚程炜,任小敏,严正雄,等.葛根素的循环伏安测定及其电化学行为研究[J].分析测试技术与仪器,2010,16(2)：97-99.

［3］　邓鹏,薛文通,宋康,等.循环伏安法测定油脂中过氧化物含量的研究[J].中国食物与营养,2008,(4)：26-29.

第 17 章　电解分析法和库仑法

17.1　基　本　原　理

17.1.1　概述

电解分析法和库仑法所用的化学电池是将电能转变为化学能的电解池。其测量过程是在电解池的两个电极上，外加一定的直流电压，使电解池中的电化学反应向着非自发的方向进行，电解质溶液在两个电极上分别发生氧化反应和还原反应，此时电解池中有电流通过。

电解分析(electrolytic analysis)法是通过称量在电解过程中，沉积于电极表面的待测物质的量为基础的电化学分析方法。它是一种较古老的方法，又称电重量法。此法有时可作为一种离子分离的手段。电解分析法比较适合高含量物质的测定。电解分析法有两种：控制电位电解法与控制电流电解法。

库仑法是通过测量在电解过程中，待测物发生氧化还原反应所消耗的电量为基础的电化学分析方法。该法不一定要求待测物在电极上沉积，但要求电流效率为 100%。库仑法可适用于痕量物质的分析，具有很高的准确度。库仑法与大多数其他仪器分析方法不同，在定量分析时不需要基准物质和标准溶液，是电荷量对化学量的绝对分析方法。库仑法有两种：恒电位库仑法和恒电流库仑法(库仑滴定法)。

17.1.2　法拉第电解定律

在进行电解反应时，电极上发生的电化学反应与溶液中通过电荷量的关系，可以用法拉第(Faraday)定律进行描述，其数学表达式如下：

$$m = \frac{M}{nF}Q = \frac{MQ}{96487n} = \frac{M}{n} \cdot \frac{It}{96487} \tag{17-1}$$

式中：m 为物质在电极端上析出的质量(g)；M 为物质的摩尔质量；n 为电极反应的电子转移数；F 为法拉第常数(96487 C·mol^{-1})；Q 为电荷量(1 C=1 A·s)；I 为电流(A)；t 为电解时间(s)。

因此，利用电解反应来进行分析时，可称量在电极上析出物质的质量 m(电解分析法)，也可测量电解时通过的电荷量 Q，再由式(17-1)计算反应物质的量 m(库仑法)。

17.1.3　分解电压和析出电位

在铂电极上电解硫酸铜溶液实验时，若连续增大外加电压 $U_{外}$，当 $U_{外}$ 达到某个数值时则电解反应开始，阴极上镀上了金属铜，另一电极则逸出氧气。将引起电解质电解的最低外加电压称为该电解质的"分解电压($U_分$)"。分解电压是对整个电解池而言的，如果只考虑单个电极，就是"析出电位($E_析$)"。因此，析出电位指物质在阴极上还原析出时所需最正的阴极电位($E_{阴析}$)或阳极氧化析出时所需最负的阳极电位($E_{阳析}$)。对于可逆电极反应，某物质的析出电位等于电极的平衡电位。

分解电压($U_分$)与析出电位($E_析$)的关系为

$$U_分 = E_{阳析} - E_{阴析} \qquad\qquad (17\text{-}2)$$

很明显,要使某一物质在阴极上析出,发生迅速、连续不断的电极反应,阴极电位必须比析出电位更负(即使是很微小的数值)。同样,若使某一物质在阳极上氧化析出,则阳极电位必须比析出电位更正。在阴极上,析出电位更正者,越易还原;在阳极上,析出电位更负者,越易氧化。通常,在电解分析中只需考虑某一工作电极的情况,因此析出电位比分解电压更具有实用意义。

如果将正在电解的电解池的电源切断,这时外加电压虽已除去,但电压表的指针并不回到零,而向相反的方向偏转,这表示在两电极间仍保持一定的电位差。对整个电解过程进行分析,可知在电解反应开始后,由于阴极镀上了少量的金属铜,因此金属铜和溶液中的Cu^{2+}组成一电对,另一电极则成了O_2/H_2O电极。这两个电极相连,将形成一个原电池,此电池的反应方向是由两电极上反应物质的电极电位大小决定的。该原电池上的反应为

$$负极(阳极):Cu - 2e^- \longrightarrow Cu^{2+}$$

$$正极(阴极):O_2 + 4H^+ + 4e^- \longrightarrow 2H_2O$$

反应方向刚好与电解反应相反。可见,电解时产生了一个极性与电解池相反的原电池,其电动势称为"反电动势"($E_反$)。因此,要使电解反应顺利进行,首先要克服这个反电动势。至少要使

$$U_分 = E_反 \qquad\qquad (17\text{-}3)$$

才能发生电解池反应。而

$$E_反 = E_{阳平} - E_{阴平} = E^{\ominus}_{Cu^{2+}/Cu} - E^{\ominus}_{O_2/H_2O} = 1.23\ V - 0.34\ V = 0.89\ V \qquad (17\text{-}4)$$

可见,分解电压等于电解池的反电动势,而反电动势则等于阳极平衡电位与阴极平衡电位之差。所以对可逆电极过程来说,分解电压与电池的电动势对应,析出电位与电极的平衡电位对应,它们可以根据能斯特公式进行计算。

17.1.4　过电压和过电位

在电解过程中,如果以外加电压$U_外$为横坐标,通过电解池的电流 I 为纵坐标,可得如图17-1的 I-$U_外$ 曲线。I-$U_外$曲线一般呈现 I 随$U_外$先平缓变化后急剧上升的趋势,曲线拐点对应的电压即为其分解电压。图中曲线 a 为理论曲线,其拐点对应的电压称为理论分解电压($U_{分(理论)}$),对电解硫酸铜的实验来说其值为 0.89 V;曲线 b 为实际曲线,其拐点对应的电压称为实际分解电压($U_{分(实际)}$),对电解硫酸铜实验来说其值为 1.49 V。

造成实际分解电压较大的原因主要有两点:一是由于电解质溶液有一定的电阻,欲使电流通过,必须用一部分电压克服 IR 降(I 为电解电流,R 为电解回路总电阻),这个一般很小。二是用于克服电极极化产生的阳极反应和阴极反应的过电位($\eta_阳$ 和 $\eta_阴$)。极化现象是指电极电位偏离其平衡值的现象(由电化学极化和浓差极化

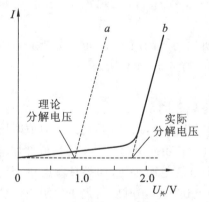

图 17-1　电解时的电流-外加电压曲线

造成),其偏离值称为电极的过电位。对整个电解池而言,实际分解电压和理论分解电压之差称为过电压 η,即

$$\eta = |\eta_{阳}| + |\eta_{阴}| + IR = U_{分(实际)} - U_{分(理论)} \tag{17-5}$$

$$U_{分(实际)} = (E_{阳平} + \eta_{阳}) - (E_{阴平} + \eta_{阴}) + IR \tag{17-6}$$

$$= (E_{阳平} - E_{阴平}) + (\eta_{阳} - \eta_{阴}) + IR \tag{17-7}$$

若忽略电压降,则

$$U_{分(实际)} = (E_{阳平} - E_{阴平}) + (\eta_{阳} - \eta_{阴}) \tag{17-8}$$

此方程式称为电解方程。

17.1.5　电解时离子析出顺序

用电解分析法分离某些物质时,必须考虑各种物质析出电位的差别。两种离子的析出电位差越大,被分离的可能性就越大。在不考虑过电位的情况下,往往先用它们的标准电位值作为判断依据。通常,分离两种共存的一价离子,它们的析出电位相差在 0.3 V 以上时,可认为能完全分离;分离两种共存的二价离子,它们的析出电位相差在 0.15 V 以上时,即可达到分离的目的。这只是相对的,如果要求高,析出电位差就要更大。此外,若析出物质的浓度降至 10^{-6} mol·L^{-1} 或仅有 0.01% 的物质未析出时视为析出完全。

【例 17-1】　有 Cu^{2+} 及 Ag^+ 的混合溶液,它们的浓度分别为 1 mol·L^{-1} 及 0.01 mol·L^{-1},以铂电极进行电解,在阴极上首先析出的是银还是铜?电解时两种金属离子能否分开?

解　银及铜的过电位很小,可以忽略不计,即

Ag 的析出电位为

$$E = E^{\ominus}_{Ag^+/Ag} + 0.05916 \lg[Ag^+] = 0.80 \text{ V} + 0.05919 \lg 0.01 \text{ V} = 0.68 \text{ V}$$

Cu 的析出电位为

$$E = E^{\ominus}_{Cu^{2+}/Cu} + \frac{0.05916}{2} \lg[Cu^{2+}] = 0.35 \text{ V} + \frac{0.05916}{2} \lg 1.0 \text{ V} = 0.35 \text{ V}$$

因银的析出电位较铜更正,故银离子先在阴极上析出。

假如银离子的浓度降低至 10^{-6} mol·L^{-1},可认为银离子已电解完全,其阴极电位为

$$E = E^{\ominus}_{Ag^+/Ag} + 0.05916 \lg 10^{-6} = 0.444 \text{ V}$$

因此,当控制外加电压使阴极电位为 $+0.444$ V 时,银离子可完全析出而铜离子则不能析出,这样便可使银与铜完全分离。

17.2　电解分析法

17.2.1　控制电流电解法

控制电流电解法一般是指恒电流电解法,它是在恒定的电流条件下进行电解,然后通过直接称量电极上析出物质的质量来进行分析的方法。这种方法也可用于分离。其基本装置如图 17-2 所示。

在电解过程中,电流越小,析出的镀层越均匀,但所需时间较长。实际应用中一般控制电解电流在 0.5～2 A 之间。随着电解的进行,浓度减小,外加电压不断增加,因此电解速度加

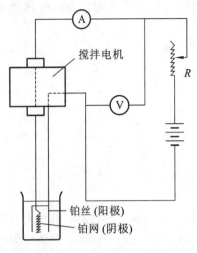

图 17-2　控制电流电解法装置

快。本法可以分离电动序中氢以上与氢以下的金属离子。电解时,氢以下的金属先在阴极上析出,继续电解,则析出氢气。所以,在酸性溶液中,氢以上的金属就不能析出,而应在碱性溶液中进行。恒电流电重量法可以测定的金属元素:锌、铜、镍、锡、铅、铋、锑、汞及银等,其中有的元素须在碱性介质中或配位剂存在的条件下进行电解。目前该方法主要用于精铜产品的鉴定和仲裁分析。

控制电流电解法的特点:

(1) 装置简单,准确度较高,相对误差 $<0.1\%$;

(2) 电解速度快,选择性差,酸性溶液中只能分析电动序中氢以下的金属;

(3) 控制电流电解法一般只适用于溶液中只含一种金属离子的情况。如果溶液中存在两种或两种以上的金属离子,且其还原电位相差不大,就不能用该法分离测定。

17.2.2　控制电位电解法

在控制电位电解法中,调节外加电压使阴极或阳极电位为一恒定值,使被测离子在阴极或阳极上析出,而其他离子留在溶液中,从而达到分离和测定元素的目的。其基本装置如图 17-3 所示。

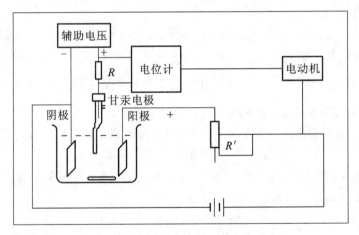

图 17-3　控制电位电解装置

相比于控制电流电解法,它一般采用三电极体系,加入甘汞参比电极的目的是测量阴极电位。在电解过程中,阴极电位可通过 R 上产生的 IR 降变化来自动调节加于电解池的电压,使阴极电位保持在特定数值或一定范围内。对于混合金属离子溶液,可以通过控制外加电压来实现分离。

如果溶液中有 A、B 两种金属离子存在,它们电解时的电流与阴极电位的关系曲线如图 17-4 所示。图中 a、b 两点分别代表 A、B 离子的阴极析出电位。若控制阴极电位电解时,使其负于 a 而正于 b,如图中 d 点的电位,则 A 离子能在阴极上还原析出而 B 离子不能,从而达到分离 B 的目的。

在控制电位电解过程中，被电解的只有一种物质。由于电解开始时该物质的浓度较高，所以电解电流较大，电解速率较快。随着电解的进行，该物质的浓度越来越小，因此电解电流也越来越小，当该物质全部电解析出时，电流趋近于零，说明电解完成。电流与时间的关系如图 17-5 所示。

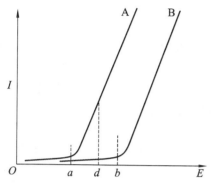

图 17-4　控制电位与析出电位的关系图

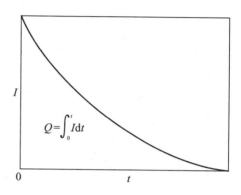

图 17-5　电流与时间关系图

电解时，如果仅有一种物质在电极上析出，且电流效率 100%，则

$$I_t = I_0 10^{-kt} \tag{17-9}$$

$$c_t = c_0 10^{-kt} \tag{17-10}$$

式中：I_0 和 c_0 为开始电解时的电流和浓度，I_t 和 c_t 为 t 时刻的电流和浓度，k 为常数，与电极和溶液性质等因素有关，其计算公式为

$$k = 26.1 \frac{DA}{V\delta} \tag{17-11}$$

式中：D 为扩散系数（$cm^2 \cdot s^{-1}$），A 为电极表面积（cm^2），V 为溶液体积（cm^3），δ 为扩散层的厚度（cm），常数 26.1 中已包括将 D 单位转化为 $cm^2 \cdot min^{-1}$ 的换算因子 60 在内。D 和 δ 的数值一般为 $10^{-5} cm^2 \cdot s^{-1}$ 和 $2 \times 10^{-3} cm$。由上面公式可知，若要缩短电解时间，则应增大 k 值，这就要求电极表面积要大，溶液的体积要小，升高溶液的温度以及有效地搅拌可以提高扩散系数和降低扩散层厚度。

控制电位电解法的主要特点是选择性高，可用于分离并测定银（与铜分离）、铜（与铋、铅、银、镍等分离）、铋（与铅、锡、锑等分离）、镉（与锌分离）等。

17.3　库　仑　法

17.3.1　恒电位库仑法

控制电位库仑法装置与控制电位电解法基本相似。所不同的是在电解电路中串入一个能精确测量电荷量的库仑计。电解时，用恒电位装置控制阴极电位，以 100% 的电流效率进行电解，当电流趋于零时，电解即完成。由库仑计测得电荷量，根据法拉第定律求出被测物质的含量。

这种方法除具有控制电位重量法的优点外，由于它是基于测量电解过程中所消耗的电荷量,而不是析出物的质量,因此,可不受称量产物状态的限制,既可用于物理性质很差的沉积体系,也可用于不形成固体产物的反应。此外,该方法还具有选择性好,灵敏度高,准确度高,不需基准物等特点,可用于有机化合物的分析,如硝基化合物、脂肪胺等,目前已用于 50 多种元素的测定和研究,还可用于电极过程反应机理研究,以确定反应中电子转移数和分步反应情况。

17.3.2 恒电流库仑法(库仑滴定法)

本方法用恒电流发生器产生的恒电流通过电解池,以 100% 的电流效率进行电解,同时用计时器记录电解时间。在电解过程中,有两种滴定模式:一种是被测物质直接在电极上反应;另一种是通过电极反应产生一种能与被测物质起作用的试剂,以此试剂作为滴定剂(电生滴定剂)与待测物质进行定量的化学反应。两种滴定模式的滴定反应的化学计量点均可借助于指示剂或其他电化学方法来指示。由电解进行的时间 $t(s)$ 和电流 $I(A)$,依据法拉第定律求得被测物质的质量 $m(g)$。此法又称为控制电流库仑滴定法,简称为库仑滴定法。这种方法并不测量体积而测量电荷量。它与普通滴定分析法不同点在于滴定剂不是由滴定管向被测溶液中滴加,而是通过恒电流电解在溶液内部产生,电生滴定剂的量又与电解的消耗的电荷量成正比。因此,可以说库仑滴定法是一种以电子作滴定剂的容量分析方法。

库仑滴定法滴定终点的确定方法主要有指示剂法、电流法和电位法等。

1. 指示剂法

这是指示终点的最简单的方法。此法可省去库仑装置中的指示系统,比较简单,多用于酸碱库仑滴定,也可用于氧化还原反应、配位反应和沉淀反应。例如,以电解产生的 OH^- 测定硫酸或盐酸,用溴甲酚绿作指示剂。指示剂法灵敏度较低,对于常量的库仑滴定分析能得到满意的测定结果。选择指示剂时应注意:

(1) 所选指示剂不能在电极上同时发生反应;

(2) 指示剂与电生滴定剂的反应,必须在被测物质与电生滴定剂的反应之后,即前者反应速率要比后者慢。

2. 电流法

这种方法的基本原理是被测物质或滴定剂在指示电极上进行反应所产生的电流与电活性物质的浓度成比例,终点可从指示电流的变化来确定。电流法可分为单指示电极电流法和双指示电极电流法。前者常称为极谱法,后者又称为永停终点法。

这种指示终点的方法,常用于氧化还原反应的滴定体系,也用于沉淀反应滴定中。此法装置简单、快速、灵敏,准确度又较高,应用范围较广。

3. 电位法

电位法指示终点的原理与普通电位滴定法相似。在库仑滴定过程中,每隔一定时间停止通电,记下电位读数和电生滴定剂的时间,并作其关系图,从图上找出化学计量点。还可用平衡电位法指示终点,即将电位计的电位固定在化学计量点上,滴定开始后,通过检流计的指示电流不断下降,当指示电流降至零时,表示已到达终点。这种方法简便、快速,灵敏度和准确度也比较高。

与其他方法相比较,恒电流库仑滴定具有如下特点。

(1) 不必配制标准溶液,简化了操作过程;

（2）适用面广,滴定剂来自电解时的电极产物;

（3）检测限可达 $10^{-5} \sim 10^{-9}$ g • mL^{-1},方法的灵敏度、准确度较高;

（4）可实现自动滴定,易于自动化;

（5）库仑滴定法不适用于较高含量的试样分析,因为必须采用较大的电流和较长的时间,而这样会导致电流效率的降低。

思 考 题

17-1 以电解分析法分离金属离子时,为什么要控制阴极的电位?

17-2 库仑法的基本依据是什么? 为什么说电流效率 100% 是库仑法的关键问题?

17-3 一溶液含有 0.1 mol • L^{-1} 的 Cd^{2+} 和 1 mol • L^{-1} 的 Zn^{2+},用饱和甘汞电极作参比电极(0.244 V)电解此溶液,当 $c_{H^+} = 1$ mol • L^{-1} 时:

(1) 欲使 Zn 不析出,可施加的负电压是多少?

(2) 在此电压下,溶液中还残留多少 Cd^{2+}?

(3) 为使 99.9% Cd 沉积所需的负电压至少是多少?

17-4 电解 Cd 时,为使 Cd^{2+} 浓度将至 10^{-6} mol • L^{-1} 而不逸出 H_2,试从理论上计算溶液的 pH 值必须等于多少?

17-5 采用 Pt 电极电解 KI 溶液,当有 50.0 C 电量通过时,在电极上析出 I_2 的质量是多少?

参 考 文 献

[1] 范植坚,杨森,唐霖.电解加工技术的应用和发展[J].西安工业大学学报,2012,(10):775-784.

[2] Bard A J,Faulkner L R.电化学方法原理和应用[M].邵元华,朱果逸,董献堆,等译.2 版.北京:化学工业出版社,2010.

质谱分析篇

ZHIPU FENXI PIAN

　　质谱分析是建立在原子、分子电离技术及离子光学理论的基础上，应用性很强的一种分析方法，是一种与光谱并列的谱学方法。

　　质谱分析主要是通过对样品离子的质荷比进行分析而实现对样品进行定性及定量的分析方法。质谱分析一次可提供丰富的结构信息，将分离技术与质谱法相结合是分离科学领域的一项突破性进展。作为至今唯一可确定物质的相对分子质量的分析方法，且具有分析速度快、灵敏度高，样品用量少等特点，质谱分析被广泛应用于化学、化工、生物、医药、能源、食品等各个领域。本篇主要从原理结构、分析方法及质谱联用技术等方面介绍质谱分析法。

第18章 质谱分析法

18.1 概 述

18.1.1 质谱分析法发展历程

在高速电子流或者强磁场作用下,高真空(10^{-3} Pa 以下)中的样品分子发生裂解,形成带正电荷的离子,这些离子将按质荷比 m/z(mass - charge ratio)大小排列成波谱记录下来,从所得的质谱图中分析化合物结构的方法就是质谱(mass spectrometry,MS)分析法。用于质谱分析的仪器称为质谱仪。

E. Goldtein 和 W. Wien 分别在 1886 年和 1898 年发明了阳极射线管并对其进行了研究。J. J. Thomson 因测定了电子的质荷比,发现了电子,并创建了将质量不同的原子分离的方法而获得了 1906 年的诺贝尔物理学奖。1912 年,J. J. Thomson 又发现在阳极射线管内用电场和磁场可以使阳极射线偏转,并证实了氖有两种同位素 ^{20}Ne 和 ^{22}Ne。1918 年 A. J. Dempster 发明了可用于同位素丰度测定的聚焦质谱仪。1919 年 F. W. Aston 研制了第一台较为完整且可分辨百分之一质量单位的速度聚焦质谱仪,即最原始的质谱仪,并将其用于同位素的发现及相对原子质量的测定,由此而获得 1922 年的诺贝尔化学奖。1934—1936 年期间 J. Mattauch 等研制了双聚焦质谱仪。1940 年 Nier 成功研制出扇形磁场单聚焦质谱仪,并在 1942 年实现了其商业化。早期,质谱仪主要用于原子质量、同位素相对丰度的测定及某些复杂碳氢混合物中各组分的定量分析。20 世纪 60 年代末,出现质谱与核磁共振以及红外光谱等联用技术,应用范围拓展到复杂化合物的结构分析及鉴定。计算机的应用使质谱分析法的发展更迅猛,技术更成熟,使用更便捷。实践证明,质谱分析法是研究有机化合物结构的一种重要的分析手段。20 世纪 80 年代以后,出现了一些新的质谱技术,如快原子轰击、基质辅助激光解吸、大气压化学、电喷雾等离子源,以及随之而来的液相色谱-质谱联用、电感耦合等离子体质谱、傅里叶变换质谱等。这些新的离子化技术及新的质谱仪促使质谱分析快速发展。

18.1.2 质谱仪的分类

质谱仪种类繁多,工作原理及应用范围也有较大不同。按其用途可将质谱仪分类如下。

1. 无机质谱仪

无机质谱仪主要用于无机元素的微量分析和同位素分析等,目前主要有火花源双聚焦质谱仪(SSMS)、二次离子质谱仪(SIMS)、辉光放电质谱仪(GDMS)以及电感耦合等离子体质谱仪(ICP - MS)等。

2. 有机质谱仪

有机质谱仪主要用于有机化合物结构的鉴定,可提供化合物的相对分子质量、元素组成及官能团等结构信息。目前主要有四极杆质谱仪(QMS)、离子阱质谱仪(ITMS)、飞行时间质谱仪(TOF - MS)、傅里叶变换质谱仪(FT - MS)和磁质谱仪等。

3. 气体质谱仪

气体质谱仪多用于生产研究过程中的气体监测及过程分析,包括氦质谱检漏仪(HMSLD)及呼气质谱仪等。

本章主要讨论有机质谱仪及其分析方法。

18.2　有机质谱仪

有机质谱仪主要包括真空系统、进样系统、离子源、质量分析器及离子检测器。本节主要介绍各部件的种类及工作原理。

18.2.1　真空系统

质谱仪的离子源、质量分析器和离子检测器都必须在小于 10^{-4} Pa 的高真空状态下才能正常工作。如果真空度低,则会有以下不良后果。

(1) 进入的大量氧会烧坏离子源中的灯丝;

(2) 引起本底效应,干扰质谱图;

(3) 引起不必要的副反应,使质谱图更加复杂;

(4) 影响离子源中电子束的正常调节;

(5) 引起用于加速离子的几千伏高压放电。

一般来说,质谱仪中真空系统主要由机械真空泵和扩散泵或者涡轮分子泵组成。由于机械真空泵所能达到的极限真空度为 10^{-1} Pa,不能满足要求,因此,必须依靠高真空泵。扩散泵的性能稳定,但启动慢,从停机到仪器能正常工作所需时间较长;涡轮分子泵使用寿命没有扩散泵长,但由于启动快,使用方便,无油扩散污染等问题,近年来生产的质谱仪大多采用涡轮分子泵。涡轮分子泵可以直接与离子源或者质量分析器相连,抽出气体后再由机械真空泵排出体系。

18.2.2　进样系统

进样系统的主要作用是高效重复地将样品导入离子源中,并且不会造成真空度的降低。目前常用的进样装置主要有间歇式进样系统、直接探针进样系统、色谱进样系统及毛细管电泳进样系统等。一般质谱仪都配有前两种进样系统,以适应不同样品的需要。对于有机化合物的分析,目前多采用色谱-质谱联用,试样经色谱柱分离后,再由分子离子器进入质谱仪的离子源。

18.2.3　离子源

离子源(ion source)的主要作用有两个方面:一是将欲分离的试样分子电离,得到带有样品信息的离子;二是把离子引出、加速和聚焦。离子源的结构和性能将在很大程度上决定整个质谱仪的灵敏度、分辨率以及分析的准确度等。用于质谱仪的离子源类型很多,现将主要的离子源介绍如下。

1. 电子电离源

电子电离源(electron ionization,EI)又称电子轰击离子源,是应用最广泛的离子源,主要用于挥发性样品的电离,其构造原理如图 18-1 所示。

电子由直热式阴极(多用铼丝)产生,被阳极加速形成高能电子束。灯丝与接收极之间的电压通常为 70 eV,因此,电子的能量为 70 eV。目前,标准质谱图都是在此条件下获得的。当试样分子以低气压形式导入离子源,受到高能电子束轰击时,将失去一个电子成为正离子(分子离子):

$$M + e^- \longrightarrow M^+ + 2e^-$$

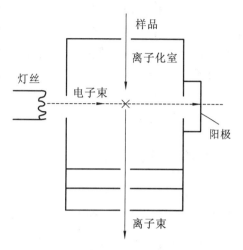

图 18-1 电子电离源示意图

分子离子继续受到电子束的轰击,会发生化学键的断裂,生成质量较小的带正电荷的碎片离子;或者通过结构重排而形成重排离子,还有一部分将通过分子离子反应而生成加和离子。由产生的分子离子可确定化合物的相对分子质量,对碎片离子进行分析可以得到化合物的结构。大多数有机化合物的电离电位为 7~10 eV,在 70 eV 的电子轰击下,除生成分子离子外,还会产生大量的碎片离子而降低分子离子峰的强度。因此,为了得到化合物的相对分子质量,通常采用 0~10 eV 的电子能量,但此时仪器灵敏度大大降低,需要增大样品的进样量,并且所得到的质谱图也不再是标准质谱图。

除了分子离子、碎片离子、重排离子和加和离子外,由于很多元素包含同位素,而同位素电离将产生同位素离子。因此,一个试样分子可以产生很多带结构信息的离子,对这些离子进行分析和检测,就可以得到具有样品信息的质谱图。

电子电离源使用广泛,结构简单,电离效率高,并且有标准质谱图可以检索比对,但其只适用于易汽化、热稳定性好的有机化合物的分析,并且有 10%~20% 的有机化合物在加热和电子轰击下,难以给出完整的分子离子信息,为了解决这类化合物的质谱分析,发展了以下软电离技术。

2. 化学电离源

化学电离源(chemical ionization,CI)是基于离子-分子反应而产生离子,即利用大量反应气体(如甲烷、异丁烷、氨及 He 和 Ar 等)与少量的样品分子之间碰撞而生成样品离子。CI 源在结构上与 EI 源没有太大区别,高能电子(能量约 300 eV)首先将反应气体电离,以甲烷为例,发生如下反应:

$$CH_4 + e^- \longrightarrow CH_4^+ + 2e^-$$

$$CH_4^+ \longrightarrow CH_3^+ + H^+ + e^-$$

生成的离子将进一步与中性分子发生反应,生成加和离子 CH_5^+ 和 $C_2H_5^+$。进入离子源的绝大部分样品分子与 CH_5^+ 发生碰撞,依次通过质子转移产生 $(M+1)^+$ 和 $(M-1)^+$,或者通过复合反应产生 $(M+17)^+$,其余样品分子将与 $C_2H_5^+$ 发生复合反应,生成 $(M+29)^+$。其中 $(M\pm1)^+$ 称为准分子离子。

化学电离源具有以下特点:①电离源内的高气压,加剧了离子-分子反应,而反应气体量远大于样品气体量(比例约为 $10^4 : 1$),如此悬殊的比例关系显著地提高了样品的利用率,因而相比电子电离源,其灵敏度提高了 1~2 个数量级;②由于使样品分子电离的不是高能离子流,而是能量较低的二次离子,所以很少发生键的断裂,即使是电离不稳定的化合物,也能获得很强的分子离子峰,因此化学电离源的谱图相对简单,易于解析。其中,准分子离子峰往往是最强峰,仍可以推断样品分子的相对分子质量。但使用过程中,必须使样品分子汽化后进入化学电离源,因此,不适合于难挥发、热不稳定或者极性较大的有机化合物的分析,并且得到的质谱不是标准质谱,不能进行库检索。

3. 场致电离源

场致电离源(field ionization,FI)的构造如图 18-2 所示,阳极和阴极间电压差约 10 kV,但两极间距(约 10^{-4} cm)极小,因此呈现的电压梯度可达 10^8 V·cm^{-1}。当具有较大偶极矩和高极化率的样品分子与阳极尖端(通常尖端的曲率半径 $r=2.5$ μm)相撞时,电子转移给阳极形成正离子,在电场作用下,正离子迅速被阴极加速进入聚焦单元(静电透镜),并被加速到质量分析器中。

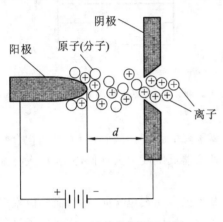

图 18-2　场致电离源示意图

场致电离的原理主要基于量子力学的“隧道效应”。所谓“隧道”是指为使分子(原子)成为正离子,共价离子逸出所必须克服的能量势垒。在外电场作用下,价电子逸出所需克服的能量势垒将减小。外电场强度足够大时,甚至在室温条件下,价电子也将以有限的量子化概率而穿过势垒。场致电离源的能量约为 12 eV,因此在场致电离的质谱图中,分子离子峰的强度较大,有时甚至可以观察到准分子离子峰,而碎片离子峰则很弱。因此,场致电离源有利于测定样品的相对分子质量,但无法获取更多的分子结构信息。

4. 场解析电离源

场解析(field desorption,FD)电离源与场致电离源相似。当样品溶液滴加到特制的阳极发射丝表面,发射丝加热蒸去溶剂,使试样分子解吸下来。在发射丝附近的高压静电场(电压梯度为 $10^7\sim10^8$ V·cm^{-1})作用下,试样分子电离形成分子离子。由于解吸所需的能量远远低于汽化所需的能量,因此有机化合物不会发生分解,场解析电离源通常适用于热不稳定和非挥发性化合物的质谱分析,通常质谱图只出现分子离子峰和准分子离子峰,且碎片离子峰极少。

5. 快原子轰击离子源

快原子轰击(fast atom bombardment,FAB)离子源是利用一束中性原子(通常是 Ar 等惰性气体)轰击试样使有机物分子电离而获得相应质谱图的一种软电离技术。首先将惰性气体氩电离成 Ar$^+$,再经电场加速,使其具有很高的动能,随后在电荷交换室中,高能 Ar$^+$ 被中和形成高能中性的“快原子”,在离子源内,“快原子”轰击试样分子,通过能量转移而使之电离和溅射出来形成离子流。通常将试样溶解于甘油、硫代甘油和三乙醇胺等惰性非挥发性液体中,随后涂敷于金属(铜)靶表面,以提高电离效率。利用快原子轰击离子源得到的质谱图,除具有强的分子离子和准分子离子峰外,还包含有丰富的碎片结构信息。由于不涉及试样的加热汽化,整个过程可以在室温下进行,尤其适用于极性高、相对分子质量大且热稳定性差、难挥发的试样。目前,被广泛应用于低聚糖、核苷酸、多肽及金属有机化合物等的分析。

18.2.4　质量分析器

质量分析器(mass analyzer)是质谱仪重要的组成部分,作用是将离子源中产生的各种正离子按照质荷比 m/z 的大小而分离,因此又称为离子分离器。各类质谱仪的主要差别在于质量分析器。目前用于有机质谱仪的质量分析器主要有单聚焦质量分析器、双聚焦质量分析器、四极杆质量分析器、离子阱质量分析器、飞行时间质量分析器和傅里叶变换离子回旋共振质量分析器等。

1. 单聚焦质量分析器

单聚焦质量分析器(single focusing mass analyzer)的关键在于处于磁场中的扁形真空腔体。当正离子通过入射狭缝进入质量分析器后,在磁场作用下,其运动轨迹发生偏转而做圆周运动。当离心力与向心力(即磁场引力)相等时,离子运行的轨道半径为

$$r = \frac{1.44 \times 10^{-2}}{B} \times \sqrt{\frac{m}{z} \cdot V} \tag{18-1}$$

式中: m 为离子质量; z 为以电子电荷量为单位的离子电荷量; V 为离子的加速电压; B 为磁感应强度。

由式(18-1)可知,在一定 B、V 条件下,不同 m/z 的离子的运动半径不同,因此,由离子源产生的离子,经过质量分析器即可实现质量分离。如果检测器的位置不变(即 r 不变),连续改变 B(V 不变,磁场扫描)或者 V(B 不变,电压扫描)可使不同 m/z 的离子依次到达检测器而得到样品的质谱图。实际上,由离子源出口进入磁场的离子并非完全平行,而是具有一定的发散角度。针对此种情况,只要磁场安排得当(半圆形或者扇形磁场),一方面,可使离子束按 m/z 的大小分离开来,另一方面,相同 m/z、不同角度的离子在到达检测器时又重新会聚到一起,即为方向(角度)聚焦。这种只包含一个磁场的质量分析器即为单聚焦质量分析器,又称为磁扇形质量分析器。单聚焦质量分析器只能把 m/z 相同而入射方向不同的离子聚焦,但对于 m/z 相同而初始能量(射入质量分析器的速率)不同的离子却不能实现聚焦。因此虽然结构简单,操作方便,但单聚焦质量分析器的分辨率较低,不能满足有机物的分析要求,目前只应用于同位素质谱仪和气体质谱仪。

2. 双聚焦质量分析器

双聚焦质量分析器(double focusing mass analyzer)主要由电场和磁场组成,不仅可实现方向聚焦,而且 m/z 相同,能量(速率)不同的离子也可以聚焦到一起,即为速率聚焦。同时实现方向聚焦和速率聚焦的双聚焦质量分析器的分辨率远高于单聚焦质量分析器。

物理学中,质量相同而能量不同的离子在经过电场后将发生能量色散,而不同能量的离子在磁场中也将发生能量色散。如果设法将电场和磁场对能量产生的色散相互补偿,即能实现能量(速率)聚焦。由某一方向进入磁场的同质量离子,经过磁场后会依照一定能量顺序分开;而从相反方向进入磁场的以一定能量顺序排列的同质量离子,经过磁场后可以聚集到一起,即磁场对离子的作用可逆。因此,通常在扇形磁场前增加一个扇形电场,主要作为能量分析器而不起质量的分离作用。对于质量相同而能量不同的离子,经过该扇形静电场后将彼此分开,即发挥静电场的能量色散作用。如果使静电场和磁场的能量色散作用的大小相等而方向相反,则可以消除能量色散对分析器分辨率的影响。其中,质量相同的离子,经过电场和磁场后将会聚一点,而其他质量的离子则会聚在另一点。通过改变离子加速电压就可以实现质量扫描,这

种由电场和磁场共同实现离子分离的质量分析器,同时具有方向聚焦和能量聚焦作用,即为双聚焦质量分析器。双聚焦质量分析器的分辨率高,但扫描速度慢,操作和调整较为困难,并且仪器造价也较为昂贵。

3. 四极杆质量分析器

四极杆质量分析器(quadrupole mass analyzer)由两对高度平行的截面为双曲面或圆形的棒状金属极杆(镀金陶瓷或钼合金,长为 0.1～0.3 m)组成,相对的极杆被以对角形式精密固定于正方形的四个角上,结构如图 18-3 所示。其中,相对两根极杆加以直流电压 V_{dc},另一对加以射频电压 $V_{rt}\cos\omega t$(V_{rt} 为射频电压振幅,ω 为射频振荡频率,t 为时间);加在两对极杆间的总电压为 $V_{dc}+V_{rt}\cos\omega t$。射频电压大于直流电压,因此,四极间的空间处于射频调制的直流电压的两种力场作用下。正离子进入偏向于负极,动能越低的离子越易偏离。当射频电压使 A极和 C 极分别带负电和正电,正离子将偏向 A 极;反之,正离子偏向 C 极。射频的交变频率为108 Hz,极杆极性变化极为迅速。射频电压相当于增补或者递减了固定的直流电压,离子也按瞬时变化的电压差在极杆间偏转。其中,施加 B、D 极杆的射频与 A、C 极杆的射频有 180°的相位差。只要离子在四极间的摆动轨迹遵循以下方程,就能边摆动边到达收集极。

$$\frac{\mathrm{d}^2 x}{\mathrm{d}t^2}+\frac{2}{r^2}\frac{z}{m}(V_{dc}+V_{rt}\cos\omega t)x=0 \tag{18-2}$$

$$\frac{\mathrm{d}^2 y}{\mathrm{d}t^2}+\frac{2}{r^2}\frac{z}{m}(V_{dc}+V_{rt}\cos\omega t)y=0 \tag{18-3}$$

式中:r 为每根极杆的圆形截面内沿至 x 轴或者 y 轴的垂直距离。该公式表明,在一对特定直流和射频电压时,具有特定动能的离子才能到达收集极并发出信号(这些离子称为共振离子),而其他离子将在运动过程中撞击在极杆上而被"过滤"掉,最后被真空泵抽走(称为非共振离子)。

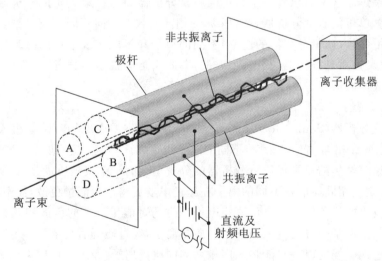

图 18-3 四极杆质量分析器

如果使交流电压频率不变而直流和交流电压按不同比率改变大小(电压扫描),或保持电压不变,而连续改变交流电压的频率(频率扫描),就可以使不同 m/z 的离子依次到达检测器。

四极杆质量分析器利用四极杆代替了电磁铁,体积小,重量轻,操作方便并且分辨率较高,分析速度极快,但准确度与精密度低于磁偏转型质量分析器。

4. 离子阱质量分析器

离子阱(ion trap)质量分析器的结构如图 18-4 所示。一个环电极和上下两个端电极间形成一个空腔(阱)。环电极和两个端电极都是绕 z 轴旋转的双曲面,并且满足 $r_0^2 = 2z_0^2$(式中: r_0 为环电极的最小半径, z_0 为两个端电极间最短距离)。直流电压 U 与射频电压 V_{rf} 施加在环电极和端电极之间,两端电极都处于低电位。

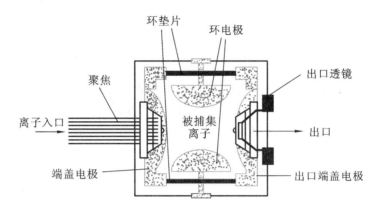

图 18-4　离子阱质量分析器

与四极杆质量分析器类似,离子在离子阱内的运动轨迹遵守马蒂厄微分方程,并且有类似四极杆质量分析器的稳定图。在稳定区,离子轨道振幅保持一定大小,并且可长时间留在阱内;不稳定区的离子振幅很快增长,撞击到电极而消失。一定质量的离子, U 和 V_{rf} 一定,可以处于稳定区;改变 U 或 V_{rf},则离子可能位于非稳定区。在恒定的 U/V_{rf} 条件下,扫描 V_{rf} 可以得到质谱图,在此,离子阱的质量扫描方式与四极杆类似。如果在引出电极上施加负电压脉冲,则可以使正离子从阱内引出,进而被电子倍增器检测。氦(10^{-1} Pa)的存在可大幅提高离子阱的质量分辨能力。离子阱质量分析器的结构简单,易于操作,灵敏度高。

5. 飞行时间质量分析器

飞行时间质量分析器(time of flight analyzer,TOF)主体是一个离子漂移管。如图 18-5 所示,在加速电压 V 的作用下,离子(质量为 m,电荷量为 z)得到动能,即

$$mv^2/2 = zV \text{ 或 } v = (2zV/m)^{1/2} \tag{18-4}$$

当离子以速度 v 进入自由空间(漂移区),假设离子在漂移区飞行时间为 t,飞行长度为 L,则

$$t = L(m/2zV)^{1/2} \tag{18-5}$$

$$\frac{m_i}{z_i} = 2zV\left(\frac{t_i}{L}\right)^2 \tag{18-6}$$

由式(18-5)可以看出, L 与 V 一定时,离子在漂移管中的飞行时间与离子质量的平方根成正比,即相同能量的离子,质量越大,到达接收器所需的时间越长,质量越小,时间越短,由此,可将不同质量的离子分开。适当增加漂移管长度可以提高飞行时间质量分析器的分辨率。

飞行时间质量分析器不需要磁场和电场,只需要直线漂移空间,因此结构较为简单。由于进入漂移空间的离子,即使具有相同质量,但其产生时间、空间及初始动能的不同(时间分散、空间分散和能量分散),到达检测器的时间也不同,因此早期的飞行时间质量分析器的分辨率

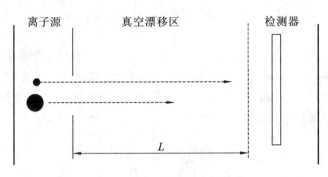

图 18-5　飞行时间质量分析器

较低。目前,激光脉冲电离方式、离子延迟引出技术及离子反射技术等的应用,已在很大程度上克服了上述原因造成的分辨率下降,其分辨率可达 20 000 以上。测定的质量范围仅取决于离子的飞行时间,可达到几十万的原子质量单位,最高可检测质量超过 300 000 质量单位,且具有很高的灵敏度。飞行时间质量分析器的扫描速度快,可在 $10^{-6}\sim10^{-5}$ s 时间内观察并记录整段质谱,因此,可用于研究快速反应并且广泛应用于气/液相色谱-质谱联用仪和基质辅助激光解析飞行时间质谱仪。

6. 傅里叶变换离子回旋共振质量分析器

傅里叶变换离子回旋共振质量分析器(fourier transform ion cyclotron resonance mass analyzer,FTICR)是在传统回旋共振质量分析器的基础上发展起来的。首先回顾离子回旋共振的基本原理。假定离子进入磁感应强度为 B 的磁场中,在磁场力作用下,做圆周运动,假如没有能量的增加或损失,圆周运动的离心力与磁场力相平衡,即

$$\frac{m\,V^2}{r}=BzV \tag{18-7}$$

整理后可得

$$\frac{V}{r}=\frac{Bz}{m} \tag{18-8}$$

或

$$\omega_c=\frac{Bz}{m} \tag{18-9}$$

式中:ω_c 代表离子运动的回旋频率(rad·s^{-1})。由式(18-8)可以看出,离子的回旋频率与 m/z 的倒数呈线性关系。因此,在磁场强度 B 一定时,只要精确测得离子的共振频率,就可准确获取离子的质量。离子的共振频率可以通过外加一个射频辐射来测定,当外加射频频率与离子共振频率相等时,离子将吸收外加辐射能量而沿着阿基米德螺线加速,如果将离子收集器摆放在适当的位置,就能接收到共振离子。改变外加射频频率,就能接收到不同离子。但传统的回旋共振质量分析器的扫描速度慢,灵敏度低,分辨率较差。在此基础上发展的傅里叶变换离子回旋共振质量分析器,采用线性调频脉冲激发离子,即在短时间内可进行快速频率扫描,可同时激发宽范围质荷比 m/z 的离子。因此,扫描速度及灵敏度远高于普通回旋共振质量分析器。FTICR 的分析室是由三对互相垂直的平行电极板所组成的立方体结构,置于超导磁体所产生的强磁场中。加有适当正电压的第一对电极作为捕集极,与磁场方向垂直,主要作用是延长离子在室内的滞留时间;第二对电极作为发射极,主要用于发射射频脉冲;第三对电极则作为接收极,用于接收离子产生的信号。强磁场作用下,引入分析室的试样离子将被迫以很小的

轨道半径进行回旋运动,由于离子均以随机非相干的方式运动,因此产生的信号不可检出。如果在发射极上施加一个快速扫频电压,当射频频率与某个离子的回旋频率恰好一致,即共振条件得到满足时,离子将吸收该射频能量,运动形式将随着轨道半径的增大而变成螺旋运动。相互作用一段时间后,离子都做相干运动,进而产生可被检测的信号。做相干运动的离子运动到近接收极的一个极板时,将吸收该极板表面的电子;而当其继续运动到另一极板时,又将吸收另一极板表面的电子。由此感生出一种频率与离子固有回旋频率相同,而振幅与分析室中该质量的离子数成正比的正弦形式的时间域信号,即"象电流"。如果分析室中不同的 m/z 都满足共振条件,实际测得的信号值则是同一时间内做相关运动的各种离子所对应的正弦波信号的叠加。将所测得的时间域信号重复叠加,放大,经模数转换后输入计算机中进行快速的傅里叶变换,即可以检出不同频率的成分,利用频率与质量的已知关系,可得到常见的质谱图。

利用傅里叶变换离子回旋共振原理研制的质谱仪被称为傅里叶变换离子回旋共振质谱仪(fourier transform ion cyclotron resonance mass spectrometer,FI - MS)。FI - MS 的扫描速度快,性能稳定,质量范围宽;可实现离子的同时激发和同时检测,因此其分析灵敏度比普通回旋共振质谱仪要高出 4 个数量级,同时仪器的分辨率极高,可超过 10^6。但由于结构中包含很高的超导磁场,因此使用过程中需要液氮,所以仪器的售价及运行成本都较高。

18.2.5　离子检测器

离子检测器(ion detector)主要用于接收并检测经质量分析器分离后不同质荷比的离子流。离子流的检测常采用电子倍增器(electron multiplier),其原理类似于光电倍增管,可以检测到约 10^{-17} A 的微弱电流,时间常数远小于 1 s,灵敏度高,检测速度快、对空气稳定。

18.3　质谱仪的性能指标

18.3.1　质量范围

质量范围即为质谱仪能够测定的离子质荷比的范围。多数离子源电离的离子为单电荷离子,因此,质量范围实际为可测定的相对原子质量或者相对分子质量(注:1960 年以来,国际上规定以 ^{12}C 原子质量的 1/12 作为统一的原子质量单位(amu 或 u,生物及分子生物学常用道尔顿或 Da),1 amu＝1.6605655(86)×10^{-24} g)的范围;而电喷雾离子源所产生的离子带有多电荷,因此,尽管质量范围只有几千,但可测定的相对分子质量可达到 100 000 以上。一般质量范围大小主要取决于仪器的质量分析器。由于分离的原理不同,不同质量分析器有不同的质量范围,因此,彼此间无任何比较意义。同类型的质量分析器则在一定程度上反映了质谱仪的性能。一般了解一台仪器的质量范围,主要需要知道它所能分析的样品相对分子质量的范围,但不能仅凭质量范围宽就认定质谱仪的性能就好。例如,对于气相色谱-质谱联用仪,其分析对象主要是挥发性有机化合物,其常见相对分子质量一般在 300 以下,最高不超过 500。因此,对于气相色谱-质谱联用仪,质量范围达到 800 就足够了,越高并不一定越好。而对于液相色谱-质谱联用仪,分析对象很多是生物大分子,因此,质量范围宽一些更好。

18.3.2　分辨率

分辨率又称分辨本领,是指质谱仪将相邻两个质量数的离子分开的能力,通常以 R 表示。

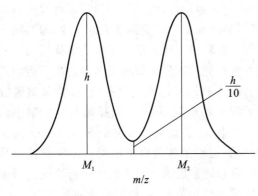

图 18-6　分辨率示意图

如图 18-6 所示,一般定义:两个强度相等的相邻峰,当两峰间的峰谷小于峰高的 10%(两个峰分别提供 5%)时,认为质谱仪实现了两峰的分离,其分辨率为

$$R = \frac{M_1}{M_2 - M_1} = \frac{M_1}{\Delta M} \qquad (18\text{-}10)$$

式中:M_1 与 M_2 为质量数,且 $M_1 < M_2$,欲分离两峰的质量数越小,要求仪器的分辨率越高。

实际测量时,有时很难找到峰高相等,峰谷又为峰高 10% 的相邻两峰。这时可采用下面的方法计算分辨率:如果相邻两个质谱峰 M_1 与 M_2 的中心距离为 m,峰高 5% 处的峰宽为 $W_{0.05}$(峰宽不是以长度单位,而是以质量单位来表示),该仪器的分辨率为

$$R = \frac{M_1 + M_2}{2(M_2 - M_1)} \times \frac{m}{W_{0.05}} \qquad (18\text{-}11)$$

定义为,任选一单峰,测量其峰高 50% 处的峰宽为 $W_{0.5}$,则分辨率为

$$R = \frac{M}{W_{0.5}} \qquad (18\text{-}12)$$

相比之下,第三种表示方法测量时较为方便。目前,傅里叶变换离子回旋共振质谱仪和飞行时间质谱仪均采用这种分辨率的表示方式。

分辨率是质谱仪最重要的总体性能指标之一,影响分辨率的主要因素:离子通道的半径;加速器与收集器的狭缝宽度;离子源的种类。

质谱仪的分辨率几乎决定仪器的价格。分辨率在 500 左右的质谱仪可满足一般有机化合物的分析要求,此类仪器一般使用的是四极杆质量分析器或离子阱质量分析器,仪器价格相对较低。若需进行同位素质量或有机分子质量的准确测定,通常需要采用分辨率大于 10 000 的高分辨质谱仪,这类仪器一般采用双聚焦磁式质量分析器。这类仪器分辨率可达 100 000,但价格比低分辨质谱仪要昂贵很多。

18.3.3　灵敏度

灵敏度描述了质谱仪对样品的检测能力,是仪器的电离效率、传输效率、检测效率以及本底噪声等因素的综合技术指标。仪器灵敏度主要有绝对灵敏度、相对灵敏度和分析灵敏度三种表示方法。其中仪器的绝对灵敏度主要指可检测的最小样品量。仪器的相对灵敏度为同时检测的高含量组分与低含量组分的含量之比。而仪器的分析灵敏度则主要指输入仪器的样品量与仪器的输出信号之比。

一般用分析灵敏度表示质谱仪的灵敏度,分析灵敏度与样品、进样方式、扫描速度及分辨率密切相关,实际上是仪器综合性能的反映。因此,在描述仪器的灵敏度指标时,需要具体拟定上述各项条件。

18.3.4　质量稳定性和质量精度

质量稳定性表示仪器在工作状态下质量稳定的情况,通常以一定时间内质量漂移的质量

单位来表示。例如,某质谱仪的质量稳定性为 0.2 amu/12 h,意味着该仪器在 12 h 内,质量漂移不超过 0.2 amu。

质量精度为仪器进行质量测定的精确程度,通常用相对值来表示。例如,某化合物的质量为 151.0372 amu,用某质谱仪多次测定该化合物,所测结果与其理论质量差在 0.003 amu 之内,因此,该仪器的质量精度为百万分之二十(20 ppm)。作为高分辨质谱仪的一项重要指标,质量精度对低分辨质谱仪没有太大意义。

质谱仪的性能参数之间,既相互联系,在一定条件下彼此也可以相互转化。例如,质谱仪的分辨率为 20 000,质量范围为 1~1 000 amu,依照分辨率,该仪器可将质量数分别为 19999 amu 和 20000 amu 的两个峰分开,但由于可检测的质量范围上限为 1000,因此,该仪器最多只能分开质量数为 999.95 amu 与 1000.00 amu 的两个峰。此外,在仪器的实际操作中,可以牺牲分辨率来提高灵敏度并改善精度;反过来,也可以牺牲一些灵敏度与精度来提高分辨率。

18.4　离子的类型

18.4.1　质谱的表示方法

在质谱分析中,质谱数据主要用条(棒)形式的质谱图或表格形式的质谱表来表示。质谱图中,横坐标是质荷比(m/z),纵坐标为相对丰(强)度,其中,相对丰度是把原始质谱图中最强离子峰定为基峰,规定其相对丰度为 100%。其他离子峰的丰度(即谱线强度)则以基峰的相对值(百分数)来表示,谱线强度与所形成离子的含量成正比。质谱表中主要包含两项:一项是离子的 m/z,另一项为离子对应的相对丰度。

18.4.2　质谱中主要离子峰

当气体或者蒸气分子(或原子)进入离子源,发生电离将形成各种类型的离子,因而在所得质谱图中出现下列质谱峰。

1. 分子离子峰

有机物分子受到电子轰击失去一个电子而生成的正离子 M^+ 称为分子离子,例如:

$$M+e^- \longrightarrow M^+ +2e^-$$

在质谱图中 M^+ 所形成的峰被称为分子离子峰。一般分子离子峰的质荷比(m/z)值就是对应中性分子的相对分子质量。分子离子峰通常具有下述特点。

(1)除存在同位素离子峰外,分子离子峰通常出现在质荷比(m/z)最高的位置。分子离子峰的强弱与化合物的结构有关。环状化合物相对较稳定,不易裂分,因而分子离子峰较强。支链结构易碎裂,因而分子离子峰较弱,对于稳定性差的化合物经常会看不到分子离子峰。一般的规律是,化合物结构稳定性差,分子离子峰较弱,有些稳定性差的酸、醇及支链烷烃的分子离子峰较弱甚至消失不见,而芳香烃则往往具有较强的分子离子峰。分子离子峰的强弱顺序大致为芳香烃>共轭链烯>烯烃>酮>直链烷烃类>醚>酯>胺>酸>醇>分支较多的烷烃类。当然,分子离子峰的强弱还会受到离子源类型、电离室的温度、轰击能量等实验条件的影响,且化合物通常包含多个基团,因此,实际情况较为复杂,此排序也可能有一定变化。

(2)分子离子峰应具有合理的质量丢失。一般在分子离子峰的左侧 4~14 以及 20~25 个原子质量单位范围内不可能出现离子峰,主要原因在于一个分子同时失去 3 个氢原子的可能性极小,其所能失去的最小基团往往是甲基($-CH_3$),即$(M-15)^+$。

3)分子离子应为奇电子离子,且符合"氮规则"。氮规则表明,对于仅含有共价键的有机化合物,若含有偶数个(包括零个)氮原子,则其相对分子质量必然为偶数,而含有奇数个氮原子,则其相对分子质量一定为奇数。其主要原因在于,除氮以外,所有元素的主要同位素的原子量及化合价均同为奇数或者同为偶数。例如,由 C、H、O 所组成的有机化合物,其分子离子峰的质量为偶数。而由 C、H、O、N、S 和卤素等元素所组成的化合物,N 原子数为奇数,其分子离子峰的质量是奇数,若 N 原子数为偶数,则分子离子峰的质量是偶数。

分子离子峰的主要作用在于确定化合物的相对分子质量。其中高分辨质谱仪给出精确的分子离子峰的 m/z 的值,是测定有机化合物的相对分子质量最快速、可靠的方法之一。

如果分子离子峰不出现,可采用以下方法进行调节。

(1)减小电子轰击的能量,而降低分子离子进一步裂解的可能性,进而增强分子离子峰。该方法还可避免质谱图过于复杂。

(2)更换其他离子源(化学电离源、快原子轰击离子源等),采取软电离方式,可得到较强的分子离子峰或准分子离子峰。

(3)采用化学衍生,使某些化合物(如醇)转变为稳定的衍生物(如酯)。

2. 同位素离子峰

除 P、F、I 以外,组成有机化合物的 C、H、O、N、S 等十几种元素均存在同位素。常见元素的同位素天然丰度及丰度比见表 18-1。不同元素的同位素在自然界中含量(天然丰度)不同,因而在质谱图上还将出现强度不等的同位素离子峰。从表中数据可以看出,S、Cl 和 Br 元素的同位素丰度高,因此,分别含有这三种元素化合物的质谱图中,其 $M+2$ 的峰强度较大,因此根据 M 及 $M+2$ 的峰强度比,可判断出化合物中是否含有这类元素。

表 18-1　几种常见元素的同位素天然丰度及丰度比

元素	同位素	天然丰度	丰度比
H	^1H	99.985	$^2H/^1H$ 0.015
	^2H	0.015	
C	^{12}C	98.893	$^{13}C/^{12}C$ 1.11
	^{13}C	1.107	
N	^{14}N	99.634	$^{15}N/^{14}N$ 0.37
	^{15}N	0.366	
O	^{16}O	99.759	
	^{17}O	0.037	$^{17}O/^{16}O$ 0.04
	^{18}O	0.204	$^{18}O/^{16}O$ 0.20
S	^{32}S	95.02	
	^{33}S	0.78	$^{33}S/^{32}S$ 0.80
	^{34}S	4.22	$^{34}S/^{32}S$ 4.40
Cl	^{35}Cl	75.77	$^{37}Cl/^{35}Cl$ 32.5
	^{37}Cl	24.23	
Br	^{79}Br	50.537	$^{81}Br/^{79}Br$ 97.9
	^{81}Br	49.463	

3. 碎片离子峰

由于离子源能量过高,有机化合物在电子轰击下不光产生分子离子,还将发生化学键的断裂,形成碎片,因此在质谱图上还将出现许多碎片离子峰,并且碎片离子还可以进一步裂解形成更小离子。碎片离子的形成与分子结构及化学键的断裂有关,因此可利用碎片离子峰推断分子的结构。

4. 重排离子峰

分子离子除了可发生裂解外,还可能发生原子或者基团的重排,而形成重排离子。相比简单断裂,重排要复杂很多,其中重排反应中较常见且重要的一种就是麦氏(McLafferly)重排。发生麦氏重排的条件:与化合物分子中 $C=X$(X 为 O、N、S、C)基团相连的链上有 γ-氢,当发生分子离子断裂,γ-氢向缺电子的 X 原子转移,引起一系列的电子转移,同时发生 β 键断裂,而脱离一个中性分子。

对含有像羰基这类不饱和官能团的化合物,γ-氢是通过六元环过渡态而转移的。在具有 γ-氢的醛、酮、酯、链烯及芳香族化合物等的质谱图上,都可以找到由这种重排而产生的离子峰。除麦氏重排以外,还有其他如经过四元环、五元环等方式的重排。

5. 两价离子峰

化合物分子在电子轰击下,还可能失去两个电子形成两价离子 M^{2+}。在有机化合物的质谱分析中,M^{2+} 是芳环、杂环及高度不饱和化合物的特征,可供结构分析时参考。

6. 亚稳离子峰

以上所述离子都为稳定的离子。在实际中,电离、裂解或者重排过程中所产生的离子,均有一部分处于亚稳态,这些亚稳态离子同样被引出离子室。例如,质量为 m_1 的离子在离开离子源后受到电场加速,在进入质量分析器以前,由于碰撞等原因很容易发生进一步的裂分而失去中性碎片而形成质量为 m_2 的离子,即

$$m_1 \longrightarrow m_2 + \Delta m \qquad (18\text{-}13)$$

由于一部分能量被中性碎片(Δm)夺走,因而 m_2 离子的动能比在离子源中形成的 m_1 离子的动能小得多,因而前者在磁场中将发生更大偏转,而仪器所记录到的 m/z 较小,这种峰即为亚稳离子峰,用 m^* 表示。其表观质量 m^* 与 m_1、m_2 的关系如下:

$$m^* = m_2^2/m_1 \qquad (18\text{-}14)$$

式中:m_1 为母离子的质量;m_2 为子离子的质量。

亚稳离子具有峰钝而小,跨 $2\sim5$ 个质量单位,且 m/z 通常不为整数等特点,很容易从质谱图中识别。借助亚稳离子峰,可获得有关裂解机理的信息,通过对其观察和测量,可找到有关母离子与子离子的质量,从而推断裂解的途径。

7. 离子分子反应峰

当离子源压强较高时,气体密度增大而粒子的平均自由程减小。其中平均自由程主要是指运动着的离子,在发生相互作用之前所飞行的平均距离。正离子还可能与中性碎片进行碰撞而发生离子分子反应,形成大于原来分子的离子。一般离子源处于高真空状态下,该反应可以忽略。

18.5　质谱的应用

18.5.1　质谱定性分析

质谱图可以提供有关化合物分子结构的许多信息,因此,定性能力强是质谱分析的突出特点。以下简要讨论质谱在定性方面的主要作用。

1. 相对分子质量的测定

由质谱图中的分子离子峰可准确测定该物质的相对分子质量,这是质谱分析的独特之处,相比凝固点下降、沸点上升等经典测定方法快而准确,而且所需的试样量少(一般 0.1 mg)。质谱法对于物质相对分子质量的测定,关键在于分子离子峰的判断,主要原因在于质谱中最高质荷比的离子峰不一定为分子离子峰,一方面,由于同位素的存在,可能存在 $M+1,M+2$ 峰;另一方面,分子离子的不稳定将导致分子离子峰不出现或者消失。

2. 分子式的确定

在确定分子离子峰并知道化合物的相对分子质量以后,就可以确定化合物的分子式。高分辨质谱仪可以精确地测定化合物的分子离子或碎片离子的质荷比,因此可利用元素的精确质量及丰度比(表 18-1)求算其元素组成。例如,质量数同为 28 的 N_2,CO 和 C_2H_4,其精确值却分别对应 28.006 148 14,27.994 914 75 和 28.031 300 24,因此通过测定的精确值可推断化合物的分子式。对于复杂分子,同样可通过计算确定其分子式。现在的高分辨质谱仪均配备有相关软件,在测定其精确质量值后,由计算机软件计算给出相应的分子式。这也是目前最方便、迅速、准确的方法。

各元素具有一定的同位素天然丰度(表 18-1)。拜诺(J. H. Beynon)等人计算了由 C,H,O 和 N 元素组合而成的各种分子的质量和同位素丰度比,并编制为表格(拜诺质谱数据表,简称拜诺表)。通过质谱分析法测定化合物的分子离子峰 M,同位素峰 $M+1$ 和 $M+2$ 的强度,计算 $(M+1)/M$,$(M+2)/M$ 的强度百分比,根据拜诺表查出可能的化学式,再结合其他的规律,即可确定化合物的化学式。例如,某化合物的相对分子质量 M 为 150,$M+1$ 的丰度为 9.9%,$M+2$ 的丰度为 0.88%,求化合物的化学式。查拜诺表可知,M 为 150 的化合物有 29 种,其中与所给数据相符的化合物为 $C_9H_{10}O_2$。

3. 分子结构的确定

根据前面所述内容可知,化合物分子电离而生成的离子质量与强度,与该化合物分子的本身结构有密切关系。因此,化合物质谱图中包含许多结构信息,通过对其质谱图进行解析,则可以得到化合物的组成及结构。质谱图解析一般有如下步骤:

(1) 确定分子离子峰,求出化合物的相对分子质量,初步判断化合物的类型,是否含有 Cl、Br、S 等元素;

(2) 根据分子离子峰的高分辨数据,推算化合物的分子式;

(3) 由分子式计算化合物的不饱和度,即确定化合物中环及不饱和键的数目。不饱和度的计算公式如下:

$$不饱和度(U)=四价原子数-\frac{一价原子数}{2}+\frac{三价原子数}{2}+1 \tag{18-15}$$

其中,四价原子主要有 C、Si 等,三价原子通常包含 N、P 等,而一价原子主要有 H、Cl 等。例如,苯的不饱和度 $U=6-(6/2)+(0/2)+1=4$,不饱和度表示有机化合物的不饱和程度。

(4) 研究分子离子失去的碎片(丢失的质量数),可确定化合物中含有哪些取代基。一些常见的游离基与中性分子的质量数见表 18-2。

表 18-2　一些常见的游离基与中性分子的质量数

质量数	碎片分子式	质量数	碎片分子式
15	CH_3	43	CH_3CO,C_3H_7
16	O,NH_2	44	CO_2,CS_2
17	OH,NH_3	45	OC_2H_5,$COOH$
18	H_2O	46	NO_2,C_2H_5OH
19	F	47	CH_3S
26	C_2H_2,CN	48	CH_3SH
27	C_2H_3,HCN	49	CH_2Cl
28	C_2H_4,CO	54	$CH_2CHCHCH_2$
29	C_2H_5,CHO	57	C_4H_9
30	NH_2CH_2,CH_2O,NO	59	CH_3CONH_2
31	NH_2CH_2,CH_2OH,OCH_3	60	C_3H_7OH
32	S,CH_3OH	61	CH_3CH_2S
34	H_2S	64	CH_3CH_2Cl
35	Cl	79	Br
36	HCl	127	I
42	CH_2CO,CH_2N_2	……	……

(5) 查找不同化合物断裂后生成的特征离子即特征离子系列。例如,直链烷烃的特征离子系列有 $m/z=\{15,29,43,57,71,85\}$ 等。根据特征离子系列可以推断化合物类型。

(6) 通过上述研究,推断化合物的结构单元,再结合相对分子质量、分子式、样品的来源、物理化学性质等,提出一种或几种可能结构,必要时,可结合紫外-可见光谱、红外光谱及核磁共振数据,得出最后结果。

(7) 验证所得结果。验证的方法:将所得化合物的结构式按质谱断裂规律分解,比较所得离子与质谱图数据是否一致;查对应化合物的标准质谱图,看是否与未知质谱图相同;寻找标准样品,制备标样的质谱图,与未知物的谱图进行比较。

18.5.2　质谱定量分析

应用质谱分析法进行有机混合物的定量分析,必须满足以下基本要求并进行校准。

1. 基本要求

对有机混合物的基本要求:①组分中至少要有一个与其他组分显著不同的峰;②每个组分

对该峰的贡献要呈线性加和性；③各组分的裂解模型要具有重现性；④组分能以 1% 的相对值重现灵敏度（每单位分压的离子流）；⑤需要有适当的用作仪器校准的标准物。

2. 校准

质谱分析法定量是以标准物的经验校准为基础的。理想情况下，质谱峰高与各组分的分压成正比。但对于复杂的有机混合物，通常难以找到一个完全属于某一个组分的质谱峰。因此，对于 n 个组分的混合物，必须联立一组方程式，即

$$i_{11}P_1 + i_{12}P_2 + \cdots + i_{1n}P_n = I_1$$
$$i_{21}P_1 + i_{22}P_2 + \cdots + i_{2n}P_n = I_2$$
$$\vdots$$
$$I_{m1}P_1 + i_{m2}P_2 + \cdots + i_{mn}P_n = I_m$$

式中：I_m 是在混合物质谱图上，质量数为 m 处对应的峰高（应用 GC/LC-MS 时，则为 m 质量数处测得的离子流），i_{mn} 是指在质量数为 m 处的组分 n 的峰高或离子流；P_n 为混合物中组分 n 的分压；其中每个组分的 i_{mn} 是在已知分压 P_n 条件下，使用一标准物校准而求得。

将测得的 I_m 代入联立方程，即可解出混合物中各组分的分压，进一步求出各组分的含量。

早期，质谱分析法的定量分析主要应用于天然气、烷烃等石油工业以及高分子聚合材料中，但方法费时又费力。现今，各类复杂有机混合物的定量分析，已应用于色谱-质谱联用技术中。

思　考　题

18-1　质谱分析法的主要作用有哪些？

18-2　质谱仪需要在高真空条件下工作的原因有哪些？

18-3　离子源的主要类型有哪些？工作原理是什么？

18-4　质量分析器的种类及各自的主要特点有哪些？

18-5　质谱仪的分辨率如何定义？与相对分子质量的关系是什么？

18-6　有机化合物在电子电离源中可能产生的离子类型有哪些？

18-7　如何利用质谱信息来推测化合物的相对分子质量以及分子式？

参 考 文 献

[1]　刘志广. 仪器分析[M]. 北京：高等教育出版社，2007.

[2]　朱明华，胡坪. 仪器分析[M]. 4 版. 北京：高等教育出版社，2008.

[3]　方惠群，于俊生，史坚. 仪器分析[M]. 北京：科学出版社，2002.

[4]　武汉大学. 分析化学[M]. 5 版. 北京：高等教育出版社，2006.

[5]　吴谋成. 仪器分析[M]. 北京：科学出版社，2003.

[6]　陈耀祖. 有机质谱原理及应用[M]. 北京：科学出版社，2004.

第 19 章　质谱联用分析技术

19.1　色谱-质谱联用

色谱-质谱联用技术将分离与分析方法结合,既体现了色谱法的强分离能力,又体现了质谱分析法的高分辨能力。最常用的是气相色谱-质谱(gas chromatography-mass spectrometry,GC-MS)和液相色谱-质谱(liquid chromatography-mass spectrometry,LC-MS)联用技术。

19.1.1　气相色谱-质谱联用(GC-MS)

作为一个成熟而完善的分析手段,GC-MS 联用技术充分体现了气相色谱法的强分离能力和质谱分析法的强定性能力,取长补短,具有更强的分析能力。其典型特点如下。

(1)气相色谱作为进样器,试样经色谱分离后以纯物质的形式直接导入质谱仪,可充分发挥质谱分析法的优势。

(2)质谱作为检测器,使各种样品分子得到有效电离,分析离子质量,采集化合物的质谱图,克服了色谱法定性的局限性。

(3)GC-MS 联用还可获得更多信息。单独使用气相色谱仪仅获取保留时间及强度的二维信息,质谱仪获取的则是质荷比与强度的二维信息,而 GC-MS 联用则能得到质量、保留时间与强度的三维信息。增加一维信息就意味着增强了解决问题的能力。例如,质谱特征相似的同分异构体,仅依靠质谱图难以分辨,而借助色谱的保留时间就很容易区分。

目前,GC-MS 联用仪的基本配置主要包括以下几个部分:①气相色谱部分,主要有进样系统、色谱柱系统和载气系统(一般使用 He 为载气);②质谱部分,主要包括进样系统、离子源、质量分析器和离子检测器;③真空系统,主要包括前级真空泵、高真空泵等部件;④数据系统,对于 GC-MS 联用仪,GC 与 MS 的数据处理系统是一体的,包含控制仪器运行和数据采集处理的全部功能;⑤接口等必要的辅助设备。

有机混合物经色谱柱分离后经接口进入离子源被电离为离子,通常在离子进入质量分析器前,先将通过一个总离子流检测器,部分离子流信号被截取。其中,总离子流强度的变化实际上正是流入离子源的色谱分离组分变化的反映,因此在选定的质量范围内,总离子流强度对时间或者扫描次数变化的曲线也就是混合物的色谱图,称总离子流色谱图(total ion chromatogram,TIC)。另一种获得总离子流色谱图的方法则是利用质谱仪自动重复扫描,由计算机收集再现出来,此种情况下总离子流检测系统可省略。对 TCI 图中的每个峰,可同时给出对应的质谱图,由此可推测每个色谱峰对应化合物的组成结构。三维 TCI 图中同样以各峰的保留时间、峰高和峰面积作为各峰的定量参数,以对应各峰的质谱数据作为定性参数。

实现 GC-MS 联用的关键技术在于接口装置和扫描速度。

1)接口装置

通常色谱柱的柱出口处于常压,而质谱仪则要求在高真空的条件下工作,所以,需要有一个接口将两者连接,起到传输试样,匹配两者的工作气压(工作流量),并且排除载气浓缩被测组分的作用。由于填充柱的分离效率不高,柱中固定液易流失,将导致质谱仪的污染和本底提高,气相色谱仪中普遍采用的是毛细管色谱柱,流量大大降低,因此,GC-MS 联用多采用将色谱柱直接导入质谱离子源的直接连接方式,接口主要是一段传输线,属于仪器的标准配置。

直接导入式接口(传输线)的结构非常简单。毛细管色谱柱的末端直接插入离子源内,接口只起到保护插入的毛细管柱部分和控制温度的作用,除配有加热套的金属导管、温度控制及测温元件外,不需要其他流量设置等额外部件。直接导入式接口的进样方式包含分流式和不分流式两种。前者是在毛细管柱出口处将载气分为两部分,将质谱能承受的部分载气和试样导入质谱仪中,其余部分全部放空,保证毛细管色谱柱的出口为常压,其分离效率不降低,并避免过量试样进入色谱仪中而导致离子源的污染。但该种方式引入质谱仪的试样只有几十分之一,不利于微量组分的检测,因此不推荐分流的进样方式。一般 GC-MS 联用仪中应同时具备这两种接口,可根据试样中各组分含量及分离情况进行选择。

2)扫描速度

由于气相色谱峰很窄,有些组分的完整出峰时间仅需几秒钟,而一个完整的色谱峰通常需要 6 个以上的数据点。因此,要求质谱仪具有较高的扫描速度,才能在较短时间内完成多次全质量范围的质量扫描过程。另一方面,质谱仪还需实现在不同质量数之间的快速切换,以满足离子检测的需要。

由于 GC-MS 的独特优点,它目前已经得到十分广泛的应用,从生物医药、环境分析、疾病防预、食品安全、石油化工、电子产品,到地球化学、法政军事等各个领域,但凡可用气相色谱法进行分析的试样,大多都可用 GC-MS 进行定性鉴定以及定量测定。

19.1.2　液相色谱-质谱联用(LC-MS)

尽管 GC-MS 具有较高的分离度、分析速度及灵敏度,且可提供待测组分相对分子质量及结构信息,是定性及定量分析的优良工具,但由于 GC-MS 的分析样品必须进行汽化处理,因而不适用于高极性、难挥发和热不稳定的大分子有机化合物的测定,应用范围有限。

液相色谱法的应用不受沸点的限制,分析对象可拓展到热稳定性差的试样,但其定性能力更弱,将其与有机质谱仪联用,必然成为一种重要的分离分析技术。由于 LC 是液相分离技术,而 MS 需要在高真空条件下工作,因此,在实现联用时所面临的困难远大于 GC-MS。需要解决的问题主要有两个方面:一是色谱流动相对质谱工作条件的影响;二是质谱离子源的温度对色谱分析试样的影响。流动相的流速一般为 1 mL·min^{-1},如果以甲醇为流动相,其汽化后换算为常压下的气体的流速则为 560 mL·min^{-1}(水为流动相,则为 1250 mL·min^{-1}),远大于高真空离子源中允许的气体流速(10 L·min^{-1});另一方面,液相色谱的分析对象主要是难挥发及热不稳定的试样,而离子源的对象则是汽化态的试样。只有解决了上述矛盾,才能实现液相色谱与质谱的联用。早期 LC-MS 联用的接口技术研究主要集中在去除色谱流出液的溶剂方面,且取得了一定成效。但电离技术中的电子电离源、化学电离源等经典方法并不适用于难挥发、热不稳定化合物的分析。20 世纪 80 年代以后,大气压电离技术取得突破性进展。小粒径(3 μm)颗粒固定相及细径柱在液相色谱中的应用,在提高柱效的同时,大大降低了流动相的流量。这些都促使 LC-MS 发展成为可常规应用的重要分离分析方法。目前,LC-MS 在生命科学、医药及临床医学、农业环境、化学和化工等各个领域中均得到了广泛的应用。尽管如此,迄今为止,还没有一种接口技术具有像 GC-MS 接口的普适性,各种接口技术都有不同程度的局限性。因而,对于一个从事多方面研究的现代化实验室,需要配备几种 LC-MS 接口技术,以适应 LC 分离试样的多样性。

1. 大气压电离

大气压电离(atmospheric pressure ionization,API)是在大气压条件下的质谱离子化技术的总称。API-MS 也就是在大气压的条件下使分析物电离,然后将离子引入质量分析器(常用四极杆质量分析器)进行质谱分析。室温下完成离子化,因此不存在试样的热解现象。该电离方法有多种,以下主要讨论两种最受欢迎,并已商品化的技术。

1) 电喷雾电离

电喷雾电离源(electron spray ionization,ESI)是近年来发展的最为温和的一种电离方法,主要应用于液相色谱-质谱联用仪,既作为色谱与质谱仪之间的接口,同时又是电离装置。ESI 接口主要包括:①大气压腔,即雾化、去溶剂和离子化区;②真空接口与离子传输区,将离子从大气压传送至处于高真空的质量分析器中;③质量分析器,常用的有四极杆质量分析器,离子阱质量分析器,飞行时间质量分析器,扇形磁场质量分析器和傅里叶变换离子回旋共振质量分析器。

试样经 LC 色谱柱分离后,柱后流出液流经金属毛细管,在毛细管喷嘴与对电极板之间电场(电压一般为 3～8 kV)的作用下,色谱流出液喷出形成“泰勒(Taylor)锥”。加在喷嘴上电压的正负,即电喷雾电离源分别采用正离子或负离子模式主要取决于样品的 pK_a。在电场足够高,使泰勒锥尖端的溶液达到瑞利极限(Rayleigh limit),即电荷间的库仑排斥力与溶液表面张力相当的临界点时,锥尖将产生大量带电荷的液滴。在此,雾滴的电性主要取决于所采用的正、负模式。如果锥体及喷嘴表面有过量的正离子,雾滴将带正电荷。

随着溶剂蒸发、液滴不断收缩,内部电荷间排斥力增大,当超越瑞利极限时,液滴将发生库仑爆炸,去除液滴表面过量的电荷,形成更小的带电液滴。此过程不断重复,直至液滴变得足够小,表面电荷形成电场足够强时,样品离子将最终解吸出来得到气相离子。在喷嘴与锥孔之间电场的作用下,离子穿过取样孔进入质谱仪。在电位差的驱使下,带电荷雾滴通过一干燥 N_2 气帘进入质谱仪的真空区。该气帘作用:使带电雾滴进一步分散,以利于溶剂的蒸发;阻挡中性溶剂分子,使离子在电压梯度下穿过而进入质谱;溶剂的快速蒸发与气溶胶的快速扩散,将促进形成分子-离子聚合体而降低离子流,增加聚合体与气体碰撞的概率,促进聚合体的解体;碰撞可能诱导离子的裂解,进而提供化合物的结构信息。

电喷雾电离源是一种软电离方式,也是迄今为止最温和的电离方法。直接在大气压条件下使试样溶液中的分子离子化,图谱中主要给出与准分子离子有关的信息。最大特点是容易形成多电荷离子 $[M+nH]^{n+}$,因此特别适用于蛋白质、多肽等极性强,热稳定性差的有机大分子的分析。目前,采用电喷雾离子源,可以测量分子质量在 300 000 Da 以上的蛋白质。但 ESI 技术一般不适于非极性化合物的分析。

2) 大气压化学电离源

与 ESI 一样,大气压化学电离源(atmospheric pressure chemical ionization,APCI)主要应用于液相色谱-质谱联用仪,既作为连接色谱与质谱的接口,同时也是电离装置。目前被广泛应用于 LC-MS 的 APCI 接口,称为热气动喷雾接口,其结构与 ESI 相近。LC 柱后流出液流经中心毛细管,在雾化气和辅助气作用下喷射进入加热的常压环境中(温度为 100～120 ℃),经过加热喷射而形成的雾滴,虽然也可产生离子而直接蒸发进入气相,但由于不具备 ESI 接口那样的条件,直接蒸发而形成的气态分析物离子的数量不足以给出质谱的信号,因此,在 APCI 中,试样的电离主要通过化学电离的途径。在喷嘴的下游放置了一个电晕放电针,利用其高压放电,使溶剂分子和空气中的某些中性分子发生电离,产生 O_2^+、O^+、H_3O^+ 和 N_2^+ 等正离子。此外,当喷射而出的气溶胶混合物接近放电电极时,其中大量的溶剂分子也会被电离,生成的正离子与试样分子发生气态的分子-离子反应,使试样分子离子化。反应过程主要有质子转移和电荷交换生成正离子,质子脱离和电子捕获产生负离子等。APCI 主要用于分析中等极性的化合物。对于某些由于结构和极性等方面原因而在 ESI 中不能产生足够强离子的分析物,可以采用 APCI 方式增加其离子效率,因此可认为 APCI 是对 ESI 的补充。APCI 主要产生的是单电荷离子,分析的化合物的相对分子质量一般小于 1000。质谱图中主要是准分子离子,碎片离子少。

2. 离子束接口

离子束接口(particle beam interface,PB)是由单分散气溶胶界面(monodisperse aerosol generating interface for chromatography,MAGIC)发展来的,主要包含三个部分:气溶胶发生器、去溶剂室及动量分离室。该接口在常压下借助雾化气体(通常为 He 气)将 LC 的柱后流出液在气溶胶发生器中形成气溶胶微滴,该混合物微滴扩散进入加热的去溶剂室,流经脱溶剂尾喷嘴,在动量分离室的高真空负压作用下,高速喷进动量分离室,分离室的轴向压力梯度使其中质量较重(动量较大)的试样分子聚集于喷射气流的中心,经过一根加热的传送管而进入质谱。试样粒子在离子源与热源室的内壁碰撞而分解,溶剂蒸发后释放出气体的待测分子即可进行离子化。

离子束接口将电离过程与溶剂的分离过程要求分开,更适合于使用不同的流动相与不同的分析物质。离子束接口要求分析试样具有一定的挥发性,主要用于分析非极性或中等极性,相对分子质量小于 1000 的化合物,可广泛应用于药物代谢分析以及化工等方面。离子束接口配合使用的主要是电子电离源,因此应用离子束接口可得到完好且可重现的电子电离质谱图,因而可以应用标准质谱图库进行检索,实现结构的定性鉴定。

19.2　质谱-质谱联用

质谱-质谱联用(MS-MS)或者多级质谱是 20 世纪 70 年代后期迅速发展起来的一种新型联用技术,通常被称为质谱-质谱法、串联质谱法或者二维质谱法。

多级质谱将多个质谱串联起来,其中每一个质谱都可以独立操作,利用活化碰撞室将其分别连接,充分利用了质谱的分离与分析功能。最简单的是由两个质谱连接的二维串联质谱,其中第一级的质谱(MSⅠ)对离子进行预分离,选择其中感兴趣的离子作为下一级质谱的试样源,采用适当方式获得碎片离子,并将其送入第二级质谱(MSⅡ),由第二级质谱(MSⅡ)进行下一步的分离分析。

典型的二级串联质谱主要由三个部分构成:一级质谱、碰撞室和二级质谱。首先一级质谱用于捕获感兴趣的离子(即母离子),并将其送入由无场区设置的碰撞室;采用碰撞诱导活化技术(collision induced dissociation,CID),使导入的高速运动的母离子与碰撞室中的中性气体分子(He 或者 N_2 等,压强为 $10^{-3} \sim 10^{-2}$ Pa)发生碰撞而活化,使母离子的部分动能转化为内能而碎裂,得到碎片离子(即子离子);最后子离子进入二级质谱分离、检测并记录下来,得到与母离子相关的结构信息。

最经典的二级串联质谱为三重四极杆串联质谱。第一级与第三级的四极杆质量分析器分别为 MSⅠ和 MSⅡ,第二级的四极杆质量分析器主要起到碰撞解离室的作用,主要将由 MSⅠ中得到的母离子进行轰击,实现母离子碎裂进入 MSⅡ进行分析。三重四极杆串联质谱通常有四种工作模式,分别代表串联质谱的不同用途。

(1)子离子扫描方式:MSⅠ进行质量分离选定母离子,发生 CID 碎裂后,由 MSⅡ扫描得到子离子谱,该方式可直接进行混合物的分析。

(2)母离子扫描方式:MSⅠ采用正常扫描方式,而 MSⅡ则选定让某一质荷比的子离子通过。在此情况下,MSⅠ扫描的结果是找出选定质荷比子离子的所有母离子,因而又称为母离子谱。该方式可以用以研究一组相关的化合物。

(3)中性丢失扫描方式:MSⅠ与 MSⅡ保持某一质荷比差值(即中性丢失质量)同步扫描,只有满足相差固定质量的离子才可被检测器检测,所得到的质谱又称为恒定中性丢失谱。该方式可在复杂混合物中快速检测具有相同基团的系列化合物。

(4)多离子反应监测方式:由 MSⅠ选定一个或几个特定母离子,经碰撞裂解后,再由子离子中选出某一特定离子,因而只有同时满足 MSⅠ与 MSⅡ选定的一对离子时,才可产生信号峰。该扫描方式可增加选择性,即便是两个相同质量的离子同时通过 MSⅠ,仍可依靠其子离子的不同而将其分开。该方式非常适合从复杂体系中选定某特定质量,通常应用于微小成分的定量分析。

随着科技的发展,接口技术的不断改进,MS-MS 仪器也出现了不同的配置形式,有四极杆-磁式混合型质谱仪,四极杆-飞行时间混合型质谱仪和飞行时间-飞行时间串联质谱仪等。

相比单级质谱,多级串联质谱优点突出。

(1)串联质谱有利于对混合物的定性,获得结构信息。例如,在多种 LC-MS 联用仪中,多采用软电离技术,质谱图主要显示分子离子峰,缺少碎片信息。而采用串联质谱,则可通过分子离子与反应气体的碰撞发生裂解反应,而提供更多的结构信息。

(2)串联质谱更适合于复杂混合物的分析。在色谱-质谱联用中,即使色谱未能实现混合物的完全分离,也可进行成分鉴定。串联质谱可以从试样中选择母离子进行分析,而不受其他成分的干扰。

(3)串联质谱可大大简化试样的预处理,尤其是在离子化过程中极易引入的杂质。例如在采用场解析离子化技术使试样电离时,往往会使用到底物,底物不可避免地会造成强的化学噪声,而串联质谱则可消除该类干扰,从而提高检测灵敏度。

(4)串联质谱可阐明多级质谱中母离子和子离子之间的联系,根据各级质谱的扫描方式,如子离子扫描、母离子扫描和中性丢失扫描,可查明不同质量数的离子间的关系。

(5)串联质谱可同步进行多种化合物的定量分析。采用中性丢失扫描可找到丢失相同基团的离子,如羧酸容易丢失二氧化碳中性碎片,对该碎片扫描即可获得所有羧酸母离子的信息,进而实现羧酸类的定量测定。

串联质谱具有抗干扰、抗污染、高灵敏度等优势,在新药研发、未知物分析、农药残留及环境监测等方面显示出了广泛的应用前景。

思　考　题

19-1　色谱-质谱联用仪的突出优点在哪里?

19-2　GC-MS 与 LC-MS 联用采用的接口分别是什么?

19-3　为什么串联质谱技术可直接检测混合有机物?

参 考 文 献

[1]　朱明华,胡坪.仪器分析[M].4 版.北京:高等教育出版社,2008.

[2]　武汉大学.分析化学[M].5 版.北京:高等教育出版社,2006.

[3]　吴谋成.仪器分析[M].北京:科学出版社,2003.

[4]　盛龙生,苏焕华,郭丹滨.色谱质谱联用技术[M].北京:化学工业出版社,2006.

[5]　陈耀祖.有机质谱原理及应用[M].北京:科学出版社,2004.

表面分析篇

BIAOMIAN FENXI PIAN

　　随着科学技术的迅速发展,人们越来越关注物质的微观形态及晶体结构与宏观物理和化学性质之间的关系。在材料科学、催化科学及石油化工等领域,固体表面与界面的表征已成为现代分析化学的重要任务,利用表面与界面分析的各种手段,可以得到重要化学过程的信息。例如它们可以提供腐蚀、物理吸附、化学吸附、氧化、钝化及反应性等信息;可以提供晶体或晶粒界面的微型貌特征,以及可能存在的不规则性,如孔穴、凹陷;能逐点给出 $X-Y$ 平面区域高分辨率的元素组成,以及功能团与元素氧化态的分布状况、几何结构与电子结构等。

　　物体的表面是指物体内部和真空之间的过渡区域,它包括物体最外面数层原子和覆盖其上的一些外来原子和分子。就表面科学研究而言,通常研究的是固体表面,其厚度一般为十分之几纳米至数纳米。固体表面的性质一般和体内不同,其原因是表面一侧不再存在另一侧的固体原子,以致表面的两侧呈现不对称性。总之,表面区的化学组成、原子排列、电子结构以及原子的运动等诸多方面都会呈现出与体内不同的表面特性,并将决定表面的化学反应活性、耐腐蚀性、黏性、润湿性、摩擦性及分子识别特性等。因而,表面分析涉及微电子器件、催化、材料及高新技术等众多领域。本章介绍常用的表面分析表征方法和技术。

　　表面分析是指对固体表面或界面上只有几个原子层厚的薄层进行分析、测量的方法和技术,包括表面组成、结构、形貌和电子能态等。表面分析与表征涉及的内容很多,没有一种单独的方法能提供所有这些信息。表面分析方法的基本原理是采用各种入射激发粒子(光子、电子、离子或原子等)为探针,使之与被分析的表面相互作用,在探针的作用下,从试样表面发射或散射离子或波(粒子或波可以是电子、离子、光子、热辐射或声波等)携带着被分析表面的信息。检测这些粒子的能量、质荷比、束流强度等就可得到样品表面的各种信息。根据这些信息的特点,表面分析可大致分为表面形貌分析、表面成分分析和表面结构分析三类。表面形貌分析指"宏观"几何外形分析,主要应用电子显微镜(TEM、SEM 等)、场离子显微镜(FIM)、扫描探针显微镜(SPM,如 STM、AFM 等)等进行观察和分析。表面成分分析包括表面元素组成、化学态及其在表层的分布(横行和纵向)测定等,主要应用 X 射线光电子能谱(XPS)、俄歇电子能谱(AES)、电子探针、二次离子质谱(SIMS)和离子散射谱(LSS)等。表面结构分析是指研究表面晶相结构类型或原子排列,主要应用低能电子衍射(LEED)、光电子衍射(XPD)、扫描隧道显微镜和原子力显微镜等。由于各种方法的原理、适用范围均有所不同,因而从不同层面给人们提供了认识微观世界的手段。

　　目前表面分析技术已用于国民经济的各个部门,主要范围包括:以微电子技术和光电子技术为主体的电子工业部门,以催化为主的化学工业部门和以抗蚀、耐磨等特殊性能材料为主的材料工业部门。在应用时应根据各种分析方法和分析试样的性能,如灵敏度下限,分析元素的范围,对样品的破坏程度,空间分辨率的要求等综合考虑而决定选择何种分析仪器和分析步骤,在具体分析时经验往往是很重要的。值得指出的是各种分析方法都有其局限性,因此选择多种方法,以求获得信息的互补是很有必要的。在本章我们将仅对其中最重要和最常见的几种方法加以讨论。

第 20 章　扫描电子显微镜

20.1　扫描电子显微镜的基本原理

20.1.1　概述

随着科学技术的发展进步,人们不断需要从更高的微观层次观察、认识周围的物质世界。细胞、微生物等微米尺度的物体直接用肉眼观察不到,显微镜解决了这个问题。目前,纳米科技成为研究热点,集成电路工艺加工的特征尺度进入深亚微米,所有这些更加微小的物体,光学显微镜观察不到。二十世纪 60 年代以来,出现了扫描电子显微镜(scanning electron microscope,SEM)技术,使人类观察微小物质的能力发生质的飞跃。依靠其高分辨率、良好的景深和简易的操作方法,扫描电子显微镜迅速成为一种不可缺少的工具,并且广泛应用于生命科学、材料科学等科学研究和工程实践中,取得了许多新的研究成果。

20.1.2　基本工作原理

SEM 是一个复杂的系统,浓缩了电子光学技术、真空技术、精细机械结构以及现代计算机控制技术。SEM 是根据电子光学原理,在加速高压作用下将电子枪发射的电子经过多级电磁透镜汇集成细小的电子束。在试样表面进行扫描,激发出各种信息,通过对这些信息的接收、放大和显示成像,对试样表面形貌或元素分布进行分析。

SEM 的基本工作过程如图 20-1 所示,由电子枪发射的高能电子束,经会聚透镜、物镜缩小和聚焦,在样品表面形成一个具有一定能量、强度、斑点直径的电子束。在扫描线圈的磁场作用下,入射电子束在样品表面上按照一定的空间和时间顺序做光栅式逐点扫描。由于入射电子与样品之间的相互作用,将从样品中激发出二次电子。通过二次电子收集极的作用,可将各个方向发射的二级电子汇集起来,再使用加速极加速射到闪烁体上,转变成光信号,经过光导管到达光电倍增管,使光信号再转变成电信号。这个电信号又经视频放大器放大并将其输送至显像管的栅极,调制显像管的亮度。因而,在荧光屏上呈现一幅亮暗程度不同的二次电子像。二次电子能产生样品表面放大的形貌像,这个像是在样品被扫描时按时序建立起来的,即用逐点成像的方法获得放大的像。

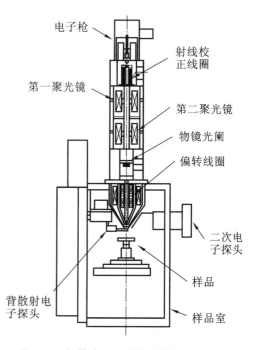

图 20-1　扫描电子显微镜的基本工作过程

20.1.3 基本结构

SEM 由三大部分组成:电子光学系统,图像显示和记录系统,真空系统。

1. 电子光学系统

电子光学系统主要是给 SEM 提供一定能量可控的并且有足够强度的、束斑大小可调节的、扫描范围可根据需要选择的、形状完美对称的、稳定的电子束。电子光学系统主要由电子枪、电磁透镜、光阑、扫描线圈、样品室等组成。

电子枪提供一个稳定的电子源,形成电子能量确定的电子束。一般使用钨丝阴极电子枪,用直径约为 0.1 mm 的钨丝,弯成发夹形,形成半径约为 100 μm 的 V 形尖端。当灯丝电流通过时,灯丝被加热,达到工作温度后便发射电子,在阴极和阳极间加有高压,这些电子则向阳极加速运动,形成电子束。电子束在高压电场作用下,被加速通过阳极轴心孔进入电磁透镜系统。

电磁透镜系统由聚光镜和物镜组成,其作用是依靠透镜的电磁场与运动电子相互作用将电子束汇集。例如,可将电子枪发射的电子束由 10~50 μm 压缩成 5~20 nm,缩小到约 1/10 000。聚光镜的主要作用是控制电子束直径和束流大小。聚光镜电流改变时,聚光镜对电子束的聚焦能力不一样,从而造成电子束发散角不同,电子束电流密度也随之不同(图 20-2),然后配合光阑,可以改变电子束直径和束流的大小。物镜的主要作用是对电子束做最终聚焦,将电子束再次缩小并聚焦到凸凹不平的试样表面上。

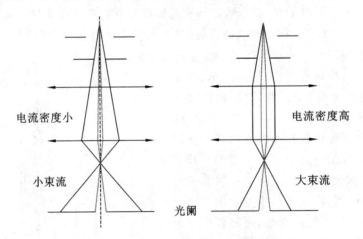

电流密度小　小束流　光阑　电流密度高　大束流

图 20-2　聚光镜改变电流密度、束斑和束流

光阑主要存在于聚光镜和物镜之间,其作用是挡掉大散射角的杂散电子,避免轴外电子对焦形成不良的电子束斑,使得通过的电子都满足旁轴条件,从而提高电子束的质量,使入射到试样上的电子束直径尽可能小。光阑大小一般是几十微米,并根据不同的需要选择不同大小的光阑。在电镜的维护中光阑的状况十分重要。如果光阑合轴不佳,将会产生巨大的像散,引入额外的像差,导致分辨率的降低,更有甚者,连图像都无法完全消除像散。另外光阑偏离也会导致电子束不能通过光阑或者部分通过光阑,从而使得电子束完全没有信号,或者信号大幅度降低,有时候通过的束斑也不能保持对称的圆形,从而使得电镜图像质量迅速下降。

扫描系统由扫描发生器、扫描线圈和放大倍率转换器组成。扫描发生器由 X 扫描发生器和 Y 扫描发生器组成,产生的不同频率的周期性脉冲信号被同步送入镜筒中的扫描线圈和显示系统 CRT 中的扫描线圈上。镜筒的扫描线圈分上、下双偏转扫描装置,其作用是使电子束正好落在物镜光阑孔中心,并在样品上进行光栅扫描。扫描方式分点扫描、线扫描、面扫描和 Y 调制扫描。扫描电子显微镜的像素分辨率可由 X、Y 方向的周期比例进行控制;扫描的速度由脉冲频率控制;扫描范围大小由脉冲振幅进行控制;另外改变 X、Y 方向脉冲周期比例以及脉冲的相位关系,还可以控制电子束的扫描方向,即进行图像的旋转。

　　样品室内除放置样品外,还安置信号探测器。不同信号的收集和相应探测器的安放位置有很大的关系,如果安置不当,则有可能收不到信号或收到的信号很弱,从而影响分析精密度。样品台本身是一个复杂而精密的组件,它应能夹持一定尺寸的样品,并能使样品平移、倾斜和转动,以利于对样品上每一特定位置进行各种分析。新式扫描电子显微镜的样品室实际上是一个微型试验室,它带有多种附件,可使样品在样品台上加热、冷却和进行机械性能试验(如拉伸和疲劳)。

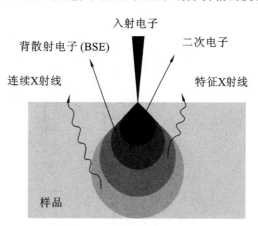

图 20-3　入射电子与试样相互作用产生的信息种类

　　2. 图像显示和记录系统

　　高能电子束与样品相互作用产生各种信息,如图 20-3 所示,在扫描电子显微镜中采用不同的探测器接收这些信号。根据 SEM 中各种信号的特点,将其应用于不同的功能(表 20-1)。

表 20-1　扫描电子显微镜中主要信号及其功能

收集信号类别	功能
二次电子	形貌观察
背散射电子	成分分析
特征 X 射线	成分分析
俄歇电子	成分分析

1) 二次电子

　　SEM 中最基本、最有代表意义的,也是分析检测用得最多的就是它的二次电子衬度像。二次电子是样品中原子的核外电子在入射电子的激发下离开该原子而形成的,它的能量比较小(一般小于 50 eV),因而在样品中的平均自由程也小,只有在近表面(约十纳米量级),二次电子才能逸出表面被接收器接收并用于成像。电子束与样品相互作用涉及的范围呈"梨"形。在近表面区域,入射电子与样品的相互作用才刚刚开始,束斑直径还来不及扩展,与原入射电子束直径比,变化还不大,相互作用发射二次电子的范围小,有利于得到比较高的分辨率。目前,商品扫描电子显微镜的分辨率已经达到 1 nm。加上扫描电子显微镜的景深大,因而可以获得高倍率的、立体感强的、直观的显微图像。这是扫描电子显微镜获得广泛应用的最主要原因。

　　二次电子的探测系统如图 20-4 所示,它包括静电聚焦电极(收集极或栅极)、闪烁体探头、光导管、光电倍增管和前置放大器。二次电子在收集极的作用下(+500 V),被引导到探测器打在闪烁体探头上,探头表面喷涂厚数十纳米的金属铝膜及荧光物质。在铝膜上加 10 kV 高压,以保证静电聚焦电极收集到的绝大部分电子落到闪烁体探头顶部。在二次电子轰击下,闪烁体释放出光子束,它沿着光导管传到光电倍增管的阴极上。光电倍增管通常采用 13 极百叶窗式倍增极,总增益为 $10^5 \sim 10^6$,光电阴极把光信号转变成电信号并加以放大输出,进入视频放大器直至 CRT 的栅极上。显示屏上信号波形的幅度和电压受输入二次电子信号强度调制,从而改变图像的反差和亮度。

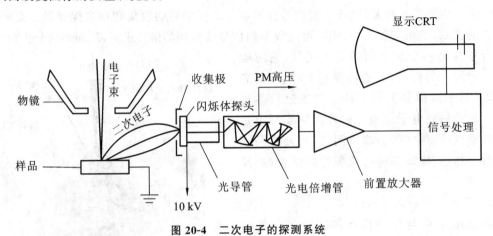

图 20-4　二次电子的探测系统

一般的扫描电子显微镜二次电子探测器均在物镜下面,当样品置于物镜内部时,焦距极短,使像差达到最低程度,从而得到高分辨率的图像,二次电子分辨率可达 3.5 nm。

2) 特征 X 射线

当入射电子与样品相互作用时,把样品中原子的内层电子激发出来,变成二次电子,原子中的外层电子有比较高的能量,外层电子通过跃迁填补内层电子的空缺,把多余的能量用电磁波的形式发射出来,形成带有原子特征信息的特征 X 射线。不同元素所产生的 X 射线一般都不同,所以相应的 X 射线光子能量就不同,通常存在以下关系:

$$E = hc/\lambda \tag{20-1}$$

式中:E 为光子能量;h 为普朗克常数;c 为光速;λ 为特征 X 射线波长。

通过式(20-1)可以看出,只要能通过某种探测器测出 X 射线光子的能量,就可以找到相对应的元素。这就是 SEM 对元素进行定性和定量分析的理论基础。能完成这一检测工作的装置称为 X 射线能量色散谱仪,扫描电子显微镜中,在形貌观察的同时,利用 X 射线能量色散谱仪可以方便地进行微区成分分析。它通常是由控制及指令系统、X 射线信号检测系统、信号的转换及存储系统和结果的输出及显示系统等四部分组成。由于采用了多道脉冲分析器,X 射线能量色散谱仪可以同时探测多种元素,且分析速度快,能在几分钟内对 $Z > 11$ 的元素进行定量和定性分析,比较适合快速、定点分析。此外,X 射线能量色散谱仪还有分析体积小,绝对灵敏度高,X 射线损失小等特点。

X 射线能量色散谱仪是扫描电子显微镜中的一个附加系统,在样品室中装入 X 射线接收系统,可对被测样品进行成分分析,包括定性分析和定量分析。

(1) 定性分析

点分析:将电子束固定在所需分析的微区上,几分钟即可直接从显示屏上得到微区内全部元素的谱线。

线分析：将能谱仪固定在所要测量的某一元素特征 X 射线信号能量的位置上，把电子束对着指定的方向做直线轨迹扫描，便可得到这一元素的浓度分布曲线，改变能谱仪的位置，便可得到另一种元素的浓度分布曲线。

面分析：电子束在样品表面做光栅扫描时，把能谱仪固定在某一元素特征 X 射线信号的位置上，此时在荧光屏上可得到该元素的分布图像，移动位置便可获得另一种元素的浓度分布图像。

（2）定量分析

半定量法可测出微区内样品的质量分数，修正后的误差可限定在±5%之内。

3. 真空系统

SEM 属于高真空系统的仪器，它的真空度靠真空泵来实现。扫描电子显微镜使用的真空泵主要有机械泵、油扩散泵、涡轮分子泵及离子泵几类。

钨灯丝扫描电子显微镜的真空度要求相对较低，通过机械泵加油扩散泵组合即可满足要求。六硼化镧灯丝在加热时活性很强，所以必须在较好的真空环境下操作，一般要达到 10^{-7} torr。电子枪部分的真空度要靠离子泵实现。场致发射电子枪是从极细的钨针尖发射电子，要求金属表面完全干净，所以场发射电子枪必须保持超高真空，以防止钨阴极表面累积原子。冷场发射式电子枪必须在 10^{-10} torr 的真空度下操作。热场发射电子枪是在1800 K温度下操作，能维持较佳的发射电流稳定度，并能在较冷场差的真空度下（10^{-9} torr）操作。场致发射电镜样品仓的真空度靠机械泵加油扩散泵或机械泵加涡轮分子泵的组合实现，其中涡轮分子泵比油扩散泵得到更加清洁的真空环境；其电子枪部分的真空需要几级的离子泵实现。

真空系统在电子光学仪器中十分重要，SEM 要求其真空度高于 10^{-3} Pa，否则会导致如下后果：①电子束的散射加大；②电子枪灯丝的寿命缩短；③产生虚假的二次电子效应；④使透镜光阑和试样表面受碳氢化物的污染加速等。因此将影响成像质量。为保证 SEM 电子光学系统的正常工作，它采用了一个机械泵和一个油扩散泵。真空系统的工作自动进行并有保护电路。若达不到较高真空度，高压指示灯将不亮，高压加不上，扩散泵冷却水断路或水压不足，全机电源自动切断，扩散泵温度过高也自动断电。电子枪灯丝更换有单独的电子枪室与主机镜筒隔离，更换灯丝后几分钟内电子枪即可达到较高真空度。

20.2　扫描电子显微镜样品的制备

20.2.1　样品的基本要求

1. 导电性

受试样品在电子束反复扫描下表面电位应不会升高，以避免荷电效应。在 SEM 聚焦图像时，导电性差的材料在电子束照射下会产生荷电，样品表面多余电荷与入射电子的作用会导致图像出现不正常对比度以及样品的漂移和变形等问题，明显降低 SEM 图像质量，甚至会掩盖样品表面结构的细节。对导电性较差的样品，若要获得高质量电镜图片，必须解决其荷电问题。

2. 热稳定性

受试样品需具备良好的热稳定性。电子束温度较高、导热性差的样品在观察时会漂移，图像不稳定。有些热敏材料会损伤,观察部位起泡、龟裂、出现孔洞;有些样品在高温下会分解,释放气体或物质,这分别是"热漂移""热损伤"和"热分解"现象,应该尽量减少或避免这些影响。

　　3. 二次电子和背散射电子产率

　　受试样品应具有高产率的二次电子和背散射电子,这两类信号电子的产率对于获得高质量图像是必要的。

　　不符合以上条件的样品可以经过适当处理以满足观察和分析要求,因此样品制备技术即使简单也不容忽视。

20.2.2　样品的制备

　　1. 取样及清洁

　　SEM 对样品的尺寸及形态没有太多限制,仅受样品台容量和承重的约束。对于一般小样品台的安装,块状样品需要切割。金属样品利用手锯或线切割切成合适的大小。套瓷、半导体、矿物、水泥可用砂轮切割机切割或敲碎,选取比较平整的碎片。新断开的断口或断面,一般不需要进行处理,以免破坏断口或表面的结构状态。有些试样的表面、断口需要进行适当的侵蚀,才能暴露某些结构细节,在侵蚀后应将表面或断口清洗干净,然后烘干。对磁性试样要预先去磁,以免观察时电子束受到磁场的影响。对于软材料,例如橡胶、塑料、泡沫、纤维等,可以剪下或利用快刀切割,含有水分的试样应先烘干除去水分。为了获得某些特定尺寸或形状的样品,最好使用样品切割机。

　　表面受到污染的试样,要在不破坏试样表面结构的前提下进行适当清洗,然后烘干。样品表面常常附着灰尘、硅酸盐或油污,特别是经过线切割或敲碎的样品,会附有大量污染物和碎片,不易直接观察,可用洗耳球吹拂或者将样品放入盛有酒精或丙酮的容器内,超声清洁至少10 min。若溶液仍污浊,还要更新溶液重复超声。金属材料的陈旧断口表面常常有锈斑或污染物覆盖,在观察前必须清理干净,利用蘸有丙酮的醋酸纤维素膜纸(AC 纸)紧压表面,待其干透后把 AC 纸剥下,污染物被剥离,有时需要反复黏附和剥离几次,将样品放入丙酮中超声清洗,溶解掉表面残留的 AC 纸,露出断口的原始表面。铁制品清洁后如果未能及时观察,注意防锈保存,可以把样品浸在无水酒精中密封放置备用。

　　SEM 的样品台可以反复使用,使用过的样品台需要清洁好备用。将用过的样品台放入酒精中浸泡过夜,用刀片轻轻刮除表面黏接的样品和双面胶带,用酒精擦拭样品台,最后使用超声清洗,待样品台露出金属光泽,即可再次使用。

　　2. 样品的安装

　　试样大小要适合仪器专用样品座的尺寸,不能过大,样品座尺寸各仪器均不相同,一般小的样品座 Φ 为 3～5 mm,大的样品座 Φ 为 30～50 mm,以分别用来放置不同大小的试样,样品的高度也有一定的限制,一般为 5～10 mm。

　　块状试样的制备比较简便。对于块状导电材料,除了大小要适合仪器样品座尺寸外,基本上不需要进行特殊制备,用导电胶把试样黏接在样品座上,即可放在 SEM 中观察。对于块状的非导电或导电性较差的材料,要先进行镀膜处理,在材料表面形成一层导电膜,以避免电荷积累,影响图像质量,并可防止试样的热损伤。

粉末状试样的制备应保证粉料与样品台粘牢,否则粉末会在真空中飞起污染电镜。另外,粉料容易团聚,制备过程中尽量使其分散。通常有干法和湿法两种制备方法。干法适用于数微米的大颗粒,制备步骤为"撒、刮、吹"三项。首先将样品撒在样品台的双面胶带上,用手指轻弹样品台四周,粉料会均匀地向胶面四周移动,铺平一层,倒置样品台,把多余材料抖掉;第二步用纸边轻刮颗粒面,并轻压使其与胶面紧贴;最后用洗耳球从各个方向吹拂。湿法适用于亚微米或纳米粉料,常用超声分散法解决粉料的分散难题。把粉料放入酒精或水中超声分散,时间至少 10 min,用吸管取出适量液体,滴在清洁的玻片上,待干后将玻片粘在样品台上即可镀导电膜。

生物试样的制备应考虑到大多数生物样品具有柔软且含有大量水分的特点,在进行扫描电子显微镜观察前,须对生物样品作相应的处理。由于样品性质不同,其处理方法和程序也不同。生物样品主要分两大类:①含水量少且质硬的组织,如毛发等,样品一般含硅质、钙质、角质和纤维素等成分,通常只需经表面清洁、装台、导电处理等简单过程即可进行观察。如要观察其断面或内部结构时,经断裂、解剖或酶消化、蚀刻等再装台、镀膜处理,即可进行观察拍照。②含水分较多的软组织,如绝大多数的动植物器官、组织及细菌等,在金属镀膜前,须经固定、脱水、干燥等处理,如不经处理或处理不当,就会造成样品损伤和变形,出现各种假象。

20.3 扫描电子显微镜的应用

经过半个多世纪的发展,目前市场上最先进的场发射 SEM 分辨率为 1 nm,放大倍数可至几十万倍,使得 SEM 广泛应用于科学研究的各个领域。目前 SEM 的主要应用范围有以下几个方面。

(1)金属、陶瓷、高分子、矿物、水泥、半导体、纸张、化工产品的显微形貌观察,以及材料的晶体结构、相组织分析,孔道结构分析。

(2)各种材料微区化学成分的定性定量检测。

(3)粉末、微粒、纳米粒子样品形态观察和粒度测定。

(4)机械零件与工业产品的失效分析。

(5)镀层厚度、成分与质量测定。

(6)刑侦案件物证分析与鉴定。

20.3.1 形貌观察

SEM 作为最直观的观察试样表面形貌的手段,被大量用于催化和材料等领域的研究中,用于直接揭示材料的结构特点。SEM 图像因景深大,真实、清晰,并富有立体感,在动植物表面形貌、纤维、多孔高分子材料、纳米粒子以及断口分析、镀层表面分析与深度检测上也备受关注。图 20-5 至图 20-8 为不同类型样品的 SEM 形貌图。

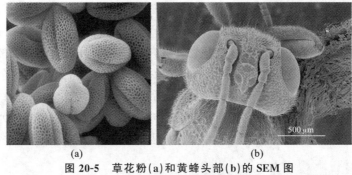

(a)　　　　　　　　　(b)

图 20-5　草花粉(a)和黄蜂头部(b)的 SEM 图

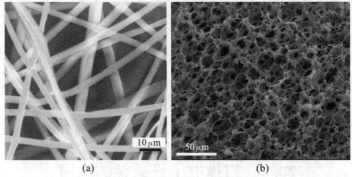

(a)　　　　　　　　　(b)

图 20-6　静电纺丝纤维(a)和多孔材料(b)的 SEM 图

（图片来源：Materials Science and Engineering C,2013,(33):37—46;Langmuir,2018,(34):4820—4829）

(a)　　　　　　　　　(b)

图 20-7　聚苯乙烯/硅纳米复合粒子(a)和蛋白纳米粒子(b)的 SEM 图

（图片来源：J. Mater. Chem. ,2012,(22):11235—11244;ACS Appl. Mater. Interfaces,2014,(6):13977—13984）

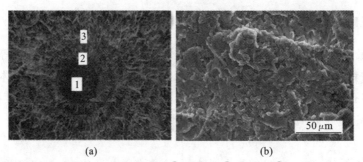

(a)　　　　　　　　　(b)

图 20-8　高分子材料脆性断口表面的断裂源、镜面区①、雾状区②、粗糙区③(a)和 CuAl 合金断面(b)的 SEM 图

（图片来源：科技信息,2010,(13):30—30;J. Mater. Sci. ,2017,(52):12445—12454）

20.3.2　微区化学成分分析

SEM 如配有 X 射线能谱(EDS)和 X 射线波谱成分分析等电子探针附件,可分析样品微区的化学成分等信息,能检测到的成分含量下限为 0.1%,可应用于聚合物材料的失效和改性分析。例如,图 20-9 为 Cu - Al 合金的扫描电子显微镜及 EDS 图谱,图片反映出 Al 和 Cu 不均匀地分布于合金中(较亮的部分是 Cu - Al 相,较暗的部分是 Al 相)。EDS 图谱(d)显示了(a)图截面上较亮部分的 Al 和 Cu 的元素分布,根据峰值大体判断 Al 和 Cu 的含量比为 2∶1。

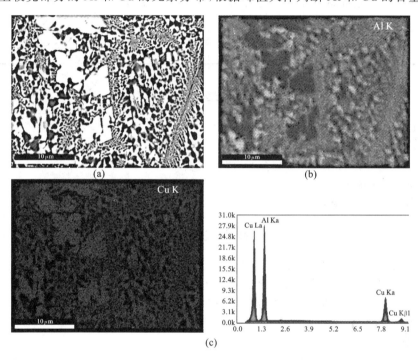

图 20-9　背散射扫描电子显微镜图(BSE)(a),Al 元素分布图(b),Cu 元素分布图(c),Cu - Al 合金的 EDS 图谱(d)

(图片来源:Journal of Alloys and Compounds,2015,(632):701—706)

配有 X 射线能谱分析的 SEM 可以对试样的局部区域进行线扫描和面扫描分析。图 20-10 是为了对某一刀具材料进行组分分析而进行刀具表面局部扫描和刀具表面局部面扫描的分析结果,表 20-2 为刀具表面局部面扫描分析时自动生成的数据表。

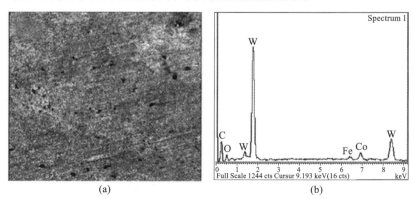

图 20-10　刀具表面局部 SEM 图(a)和相应局部面扫描分析结果(b)

(图片来源:制造技术与机床,2007,(9):80—83)

表 20-2　刀具表面局部面扫描分析的元素百分含量

元素	表面浓度	强度校正因素	质量分数/(%)	质量分数相对误差/(%)	摩尔分数/(%)
C	16.10	0.5854	26.79	1.16	72.20
O	3.96	0.6111	6.32	0.72	12.78
Fe	2.33	0.9727	2.34	0.39	1.35
Co	6.12	0.9680	6.16	0.51	3.38
W	52.56	0.8766	58.40	1.16	10.28
合计			100		

思 考 题

20-1　阐述表面的定义？

20-2　SEM 系统由哪几个部分组成？

20-3　SEM 中高能电子束与样品相互作用会产生哪些信息？

20-4　SEM 样品处理有哪些要求？

20-5　SEM 主要应用于哪些领域？

参 考 文 献

［1］　张大同.扫描电镜与能谱仪分析技术［M］.广州:华南理工大学出版社,2009.

［2］　方惠群,于俊生,史坚.仪器分析［M］.北京:科学出版社,2002.

［3］　马原辉,陈学广,刘哲.扫描电镜粉末样品的制备方法［J］.实验室科学,2011,(01):148-150.

［4］　陈木子,高伟建,张勇,等.浅谈扫描电子显微镜的结构及维护［J］.分析仪器,2013,(04):91-93.

第 21 章　透射电子显微镜

21.1　透射电子显微镜的基本原理

21.1.1　概述

透射电子显微镜(transmission electron microscope,TEM)是一种结合了扫描电子显微镜特点的透射式电子显微镜。世界上第一台扫描透射电子显微镜于 1938 年由西门子公司的 Manfred von Ardenne 在德国主持研制成功。经过 80 年的发展,扫描透射电子显微术已经成为目前最为流行和广泛应用的电子显微表征手段和测试方法。随着电子显微技术的进步,透射电子显微镜的性能也得到显著提高,高分辨扫描透射电子显微镜的分辨率已达到 0.1 nm。近年来,随着球差校正技术的发展,可将电子束斑尺寸减小到 0.078 nm,使原子图像实现了前所未有的清晰度,分辨率达到亚埃尺度,使得单个原子的成像成为可能。此外,配备先进能谱仪及电子能量损失谱的电镜在获得原子分辨率原子序数衬度像的同时,还可以获得原子级分辨率的元素分布图及单个原子列的电子能量损失谱。因而我们可以在一次实验中同时获得原子级分辨率的晶体结构、成分和电子结构信息,为解决许多材料科学中的疑难问题(如催化剂、陶瓷材料、复杂氧化物界面、晶界等)提供新的视野。目前商业化的场发射扫描透射电子显微镜,不仅可以得到高分辨率的原子序数衬度像和原子级分辨率的电子能量损失谱,而且其他各种普通透射电子显微术(如衍射成像、普通高分辨率的相位衬度像、选区电子衍射、会聚电子衍射、微区成分分析等)均可以在一次实验中完成,因而高分辨扫描透射电子显微术将在材料科学、化学、物理学等学科中发挥更加重要的作用。

21.1.2　基本原理

TEM 在成像原理上与光学显微镜类似,如图 21-1 光路图所示。

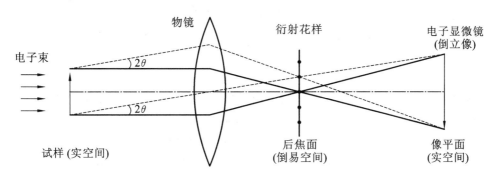

图 21-1　利用光学透镜表示电子显微镜成像过程的光路图

所不同的是光学显微镜以可见光做光源,而 TEM 则以高速运动的电子束为"光源"。在光学显微镜中,将可见光聚焦成像的是玻璃透镜;在电子显微镜中,相应的电子聚焦功能是电磁透镜,它利用带电粒子与磁场间的相互作用。具有一定波长 λ 的电子束入射到晶面间距为

d 的晶体时，晶面间距 d 是晶体的特征，波长 λ 是入射电子波的特征。衍射角 2θ 是入射电子波的特征，也是入射电子波、衍射波、晶体间的相对取向。晶体中某晶面能够产生衍射，上述三者首先必须满足布拉格定律所规定的条件，即布拉格条件

$$2d\sin\theta = \lambda \tag{21-1}$$

在满足布拉格条件的特定角度（2θ）处产生衍射波。这个衍射波在物镜的后焦面上会聚成一点，形成衍射点。在电子显微镜中，后焦面上形成的规则的花样经其后的电子透镜在荧光屏上显现出来，这就得到了所谓的电子衍射花样（或称作电子衍射图形）。

布拉格定律是衍射方程的一种比较直接的表达方式，它的优点在于可把晶体的衍射看作晶面的反射，易于理解。

由式（21-1）和正弦函数的性质可得

$$\sin\theta = \lambda/(2d) \leqslant 1, \quad 即 \lambda \leqslant 2d$$

通常透射电子显微镜的加速电压在 $100\ kV$ 以上，相应的入射波波长为 $10^{-2}\ \text{Å}$ 数量级，而常见晶体的晶面间距为 $10\ \text{Å}$ 数量级，于是

$$\sin\theta = \lambda/(2d) \approx 10^{-2}$$
$$\theta \approx 10^{-2} < 1°$$

这说明，电子衍射的衍射角非常小，这是电子衍射花样特征及其分析方法有别于 X 射线衍射的一个主要原因。

扫描透射成像不同于一般的平行电子束透射电子显微成像，它是利用会聚电子束在样品上扫描形成的，其成像基本原理如图 21-2(a)所示。首先通过一系列线圈将电子束会聚成一个细小的束斑并聚焦在样品表面，利用扫描线圈精确控制电子束斑逐点对样品进行扫描，透过样品后的电子束包含有电子强度、相位以及周期性的信息，例如，样品内致密处透过的电子量少，稀疏处透过的电子量多。同时在样品下方安装具有一定内环孔径的环形探测器来同步接收被散射的电子。当电子束扫描样品某个位置时，环形探测器将同步接收信号并转换成电流强度显示在相连接的电脑显示屏上。这样，样品上的每一点与所产生的像点一一对应。连续扫描样品的一个区域，便形成扫描透射像。

在入射电子束与样品发生相互作用时，会使电子产生弹性散射和非弹性散射，导致入射电子的方向和能量发生改变，因而在样品下方的不同位置将会接收到不同的信号，如图 21-2(b)所示。当探测器的电子接收角度包括部分未被样品散射的电子和部分散射的电子时（如在 θ_3 范围内），得到的图像就为环形明场（annular bright field，ABF）像。ABF 像类似于 TEM 明场像，可以形成 TEM 明场像中各种衬度的像，如弱束像、相位衬度像、晶格像。θ_3 越小，形成的像与 TEM 明场像就越接近。在 θ_2 范围内，接收的信号主要为布拉格散射的电子，此时得到的图像为环形暗场（annular dark field，ADF）像。在同样成像条件下，ADF 像相对于 ABF 像受像差影响小，衬度好，但 ABF 像分辨率更高。若环形探测器接收角度进一步加大，如在 θ_1 范围内，主要接收高角度非相干散射电子，那么得到的图像就是高角环形暗场像（HAADF，原子序数衬度像）。通过图示可以看出，由于接收角度不同，在实验过程中可同时收集一种或几种信号，得到同一位置材料不同的图像。

TEM 中除了通过环形探测器接收散射电子的信号成像，还可以通过后置的电子能量损失谱仪检测非弹性散射电子信号，得到电子能量损失谱（EELS），从而得到高能量分辨率的元素成分及化合价信息。此外，还可以通过在镜筒中样品上方区域安置 X 射线能谱探测器进行

微区元素分析（EDS）。因此在一次实验中可以同时对样品的化学成分、原子结构、电子结构进行分析。

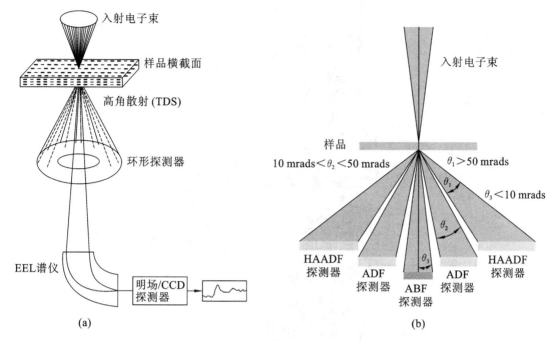

图 21-2 TEM 工作原理图(a)和 TEM 中探测器分布示意图(b)

21.1.3 基本结构

图 21-3 为 TEM 的主体剖面图,其主要由光学成像系统、真空系统和电子学部件三个部分组成。其中,光学成像系统是 TEM 的核心部分,真空和电子学部分是辅助系统。

1. 光学成像系统

光学成像系统主要包含照明、成像放大系统以及图像观察记录系统。照明系统包括电子枪和聚光镜两个主要部件,它的主要作用是产生具有一定能量、足够亮度和适当小孔径角的稳定电子束。

电子枪:发射电子,由阴极、栅极、阳极组成。阴极管发射的电子通过栅极上的小孔形成射线束,经阳极电压加速后射向聚光镜,起到对电子束加速、加压的作用。

聚光镜:将电子束聚集,可用于控制照明强度和孔径角。

2. 真空系统

真空系统包含真空泵和显示仪表。透射电子显微镜的真空系统是为了给电子束流提供一个高真空环境。这是因为,若镜筒中存在气体,会产生气体电离和放电现象,同时电子枪灯丝易被氧化而烧断;高速电子与气体分子碰撞而散射,降低成像衬度及污染样品。对大多数透射电子显微镜来说,要求保持真空度在 10^{-7} torr。对超真空透射电镜,要求保持 10^{-9} torr 的真空度。对场发射枪的 TEM 来说,在场发射枪部分要保持 10^{-11} torr 的真空度。

3. 电子学部件

电子学部件主要为灯丝和高压电源、安全系统以及控制系统。其主要作用:使电子枪产生

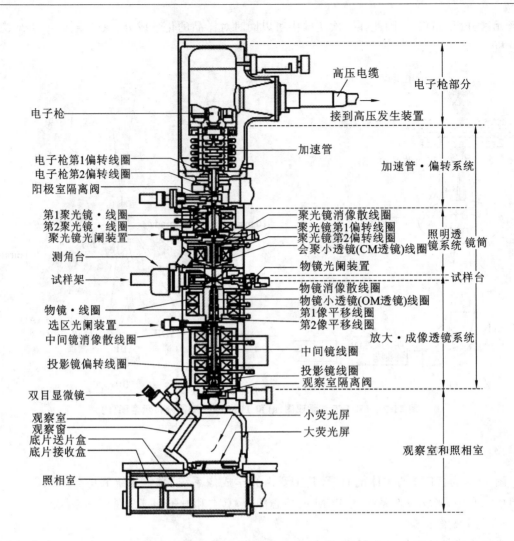

图 21-3　透射电子显微镜(JEM-2010F)主体的剖面图

稳定的高照明电子束;提供各个磁透镜的稳压稳流电源;利用电气控制的电路。

21.2　透射电子显微镜的样品制备

21.2.1　样品制备的基本要求

1. 样品观察区对电子束"透明"

TEM 是利用样品对入射电子的散射能力的差异而形成衬度的,这要求制备出对电子束"透明"的样品,并要求保持高的分辨率和不失真。电子束穿透固体样品的能力主要取决于加速电压、样品的厚度以及物质的原子序数。一般来说,加速电压越高,原子序数越低,电子束可穿透的样品厚度就越大。对于 100~200 kV 的 TEM,要求样品的厚度为 50~100 nm;对高分辨率的 TEM,要求样品厚度约为 15 nm。总之,试样越薄,薄区范围越大,对电镜观察越有利。

2. 样品必须牢固

为经受电子束的轰击,并防止装卸过程中的机械振动而损坏,对于易碎的块状样品,必须将其粘在铜网上,铜网对样品起着加固作用。对于粉末样品,可将其分散在附有支持膜(如火棉胶膜、超薄碳膜)的铜网上,铜网及火棉胶膜对粉末样品起支撑、承载和黏附作用。生物样品必须先固定、硬化,然后切成超薄切片,再置于覆有支持膜的载网上。

3. 样品需具有导电性

对于非导电样品,应在表面喷一层超薄碳膜,以防止电荷积累而影响观察。

4. 避免样品保存时被污染

在制样过程中,样品的超微结构必须得到完好的保存。试样有可能与空气中的物质作用(如氧化,与空气中的水分作用)形成污染层。最好是做好试样就马上进行电镜观察,但这实际上有一定的困难。故通常做好试样后,要将试样妥善保存,保存的要点是防潮,防氧化,通常把试样放在可抽真空的样品柜或样品瓶内。在取出试样观察之前,还可先用专用的 TEM 试样清洗设备将试样清洗一下,或用离子减薄仪减薄一到几分钟,去除表面污染层。

5. 防止观察时造成污染

分析微小析出物和界面时,要将电子束会聚到纳米数量级的微小区域,使用纳米级的电子束进行微区分析,这时在电子束周围就形成集中的污染。为了减少试样的污染,必须在电镜的真空度尽可能高的状态下和防污染装置中加入液氮的情况下进行观察。另外,将电子束会聚到薄膜试样的特定区域之前,先用大的聚光镜光阑和大尺寸斑点的强电子束照射包含待观察位置的较大区域(电子淋浴),这样可有效降低污染。

21.2.1　样品载网与支持膜的选用

载网通常是一种多孔的金属片,对样品起加固和支撑作用。载网可以用 Cu、Ni、Mo、Al、W、Au 及尼龙等材料制作,但通常使用铜制作,故统称铜网。它有许多不同的规格,可根据样品的性质选择使用。大多数透射电子显微镜样品在制样时,为了确保样品能搭载在“载网”上,会在“载网”上覆一层有机膜,称为“载网支持膜”。当样品接触载网支持膜时,牢固地吸附在支持膜上,以避免从载网的孔洞处滑落,便于在电镜上观察。

支持膜为一层非晶质的薄膜,厚约 20 nm。它在电子束照射下应该是“透明的”,本身并无任何结构,且与样品不会发生反应。支持膜由塑料或碳制成。通常使用的火棉胶膜和聚乙烯醇缩甲醛膜(也称为方华膜)属于前者。火棉胶膜的制作比较简单,但在电子束照射下容易破裂。它不导电,使用前需在其上面喷一层碳膜。方华膜的强度和韧性比火棉胶膜好,但在电子束照射下,会产生电荷积累,引起样品放电,从而发生样品漂移、跳动、支持膜破裂等情况。使用前最好也喷一层薄薄的碳膜。碳膜的制作比较复杂,但导电、导热、力学性能好,适用于高分辨样品的制作。另外,还有一种微栅膜,它也是一种喷了碳的塑料膜。其特点是在膜上有许多小孔。样品被置于小孔的栅格上,镜下观察时因电子束并不通过支持膜,因而可以提高图像的分辨率。在所有支持膜中,微栅膜的制作难度最大。

21.2.3　常用样品的制备方法

TEM 样品制备是一项较复杂的技术,它对能否得到好的透射电子显微镜像或衍射谱至关重要,不同种类的样品采用不同的制备手段。

1. 粉末样品制备

针对可被电子穿透的粉末样品,如炭黑、黏土矿物等,可将其放在玛瑙研钵中轻轻捣碎,然后按下面步骤制作:先将粉末样品撒入装有蒸馏水、酒精、丙酮或甘油等的容器中,用超声波振动器将其分散成悬浮液,以免粉末颗粒团聚在一起,造成厚度增加。再用滴管吸取悬浮液,并将1或2滴悬浮液移至覆有支持膜的铜网上。用滤纸将液滴吸干,待液体完全挥发后,即可置入电镜中观察。对于粉末或纤维样品,本身直径较大,即使用超声将其分散成为单个粉末或单根纤维,电子束也很难穿透它们,如此,则需要对单个粉末或单根纤维进行减薄。

对于块状样品,也可将其捣碎,然后再按上述方法制样。必须注意的是:应该"捣碎",而不是"研碎",以保留尽可能多的刃边和尖角,即薄区。这种制备方法更适合于有解理面并具有脆性的块状样品的制作。粉末法制备的关键是如何将超细粉的颗粒分散开来,各自独立而不团聚。粉末法的缺点:在制样过程中无法使样品沿某一方向制作,因而镜下观察时不易找到所需要的定向切面。粉末样品制备时的注意事项:溶液浓度不要太大,一般溶液略透明即可(部分黑色物质,如石墨,颜色可稍深);洗去样品中的表面活性剂,否则会因碳污染影响观察;选择合适的支持膜。

2. 薄膜样品制备

薄膜样品的制备是将样品制备成直径小于或等于 3 mm 的对电子束透明的薄片。通常,薄膜样品的制备包含以下 4 道工序。

(1) 将样品切成厚度为 $100\sim200~\mu m$ 的薄片。

(2) 将样品加工成直径为 3 mm 的薄片。若是样品的刚性足够好,可将样品做成直径为 3 mm 的自支持样品。若样品是脆性的,可直接将工序(1)完成的薄片进行预减薄,待预减薄完成后再用刀片将样品切刻成小于 3 mm 的小片,将其粘在直径为 3 mm 的支持网上,再进行终减薄。

(3) 将样品减薄至几到几十微米厚度。

(4) 将样品减薄直至样品为电子束透明。

3. 超薄切片法

切片方法可用于生物试样的薄片制备和比较软的无机材料的切割。它可以切出厚度小于100 nm 的薄膜,并且不会引起试样化学成分的改变,但可能引起形变。在用金刚石刀进行超薄切片之前,要进行包埋和用玻璃刀对其整形。对于固定试样的包埋剂,可以使用丙烯基系列的树脂或环氧系列树脂。在使用丙烯基系列树脂时,可用明胶胶囊作为包埋样品的容器。丙烯基系列树脂容易切薄,切割后可用三氯甲烷等除去树脂。环氧系列树脂作包埋剂的优点是硬化时间短,耐电子束轰击。切割时样品被固定在超薄切片机的臂上,通过机械或热膨胀方式推进样品。调节好位置后,固定样品的臂每上下一次,样品给进装置就自动前进一步,被切下的薄片会浮在装满水的槽内,可用小毛笔将切片拾起来,然后放置在覆有支持膜的载网上供在透射电子显微镜下观察。在生物 TEM 样品制备中,超薄切片法是最常用的方法。这种方法比无机材料样品的超薄切片法复杂,但是可用于观察生物的精细结构,需要经过取材、固定、漂洗、脱水、浸透、包埋、切片及染色等多个步骤。

4. 冷冻制样法

该法采取冷冻技术使生物样品迅速干燥和硬化。它的优点在于可以避免化学固定剂和脱水剂对生物组织的不利影响,减少细胞内物质的损失,使生物大分子和酶的结构及活性得到完好的保存。其缺点是可能有冰晶带来的损伤。冷冻制样法包括冷冻固定、冷冻置换、冷冻复型。

21.2.4　常用减薄方法

1. 预减薄

预减薄可以采用手工/机械研磨或用凹坑减薄仪减薄。用手工/机械研磨，先将切薄的薄片或圆片用胶水粘在玻璃片上，然后用各种不同细度的砂纸，由粗到细，将样品磨到几十微米的厚度。也可采用特殊装置（如三脚抛光器），采用很细的金刚砂纸，可将样品磨到 $1\ \mu\text{m}$ 的厚度。

2. 化学腐蚀法

此法是利用化学试剂对物质的溶解作用，以达到减薄样品的目的。通常采用适当浓度的 HNO_3、HCl 等强酸作为化学减薄液。具体做法：预先将样品制成厚度为 $0.1\sim0.2\ \text{mm}$、面积不小于 $10\ \text{mm}\times10\ \text{mm}$ 的薄片，其边缘涂以耐酸漆。将薄片放入适当的溶剂（如酒精、丙酮、乙醚等）中洗涤，以去除油污。用尖端涂有耐酸漆的镊子夹持样品，并悬挂在化学减薄液中进行减薄，然后不断检查样品的厚度，直至样品穿孔为止。在检查时，应先将样品放入清水中洗涤，并用 $NaOH$ 中和，再用清水洗涤，其目的是使溶解作用暂时中断，然后进行观察。为了使样品减薄厚度均匀，每次检查后应将样品转动 $90°$，然后再继续减薄。需要注意的是，实验宜在通风橱中进行。化学腐蚀法减薄样品的速度快，而且样品不受应力的影响。但该法不适合于溶解度相差较大的多相集合体的减薄。有时在样品表面还会形成一层氧化膜。

3. 电解减薄法

此方法仅适用于金属和合金等具有导电性样品的薄膜试样的减薄，减薄前需要将样品制成厚度为 $0.1\sim0.2\ \text{mm}$、直径为 $3\ \text{mm}$ 的圆片，再将其装入样品支架。将预减薄好的薄片作为阳极，用白金或不锈钢作为阴极，加直流电进行电解减薄。在电解槽四周放入干冰或不断向电解槽中滴入液氮，以降低可能产生的高温。常使用双喷电解减薄仪来制作（图 21-4），该减薄仪主要由电解槽和马达箱组成。电解减薄法的步骤：首先接通电源，并调节电压和电流至所要求的数值，用磁力驱动，使电解液从样品两侧的喷嘴不断喷出，用以加速电解作用的进行。在左右两边的喷管中，分别装有灯泡和光敏元件，样品一旦穿孔，便会自动发出报警声。试样穿孔后，要迅速将薄膜试样放入酒精或水中漂洗干净，否则电解液继续发生作用，有可能消除整个试样的薄区。电解减薄比较省时，如果条件选择适当，能够得到大而均匀的薄区。但是，有时在样品表面也会形成一层氧化物之类的污染层，这些污染层可以在电子能量损失谱上造成很大的背底。

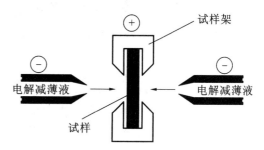

图 21-4　双喷式电解减薄装置示意图

4. 离子减薄

离子减薄是一种普适的减薄方法，既适用于导电样品的制备，也适用于非导电样品（如半导体、陶瓷和岩矿样品等）的制备，甚至纤维和粉末试样也可以离子减薄，离子减薄通常用离子减薄器来完成。图 21-5 为离子减薄的原理示意图，其原理是利用加速的 Ar 离子束从两侧轰击样品,使其表面的原子不断被剥离,直至样品穿孔为止。装有激光报警装置的减薄器在样品穿孔时会自动报警,停止离子减薄。Ar 离子束相对于样品表面的入射角可设为 10°～20°,样品穿孔后改为 5°～10°;加速电压为 5 kV;每个枪的束流为 0.5 mA。对于容易产生辐射损伤和非晶化的样品,必须通过实验来确定最佳的减薄条件(电压、束流等),如使用较低电压,降低入射角等。离子减薄时可使试样的温度上升(可达 200 ℃),对于不耐高温的材料,需要在低温样品架中加入液氮,来抑制样品温度的上升,否则材料会发生相变,冷却试样还可减少污染和表面损伤。用离子减薄法减薄的样品厚度比较均匀,薄区也比较大,但是比较费时,有时在穿孔的薄区边缘会产生辐射损伤(即非晶化)。

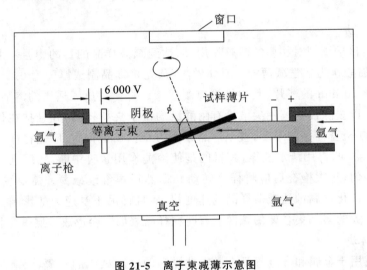

图 21-5 离子束减薄示意图

21.3 透射电子显微镜在科学研究中的应用

21.3.1 材料的常规观测及高分辨成像

TEM 常用于纳米粒子的形貌及尺寸表征。图 21-6 分别为球形纳米粒子和棒状纳米粒子的 TEM 观察结果,两种纳米粒子尺寸大小均一,均具有良好的单分散性。由图可知,TEM 的

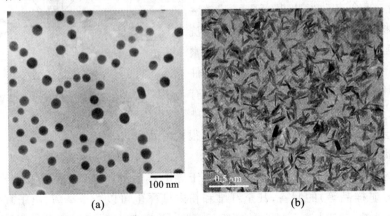

(a)　　　　　　　　　　(b)

图 21-6 纳米粒子的 TEM 图

图像是平面投影图像,与富有立体感的SEM图不同。纳米粒子的粒径分布统计是纳米材料研究中的常见问题,尽管现在已有多种分析测试纳米材料粒径分布的方法,如小角 X 射线散射等,但可信度最高的当属依托 TEM 的统计方法。

图 21-7(a)为材料的高分辨 TEM 观察结果,由图可以观察到清晰的晶格条纹,并可测量出晶面间距 d 值。利用 TEM 并结合相同样品的 XRD 检测结果可以判断晶面归属。图 21-7(b)给出了有序的条纹结构,但此时层间距和层厚度均明显大于图 21-7(a)的结果,由此可判断这已经不是晶体结构,而是自组装结构,这也是纳米材料研究中的热点问题。

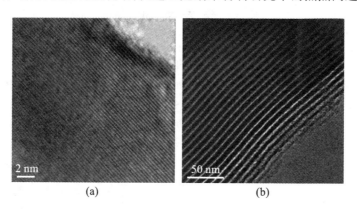

(a)　　　　　　　　　(b)

图 21-7　采用 TEM 观察材料的晶体结构(a)和自组装结构(b)

21.3.2　X 射线能谱分析

TEM-EDS 能谱分析原理类似于 SEM 的能谱分析,但是其空间分辨率更高,可以进行点、线、面扫描分析。近年来,随着球差校正技术的发展及探测器采集效率的提高,获得原子级分辨率的 EDS 元素分布图成为可能。

图 21-8 为 $SrTiO_3$ - $PbTiO_3$ 界面处的 EDS 元素分布图,这是双钙钛矿的一种典型结构,具有铁电性、超导性及半金属性。Sr 和 Pb 的原子柱可以清晰地在 EDS 元素分布图中显现,有效揭示了 $SrTiO_3$ - $PbTiO_3$ 界面的化学成分及结构。

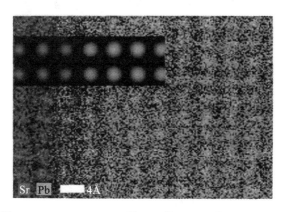

图 21-8　$SrTiO_3$ - $PbTiO_3$ 界面处的 EDS 元素原子分布图

思 考 题

21-1　目前 TEM 的最小分辨率是多少?

21-2　晶体中某晶面能够产生衍射的布拉格条件是什么?

21-3　简述 TEM 的原理。

21-4　TEM 的基本结构包括哪些?

21-5　TEM 的样品制备有哪些基本要求?

参 考 文 献

[1]　章晓中.电子显微分析[M].北京:清华大学出版社,2006.

[2]　孟庆昌.透射电子显微学[M].哈尔滨:哈尔滨工业大学出版社,1998.

[3]　进藤大辅,平贺贤二.材料评价的高分辨电子显微镜方法[M].北京:冶金工业出版社,1998.

[4]　李超,杨光.扫描透射电子显微镜及电子能量损失谱的原理及应用[J].实验技术,2014,43(09):597-605.

[5]　贾志宏,丁立鹏,陈厚文.高分辨扫描透射电子显微镜原理及其应用[J].物理,2015,44(07):446-452.

第 22 章　扫描隧道显微镜和原子力显微镜

22.1　扫描隧道显微镜

22.1.1　概述

自从 1931 年德国科学家 E. Ruska 和 M. Knoll 根据磁场可以会聚电子束的原理发明了电子显微镜后,电子显微镜一出现即展现了它的优势,电子显微镜的放大倍数提高到上万倍,分辨率目前可达到 1 nm。几十年来,有许多用于表面结构分析的现代仪器先后问世。如透射电子显微镜(TEM)、扫描电子显微镜(SEM)、场离子显微镜(FIM)等。但电子显微镜存在着很多不足之处,高速电子容易透入物质深处,低速电子又容易被样品的电磁场偏折,故电子显微镜很少能对表面结构有所揭示,表面物理的迅速发展又急需一种能够观测物质表面结构的显微技术。因此,在人类进入原子时代的今天,科学技术的发展需要更加精确、分辨率更高的仪器的问世。

1981 年,IBM 公司(International Business Machines Corporation)设在瑞士苏黎士的实验室的葛·宾尼(Gerd Bining)博士和他的导师海·罗雷尔(Heinrich Rohrer)博士等人共同研制了世界上第一台新型的表面分析仪器——扫描隧道显微镜(Scanning Tunneling Microscope,STM)。这种新型显微仪器的诞生,使人类能够实时观测到原子在物质表面的排列状态和研究与表面电子行为有关的物理化学性质,对表面科学、材料科学、生命科学以及微电子技术的研究有着重大意义和重要应用价值,被国际科学界公认为 20 世纪 80 年代世界十大科技成就之一,两位科学家因此与电子显微镜的发明者 E. Ruska 教授一起荣获 1986 年诺贝尔物理学奖。

22.1.2　扫描隧道显微镜的基本原理

1. 隧道效应

STM 是基于量子力学中的隧道效应原理,通过探测固体表面原子中电子的隧道电流来分辨固体表面形貌的新型显微装置。隧道电流可通过一维模型来简单说明。

如图 22-1 所示,对于经典物理学来说,当一维空间运动的粒子动能 E 低于前方势垒的高度 U_0 时,它不可能越过此势垒,即透射系数等于零,粒子将完全被弹回。而按照量子力学的计算,在一般情况下,其透射系数不能等于零,也就是说,粒子可以穿过比它能量更高的势垒,这个现象称为隧道效应。

隧道效应是由于粒子的波动性而引起的,只有在一定条件下,隧道效应才会显著。根据量子力学的波动理论,粒子穿过势垒的可能性用透射系数 T 来表示。经计算,透射系数 T 为

$$T \approx \frac{16E(U_0 - E)}{U_0^2} e^{-\frac{2L}{\hbar}\sqrt{2m(U_0 - E)}} \tag{22-1}$$

由式(22-1)可见,透射系数 T 与势垒宽度 L、能量差$(U_0 - E)$以及粒子的质量 m 有着很敏感的关系。随着 L 的增加,T 将呈指数衰减,因此在一般的宏观实验中,很难观察到粒子隧

穿势垒的现象。

　　2. 隧道电流

　　由于电子的隧道效应,金属中的电子并不完全局限于金属表面,电子云密度并不在表面边界处突变为零。在金属表面以外,电子云密度呈指数衰减,衰减长度约为 1 nm。用一个极细的、只有原子线度(直径小于 1 mm)的金属针尖作为探针,将它与被研究物质(称为样品)的表面作为两个电极,当样品表面与针尖非常靠近(距离<1 nm)时,两者的电子云略有重叠,如图 22-2 所示。

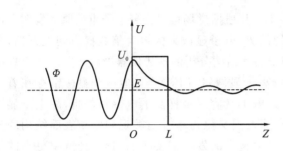

　　图 22-1　隧道电流一维模型　　　　　　图 22-2　金属与针尖的电子云图

　　若在两极间加上电压 V,在电场作用下,电子就会穿过两个电极之间的势垒,通过电子云的狭窄通道流动,从一极流向另一极,形成隧道电流 I。隧道电流 I 的大小与针尖和样品间的距离 z 以及平均功函数有关。

$$I \propto V \cdot \exp\left(-\frac{4\pi}{h}\right)\sqrt{2m_e\Phi} \cdot z \tag{22-2}$$

式中:V 是加在针尖和样品之间的偏压,平均功函数 Φ 为

$$\Phi = \frac{1}{2}(\Phi_1 + \Phi_2) \tag{22-3}$$

式中:Φ_1 和 Φ_2 分别为针尖和样品的功函数。

　　由前式可知,隧道电流强度对针尖和样品之间的距离有着指数的依赖关系,当距离减少0.1 nm 时,隧道电流即增加约一个数量级。因此,根据隧道电流的变化,我们可以得到样品表面微小的高低起伏变化的信息。借助于电子仪器和计算机,在屏幕上即显示出与样品表面结构相关的信息。

　　在一维模型中,隧道电流 I 是偏压 V、样品表面电子局域态密度、样品逸出功和针尖与样品间距 z 的函数。当针尖-样品间偏压一定时,针尖-样品间距、样品逸出功和样品表面电子局域态密度任一发生变化时,隧道电流都会发生变化。因此,STM 图像是样品表面原子几何结构和电子结构的综合效应的结果。另外,在 STM 成像过程中,针尖起到了重要作用。STM 图像原子级分辨率的解释必须考虑针尖的电子态以及针尖-样品间的相互作用。

22.1.3　扫描隧道显微镜的构造

　　STM 的构造主要包括两个部分:机械部分和控制系统(图 22-3)。机械部分包括 STM 针尖、压电扫描器、振动隔离系统、粗调定位器。控制系统为 STM 电路、计算机接口、显示设备、控制软件。对于超高真空 STM 还包括真空系统、样品传送设备和变温系统。

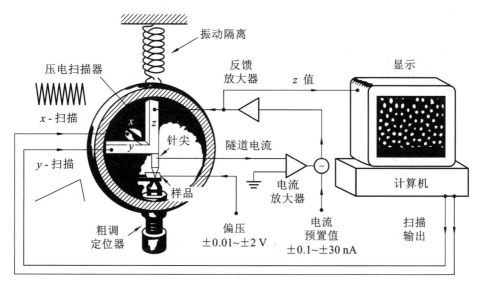

图 22-3　STM 系统结构示意图

1. STM 针尖

针尖的形貌如图 22-4 所示,隧道针尖的结构是扫描隧道显微技术要解决的主要问题之一。针尖的大小、形状和化学同一性不仅影响着扫描隧道显微镜图像的分辨率和图像的形状,而且影响着测定的电子态。

针尖的宏观结构应使得针尖具有高的弯曲共振频率,从而可以减少相位滞后,提高采集速度。如果针尖的尖端只有一个稳定的原子而不是有多重针尖,那么隧道电流就会很稳定,而且能够获得原子级分辨的图像。针尖的化学纯度高,就不会涉及系列势垒。例如,针尖表面若有氧化层,则其电阻可能会高于隧道间隙的阻值,从而导致针尖和样品间产生隧道电流之前,二者就发生碰撞。此外,针尖表

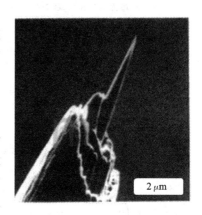

图 22-4　STM 针尖的 SEM 图

面还经常吸附一定的杂质,这是造成隧道电流不稳、噪音大和扫描隧道显微镜图像的不可预期性的原因。因此,每次实验前,都要对针尖进行处理,一般采用化学清洗法,去除表面的氧化层及杂质,保证针尖具有良好的导电性。

目前制备针尖的方法主要有电化学腐蚀法、聚焦离子束铣削、机械成型法等。制备针尖的材料主要有金属钨丝,铂-铱合金丝等。钨针尖的制备常采用电化学腐蚀法,而铂-铱合金针尖则多用机械成型法,一般直接用剪刀剪切而成。

2. 压电陶瓷扫描器

由于仪器中要控制针尖在样品表面进行高精度的扫描,用普通机械的控制很难达到这一要求。目前普遍使用压电陶瓷材料作为 x-y-z 扫描控制器件。

压电效应是指某些晶片两端施加外力时,在材料内部会产生诱导电场,这一效应具有可逆性,即在晶片两端施加一电场,晶片因存在应力而发生物理形变。线性压电效应只存在于各向异性晶体中。许多化合物的单晶,如石英等都具有压电性质,但目前广泛采用的是多晶陶瓷材

料,例如锆钛酸铅陶瓷,这种陶瓷材料易加工成为各种形状而便于使用。压电陶瓷材料能以简单的方式将 1 mV～1000 V 的电压信号转换成十几分之一纳米到几微米的位移。

目前采用压电陶瓷材料制成的压电扫描器主要包括:三脚架扫描器、双压电晶片扫描器和单管扫描器,图 22-5 给出了这几种类型的结构示意简图。

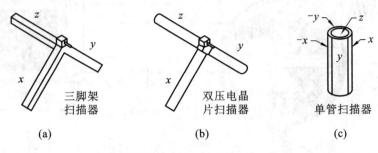

三脚架
扫描器

双压电晶
片扫描器

单管扫描器

(a)　　　　　　　　　(b)　　　　　　　　　(c)

图 22-5　压电扫描器类型

3. 振动隔离系统

由于仪器工作时针尖与样品的间距一般小于 1 nm,同时隧道电流与隧道间隙成指数关系,因此有效的振动隔离是 STM 达到原子级分辨率的必备条件之一。STM 原子级分辨的样品表面像的典型起伏约为 0.01 nm,因此外界振动对 STM 的干扰必须降低到 1×10^{-3} nm 以下。

隔绝振动主要从考虑外界振动频率和仪器的固有频率入手,因此消除 STM 振动涉及两个方面:①隔离外界传到 STM 的振动;②STM 的任何内部振动不影响针尖对样品的测量。

外界振动如建筑物的振动,通风管道、变压器和马达的振动,工作人员所引起的振动等,其频率一般为 1～100 Hz,因此,隔绝振动的方法主要是靠提高仪器的固有频率和使用振动阻尼系统。

STM 的底座常常采用金属板(或大理石)和橡胶垫叠加的方式,其作用主要是用来降低大幅度冲击振动所产生的影响,其固有阻尼一般是临界阻尼的十分之几甚至百分之几。

除此之外,仪器中经常对探测部分采用弹簧悬吊的方式。金属弹簧的弹性常数小,共振频率较小,但其阻尼小,常常要附加其他减振措施。例如,Omicron UHV VT STM 系统的振动隔离主要由弹簧和涡流阻尼器组成。涡流阻尼器由一组铜片和一组磁铁片构成,铜片和磁铁片两两相间。当铜片和磁铁片发生相对运动时,铜片中感生的涡流会产生阻尼力,阻碍它们的相对运动。涡流阻尼器具有很好的可靠性和热稳定性。

4. 粗调定位器

粗调定位器是 STM 的重要组成部分。STM 压电扫描的 z 向伸缩范围一般小于 2 μm,安全可靠的将针尖-样品间距从毫米减少到微米是 STM 顺利工作的前提。通常采用三维压电惯性步进器作为粗调定位器,该装置采用双螺旋测微仪(实现粗调)加步进电机驱动(实现细调)的工作方式,以调节样品和针尖之间的距离。探头(含针尖)依靠重力作用三点支撑在两个粗调螺杆和一个步进电机螺杆上。调节两个粗调螺旋杆可使样品和针尖的距离在 0～25 mm 范围内粗调变化,而操作步进电机则实现在 0～1 mm 范围内精细的调节。每次步进的长度可人为设定在 20～50 nm 范围内。

22.1.4　STM 的工作过程

为了获取样品表面某一区域的原子分布图像,必须让针尖沿样品表面扫描。根据扫描后获取的隧道电流变化,就可以得到样品表面微小的高低起伏的形貌变化信息。如果同时在 x、y 方向上进行扫描,就获取了三维的样品表面形貌图。这就是扫描隧道显微镜的工作原理。

扫描隧道显微镜主要由两种工作模式:恒电流模式和恒高度模式,如图 22-6 所示。

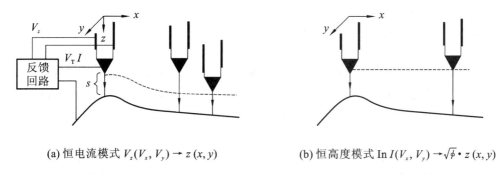

(a) 恒电流模式 $V_z(V_x, V_y) \rightarrow z(x, y)$ (b) 恒高度模式 $\ln I(V_x, V_y) \rightarrow \sqrt{\phi} \cdot z(x, y)$

图 22-6 STM 的两种工作模式

1. 恒电流模式

图 22-6(a) 为 STM 的恒电流模式,利用一套电子反馈线路控制隧道电流 I,使其保持恒定。再通过计算机系统控制针尖在样品表面扫描,即使针尖沿 x、y 两个方向做二维运动。由于要控制隧道电流 I 不变,针尖与样品表面之间的局域高度也会保持不变,因而针尖就会随着样品表面的高低起伏而做相同的起伏运动。当样品表面凸起时,针尖自动向后退,反之当样品表面凹进时,针尖自动向前移,高度的信息由此反映出来。这种针尖上下移动的轨迹可通过计算机记录下来,再合成处理后,就可得到样品表面的三维立体信息。这种工作方式获取图像信息全面,显微图像质量高,应用广泛(图中 s 为针尖与样品间距,I、V_T 为隧道电流和偏压,V_z 为控制针尖在 z 方向高度的反馈电压)。

2. 恒高度模式

如图 22-6(b) 所示,在对样品进行扫描过程中针尖在 x-y 方向上的扫描起主导作用,而在 z 方向则保持针尖的绝对高度不变,于是针尖与样品表面的局域距离 s 将发生变化,隧道电流 I 的大小也随之发生变化;通过计算机记录隧道电流的变化,并转换成图像信号显示出来,即得到了 STM 显微图像。这种工作方式仅适用于样品表面较平坦且组成成分单一(如由同一种原子组成)的情形。从 STM 的工作原理可知:STM 工作的特点是利用针尖扫描样品表面,通过隧道电流获取显微图像,而不需要光源和透镜。这正是其得名"扫描隧道显微镜"的原因。

22.1.5 STM 的应用

STM 作为新型的显微工具与以往的各种显微镜和分析仪器相比有明显的优势。首先,STM 具有极高的分辨率。它可以轻易地"看到"原子,这是一般显微镜甚至电子显微镜难以达到的。我们可以用一个比喻来描述 STM 的分辨本领:用 STM 可以把一个原子放大到一个网球大小的尺寸,这相当于把一个网球放大到我们生活的地球那么大。其次,STM 得到的是实时的、真实的样品表面的高分辨率图像。而不同于某些分析仪器是通过间接的或计算的方法来推算样品的表面结构。STM 的使用环境宽松。电子显微镜等仪器对工作环境要求比较苛刻,样品必须安放在高真空条件下才能进行测试。而 STM 既可以在真空中工作,又可以在大气中、低温、常温、高温,甚至在溶液中使用。因此 STM 适用于各种工作环境下的科学实验。STM 的应用范围较宽广。无论是物理、化学、生物、医学等基础学科,还是材料、微电子等应用学科,都有它的用武之地。STM 的价格相对于电子显微镜等大型仪器来讲较低。这对于 STM 的推广极为有利。

1. 金属、半导体表面的原子重构结构

STM 图像反映的是表面局域态密度的形貌,这些形貌正好反映了表面势垒的形状,表面势垒的形状与表面原子位置密切相关。因此,利用 STM 可观察单个原子层的局部表面结构,而不是对体相或整个平面的平均性质,因而可直接观察到表面缺陷、表面重构、表面吸附体的形态和位置,以及由吸附体引起的表面重构等。

C_{60} 分子由 60 个碳原子组成,是一种与足球结构类似的球形分子。1996 年美国和英国的三位科学家因为发现了这种比足球小几亿倍的“足球分子”而获得诺贝尔化学奖,这足以说明这类分子的重要性。与足球一样,C_{60} 分子具有三维立体结构,因此当它们吸附在固体表面上时,就存在着不同的吸附取向。为了研究 C_{60} 分子的吸附位置和吸附取向,中国科学技术大学的科学工作者们在超高真空条件下将 C_{60} 分子蒸发在单晶硅表面,利用 STM 在接近 -200 ℃ 的低温条件下对样品表面进行扫描,获得了 C_{60} 分子在不同实验条件下的高分辨图像。在此基础上,他们采用“指纹鉴定”的方法,通过严格的理论计算,将理论模拟图像与实验图像加以比较分析,从而将获得的 C_{60} 分子的 STM 图像与其内部的原子结构对应起来,在国际上首次确定了 C_{60} 分子在 Si(111)-(7×7) 表面上的吸附取向(图 22-7)。这项成果的意义在于将理论分析与 STM 实验测量相结合,成功确定了分子的内部结构信息。这对人们研究更加复杂的分子体系探索出了一条可行的方法。

图 22-7　C_{60} 分子在 Si(111)-(7×7) 表面上的吸附取向

2. 原子操纵

STM 不仅能在原子尺度上观察样品表面结构,而且可通过针尖和样品间强的相互作用,对样品表面的原子–分子或吸附的原子、分子进行操作。原子操纵就是从原子结构的本底上,对单个原子或分子进行移动、取出或植入操作,并形成规则结构,其尺度从几埃到几十埃。20 世纪 90 年代初期,IBM 的科学家在 Ni 表面用 Xe 原子写出“IBM”三个字母,首次展示了在低温下利用 STM 进行单个原子的操纵(图 22-8(a))。随后他们将 C_{60} 分子放置在 Cu 单晶表面,利用 STM 针尖让 C_{60} 分子沿着 Cu 表面原子晶格形成的台阶做直线运动。他们将一组 10 个 C_{60} 分子沿一个台阶排成一列多个等间距的分子链,构成了世界上最小的“分子算盘”,利用 STM 针尖可以来回拨动“算盘珠子”,从而进行运算操作(图 22-8(b))。

中国科学院化学所用自己研制的扫描隧道显微镜在石墨晶体表面刻出一幅世界上最小的中国地图(部分)(图 22-9),并刻写出“中国”两个字。两幅图像和文字的线条宽度只有 10 nm。

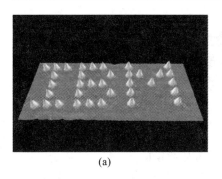

(a)　　　　　　　　　　　(b)

图 22-8　IBM 和分子算盘

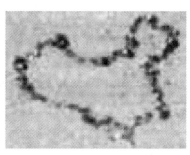

图 22-9　利用原子操纵获得
中国地图(部分)

1993 年,美国科学家在低温条件下,用 STM 针尖将 58 个铁原子排成一个圆环,并且直接观察到了电子驻波的图形。而后,他们又成功移动铁原子写成了两个汉字"原子"(图 22-10)。

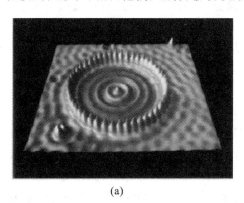
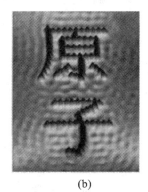

(a)　　　　　　　　　　　　　　　(b)

图 22-10　利用 STM 原子操纵获得的电子驻波及汉字

原子操纵的实现对于研究微观、介观物理、化学意义重大,而且在人造分子和纳米器件的研究中具有诱人的应用前景。

3. 单分子化学反应

单原子、单分子操纵在化学上一个极具诱惑力的潜在应用是可能实现"选键化学"——对分子内的化学键进行选择性加工。虽然这是一个极具挑战性的目标,但现在已有一些激动人心的演示结果。在康奈尔大学 Lee 和 Ho 的实验中,STM 被用来控制单个 CO 分子与 Ag(110)表面单个 Fe 原子在 13 K 的温度下成键,形成 FeCO 和 $Fe(CO)_2$ 分子。同时,他们还通过利用 STM 研究 C—O 键的伸缩振动特性等方法来确认和研究产物分子。他们发现 CO 以一定的倾角与 Fe - Ag(110)系统成键(即 CO 分子倾斜立在 Fe 原子上),这被看成是 Fe 原子局域电子性质的体现。

一个更为直观的例子是由 Park 等人完成的,他们将碘代苯分子吸附在 Cu 单晶表面的原子台阶处,再利用 STM 针尖将碘原子从分子中剥离出来,然后用 STM 针尖将两个苯活性基团结合在一起形成一个联苯分子,完成了一个完整的化学反应过程。利用这样的方法,科学家就有可能设计和制造具有各种全新结构的新物质。可以想象,如果我们能够随心所欲地对单个的原子和分子进行操纵和控制,我们就有可能制造出更多的新型药品、新型催化剂、新型材料和更多的我们暂时还无法想象的新产品,这必将对我们的生活产生深远的影响。

22.2　原子力显微镜

22.2.1　概述

　　扫描隧道显微镜工作是用来检测针尖和样品之间隧道电流的变化的,因此它只能直接观察导体和半导体的表面结构。而在研究非导电材料时必须在其表面覆盖一层导电膜。导电膜的存在往往掩盖了样品的表面结构的细节。为了弥补扫描隧道显微镜的这一不足,基于 STM 的基本原理,现在已发展起来了一系列扫描探针显微镜(SPM)。1986 年 Binning、Quate 和 Gerber 发明了第一台原子力显微镜(atomic force microscope,AFM)。AFM 可以在真空、大气甚至液下操作,既可以检测导体、半导体表面,也可以检测绝缘体表面,因此迅速发展成研究纳米材料的重要工具。

　　AFM 具有以下独特优点:原子级的高分辨率、实时成像、可以直接研究表面局域性质,并且能提供真正的三维表面图;AFM 不需要对样品做任何特殊处理,如镀铜或碳,因而可避免处理对样品造成不可逆转的损伤;电子显微镜需要运行在高真空条件下,原子力显微镜在常压下甚至在液体环境下都可以正常工作。

22.2.2　AFM 的工作原理

　　AFM 是利用原子、分子间的相互作用力(主要是范德华力,价键力,表面张力,万有引力,以及静电力和磁力等)来观察物体表面微观形貌的新型实验技术。利用纳米级的探针固定在可灵敏操控的微米级尺度的弹性悬臂上,当针尖很靠近样品时,其顶端的原子与样品表面原子间的作用力会使悬臂弯曲,偏离原来的位置。根据扫描样品时探针偏离量或其他反馈量重建三维图像,就能间接获得样品表面的形貌图。

　　AFM 的工作原理如图 22-11 所示,利用一个对力敏感的探针探测针尖与试样之间的相互

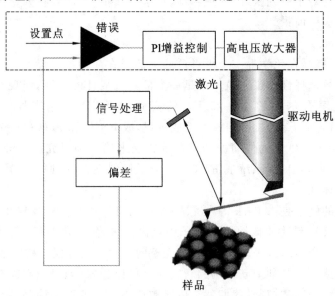

图 22-11　AFM 的工作原理示意图

作用力来实现表面成像。将一个对微弱力极敏感的弹性微悬臂一端固定,另一端的针尖在扫描管控制下在试样表面依次扫描。当针尖尖端原子与试样表面间存在极微弱的作用力($10^{-8}\sim$ 10^{-6} N)时,微悬臂会发生微小的弹性形变,系统以悬臂振幅作为反馈信号。经过表面隆起的部位时,这些地方吸引力最强,其振幅便减小;而经过表面凹陷处时,其振幅便增大,反馈装置根据探针尖端振动情况的变化而改变加在 z 轴压电扫描器上的电压,从而使振幅(也就是使探针与样品表面的间距)保持恒定。同 STM 和接触模式 AFM 一样,用驱动电压的变化来表征样品表面的形貌信息。

22.2.3　原子力显微镜的仪器构造

图 22-12 为 AFM 的组成系统,可分成三个部分:力检测部分、位置检测部分、反馈系统。

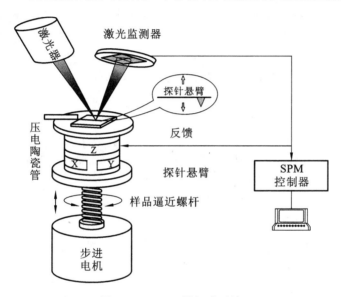

图 22-12　AFM 的组成系统

1. 力检测部分

在 AFM 的系统中,所要检测的力主要为原子、分子间的相互作用力,主要包括范德华力、价键力、表面张力、万有引力,以及静电力和磁力等。所以在本系统中是通过微小悬臂来检测原子、分子之间作用力的变化量。悬臂有一定的规格,如长度、宽度、弹性系数,而这些规格的选择是根据样品的特性以及 AFM 工作模式的不同,而选择不同类型的探针。

2. 位置检测部分

在 AFM 系统中,针尖与样品之间相互作用,使得悬臂振动。以激光照射悬臂的末端,其反射光的位置也会因悬臂的振动而变化,从而产生偏移量。采用位置检测器记录下激光光斑位置并转换成电信号,然后通过 SPM 控制器作信号处理。

3. 反馈系统

AFM 系统中,信号经激光检测器之后,反馈系统会将此信号当作反馈信号,作为内部的调整信号,并驱使通常由压电陶瓷管制作的扫描器做适当的移动,以保持样品与针尖保持合适的作用力。最后再将样品的表面特性以影像的方式呈现出来。

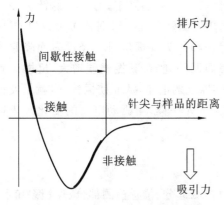

图 22-13　最常用的 AFM 三种模式
发生区域示意图

22.2.4　AFM 的工作模式

AFM 突破了 STM 只能够用于扫描不容易氧化的良导体样品的限制,可以扫描导体和绝缘体。AFM 具有多种扫描模式,根据作用力不同而划分为三种模式:接触模式(contact mode)、轻敲模式(tapping mode)和非接触模式(non contact mode)。它们分别发生在不同力区域内,如图 22-13 所示。

1. 接触模式

接触模式发生在图 22-13 中的排斥力区域,原子间的排斥力对距离的变化是非常敏感。所谓接触模式,是探针与样品表面紧密接触,通过反馈系统来调节悬臂的偏转程度,从而保证样品与针尖之间的作用力恒定。当沿 x、y 方向扫描时,记录 z 方向上扫描管移动的距离,得到样品的表面形貌图像。接触模式能够得到稳定、分辨率较高的图像,一般适用于表面硬度大、平坦且非常光滑的样品表面。

在一般的接触式量测中,探针与样品间的作用力很小,为 $10^{-10} \sim 10^{-6}$ N,但由于接触面积极小,因此过大的作用力会损坏样品表面,但较大的作用力通常可得到较佳的解析度。因此选择适当的作用力在接触式的操作模式是十分重要的。

接触模式的主要优点如下:与轻敲模式相比,扫描速度可以略快;接触模式扫描起伏较大的样品一般比较容易;一些特殊的应用,如纳米刻蚀、纳米刮痕、扫描电容显微镜等,必须以接触模式为基础;接触模式相当于一种"准静态"成像模式,在成像过程中不必像轻敲模式那样需要处理悬臂的动力学,因为反馈的控制比轻敲模式简单。而接触模式的主要缺点在于:成像过程中存在剪切力的作用,容易破坏探针或者样品,也可能使图片变形;由于探针在样品表面滑动容易产生黏附力,所以图像的分辨率下降;较大的侧向力和法向力使得接触模式不能用于柔软、具有黏性的样品成像。

2. 轻敲模式

轻敲模式是对接触模式的改良,它发生在图 22-13 的排斥力-吸引力共有区域,轻敲模式也叫间歇模式(intermittent mode)。悬臂通过压电陶瓷使其在接近自身的共振频率时发生振幅较大的振荡,与样品表面发生间歇的接触,反馈系统通过调节样品与针尖的距离来控制悬臂的振幅和相位,记录扫描管 z 方向移动的情况来获得样品形貌图像。由于针尖与样品是间歇性接触,时间短,有足够的振幅克服针尖与样品之间的内侧力或黏附力,分辨率较高。因此,轻敲模式适用于柔软、易脆、黏附力强的样品。另外轻敲模式还可用于相图的扫描。

轻敲模式是目前使用最普遍的一种成像模式,其主要优点:与接触模式相比,可以达到比较高的横向分辨率(1~5 nm);与接触模式相比,探针和样品间的作用力较小,因而可对一些相对软的样品成像;没有侧向力作用,成像过程中不会刮擦样品表面。而轻敲模式的缺点在于:与接触模式相比,容许的扫描速度略低;因探针在共振频率附近振动,需要处理探针的动力学,反馈控制比较复杂;在真空中难以操作;液下操作比较困难;探针和样品之间的相互作用是通过控制探针的振幅来间接控制的,力与振幅之间是非线性关系,不直观。

3. 非接触模式

非接触模式与轻敲模式相似,只是振荡的振幅比轻敲模式小得多。由于探针与样品之间的长程作用力,如范德华力和静电力,可以引起悬臂振荡频率的变化,通过检测驱动频率和振荡频率之间的偏差,可以调节悬臂在 z 方向的位置,并保证探针与样品表面不接触。由于在排斥力区域内探针不接触样品,应将探针与样品的作用面积调节到最小,以得到较高的表面分辨率,因此采用这种模式,对于适当的样品可以得到原子级的分辨率。

非接触模式为轻敲模式的衍生,一样利用探针跳动来扫描,但是探针始终都不接触表面,而是利用表面上存在的范德华力吸引改变振幅的大小作为回馈,因此若是 AFM 在大气中操作时,试片表面常会吸附一层水,所以在讨论探针和试片交互作用时,必须考虑探针与试片表面水膜间的毛细孔现象。非接触模式由于不是直接接触表面,所以呈现的影像解析度较差,只能达约 50 nm。

22.2.5 样品的制备

要获得高分辨率的 AFM 图像,样品制备是非常重要的步骤之一。对于生物样品来说,云母片、玻璃及氧化硅都是极好的基底,其中云母片应用最为广泛,一般是用胶带纸将干净的云母表面剥离,得到新鲜、平坦且不导电的云母片(最好吹净云母上由于剥离而可能产生的碎片)。

1. 粉末样品的制备

粉末样品的制备常用的是胶纸法,先把两面胶纸粘贴在样品座上,然后把粉末撒到胶纸上,吹去未粘贴在胶纸上的多余粉末即可。

2. 块状样品的制备

玻璃、陶瓷及晶体等固体样品需要抛光,注意固体样品表面的粗糙度。

3. 生物样品的制备

易于形成稳定的二维晶体膜的蛋白质,可以通过简单的吸附固定。对于动物细胞,物理方法是将它们分散,然后黏附到固体表面。对于细菌、酵母菌这样的微生物细胞,在固体表面不分散,不能通过简单的吸附固定,而化学方法比较好,通过聚阳离子预先处理基底或者通过共价键等强的吸附固定。

22.2.6 AFM 的主要应用

AFM 主要用来研究物质表面的原子和分子的几何结构,以及研究物质的特性。AFM 自问世以来,已在化学、物理学、生命科学和材料科学等众多学科领域得到广泛的应用。

1. 在物理学中的应用

在物理学中,AFM 可以用于研究金属和半导体的表面形貌、表面重构、表面电子态及动态过程,超导体表面结构和电子态层状材料中的电荷密度等。目前 AFM 已经获得了包括绝缘体和导体在内的许多不同材料的原子级分辨率图像。例如,西班牙马德里大学维奥莱特-纳瓦罗使用原子力显微镜捕捉到几近完美的金晶体结构,图 22-14 显示的是微小悬臂在晶体表面上往返转动,激光干涉仪在途经拐点时捕捉到其中的细微活动变化。

如图 22-15 所示,是牛津仪器公司与南京大学合作,对生长的各种不同层数的分子晶体进行了原子级分辨率的解析。在轻敲模式下首次实现了材料的原子级分辨率成像。对生长在石墨烯或者氮化硼基体上的不同层数的 C8-BTBT 的晶体结构进行了系统的表征。

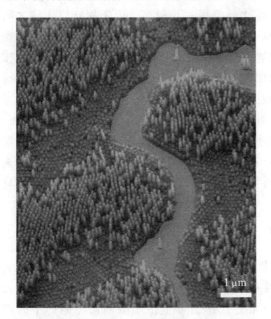

图 22-14　聚合体 AFM 图像(河畔森林)

**图 22-15　石墨烯衬底上生长双层二维分子
晶体(C8-BTBT)的 AFM 图像**

2. 在化学中的应用

《Science》杂志报道了 IBM 科学家 Leo Gross 等人利用一种非接触 AFM 获得了并五苯(pentacene)分子的内部化学结构(图 22-16)。研究人员在超高真空以及超低温(−268 ℃)条件下,利用 AFM 得到了单个并五苯分子的化学结构。这是研究人员首次透过电子云看见单个分子的原子骨架。在这项试验中,椭圆形的有机分子并五苯全长 1.4 nm,并且相邻两个碳原子之间的距离仅为 0.14 nm。在试验所得图像中,五碳环中每个碳原子清晰可见,而且该分子中每个氢原子也都可以从图像中推断出来。该研究结果对利用分子和原子在微观领域的探索具有推动作用,并对纳米技术领域产生重要的影响。

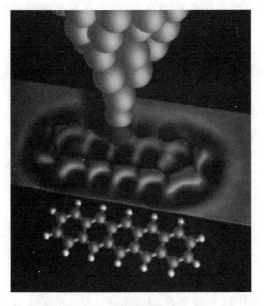

图 22-16　AFM 观察并五苯分子结构
(图片来源:Science,2009,324(5933):1428—1431)

3. 在生命科学中的应用

AFM 非常适用于研究软物质,因而在生命科学中应用广泛。通过适当的样品制备可观察各种生物大分子的形态。

日本京都大学的山田启文和小林圭利用频率调制原子力显微镜研究了水溶液条件下的质粒 pUC18 DNA 状态,得到了 pUC18DNA 分子在水溶液中的表面形状图像(图 22-17)。图像不仅清晰地显示出与已知的 DNA 结构大致对应的双螺旋构造,而且成功地从 DNA 分子的平

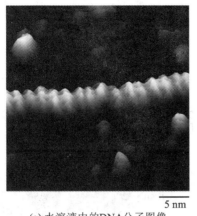

(a) 水溶液中的DNA分子图像

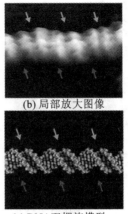

(b) 局部放大图像

(c) DNA双螺旋模型

图 22-17　利用频率调制原子力显微镜捕获的双螺旋 DNA 分子（质粒 pUC18 DNA）图像

注：(b)、(c)中的箭头表示双螺旋骨架间的大沟与小沟。

均结构中突显出了局部结构的特征。更进一步地，利用高分辨率频率调制原子力显微镜还可以清晰地观测到过去原子力显微镜所无法观测到的组成 DNA 双螺旋骨架的各个官能团。

AFM 也可清晰反应纤维状生物大分子的形态及纤维粗细，以及可能形成的网络状结构（图 22-18）。

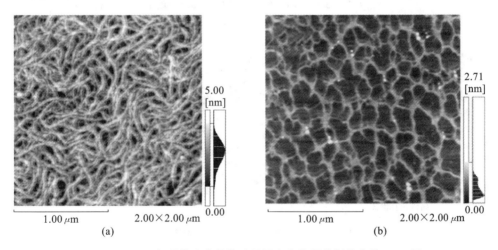

图 22-18　利用轻敲模式获得的胶原蛋白和羧甲基纤维素的 AFM 图

4. 材料科学中的应用

与 SEM 一样，AFM 也能够用于观察材料科学中的纳米粒子等材料的形貌结构，并能够给出被检测样品在 z 方向的高度图。AFM 还能用于研究不同条件对样品形貌的影响。

例如，谭欢等人以动物蛋白明胶为原料合成明胶纳米颗粒（图 22-19）。该颗粒是一种表面光滑的球形纳米颗粒，粒径分布较为均匀，尺寸约为 240 nm。同时，通过 AFM 的 3D 高度图还可反映粒子的颗粒高度，以此反映软纳米粒子的刚性。

中国东北师范大学的几位专家发现银纳米粒子的形状、颜色和光学性质都可以通过一种简易、廉价、省时的方法进行控制。只要调节纳米粒子的沉浸溶液的 pH 值，银纳米棱柱就可以变成纳米圆盘，同时提高粒子的光散射特性（图 22-20）。

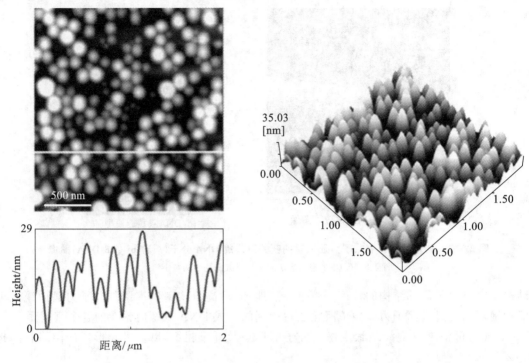

图 22-19　明胶纳米颗粒的 AFM 形貌图

（图片来源：ACS Applied Materials and Interfaces，2014，6(16)：13977—13984）

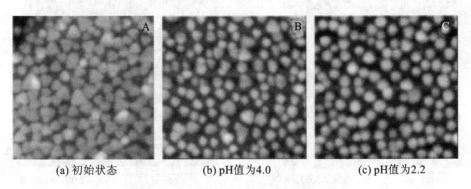

(a) 初始状态　　　　　　　(b) pH值为4.0　　　　　　　(c) pH值为2.2

图 22-20　不同 pH 值时的纳米棱柱形状

思 考 题

22-1　什么是隧道效应和隧道电流？

22-2　STM 的构造包括哪几部分？

22-3　简述 STM 恒高度模式和恒电流模式的基本工作原理。

22-4　AFM 有哪些优点？

22-5　简述 AFM 的工作原理。

22-6　STM 与 AFM 有哪些不同之处？

参 考 文 献

[1]　白春礼.扫描隧道显微术及其应用[M].上海：上海科学技术出版社，1992.

第23章 激光扫描共聚焦显微镜

23.1 激光扫描共聚焦显微镜的原理

23.1.1 概述

光学显微镜作为细胞生物学的研究工具,可以分辨出小于其照明光源波长一半的细胞结构。随着光学、视频、计算机等技术飞速发展而诞生的激光扫描共聚焦显微镜(laser scanning confocal microscope,LSCM),使现代显微镜能用于研究和分析细胞在变化过程中的结构。M. Minsky 于 1957 年提出了共聚焦显微镜技术的一些基本原理。1967 年,Egger 和 Petran 成功地应用共聚焦显微镜产生了一个光学断面。1970 年,牛津公司和阿姆斯特丹大学同时向科学界推荐了一种新型的扫描共聚焦显微镜。1984 年,Bio-Rad 公司推出了世界第一台商用激光扫描共聚焦显微镜。之后,随着技术的不断发展和完善,商品的性能也不断改进和更新,LSCM 的应用范围越来越广泛,尤其是在生物学领域,已经成为广泛接受的标准工具。

LSCM 是在荧光显微镜成像基础上配置激光光源和扫描装置,在传统光学显微镜基础上采用共轭聚焦装置,利用计算机进行图像处理,对观察样品进行断层扫描和成像,是一种高敏感度与高分辨率的显微镜,是生命科学领域的形态学、分子细胞生物学、神经科学、药理学、遗传学以及胶体与界面化学等领域新一代强有力的研究工具。

LSCM 可用于研究具有自发荧光的合成材料、胶束、自组装小分子和金颗粒等,也可用于活细胞的动态观察、多重免疫荧光标记和粒子荧光标记观察。不仅可对活的或固定的细胞及组织进行无损伤的"光学切片",进行单标记或双标记细胞及组织标本的荧光定性定量分析,还可用于活细胞生理信号,离子含量的实时动态分析监测,黏附细胞的分选,细胞激光显微外科和光陷阱技术等;可以无损伤地观察和分析细胞的三维空间结构。

23.1.2 基本工作原理

传统的光学显微镜使用的实际上是场光源,由于光的散射,在所观察的视野内,样品上的每一点都同时被照射并成像。入射光照射到样品上,位于焦平面外的反射光也可通过物镜而成像,使图像的信噪比降低,影响了图像的清晰度和分辨率。LSCM 脱离了这种模式,其原理图如图 23-1 所示。采用激光作为光源,激光器发出的激光通过照明针孔形成点光源,经过透镜、分光镜形成平行光后,再通过物镜聚焦在样品上,并对样品内聚焦平面上的每一点进行扫描。样品被激光激发后的出射光波长比入射光长,可通过分光镜,经过透镜再次聚焦,到达探测针孔处,被后续的光电倍增管检测到,并在显示器上成像,得到所需的荧光图像。在光路中,只有在焦平面上的光才能穿过探测针孔,焦平面以外区域射出来的光线在检测小孔平面是离焦的,不能通过小孔。因此非观察点的背景呈黑色,反差增加成像清晰。由于照明针孔与探测针孔相对于物镜焦平面是共轭的,焦平面上的点同时聚集在照明针孔和发射针孔,焦平面以外的点不会在探测针孔处成像,这种双共轭成像方式称为共聚焦。因采用激光作为光源,故称之为"激光扫描共聚焦显微镜(LSCM)"。

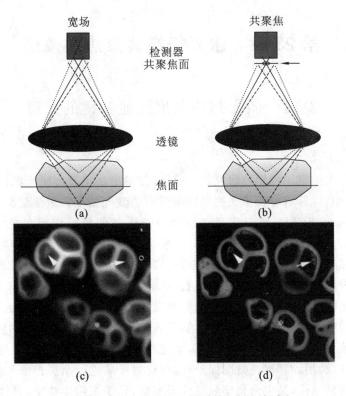

图 23-1　宽视场显微镜和共聚焦显微镜的对比

　　LSCM 通过对样品 x-y 轴的逐点扫描，形成二维图像。如果在 z 轴上调节聚焦平面的位置，连续扫描多个不同位置的二维图像，则可获得一系列的光学切片图像。在相应软件的支持下，通过数字去卷积方法得到清晰的三维重建图像。正因为 LSCM 能沿着 z 轴方向在不同层面上获得该层的光学切片，所以可以得到组织细胞各个横断面的一系列连续光学切片，实现细胞"CT"功能。正是基于其卓越的光学切片和三维重建的能力，共聚焦显微镜已成为生物研究中最普遍的荧光显微镜工具。

23.1.3　基本结构

　　LSCM 的基本组成包括：光学显微镜部分，激光发射器，扫描装置，光检测器，计算机系统和图像输出设备等。整套仪器由计算机控制，各部件之间的操作切换都可在计算机操作平台界面中方便灵活地进行。

　　1. 光学显微镜部分

　　显微镜是 LSCM 的主要组件，它关系到系统的成像质量。显微镜光路一般采取无限远光学系统结构，可方便地在其中插入光学选件而不影响成像质量和测量精度。物镜应选取大数值孔径、平场复消色差物镜，有利于荧光的采集和成像的清晰。物镜组的转换，滤色片组的选取，载物台的移动调节，焦平面的记忆锁定等都应由计算机自动控制。

　　2. 激光发射器

　　激光扫描束经照明针孔形成点光源，普通显微镜采用的自然光或灯光是一种场光源，标本上每一点的图像都会受到邻近点的衍射光或散射光的干扰。而 LSCM 以激光为光源，激光具有单色性强、方向性好、高亮度、相干性好等优点,可避免普通显微镜的缺点。LSCM 使用的激光光源有单激光系统和多激光系统。多激光系统在可见光范围使用多谱线氩离子激光器,发射波长为 457 nm、488 nm 和 514 nm 的蓝绿光,氦氖绿激光器发射波长为 543 nm 的绿光,氦氖红激光器发射波长为 633 nm 的红光,新的 405 nm 半导体激光器的出现可以提供近紫外谱线,且激光器小巧、便宜、维护简单。

3．扫描装置

扫描装置由三部分组成:①探测通道,由光电倍增管和相应的共聚焦针孔及滤过轮组成。②扫描镜,由分光镜和发射荧光分色镜组成。③扫描透射探测器(非共焦模式),用于透射光观察样品,扫描头由管道与光学显微镜相连接。

LSCM 使用的扫描装置在生物领域一般为镜扫描。由于转镜只需偏转很小角度就能涉及很大的扫描范围,图像采集速度大大提高,512×512 画面每秒可达 4 帧以上,有利于那些寿命短的离子做荧光测定。扫描系统的工作程序由计算机自动控制。

4．检测系统

LSCM 为多通道荧光采集系统,一般有三个荧光通道和一个透射光通道,能升级到四个荧光通道,可对物体进行多谱线激光激发,样品发射荧光的探测器为感光灵敏度高的光电倍增管 PMT,配有高速 12 位 A/D 转换器,可以做光子计数。PMT 前设置针孔,由计算机软件调节针孔大小,光路中设有能自动切换的滤色片组,满足不同测量的需要,也有通过光栅或棱镜分光后进行光谱扫描的设置。

5．计算机系统

计算机系统包括数据采集、处理、转换、应用软件。计算机系统具有控制硬件的软件功能,包括:控制电动显微镜;选择激光波长,调节激光强度;拍摄 2～5 维图像;选择光谱拍摄范围,选择图像分辨率、激发光挡片位置等。

23.2　荧光探针的选择和荧光样品的制备

23.2.1　荧光探针的选择

LSCM 是借助各类荧光探针或荧光染料与被测物质特异性结合来实时动态观察和检测细胞和组织切片等。荧光探针的发展非常迅速,目前美国 Molecular Probes 公司能提供 1800多种荧光探针,每年该公司还不断推出新的荧光探针。通常每项检测内容或被测物质都有几种或几十种有关的或特异的荧光探针。选择合适的荧光探针是有效地进行实验并获取理想实验结果的保障。

荧光探针的选择主要从以下几个方面考虑。

(1)根据与现有仪器的匹配情况以及实验目的确定需要检测的目标。

(2)考察荧光探针的特性是否符合荧光样品的制备要求,主要从荧光探针的特异性和毒性、荧光的稳定性和光漂白性、荧光的光谱特性、样品中多重荧光之间的相互影响等方面考虑。

(3)荧光的定性或定量。仅做荧光定性或仅观察荧光动态变化时,选择单波长激发探针,无须制作工作曲线;做定量测量时最好选用双波长激发探针,以利于制定工作曲线。

(4)荧光探针适用的 pH 值范围。大多数情况下细胞的 pH 值在生理条件下,但当 pH 值不在此范围时,考虑合适的环境 pH 值对于荧光探针是很有必要的。同时应注意染液自身的 pH 值会影响带电荷的荧光探针与胞内组分之间的结合,在配制染液时需加以考虑。

不同的荧光探针对于不同标本的效果常有差异,除综合考虑以上因素之外,有条件者应进行染料的筛选,以找出最合适的荧光探针。此外,许多荧光探针是疏水性的,很难或不能进入细胞,需使用其乙酰羟甲基酯形式,也就是荧光探针与乙酰羟甲基酯结合后变成不带电荷的亲脂性化合物以易于通过质膜进入细胞。在细胞内荧光探针上的乙酰羟甲基酯被非特异性酯酶水解,去掉乙酰羟甲基酯后的荧光探针不仅可与细胞内的靶结构或靶分子结合且不易透出质膜,从而能有效地发挥作用。下面就 LSCM 常检测的对象及其常用的荧光探针做一简单介绍。

1. 细胞内游离钙

常用的荧光探针是 Fluo-3、Fluo-4、Fura-2、Indo-1,最常用的是 Fluo-4,激发波长为 488 nm,发射峰为 525 nm,其乙酰羟甲基酯形式是 Fluo-4AM,无荧光,为不带电荷的亲脂化合物,易于渗透脂膜进入活细胞,在胞内被非特异酯酶水解,释放出游离酸形式的荧光探针分子,此游离态也无荧光,不易漏出胞外,一旦与 Ca^{2+} 结合,便形成复合物并有较强的荧光。

2. DNA 和 RNA

核酸的荧光探针有 50 多种,用于激光扫描共聚焦显微镜的主要有吖啶橙(acridine orange,AO)、碘化丙啶(propidium iodide,PI)。两种染料既可标记 DNA,又可标记 RNA,如为获得单独的 DNA 或 RNA 分布,染色前可用 RNA 酶或 DNA 酶处理细胞。

PI 不能进入完整的细胞膜,故不能标记活细胞内的 DNA 和 RNA,常用于检测膜损伤、细胞凋亡、细胞核定位、核酸定量等。激发波长为 493 nm,发射波长为 630 nm。

AO 激发波长为 492 nm,发射波长为 530～640 nm。AO 与核酸的结合方式分为强结合方式和弱结合方式。强结合方式又称插入性方式,主要与 DNA 结合,其荧光发射峰为 530 nm,呈绿色荧光;弱结合方式即静电吸引结合方式,主要与 RNA 分子结合,其发射峰为 640 nm,呈红色荧光。用 LSCM 双通道观察细胞可见:活细胞的胞核呈黄绿色荧光,胞质呈绿色荧光;死细胞呈红色荧光。其他较常用的荧光探针还有 Hoechst 33258、Hoechst 33342、7-氨基放线菌素 D(7-aminoactinomycin D,7-AAD)、色霉素 A3(chromomycin A3)、噻唑橙(thiazole orange)等。其中 Hoechst 33258 和 Hoechst 33342 为 DNA 特异性荧光探针,它们以非嵌入形式结合在 DNA 的 A-T 碱基区,可对活细胞的 DNA 进行荧光染色,需以紫外光激发,发射明亮的蓝色荧光,分辨率高。激发波长为 343～345 nm,发射波长为 480～455 nm。

3. 细胞结构、受体、蛋白质、酶等

LSCM 不仅可用免疫荧光分析固定的细胞或组织切片,还可用于分析活细胞,得到特异性抗体或其他荧光免疫探针识别靶分子的表达、定位、分布变化等信息。异硫氰酸荧光素(FITC)能够结合细胞内总蛋白质,它是检测蛋白质最常用的荧光探针,它还能广泛地结合各种特异性的配体。在碱性条件下 FITC 的异硫氰酸基与免疫球蛋白的自由基经碳酰胺化而形成硫碳氨基键,成为标记荧光免疫球蛋白,即荧光抗体。一个 Ig G 分子上最多能标记 15～20 个 FITC 分子。但 FITC 易产生光漂白现象,发射带较宽,故在用于双标记时会和其他染料的发射带重叠,且带负电荷,对 pH 值的变化较敏感,因而限制了其在活细胞检测中的应用。

另一种常用的共价标记物是罗丹明,其光稳定性比 FITC 好。其衍生物四甲基异硫氰基罗丹明(TRITC)是常用的共价标记探针,呈红色荧光。

目前较 FITC 优越且备受推崇的荧光探针是 BODIPY 类,它可用于标记蛋白质、核苷酸、葡聚糖、酶类、脂肪酸、各类受体的配体等,其光源稳定性好,发射带窄,和其他荧光探针的重叠更小,利于多重标记。BODIPY 的亲脂性好,在不同 pH 值条件下较稳定,从而可用于生物膜、受体、细胞骨架蛋白等活细胞动态方面的研究。

　　4. 膜电位

　　以往测定膜电位多用微电极直接插入法测量,不仅操作麻烦,而且对细胞也是一种损伤。LSCM 则可利用荧光探针在细胞膜内外分布的差异测出膜电位,不但可以观察细胞膜电位的变化结果,更重要的是可以用于连续监测膜电位的迅速变化。根据膜电位荧光探针对膜电位变化反应速度的快慢分为:快反应探针和慢反应探针。快反应染料对膜电位的变化可在数毫秒内做出反应,适用于测量膜电位快速变化的细胞,如神经细胞、心肌细胞等;而慢反应染料的反应速度则相对较慢(几秒或几分钟)。快反应探针有 Di - 8-ANEPPS 和 Di - 4-ANEPPS。慢反应探针有 JC1,是一种线粒体膜电位荧光指示剂。

　　5. pH 值

　　正常细胞胞浆内的 pH 值一般为 6.8~7.4,而某些细胞器如溶酶体的 pH 则在 4.5~6.0 之间。根据检测对象 pH 值的不同将荧光探针分为偏中性和酸性两类。常用细胞胞浆 pH 值检测的荧光探针有 SNARF 类(SNARF-1、SNARF-calcein)、SNAFL 类(SNAFL-1、SNAFL-calcein)、BCECF 等。FITC-dextran 则适用于 pH 值范围为 4~6,如溶酶体 pH 值的检测。

　　6. 细胞内活性氧基

　　活性氧可影响细胞代谢,与蛋白质、核酸、脂类等发生反应,有些反应是有害的,因此测量活性氧在毒理学研究中有一定的意义。根据检测的活性氧的不同可选择不同的荧光探针。常用荧光探针有 DCFH - DA,可用于直接测定细胞内活性氧自由基的动态变化。

23.2.2　荧光样品的制备

　　LSCM 可以观察细胞爬片(活体或固定样品)、组织切片、植物根、茎、叶、花、果、纤毛的切片,酵母或细菌,以及具有自发荧光的合成材料、胶束、自组装小分子和金颗粒等。

　　(1)细胞、组织等样品应根据样品种类和实验需求选择不同的固定方法。活细胞、较厚的组织切片或不规则的组织块需培养在 LSCM 专用小培养皿或盖玻片上,尤其是在使用高倍镜时,LSCM 专用的培养皿可以提供更清晰的图片。标本不能太厚,否则激发光大部分消耗在标本下部,而物镜直接观察到的上部不能充分激发。载玻片厚度应为 0.8~1.2 mm,盖玻片应光洁,厚度在 0.17 mm 左右。最好使用共聚焦专用的盖玻片,市售盖玻片建议彻底清洁,可使用浓硫酸-锰酸钾溶液浸泡清洗,以尽量排除非特异性荧光信号。封片剂多用甘油-PBS 混合液(9:1),甘油还有抗荧光猝灭的作用。

　　(2)植物的根、茎、叶、花、果、纤毛等新鲜的植物组织,可以先在体视显微镜下剖离出待观察的部位,再进行显微观察。对于比较厚的植物组织,可根据文献探索合适的透明化处理条件,以获得更好的观察。

　　(3)对于需要切片的细胞、组织或植物,切片的最大厚度取决于物镜的 NA 值、物镜的工作距离(work distance,WD)、激光的穿透力和样品的透明度;切片的最小厚度主要取决于物镜的 NA 值、针孔大小和发射波长。

　　(4)酵母等非贴壁生长的微生物,需先做贴壁处理再进行观察。以酵母为例,在皿底预先涂一层能和酵母细胞壁的多糖类物质结合的伴刀豆蛋白溶液,再加入酵母溶液,静置后弃去并洗去未贴壁酵母,加入 PBS 后进行显微观察,可以得到较好的图片。其他悬浮生长的微生物可根据自身特性,选择合适的贴壁涂层材料。

（5）对于具有自发荧光的材料，不需要特别的制备方法，直接滴加或放置少量样品于盖玻片上进行观察。液体或胶束可用移液枪吸取 3～5 μL，必要时将液体稍作铺平。静置数分钟后观察，以避免视野里飘动的样品干扰观察。

（6）观察的过程中如果荧光猝灭现象比较严重，可以根据样品的种类和特性选择合适的抗荧光猝灭剂。

23.3　激光共聚焦显微镜应用

23.3.1　LSCM 在生命科学中的应用

随着激光共聚焦扫描技术的不断发展和完善，LSCM 在生物学及医学相关领域的应用也越来越广泛和深入，已经渗透到分子生物学、基因组学、细胞生物学、病毒学、细菌学、组织生物学、胚胎学、免疫学、病理学、流行病学、皮肤病学、肿瘤等相关分支领域。通过它可以直接观测到细胞的形态、细胞之间的相互作用、细胞的光学老化过程、紫外光对细胞的作用、细胞对过敏和刺激作用的反应、真菌感染、组织微环境、伤口的愈合和组织重建、药物扩散等现象。

通过选择合适的荧光探针，利用 LSCM 可清晰地观察细胞的骨架（图 23-2（a）），形态大小，细胞亚结构（图 23-2（b）、图 23-3），动植物的切片组织（图 23-4），以及观察细胞间缝隙连接通信（图 23-5）等。

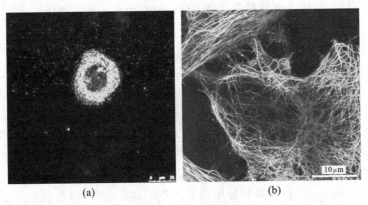

(a)　　　　　　　　　　　　　　(b)

图 23-2　LSCM 下的细胞骨架和 HeLa 细胞亚结构

样本：由瑞士洛桑联邦理工学院（EPFL）生物成像与光学核心设备 A. Seitz 提供。

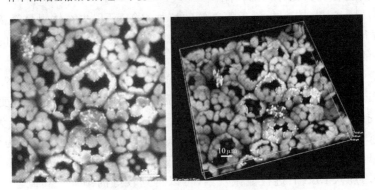

图 23-3　叶绿体及其三维重构

（图片来自王文明博客，四川农业大学）

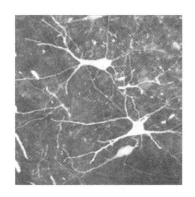

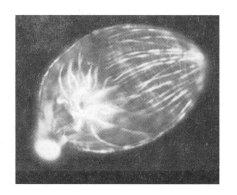

图 23-4 脑切片

（德国 Freiburg 大学神经病理学教授 P. Janz）

图 23-5 细胞间缝隙连接通信

23.3.2 LSCM 在材料科学中的应用

LSCM 在材料科学中也有广泛的应用。例如,利用胶体粒子自发荧光的特性可以观察乳液的液滴尺寸及分布,也可反映粒子的在油水界面的吸附层厚度(图 23-6)。此外,将水凝胶进行荧光染色,可观察水凝胶的多孔结构(图 23-7)。

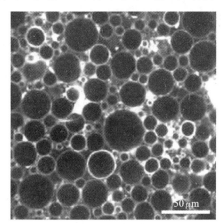

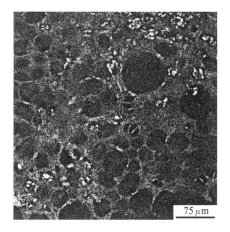

图 23-6 蛋白粒子稳定的乳液

（液滴外周白色部分,黑色部分为油滴,图片来源:J. Agric. Food Chem.,2017,65,900—907）

图 23-7 水凝胶的多孔结构

（孔周白色部分为水凝胶的骨架结构,黑色部分为孔洞,图片来源:Soft Matter,2017,13,3871—3878）

思 考 题

23-1 简述 LSCM 的原理。

23-2 LSCM 的常用激光波长有哪些?

23-3 怎样选择 LSCM 荧光探针?

参 考 文 献

[1] 狄伶,王瑾晔.LeicaSP8STED3X 激光扫描共聚焦显微镜的使用研究[J].中国医疗设备,2017,32(2):9-15.

[2] 霍霞,徐锡金.激光扫描共聚焦显微镜荧光探针的选择和应用[J].激光生物学报,1999,8(2):152-156.

热 分 析 篇

RE FENXI PIAN

　　热分析(thermal analysis)是仪器分析的一个重要分支。热分析法的历史相当悠久,最早可追溯到 1780 年 Higgins 利用天平研究石灰黏合剂和生石灰受热的质量变化。该方法能快速准确地测定物质的晶型转变、熔融、升华、吸附、脱水、分解等变化,对无机物、有机物及高分子材料的物理及化学性能是重要的测试手段。热分析法具有许多优点,如:在宽广的温度范围内对样品进行研究;可使用各种温度程序(不同的升降温速率);对样品的物理状态无特殊要求;所需样品量很少($10 \sim 100$ mg);仪器灵敏度高(质量变化的精确度达 10^{-5});可与其他技术联用等。迄今,热分析技术在化学、化工、石化、塑料、橡胶、轻纺、食品、医药、土壤、地质、海洋、冶金、电子、炸药、能源、建筑及生物等诸多领域有着极其广泛的应用。

第24章 热分析导论

GB/T 6425—2008《热分析术语》将热分析定义为:在程序控温(和一定气氛)下,测量物质的某种物理性质与温度或时间的关系的一类技术。将"物理性质"具体化为质量、温度(差)、热量、力学量、声学量、光学量、电学量、磁学量等便构成了各种具体的热分析方法。所谓"程序控温"一般指线性升温或线性降温,也包括恒温或非线性升、降温。"物质"指试样本身和(或)试样的反应产物。

近20年来,热分析技术取得了显著的进步,出现了多种新的热分析技术如温度调制式差示扫描量热法、随机温度调节差示扫描量热法、超快速非绝热薄膜纳诺量热仪及微区热分析等。按照国际热分析及量热学联合会(ICTA)建议,根据所测的物理性质的不同,热分析方法可分为9类17种(表24-1)。虽然热分析方法种类繁多,但应用最广的是差热分析(DTA)、差示扫描量热(DSC)法和热重(TG)法等少数几种,这也正是本篇介绍的重点内容。

表 24-1 热分析方法分类表

物理性质	方法	英文名称及常用缩写	备注
质量	热重法	thermogravimetry(TG)	测定物质的质量与温度的关系
	等压质量变化检测法	isobaric mass – change determination(IMD)	测量在恒定挥发物分压下的平衡质量与温度的关系
	逸出气体检测法	evolved gas detection(EGD)	测定逸出的挥发物热导性与温度的关系
	射气热分析	emanation thermal analysis(EGA)	测定放射性物质与温度的关系
	热离子分析	thermoparticulate analysis(TPA)	测定放出的微粒物质与温度的关系
温度	升温曲线测定法	heating – curve determination(HCD)	测定物质温度与时间的关系
	差热分析	differential scanning calorimetry(DTA)	测定物质与参比物之间的温差与温度的关系
焓	差示扫描量热法	differential scanning calorimetry(DSC)	测定物质与参比物的热流差(功率差)与温度的关系
尺寸	热膨胀法	thermodilatometry(DIL)	测定物质尺寸与温度的关系(包括线膨胀法与体膨胀法)
力学量	热机械分析法	thermomechanical analysis(TMA)	测定非振荡负荷下形变与温度的关系
	动态热机械分析法	dynamic mechanical thermal analysis(DMA 或 DMTA)	测定振荡性负荷下动态模量(阻尼)与温度的关系

物理性质	方法	英文名称及常用缩写	备注
声学量	热发声法	thermosonimetry(TS)	测定声发射与温度的关系
	热传声法	thermoacoustimetry(TA)	测定声波的特性与温度的关系
光学量	热光法	thermophotometry(TP)	包括热光谱法、热折射法、热致发光法、热显微镜
电学量	热电法	thermoelectrometry(TE)	测定电学特性(电阻、电导、电容等)与温度的关系
磁学量	热磁法	thermomagnetometry(TM)	测定磁化率与温度的关系

思 考 题

24-1　什么叫热分析法?

24-2　应用最广的热分析方法有哪些?

参 考 文 献

[1]　GBT 6425-2008,热分析术语[S].中华人民共和国国家标准.

[2]　刘振海.分析化学手册(第八分册:热分析)[M].北京:化学工业出版社,1999.

第 25 章　热　重　法

25.1　热重法的基本原理

热重(thermogravimetry,TG)法是在程序控温下,测量物质的质量变化与温度关系的一种技术。热重法记录的是热重曲线(TG 曲线),它以质量作为纵坐标,从上向下表示质量减少,以温度或时间作为横坐标,自左至右表示增加。

用于热重法的仪器是热天平,它能连续记录质量与温度的函数关系。热天平主要组成部分包括:①记录天平;②加热炉;③程序控温系统;④记录仪。热天平一般是根据天平梁的倾斜与质量变化的关系来进行测定的,通常测定质量变化的方法有变位法和零点法两种。变位法是利用质量变化与天平梁的倾斜成正比例关系,用直接差动变压器进行检测的方法。零点法的原理是将由质量变化引起天平梁的倾斜,靠电磁作用力使天平梁恢复到原来的平衡位置,所施加的力与质量变化成正比。电磁作用力的大小和方向可通过调节转换机构线圈中的电流来实现,而平衡状态可用差动变压器或光电系统来检测和显示。图 25-1 是零位法热天平的原理图。

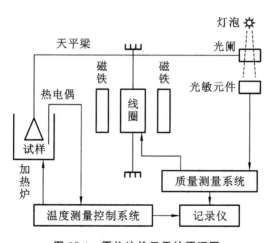

图 25-1　零位法热天平的原理图

如果需要记录质量变化速率与温度的关系,可将质量对温度求导,相当于对热重曲线求微商,此方法称为微商热重法(DTG)。DTG 的主要优点是与 DTA 或 DSC 曲线有直接可比性。其峰值对应于质量变化速率的最大值,可直接成为物质的热稳定性指标。峰面积则与减少的质量成正比,可用于计算物质的失重。

25.2　热重法的应用

原则上,只要物质受热时有质量的变化,就可以用热重法来研究。而没有质量变化的,是不能用热重法来研究的,因而热重法主要的应用包括以下几个方面:①了解试样的热(分解)反应过程,如测定结晶水、脱水量及热分解反应的具体过程;②研究在生成挥发性物质的同时所进行的热分解反应、固相反应等;③研究固体和气体之间的反应;④测定熔点、沸点;⑤利用热分解或蒸发、升华等分析固体混合物。下面以一水合草酸钙($CaC_2O_4 \cdot H_2O$)的热分解反应的TG 曲线和 DTG 曲线为例来分析其受热失重过程。

$CaC_2O_4 \cdot H_2O$ 在升温时发生了典型的三个失重过程。从图 25-2 可以清楚地看到失 H_2O、失 CO 和失 CO_2 的三步热解反应。三个失重区间失重率数据计算如下。

$$\Delta W_1 = (W_0 - W_1)/W_0 \times 100\% = 12.5\%$$
$$\Delta W_2 = (W_1 - W_2)/W_0 \times 100\% = 18.5\%$$
$$\Delta W_3 = (W_2 - W_3)/W_0 \times 100\% = 30\%$$

其中,总失重率:$\Delta W = \Delta W_1 + \Delta W_2 + \Delta W_3 = 61\%$(或 $\Delta W = (W_0 - W_3)/W_0 \times 100\%$)。残渣:$100\% - \Delta W = W_{渣} = 39\%$。

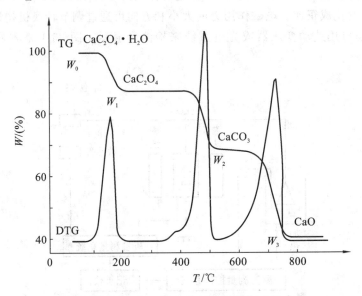

图 25-2　$CaC_2O_4 \cdot H_2O$ 的 TG 曲线和 DTG 曲线

DTG 曲线所记录的三个峰与 $CaC_2O_4 \cdot H_2O$ 的三个失重过程相对应。根据这三个 DTG 的峰面积,同样可算出各个对应热分解过程的失重量或失重百分数。由此可得出 $CaC_2O_4 \cdot H_2O$ 三个失重的反应方程式如下:

$$CaC_2O_4 \cdot H_2O \longrightarrow CaC_2O_4 + H_2O$$
$$CaC_2O_4 \longrightarrow CaCO_3 + CO$$
$$CaCO_3 \longrightarrow CaO + CO_2$$

思　考　题

25-1　一混合样由 $CaC_2O_4 \cdot H_2O$ 与 SiO_2 组成,质量为 7.020 g。当加热至 700 ℃ 时,混合物质量变为 6.560 g。求原样品中 $CaC_2O_4 \cdot H_2O$ 的含量。

25-2　$Al(OH)_3$ 是常用的塑料阻燃剂,它通过失水散热而起阻燃作用。TG 曲线上观察到它分两步失重,240～370 ℃ 失重 28.85 %,455～590 ℃ 失重 5.77 %。用反应方程式表示其失水机理。

参 考 文 献

［1］　蔡正千.热分析[M].北京:高等教育出版社,1993.

［2］　陈镜泓,李传儒.热分析及其应用[M].北京:科学出版社,1985.

［3］　陆立明.热分析应用基础[M].上海:东华大学出版社,2011.

第26章 差热分析和差示扫描量热法

26.1 基本原理

差热分析(differential thermal analysis,DTA)法是在程序控制温度下,测量试样与参比物(一种在测量温度范围内不发生任何热效应的物质)之间的温度差与温度或时间关系的一种方法。在实验过程中,可将试样与参比物的温差作为温度或时间的函数连续记录下来,其典型的分析系统如图 26-1 所示。

测试时,将试样和参比物(一种热惰性物质,如 α-Al_2O_3)置于以一定速率加热或冷却的相同温度状态的环境中,将试样和参比物的测温热电偶反向串联,通过记录仪记录两支热电偶的热电势差。当试样不发生反应时,则试样温度与参比物温度相同,即温度差 $\Delta T = 0$ 时,相应的温差电势为 0。当试样发生物理或化学变化而伴有吸热或放热过程时,$\Delta T \neq 0$,则相应的温差电势不为 0,经信号放大后由记录仪记录,得到以 ΔT 为纵坐标,温度为横坐标的差热曲线(DTA 曲线)。

如图 26-2 所示,基线相当于 $\Delta T = 0$,试样无热效应发生。纵坐标向上表示放热过程,向下表示吸热过程。不同的仪器所设定的吸热/放热方向不同,所以曲线上必须注明吸热和放热的方向。

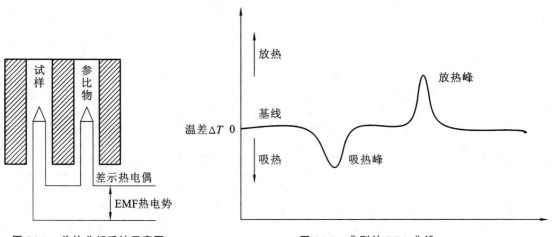

图 26-1 差热分析系统示意图　　　　图 26-2 典型的 DTA 曲线

差示扫描量热(differential scanning calorimetry,DSC)法是在程序控制温度下,测量输给物质与参比物的热流率或功率差与温度关系的一种技术。DSC 仪器分为两种:一种是热流型,另一种是功率补偿型。前者的原理与 DTA 类似,定量也是通过 ΔT 进行换算,只是热电偶紧贴在试样或参比物支持器的底部,有的仪器试样和参比物分设独立的加热器。由于这种设计减少了试样本身所引起的热阻变化的影响,加上计算机技术的应用,其定量准确性较传统的

DTA 好,所以又被称为定量的 DTA。而功率补偿型 DSC 的原理比较特别。在程序控温的过程中,保持试样与参比物的温度相同,为此试样和参比物各用一个独立的加热器和温度检测器。当试样发生吸热效应时,由补偿加热器增加热量,使试样和参比物之间保持相同温度;反之亦然。然后将此补偿的功率直接记录下来,它精确地等于吸热和放热的量。

如图 26-3 所示,DSC 曲线与 DTA 曲线所测得的转变和热效应是相似的,只是 DSC 是以所测得的热流率(dH/dt(mW))为纵坐标,且有时横坐标以时间代替温度。玻璃化转变时比热容有突变,曲线上表现为基线偏移而出现的一个台阶,从而可用于测定玻璃化转变。熔融和分解气化是吸热过程,结晶、固化、氧化和交联为放热过程。

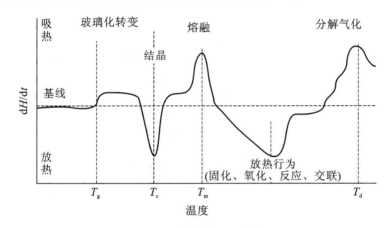

图 26-3　典型的 DSC 曲线

DTA 曲线和 DSC 曲线可提供的主要信息有以下三个方面。

(1) 热过程开始、峰值和结束的温度(由曲线的横坐标提供)。

(2) 热效应的大小和符号(分别由峰的面积和方向提供)。

(3) 参与热过程的物质的种类和量(分别由转变温度值和峰面积提供)。

26.2　应　　用

在热分析中,差热分析是应用较早、较广泛和研究较多的一种方法,其主要应用有以下几个方面:①研究结晶转变,二级转变;②追踪熔融、蒸发等相变过程;③用于分解反应、氧化反应、固相反应等的研究。DTA 曲线的峰形、出峰位置、峰面积等受试样的质量、热传导率、比热容、粒度、填充程度、周围气氛和升温速度等因素的影响。因此,要获得良好的再现性结果,需考虑上述因素的影响。一般来说,升温速度增大,达到峰值的温度向高温方向偏移;峰形变锐,但峰的分辨率降低,相邻两峰会出现部分或完全重叠。如图 26-4 所示,在 O_2 和 CO_2 的氛围中,$SrCO_3$ 的 DTA 曲线会有较大的区别。O_2 氛围中,950 ℃有一明显的吸热峰,对应着 $SrCO_3$ 晶体从斜方到六面体的晶形转变(TG 和 DTG 曲线上出峰,表明此峰不涉及质量变化),1050 ℃附近的峰,对应着 $SrCO_3$ 的分解反应($SrCO_3 \longrightarrow SrO + CO_2$),有质量变化。$CO_2$ 氛围中,950 ℃峰未变化。而 1050 ℃附近的峰却发生了较大的高温位移(移动到 1250 ℃附近)。

DSC 的分辨率、重复性和准确性较好,更适合于有机物和高分子材料的分析;测定温度范围较宽($-170 \sim 700$ ℃,有的仪器也可达更高温);还能定量测定多种热力学和动力学参数。

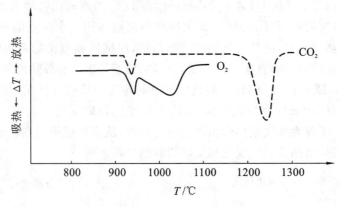

图 26-4　SrCO$_3$ 的 DTA 曲线

DSC 不仅用于定性分析,还可用于定量分析,因此其应用很广。这种方法主要可用于测定比热容、反应热、转变热等热效应,还可测定试样纯度、反应速度、结晶速率、高聚物结晶度等。下面举例说明 DSC 在测定比热容方面的应用。

应用 DSC 测试时,试样是处在线性的程序温度控制下的,试样的热流率是连续测定的,并且所测定的热流率(dH/dt)与试样的瞬间比热容成正比,因此热流率可用式(26-1)表示。

$$\frac{\mathrm{d}H}{\mathrm{d}t} = m\,c_{\mathrm{p}}\frac{\mathrm{d}T}{\mathrm{d}t} \qquad (26\text{-}1)$$

式中:m 为试样的质量;c_{p} 为试样的定压比热容;$\dfrac{\mathrm{d}T}{\mathrm{d}t}$ 为升温速率。在比热容的测定中,通常是以蓝宝石作为标准物质,其数据已精确测定,可从手册中查到不同温度下的比热容。精确测定试样比热容数据的具体方法如下:首先测定空白基线,即空试样盘的扫描曲线。然后在相同条件下使用同一个试样盘分别测定蓝宝石和试样的 DSC 曲线,所得结果如图 26-5 所示。在某温度 T_1 下,求得 DSC 曲线纵坐标的变化量 y_1(试样)和 y_2(蓝宝石)(均为扣除空白值后的校正值)。将 y_1 和 y_2 代入下式,即可求得未知试样的比热容:

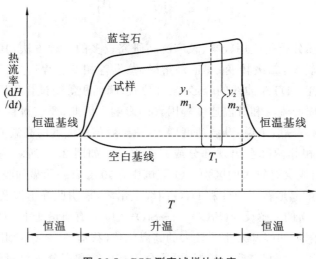

图 26-5　DSC 测定试样比热容

$$\frac{y_1}{y_2} = \frac{m_1 c_{p_1}}{m_2 c_{p_2}} \tag{26-2}$$

式中：c_{p_2}、m_2 分别为蓝宝石的比热容和质量；c_{p_1}、m_1 分别为试样的比热容和质量。

思 考 题

26-1 取 100 mg $NiC_2O_4 \cdot 2H_2O$ 试样，在不同的气体氛围中进行分解反应试验。在流动的和固定的空气中，测得的连续失重分别为 19 mg 和 39 mg。但在流动的 CO_2 和流动的 N_2 中，连续失重分别为 19 mg 和 49 mg。在四次试验中所用的温度程序是一样的。请写出分解反应方程式。

26-2 取 100 mg$FeC_2O_4 \cdot 2H_2O$ 试样进行热失重试验。在空气中测得 220 ℃失重 20.02 mg，250 ℃进一步失重 40.03 mg，275 ℃时增重 4.45 mg，产物有磁性。同时进行的 DTA 测定观察到 220 ℃是吸热峰，250 ℃ 和 275 ℃是放热峰。请写出各步反应方程式。产物的理论收率是多少？

26-3 根据图 26-6 所示的相同测试条件下三种物质 A、B、C 的 DSC 曲线及蓝宝石参比物（在 360 K 定压比热容为 0.887 J·g^{-1}·K^{-1}）的 DSC 曲线，计算上述三种物质的定压比热容。

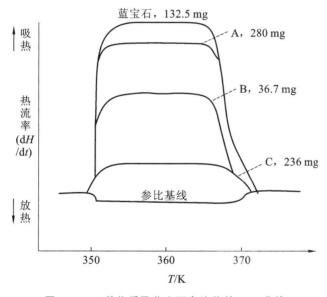

图 26-6 三种物质及蓝宝石参比物的 DSC 曲线

参 考 文 献

[1] 波普，尤德著. 差热分析：DTA 技术及其应用指导[M]. 王世华，杨红征译. 北京：北京师范大学出版社，1982.

[2] 于伯龄，姜胶东. 实用热分析[M]. 北京：纺织工业出版社，1990.

[3] 武汉大学. 分析化学[M]. 5 版. 北京：高等教育出版社，2006.